RADIOMETRIE

THEORIE UND PRAXIS
RÖNTGENOLOGISCHER MESSMETHODEN

VON

DR. MED. HERMANN BÜCHNER

PRIV.-DOZENT, LEITER DER RÖNTGENABTEILUNG DER CHIRURGISCHEN UNIVERSITÄTSKLINIK ERLANGEN

MIT 88 ABBILDUNGEN

Springer-Verlag Berlin Heidelberg GmbH

1963

ISBN 978-3-642-88035-3   ISBN 978-3-642-88034-6 (eBook)
DOI 10.1007/978-3-642-88034-6

Geleitwort

Mit vorliegender Monographie wird erstmals das gesamte Gebiet des Messens mit Röntgenstrahlen dargestellt, die mit Röntgenaufnahme und mit Durchleuchtung arbeitenden Methoden sowie die Verfahren zur Größenbestimmung und zur Röntgenlokalisation. In einem allgemeinen Teil werden zunächst die wenigen Grundgesetze der verschiedenen Meßmethoden zusammengefaßt. Hierbei korrigiert der Verfasser die alte, irrtümliche Vorstellung von der überragenden Bedeutung des Zentralstrahls bei röntgenologischen Meßmethoden und zeigt, daß dieser Strahl überhaupt nicht beachtet zu werden braucht und auch dem Vertikalstrahl nur in wenigen Ausnahmen eine Bedeutung zukommt.

Der größte Teil des Buches befaßt sich mit dem Hauptziel, nämlich einen Leitfaden zu schaffen, mit dem in der Praxis jede Meßaufgabe bewältigt werden kann. Das in den verschiedensten Teilgebieten der Medizin zerstreute Schrifttum zu diesen Problemen wird möglichst lückenlos erfaßt. Auf eigene große Erfahrungen gegründet, wird dann schließlich für jede spezielle Frage das in der Praxis am besten brauchbare Verfahren vollständig und klar dargelegt. Hierbei sind die Literaturangaben zu dem Kapitel möglichst lückenlos aufgeführt.

Mein langjähriger Mitarbeiter und Leiter unserer Röntgenabteilung, Herr Dr. BÜCHNER, ist für diese Aufgabe ganz besonders geeignet. Er hat die Radiometrie in steter Auseinandersetzung mit der Klinik durch viele eigene originale Beiträge bereichert. Der Röntgenologe findet hier eine Summe der theoretischen und praktischen Radiometrie, der Kliniker sieht die verschiedensten Möglichkeiten zur Größenbestimmung am Skelet und den Eingeweiden, zur Lokalisation von Fremdkörpern, Tumoren, Empyemen und Abscessen, zur intraoperativen Lokalisation und zur Vorausbestimmung bestimmter Schichtebenen. BÜCHNERs besondere Gaben, auch komplizierte Verfahren technisch zu vereinfachen und schwierige Bedingungen mit einfachen Kniffen zu lösen und sie für die Praxis allgemeinverständlich darzulegen, wird der Verbreitung dieser Monographie nützen zum Wohle unserer Kranken.

G. HEGEMANN

Vorwort

Die vorliegende erste Bearbeitung des gesamten Gebietes der Radiometrie hat die Aufgabe, einen Überblick über die bisherigen röntgenologischen Meßmethoden zu geben, Veraltetes und Unbrauchbares, das sich in allgemeinen Darstellungen und Lehrbüchern stets lange zu halten pflegt, auszusondern und auf den jeweiligen Teilgebieten diejenigen Methoden zu zeigen, die *heute* nicht nur in der Klinik die täglich vorkommenden Meßaufgaben zu lösen imstande sind, sondern auch in Röntgeninstituten und in der Fachpraxis ohne besonderen Aufwand und Übung durchgeführt werden können. Es ist bereits für den Fachröntgenologen kaum mehr möglich, das Gesamtgebiet aller röntgenologischen Meßmethoden zu überblicken und es ist daher verständlich, daß Meßmethoden neu veröffentlicht oder benützt werden, die unnötig kompliziert und umständlich sind und inzwischen durch einfachere, der modernen Röntgentechnik angeglichene Verfahren hätten ersetzt werden können.

In der röntgenologischen Literatur gibt es andererseits bis heute noch keine umfassende Darstellung für das gesamte Gebiet der Radiometrie, also auch keine Möglichkeit, sich an Hand *eines* Werkes erschöpfend über Methoden und Literatur zu orientieren. Nur auf einzelnen Teilgebieten liegen mehr oder weniger umfassende und mehr oder weniger veraltete Darstellungen vor, so für die geburtshilfliche Beckenmessung und für die Fremdkörperlokalisation. Als erster Versuch einer Bearbeitung des Gesamtgebietes muß der 1959 erschienene „Atlas of roentgenographic measurement" von Lusted und Keats angesehen werden. Doch auch er beschränkt sich, wie der Name schon sagt, auf die Messungen mittels Röntgenaufnahmen, bringt also keine Durchleuchtungsmethoden. Unberücksichtigt blieb ferner das gesamte Gebiet der Röntgenlokalisation und von den Methoden zur Größenbestimmung sind praktisch nur die amerikanischen Meßmethoden aufgenommen, wobei selbst am Herzen nur die linearen Maße des Sagittalbildes behandelt werden.

Es wurde daher hier der Versuch unternommen, das *gesamte* Gebiet des Messens mit Röntgenstrahlen zu bearbeiten. Berücksichtigt wurden nicht nur die mit Röntgenaufnahmen arbeitenden Meßmethoden, sondern auch die Durchleuchtungsmethoden, die Methoden zur Größenbestimmung sowohl, als auch die der Röntgenlokalisation. Es war dabei selbstverständlich, daß die gesamte Weltliteratur auf dem bearbeiteten Gebiet beachtet wurde, soweit es heute überhaupt noch möglich ist, die Veröffentlichungen eines nun seit über 60 Jahren auf mehrere Fachgebiete verteilten Arbeitsgebietes so lückenlos wie möglich zu erfassen. Das Hauptziel war jedoch, eine praktisch brauchbare Hilfe für die Praxis zu schaffen und dem Leser die Möglichkeit zu geben, beim Auftreten einer bestimmten Meßaufgabe sich an Hand des vorliegenden Werkes über die ihm zur Verfügung stehenden Methoden zu orientieren und sie auch praktisch durchzuführen. Es mußten daher alle Methoden, die aus technischen oder in sich selbst zu suchenden Gründen für eine praktische Durchführung heute nicht mehr in Frage kommen und nur noch theoretisches Interesse haben, in den Hintergrund treten gegenüber den Methoden, die ohne besonderen Aufwand einfach durchzuführen sind. Verfasser glaubt sich zu einer solchen, der klinischen Praxis dienenden Auswahl berechtigt, da er sich selbst lange Zeit mit fast allen Gebieten der Radiometrie befaßt hat, eigene, neue Methoden entwickeln und bekannte Verfahren verbessern und vereinfachen konnte.

Erlangen, Juni 1963   H. Büchner

Inhaltsverzeichnis

Einleitung

Maß und Zahl haben schon von jeher in der wissenschaftlichen Forschung eine bedeutende Rolle gespielt. Ohne Angaben über Zahl, Form und Größe der untersuchten Objekte wären wesentliche Teile der Forschungsergebnisse irgendeines Wissensgebietes unbrauchbar.

Ein besonderer Anreiz zu Messungen scheint jedoch schon immer von den Objekten und Erscheinungen ausgegangen zu sein, die unseren menschlichen Sinnen schwer zugänglich, nicht unmittelbar greifbar und damit nicht direkt meßbar sind. Immer, wenn Wissenschaft und Technik neue Wissensgebiete erschlossen haben, wurde auch mit allen bereits bekannten oder neu entwickelten Möglichkeiten versucht, das erschlossene Gebiet mit seinen Objekten und Erscheinungen auszumessen. Es ist daher nicht verwunderlich, daß unmittelbar nach der Entdeckung RÖNTGENs auch schon die ersten Versuche unternommen wurden, die nun sichtbar gewordenen Objekte und Organe nicht nur nach ihrer Form und Struktur zu beurteilen, sondern auch nach ihrer Lage und Größe auszumessen. Anatomie und Pathologie haben dies zwar schon Jahrhunderte vor der Entdeckung der Röntgenstrahlen getan, aber der Unterschied zu den Messungen mit Röntgenstrahlen besteht darin, daß eben nur an der Leiche gemessen werden kann, und daß diese Messungen daher für die Klinik nur einen bedingten Wert haben. Die Klinik hatte andererseits in der Palpation und Perkussion Mittel an der Hand, die nur in sehr beschränktem Maße ein Bild der inneren Organe geben konnten.

Es waren daher zunächst auch die Kliniker und unter ihnen die Kardiologen und Geburtshelfer, die sich mit den Möglichkeiten röntgenologischen Messens auf ihren Teilgebieten befaßt haben. Neben den schon um die Jahrhundertwende intensiv bearbeiteten Gebieten der Herzmessung und der Beckenmessung, war es das Gebiet der röntgenologischen Tiefenbestimmung, auf welchem ebenfalls schon in den ersten Jahren nach 1895 Meßmethoden veröffentlicht wurden. Diese drei Spezialgebiete der Radiometrie weisen daher eine besonders umfangreiche Literatur auf. Da sich alle röntgenologischen Meßmethoden in den präzise abgegrenzten Rahmen der Geometrie des Röntgenbildes einfügen müssen, überrascht zunächst ihre große Anzahl ebenso wie die Tatsache, daß auch heute noch fast in jedem Band der einschlägigen Fachliteratur neue Methoden der Radiometrie publiziert werden. Man wird beim Studium des Problems mehrere Gründe hierfür finden. Weitaus die größte Zahl der Arbeiten bringen nichts Neues. Sie stellen entweder nur unwesentliche Modifikationen bereits bekannter Meßmethoden dar oder sind von den Autoren „neu entdeckte" alte Verfahren. Ein weiterer Grund liegt in dem ständigen Wandel der Röntgentechnik. Es handelt sich bei der Röntgenologie ja um eine Wissenschaft, die vielleicht wie kein anderes Teilgebiet der Medizin eng mit der Physik und Technik verbunden ist. Ein Wandel und Fortschreiten der Technik muß daher zwangsläufig zu anderen und neuen Methoden führen. Wir werden hierfür später mehrere Beispiele anführen. Umgekehrt liegt eine wesentliche Ursache für die Vielzahl der Meßmethoden im ständigen Wandel der Medizin selbst. Einmal kommt die Röntgenologie aus sich heraus zu neuen Erkenntnissen — man denke nur an die vielen Methoden, die aus Gründen des Strahlenschutzes fallen gelassen werden mußten —, und zum anderen muß sie sich der gewandelten Klinik anpassen. Diese Anpassung verlangt auch eine Änderung oder Neuentwicklung von Meßmethoden für veränderte oder neue Fragestellungen und Aufgaben aus der Klinik.

Wie wir später sehen werden, beruhen alle Meßmethoden nur auf ganz wenigen Grundregeln der zentralen Projektion, an denen sich selbstverständlich seit Entdeckung der

Röntgenstrahlen nicht das geringste geändert hat. Um so verwunderlicher ist es daher, daß diese einfachsten Grundregeln bis in die neueste Zeit in vielen Veröffentlichungen nicht richtig erkannt und zum Teil sogar falsch dargestellt werden. Auf diese Tatsache, die eine weitere Ursache dafür ist, daß manche Meßmethoden unnötig oder unnötig kompliziert entwickelt wurden, werden wir im Kapitel über die Geometrie des Röntgenbildes näher eingehen.

Die Hauptursache für den Wandel der Meßmethoden liegt jedoch, wie oben schon angedeutet, in der sich ändernden klinischen Aufgabenstellung. War früher z.B. die Röntgenlokalisation identisch mit der Fremdkörperlokalisation und sind mit jedem Krieg die Lokalisationsmethoden geradezu wie Pilze aus dem Boden geschossen, so hat sich hierin mit den Fortschritten der Chirurgie und der Strahlentherapie ein merklicher Wandel vollzogen. Die Fremdkörperlokalisation steht heute unter den Lokalisationsaufgaben an letzter Stelle, obwohl sie in den Lehrbüchern noch das einzige Kapitel über die Röntgenlokalisation bildet. In den Vordergrund gerückt sind die neuen Methoden der anatomischen Lokalisation von Krankheitsherden und Tumoren für die gezielte diagnostische oder therapeutische Punktion und für die Bewegungsbestrahlung und Dosisbeurteilung. Bei der Herzmessung haben früher die linearen Herzmaße eine überbewertete Rolle gespielt. Die funktionelle Diagnostik mit den klinischen und physikalischen Möglichkeiten des modernen Herz-Kreislauflabors haben diese Herzgrößenbestimmungen etwas in den Hintergrund gedrängt. Statt dessen ist das Herzvolumen heute von besonderem Interesse und es wurden hierfür neue radiometrische Methoden entwickelt. Das Herzvolumen und das Herzmodell des Patientenherzens gewinnt in neuester Zeit besonderes Interesse im Hinblick auf die Fortschritte in der Herzchirurgie.

Der zu bearbeitende Stoff wurde nach theoretischen und praktischen Gesichtspunkten so verteilt, daß in einem ersten allgemeinen Teil die Grundlagen des Messens mit Röntgenstrahlen dargestellt sind und die wichtigsten, bisher bekanntgewordenen Meßmethoden besprochen werden. In einem zweiten speziellen, für die Praxis zugeschnittenen Teil werden die einzelnen Methoden in ihrer praktischen Anwendung am Patienten beschrieben. Im Gegensatz zum ersten Teil ist die Einteilung hier jedoch nicht nach Meßmethoden, sondern nach Anwendungsgebieten der Radiometrie vorgenommen. Entsprechend dieser Zweiteilung in Theorie und Praxis besitzt jedes Kapitel des speziellen Teils ein eigenes Literaturverzeichnis, während die Literatur zum allgemeinen Teil bei den Größenbestimmungen und bei der Röntgenlokalisation jeweils nur einmal zusammengefaßt ist.

Einzelne, besonders für die Praxis geeignete Methoden sind im speziellen Teil jeweils am Ende des betreffenden Kapitels zur Erleichterung der praktischen Durchführung und zur raschen Orientierung nochmals in Stichworten aufgeführt. Diese stichwortartigen Gebrauchsanleitungen dienen bei den radiographischen Meßmethoden nicht nur dem Arzt, sondern auch der Röntgenassistentin zur schnellen Orientierung bei der Einstellung und Aufnahmetechnik.

Allgemeiner Teil

I. Die Geometrie des Röntgenbildes

Die Geometrie des Röntgenbildes soll hier nur so weit besprochen werden, als sie die Grundlagen für die Größenbestimmung und die Röntgenlokalisation enthält und zum Verständnis der Radiometrie vorausgesetzt werden muß. Unberücksichtigt bleiben daher die Probleme der geometrischen Unschärfe, der Folien- und Filmunschärfe und der Bildentstehung. Für unseren Zweck wird der Brennfleck der Röhre, der in Wirklichkeit eine meßbare Ausdehnung hat, als ideale punktförmige Strahlenquelle angenommen.

Alle Schwierigkeiten, die uns bei der Beurteilung eines Röntgenbildes in bezug auf die wahre Größe und Lage der Objekte entstehen, haben ihre Ursache in der zentralen Projektion. Die Röntgenstrahlen gehen von einer „punktförmigen" Strahlenquelle, dem Röhrenfocus, nach allen Seiten divergierend aus. Hierdurch erscheinen alle Objekte gegenüber der Wirklichkeit mehr oder weniger vergrößert und verzeichnet und meist an einem anderen Ort. Sie erscheinen als Schattenbilder alle in die gleiche Ebene über- und nebeneinander projiziert. Mit parallelen Röntgenstrahlen gäbe es kein röntgenologisches Meßproblem. Hier müssen wir allerdings eine Einschränkung machen. In bezug auf die Röntgenlokalisation mit Durchleuchtung oder Aufnahmen in nur einer Ebene würde sich bei parallelen Röntgenstrahlen das Meßproblem nicht vereinfachen. Die geometrischen Grundlagen der Radiometrie lassen sich für die Größen- und Tiefenbestimmung mit wenigen, einfachen Skizzen darstellen und in ganz einfachen Regeln ausdrücken. Aus Abb. 1 ist folgende Grundregel (I) der *Röntgenvergrößerung* ersichtlich:

(I) Ein filmparalleles Objekt erscheint um so größer, je weiter es vom Film entfernt ist. Aus Abb. 2 geht die zweite, für unsere Zwecke noch wichtigere Regel (II) hervor:

(II) Objekte in gleicher filmparalleler Ebene werden gleich stark vergrößert. Abb. 3 zeigt die Röntgenvergrößerung eines schief zur Filmebene stehenden Objektes und die Grundregel (III):

(III) Ein schiefstehendes Objekt ändert seine Vergrößerung mit seiner Lage zum Vertikalstrahl. Es wird mit seiner Entfernung vom Vertikalstrahl nach derjenigen Seite zu immer *kleiner*, auf welcher der filmwärts sich öffnende *kleinere* (spitze) Winkel liegt, den es mit dem Vertikalstrahl bildet, und es wird nach derjenigen Seite zu immer *größer*, auf welcher der filmwärts sich öffnende *größere* (stumpfe) Winkel mit dem Vertikalstrahl oder einer hierzu Parallelen liegt.

Aus Abb. 3 geht ferner hervor, daß auch ein schiefstehendes Objekt im Vertikalstrahl immer größer ist als seine Parallelprojektion, daß es auf dem Film die Größe seiner Parallelprojektion in einer bestimmten Entfernung und auf einer bestimmten Seite des Vertikalstrahles erreicht und bei weiterer Entfernung vom Vertikalstrahl gegen den Filmrand zu sogar gleich Null werden kann. Ein nicht filmparalleles Objekt kann also am Filmrand kleiner sein als im Vertikalstrahl. Abb. 4 veranschaulicht die Hauptregel (IV) der *Röntgenlokalisation*:

(IV) Die Größe der Parallaxe eines Objektes ist direkt proportional seinem Abstand vom Film und der Größe der Röhrenverschiebung parallel zur Filmebene. Abb. 5 zeigt schließlich die letzte der Grundregeln (V), welche besagt:

(V) Objekte in gleicher filmparalleler Ebene haben die gleiche Parallaxe. Diese 5 Grundregeln stellen eine so elementare geometrische Schulweisheit dar, daß sie — mit einer Ausnahme — keines Beweises bedürfen. Diese Ausnahme bildet die Regel (II). Sie scheint zunächst einmal nicht recht glaubhaft, steht sie doch im Widerspruch zu der allgemein vertretenen Ansicht, die bis in die jüngsten Publikationen und Lehrbücher immer wieder ihren Niederschlag gefunden hat: Beim Messen mit Röntgenstrahlen kommt dem *Zentralstrahl* eine entscheidende Bedeutung zu. Ein kleines Objekt im Zentralstrahl wird

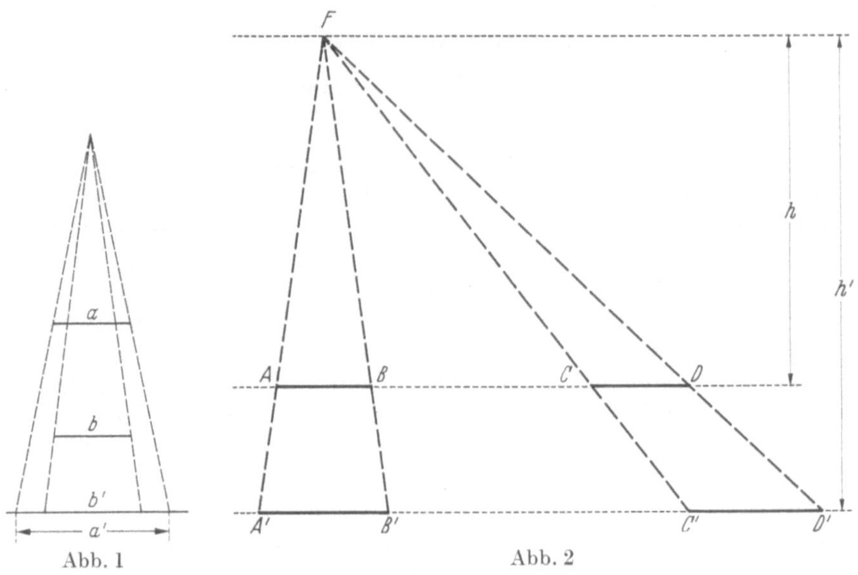

Abb. 1   Abb. 2

Abb. 1. Röntgenvergrößerung in Abhängigkeit vom Projektionsverhältnis. $a = b$; $a' > b'$

Abb. 2. Die Vergrößerung eines filmparallelen Objektes ist unabhängig von seiner Lage zum Vertikalstrahl.

Voraussetzung:	$AB = CD$	Beweis:	$AB : A'B' = h : h'$
	$\Delta FAB \sim \Delta FA'B'$		$CD : C'D' = h : h'$
	$\Delta FCD \sim \Delta FC'D'$		$AB : A'B' = CD : C'D'$
Behauptung:	$A'B' = C'D'$		$A'B' = C'D'$

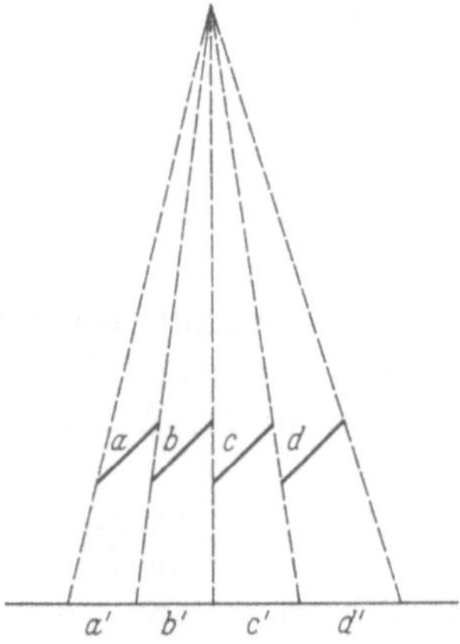

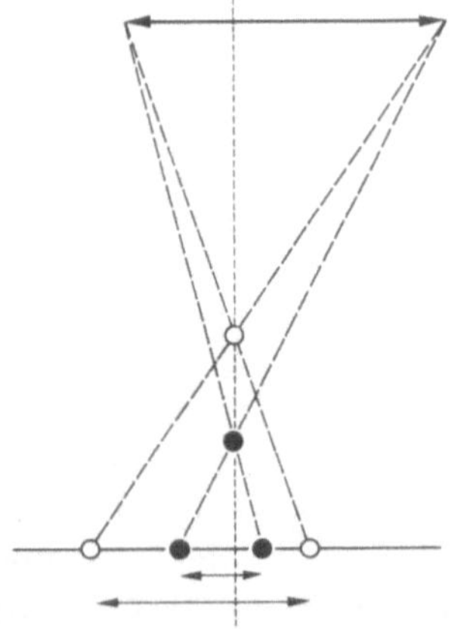

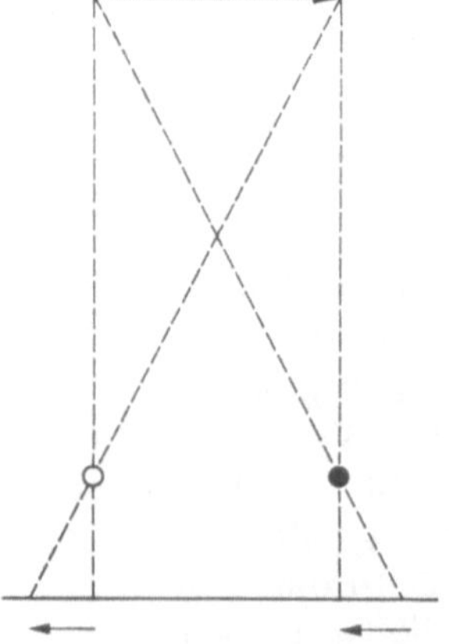

Abb. 3. Die Vergrößerung eines nicht filmparallelen Objektes ist abhängig von seiner Lage zum Vertikalstrahl. $a = b = c = d$; $a' < b' < c' < d'$

Abb. 4. Ein Objekt wandert auf dem Film oder Leuchtschirm um so weiter, je weiter es von diesen entfernt ist und je weiter man die Röhre parallel zu diesen verschiebt

Abb. 5. Objekte in gleicher filmparalleler Ebene wandern beim Verschieben der Röhre auf dem Film oder dem Leuchtschirm um den gleichen Betrag (Objektparallaxe)

weniger stark vergrößert als ein größeres Objekt außen am Filmrand. Mit anderen Worten, ein Objekt wird um so stärker vergrößert, je weiter es vom Zentralstrahl entfernt ist und je mehr die Röntgenstrahlen nach außen zu divergieren. Und die Schlußfolgerung hieraus. die in zahlreichen Publikationen fast wörtlich übereinstimmend gefordert wird: Ein Objekt soll beim Messen von dem senkrecht auf ihn und den Film zielenden Zentralstrahl halbiert werden. Diese Ansicht ist jedoch falsch. Sie trifft selbst für extreme Fälle nicht zu, wie die einfache geometrische Ableitung der Abb. 2, S. 4 beweist. Man findet aber weder in den Lehrbüchern noch in der zahllosen Literatur über röntgenologische Meßmethoden einen Hinweis auf diese grundlegende Tatsache.

Im Gegenteil, zahllose Meßmethoden bauen geradezu auf dieser irrigen Ansicht auf und erheben sie zur Voraussetzung. So z.B. Berman (1955) in einer Monographie über die Beckenmessung, sowie Schaltenbrand (1953) und Herzog (1958) bei der Begründung der Einführung des Spaltblendenverfahrens zur Schädelmessung bzw. Knochenmessung. Schaltenbrand bringt sogar einen scheinbaren röntgenologischen Beweis dieser Ansicht und zeigt die Röntgenbilder zweier verschieden großer, konzentrisch gelegener Drahtquadrate, von denen das kleinere im Zentralstrahl und das größere am Filmrand gelegen ist. v. Schubert hat 1927 die Beckenmessung von Martius mit folgenden, unwidersprochen gebliebenen Worten abgelehnt · „Das Verfahren von Martius und alle Verfahren, welche mit einer Aufnahme genaue Messungen von Längen und Flächen ausführen wollen, ist unmöglich aus folgenden geometrischen Gründen: 1. Der Focus müßte genau senkrecht über der Mitte der Conjugata vera stehen, weil sonst deren Endpunkte von verschieden schrägen Strahlen verschieden projiziert werden ..." Granzow (1930) bringt ebenfalls im Zusammenhang mit der Beckenmessung sogar eine Zeichnung, welche beweisen sollte, daß zwei filmparallele Objekte nur dann auf der Platte gleich groß dargestellt werden, wenn sie „von Strahlen gleicher Divergenz" getroffen werden. Naendrup (1938) hat diese geometrischen Ausführungen Granzows übernommen und fordert: „Das zur Messung der Conjugata vera verwendete Stück des Maßstabes muß zum Zentralstrahl der Röhre die gleiche Lage in der Objektebene einnehmen wie die Conjugata vera selbst." Aus dieser falschen Auffassung heraus empfiehlt er einen in das Rectum der Patientin einzuführenden Vergleichsmaßstab.

Es ließen sich noch zahlreiche weitere Beispiele für diese allgemein verbreitete, aber falsche Ansicht von der Bedeutung des Zentralstrahls anführen. Wo liegen die Ursachen ? Die Hauptursache liegt wohl darin, daß viele Autoren die geometrischen und mathematischen Ausführungen anderer Autoren bedenkenlos übernehmen. Ein weiterer wichtiger Grund ist darin zu suchen, daß die Begriffe *Röntgenprojektion*, *Röntgenverzeichnung* und *Röntgenvergrößerung* im Schrifttum und in der radiologischen Umgangssprache nicht scharf getrennt werden. Es wird von der Röntgenverzeichnung gesprochen, wo die Röntgenvergrößerung gemeint ist und umgekehrt. Selbst Autoren wie Hasselwander haben diese Begriffe zusammengeworfen, und man glaubt aus vielen späteren Veröffentlichungen eine bestimmte Stelle in einer grundlegenden Arbeit Hasselwanders (1912) über die Methodik der Röntgenographie fast wörtlich herauszuhören: „... alle Punkte des untersuchten Objektes, auf deren Lageverhältnisse und allenfalls Maße es ankommt, in möglicher Nähe des Achsenstrahls aufzunehmen (mit dem Achsenstrahl gewissermaßen darauf zu zielen) ..."

Die *Röntgenprojektion* ist der übergeordnete Begriff. Er umfaßt alle Projektionserscheinungen, die infolge der physikalischen Eigenschaften der Röntgenstrahlen und infolge der zentralen Projektion bei der Röntgendurchleuchtung und bei der Röntgenphotographie auftreten. Hierunter fallen die Vergrößerung, die Verkleinerung, die Verzeichnung, die geometrische Unschärfe und die Schattensummation. Das Ausmaß der Vergrößerung, Verkleinerung und Verzeichnung eines Objektes ist abhängig von dessen räumlicher Ausdehnung, seiner Winkellage zur Projektionsebene (Schirm oder Film), seinem Abstandsverhältnis zu ihr und zur Focusebene und von seiner Lage zum Vertikalstrahl, dem senkrecht auf der Projektionsebene stehenden Strahl. *Die Röntgenprojektion ist jedoch völlig unabhängig von der Lage zum Zentralstrahl und von der Richtung des Zentralstrahls selbst.* Die Stellung des Focus zum Objekt bestimmt die Röntgenprojektion und nicht der Grad der Neigung der Röhre um eine ihrer durch den Focus gehenden Achsen.

Unter *Röntgenvergrößerung* verstehen wir die Vergrößerung der zentralen Projektion des Objektes auf dem Schirm oder dem Film gegenüber seiner Parallelprojektion. Alle Objekte in einer zur Projektionsebene parallelen Ebene erleiden eine gleiche Röntgenvergrößerung, welche abhängig ist von dem Projektionsverhältnis des Objektes, d.h. dem Verhältnis Focus-Filmabstand zu Focus-Objektabstand. Andere Faktoren sind für die Röntgenvergrößerung eines filmparallelen Objektes nicht maßgebend. Bei einem schief zur Projektionsebene stehenden Objekt ist seine Röntgenvergrößerung nicht nur vom Projektionsverhältnis abhängig, sondern auch von der Entfernung zum Vertikalstrahl und dem Winkel, den es mit der Projektionsebene bildet. Je nachdem kann ein schiefstehendes Objekt auch in seiner wirklichen Größe abgebildet werden, wobei seine Röntgenvergrößerung dann gerade so groß ist, daß die Verkleinerung der Parallelprojektion gegenüber der wirklichen Größe aufgehoben wird, oder es kann gar eine *Röntgenverkleinerung* erleiden, also noch kleiner erscheinen als seine Parallelprojektion. Der oft zitierte Satz: „Alle Objekte werden durch die Röntgenstrahlen vergrößert dargestellt" stimmt also nicht uneingeschränkt.

Unter *Röntgenverzeichnung* versteht man diejenige Erscheinungsform der Röntgenprojektion, bei welcher das Objekt auf dem Film oder dem Schirm infolge der zentralen Projektion der Röntgenstrahlen eine andere Form (Kontur) und Lage (Struktur) zeigt, als bei der Parallelprojektion. Bei der Definition des Begriffes Röntgenverzeichnung wird deutlich, daß ebenso wie bei der Röntgenvergrößerung zum Vergleich nicht die wahre Form bzw. Größe eines Objektes herangezogen werden kann, sondern nur seine Parallelprojektion. Ein zweidimensionales Schattenbild läßt auf die Form oder Größe des schattengebenden dreidimensionalen Körpers keinerlei Rückschlüsse zu. Es kann daher nur die zweidimensionale Röntgenprojektion mit der zweidimensionalen Parallelprojektion in Beziehung gesetzt werden, wobei eine Parallelprojektion zu verstehen ist, deren Strahlen senkrecht auf der Projektionsebene stehen. Die Röntgenverzeichnung tritt in zwei Erscheinungsformen auf, der *Formverzeichnung* und der *Lageverzeichnung*. Beide können getrennt oder gemeinsam auftreten. Mit der Formverzeichnung ist meist auch eine *Konturverzeichnung* verbunden und mit der Lageverzeichnung eine *Strukturverzeichnung*. Dies ist verständlich, denn einmal werden durch eine wechselnde Projektion andere Objektpunkte konturbildend, und zum anderen ändert sich die Strukturzeichnung, wenn durch Projektionsänderung andere Objektdetails übereinanderprojiziert werden. Die Röntgenverzeichnung ist im Unterschied zur Röntgenvergrößerung auch bei Objekten in filmparalleler Ebene nicht nur abhängig vom Projektionsverhältnis, sondern auch von der Entfernung zum Vertikalstrahl. Je größer die Entfernung eines Objektes zum Vertikalstrahl, desto stärker ist seine Röntgenverzeichnung. Ein filmparalleles, praktisch nur zweidimensional ausgedehntes Objekt (Scheibe, Ring, durch in gleicher Ebene liegende Knochenpunkte bestimmte Fläche) erleidet bei der Röntgenverzeichnung jedoch nie eine Formverzeichnung, sondern immer nur eine Lageverzeichnung.

Die obigen Begriffe und Verhältnisse lassen sich am besten mit ein paar einfachen Beispielen verständlich machen. Wir wählen hierzu eine Kugel, eine kreisrunde Scheibe gleichen Durchmessers und eine Stecknadel. Kugel und filmparallele Scheibe zeigen die gleiche Parallelprojektion. Geht bei der Röntgenprojektion der Vertikalstrahl durch ihre Mitte, so zeigen sie auch das gleiche Röntgenbild, falls sie in gleicher filmparalleler Ebene aufgenommen werden. Sie haben nur eine Röntgenvergrößerung, aber keine Röntgenverzeichnung. Werden sie — wiederum in der gleichen filmparallelen Ebene — vom Vertikalstrahl zunehmend entfernt, so bleibt ihre Röntgenvergrößerung unverändert, denn sie bleiben ja im gleichen Projektionsverhältnis. Sie erleiden jedoch eine zunehmende Röntgenverzeichnung. Für die Kugel tritt hierbei sowohl eine Form- als auch eine Lageverzeichnung auf, für die Scheibe jedoch nur eine Lageverzeichnung. Die Kugel wird im Röntgenbild in der Entfernungsrichtung vom Vertikalstrahl zu einem Ellipsoid auseinandergezogen. Der auf dieser Richtung senkrecht stehende Durchmesser bleibt jedoch unverändert, auch wenn sich die Kugel extrem weit vom Vertikalstrahl entfernt. Die Scheibe erleidet demgegenüber überhaupt keine Formverzeichnung, auch wenn sie noch so weit vom Vertikalstrahl entfernt wird. Ihr Röntgenbild bleibt immer eine Kreisfläche von der gleichen Größe wie im Vertikalstrahl. Sie wird durch die Lageverzeichnung

nur an einem anderen Ort abgebildet als an dem, an welchem sie durch die Parallelprojektion erscheinen würde. Die in einem Winkel zur Projektionsebene stehende Scheibe
wird dagegen immer zu einem mehr oder weniger abgeflachten Ellipsoid verzeichnet, wobei
es jedoch für jede Winkellage einen Ort innerhalb des Strahlenkegels gibt, an welchem sie
nur eine Lageverzeichnung, aber keine Formverzeichnung erleidet, also das gleiche Bild
zeigt wie ihre Parallelprojektion. Der geometrische Ort für den Scheibenmittelpunkt,
an welchem dieser Sonderfall auftritt, ist ein filmparalleler Kreis um den Vertikalstrahl,
dessen Radius und dessen Abstand zur Projektionsebene von der Winkellage der Scheibe
bestimmt wird. Die Stecknadel erscheint in der Röntgenprojektion stets als Stecknadel,
gleich wo und gleich in welcher Winkellage sie sich befindet (von dem Extremfall der
axialen Projektion abgesehen). Sie erleidet praktisch nie eine Formverzeichnung, erscheint
im Röntgenbild nur einmal größer, einmal genau so groß und einmal kleiner als ihre
Parallelprojektion und auch als sie in Wirklichkeit ist. Sie hat also in Abhängigkeit von
ihrer Winkellage und ihrem Abstand zum Vertikalstrahl und zur Projektionsebene eine
mehr oder weniger starke Röntgenvergrößerung oder Röntgenverkleinerung. Die Tatsache, daß es bei der obigen Definition der Begriffe Röntgenprojektion, Röntgenvergrößerung, Röntgenverzeichnung, Formverzeichnung und Lageverzeichnung nie einer
Erwähnung des Zentralstrahls bedurfte, zeigt die Bedeutungslosigkeit dieses Strahls für
alle Erscheinungen der Röntgenprojektion.

Tabelle 1. *Auftreten (+ —) der einzelnen Erscheinungsformen der Röntgenprojektion bei verschiedenen Objektformen in Abhängigkeit vom Projektionsverhältnis (PV), vom Vertikalstrahl (V) und vom Winkel (∢) des Objektes zur Projektionsebene*

| Objekt | Röntgenprojektion | | | |
| | Röntgen-
Vergrößerung | Röntgen-
Verkleinerung | Röntgenverzeichnung | |
			Form	Lage
Eindimensional (Objektpunkt)	—	—	—	+ (—) PV V
Zweidimensional Strecken parallel zur Projektionsebene	+ PV	—	—	+ (—) PV V
schräg zur Projektionsebene	+ — PV ∢ V	+ — PV ∢ V	—	+ (—) PV V
Flächen parallel zur Projektionsebene	+ PV	—	—	+ (—) PV V
schräg zur Projektionsebene	+ — PV ∢ V	+ — PV ∢ V	+ (—) PV ∢ V	+ (—) PV V
Dreidimensional	+ PV	—	+ (—) PV V—	+ (—) PV V

Hiermit kommen wir zu einem weiteren Begriffspaar, dessen mangelnde Trennung mit
zur Verwirrung in der Geometrie des Röntgenbildes beigetragen hat, den Bezeichnungen
„*Zentralstrahl*" und „*Vertikalstrahl*". Der Zentralstrahl ist stets ein und derselbe Strahl
und bildet die Achse des Nutzstrahlenkegels. Er zieht von der Mitte des Focus durch die
Mitte des Strahlenaustrittsfensters. Zum Vertikalstrahl kann dagegen jeder, auch der
Zentralstrahl werden. Er ist jeweils der senkrecht auf den Film auftreffende Strahl.
Dieser Vertikalstrahl ist mit dem Zentralstrahl nur dann identisch, wenn die Längsachse
der Röhre parallel zum Film steht und der Anodenteller in der Röhre entsprechend
zentriert ist. Da der Zentralstrahl nicht nur für das Messen mit Röntgenstrahlen, sondern
darüber hinaus — ebenfalls im Gegensatz zu einer allgemein verbreiteten Auffassung —

auch bei der Röntgenverzeichnung und damit bei den meisten Einstellproblemen und Fragen der Röntgenprojektion in der Aufnahmetechnik an Bedeutung gegenüber dem Vertikalstrahl zurücktritt oder ganz unbeachtlich ist, sollte man nicht immer vom Zentralstrahl sprechen, wo der Vertikalstrahl gemeint ist. Die Bedeutungslosigkeit des Zentralstrahls für die Röntgenprojektion geht aus Abb. 6 hervor. Die Bedeutungslosigkeit für die Röntgenvergrößerung ist in Abb. 2 dargestellt. Wir können also die Behauptung aufstellen:

Dem Zentralstrahl kommt weder beim Messen mit Röntgenstrahlen noch bei der Röntgenprojektion irgendeine Bedeutung zu.

Es ist völlig gleichgültig, auf welchen Objektpunkt oder Filmpunkt der Zentralstrahl zielt. Wenn einem besonderen Strahl bei der Röntgenprojektion und darüber hinaus in ganz seltenen Fällen auch bei der Radiometrie eine Bedeutung zukommt, dann ist es der Vertikalstrahl. Liegt der Fußpunkt des Vertikalstrahls in der Filmebene fest bzw. liegt fest, durch welchen Objektpunkt der Vertikalstrahl geht, so ist damit die Stellung des Röhrenfocus zum Objekt eindeutig festgelegt, und eine nachträgliche Änderung in der Stellung und Zielrichtung des Zentralstrahls (Kippen der Röhre) ändert an der Röntgenprojektion nichts mehr (gleicher Focusabstand vorausgesetzt). Mit Angaben über den Zentralstrahl muß dagegen immer eine Winkelangabe verbunden sein, da sonst die Röntgenprojektion nicht eindeutig festgelegt ist. Angaben über die Stellung und die Zielrichtung des Zentralstrahls sind nur in ganz wenigen Fällen tatsächlich ausschlaggebend. Meist genügen die Angabe, über welchen Objektpunkt oder Filmpunkt (Filmmitte) der Röhrenfocus einzustellen ist und die Angabe des Focusabstandes. Um welchen Winkel und in welche Richtung die Röhre dann geneigt wird, d. h. wohin dann der Zentralstrahl zielt, ist weder für das Messen noch für die Röntgenprojektion von Bedeutung.

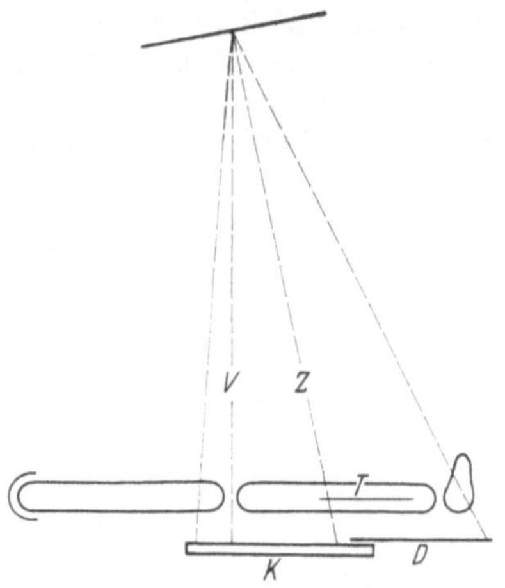
Abb. 6. Die Bedeutungslosigkeit des Zentralstrahls für Röntgenprojektion (Röntgenverzeichnung) und Röntgenmessung (Röntgenvergrößerung)

Abb. 6 bringt hierfür ein Beispiel. Es ist die Aufnahmetechnik gezeigt für die Aufgabenstellung: Knie mit Unterschenkel als Meßaufnahme. Das gesamte Objekt ist beim Erwachsenen mit Knie und Sprunggelenk nicht auf das Filmformat 15×40 cm zu bringen. Das nächstgrößere Filmformat beträgt 20×96 cm. Die Röntgenassistentin steht damit vor einem schwierigen Problem. Hat sie die ihr aus Unterricht und Lehrbüchern bekannten Regeln beherzigt, so wird sie schließlich doch das große Filmformat nehmen, mit der Röhre soweit als möglich weggehen, um die Vergrößerung so klein als möglich zu halten, die Röhre auf Mitte Unterschenkel zentrieren und eventuell noch einen Röntgenschatten gebenden Maßstab auf das Bein oder auf die Kassette legen. Beherrscht sie aber die wirklichen Gesetze der Röntgenprojektion, so wird sie die Aufgabe so lösen, wie es in Abb. 6 dargestellt ist. Knie und proximaler Unterschenkel werden auf das Format 15×40 cm mit einer Kassette (K) aufgenommen. In Verlängerung hierzu liegt ein folienloser Film (D) unter dem distalen Unterschenkel und dem Sprunggelenk derart, daß er sich mit dem Film in der Kassette um einige Zentimeter überschneidet. In Höhe des Unterschenkelknochens wird ein Vergleichsmaßstab (T) mitphotographiert und so eingestellt, daß er sich auf beide Filme projiziert. Mit Hilfe seiner Filmbilder können die Filme beim Auswerten wieder exakt so gelegt werden, wie sie bei der Aufnahme zueinander lagen. Die Röhre wird über dem Kniegelenk zentriert, damit sich dieses auf der Aufnahme normal darstellt und die Meßstrecke gut abgrenzbar ist. Würde man die Röhre über die Unterschenkelmitte stellen, dann würde das Kniegelenk verprojiziert werden und der Gelenkspalt wäre nicht einsichtbar. Die Röhre wird dann so lange gekippt, bis das Format des

Gesamtobjektes gleichmäßig ausgeblendet werden kann. Das Kniegelenk bleibt dabei im Vertikalstrahl (V) und der Zentralstrahl (Z) zielt irgendwohin auf den Unterschenkel. Er ist ohne jede Bedeutung. Dieses Loslösen vom Zentralstrahl hat in solchen Fällen auch noch den Vorteil, daß infolge der verschiedenen Entfernungen Focus—Knie und Focus—Sprunggelenk ein willkommener Belichtungsausgleich zwischen dem dickeren und dem dünneren Körperteil stattfindet, welcher durch die Verwendung zweier unterschiedlich empfindlicher Filme noch verstärkt wird. Stellt man statt des Vertikalstrahls den Zentralstrahl auf das Kniegelenk ein, so ändert dies zwar an der Röntgenprojektion nichts, die Aufblendung kann aber dann nur asymmetrisch vorgenommen werden und der Oberschenkel (Testes) bekommt unnötig primäre Strahlung ab.

Es müssen diese Probleme der Geometrie des Röntgenbildes hier so ausführlich besprochen werden, da sie die Basis für alle Meßmethoden darstellen und da sie leider in Publikationen und Lehrbüchern immer wieder falsch oder entstellt dargeboten werden. So wird einem bei der Diskussion der obigen Grundregel (II) meist sofort die in fast allen Lehrbüchern enthaltene Zeichnung über die schiefe Projektion einer Kugel entgegengehalten. Abb. 7 zeigt eine solche aus einem Lehrbuch unter Beibehaltung der Proportionen übernommene und etwas umgezeichnete Skizze. In der Originalzeichnung ist nur eine Kugel dargestellt, die einmal orthogonal im Vertikalstrahl und einmal von einem zweiten weit seitlich stehenden Focus aus dargestellt ist. Wir haben, um dem Vergleich mit dem Normalen besser gerecht zu werden, statt dessen nur einen Focus und dafür zwei Kugeln genommen.

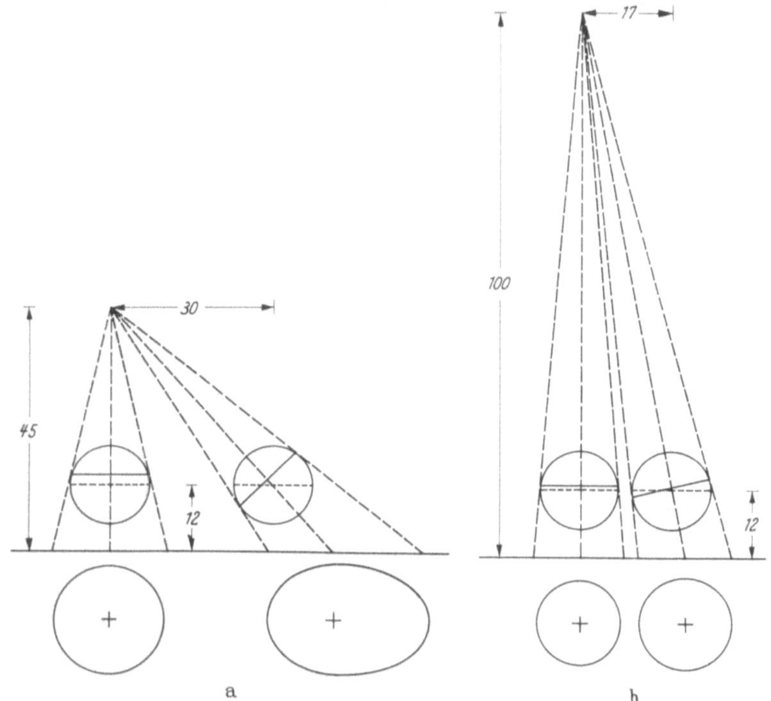

Abb. 7a u. b. Projektionsverhältnisse bei der orthogonalen und schrägen Projektion eines räumlich stärker ausgedehnten Objektes. a In wirklichkeitsfremder, in der Praxis nicht vorkommender Verzerrung dargestellt (umgezeichnet aus einem Lehrbuch). b In natürlichen, in der Praxis vorkommenden Proportionen dargestellt

Abb. 7a soll zeigen, wie stark ein Organ (für die Kugel ist 15 cm Durchmesser angenommen) außerhalb des Vertikalstrahls verzeichnet wird. Diese Zeichnung beweist also scheinbar das Gegenteil unserer Grundregel (II), denn es sind hier zwei Objekte in gleicher filmparalleler Ebene verschieden stark vergrößert. Es ist jedoch nur ein scheinbarer Gegenbeweis. Bei beiden Kugeln kommen nämlich ganz verschiedene Sehnen zur Darstellung. Sie sind weder gleich lang, noch liegen sie in der gleichen filmparallelen Ebene, was für die Aufstellung unserer Grundregel (II) Voraussetzung war. Die eine Sehne ist zudem stärker abgewinkelt, so daß auf sie die Grundregel (III) anzuwenden ist. Die Kugeln liegen zwar mit ihrem Mittelpunkt in gleicher filmparalleler Ebene, sind aber räumlich zueinander so angeordnet und der Röhrenabstand ist mit 45 cm so extrem kurz gewählt, wie es in der Praxis niemals vorkommt. Die Proportionen sind unnatürlich verzerrt wiedergegeben. Diese Zeichnungen (Abb. 7a und 8a) findet man auch immer wieder in Einzelpublikationen, wo sie meist zur Begründung einer neuen Meßmethode angeführt werden, so z. B. von WAHL (1930) bei der Beckenmessung mit der Fernaufnahme aus 6 m. Führt man die Verhältnisse der Abb. 7a unter Beibehaltung der Kugelgrößen von 15 cm Durchmesser in Proportionen zurück, wie sie in der röntgenologischen Praxis bei extremen Fehleinstellungen tatsächlich einmal vorkommen können, so kommen wir zu der Zeichnung der Abb. 7b. Die schiefe Projektion der einen Kugel bedingt einen zeichnerisch nicht einmal darstellbaren Meßfehler von weniger als 2 mm bzw. 1,3 %.

Ähnlich verhält es sich mit einer anderen, immer wieder vorgebrachten Behauptung. Die Maße der Fernaufnahme des Herzens sollen angeblich nicht in die Maße der Parallelprojektion umgerechnet werden können, da in beiden Fällen am Herz ganz andere Randpunkte zur Darstellung kämen. Durch die Divergenz der Röntgenaufnahme käme am Herzen ein weiter dorsal gelegener Durchmesser zur Darstellung. Abb. 8a zeigt die einem Lehrbuch entnommene Zeichnung, welche diese Behauptung beweisen soll.

Die Verhältnisse sind wiederum völlig unnatürlich verzerrt dargestellt. Setzt man die gezeichnete Focus-Filmdistanz gleich 200 m (Fernaufnahme), so erhält man für das eingezeichnete Herz einen Durchmesser von 90 cm (neunzig). Selbst wenn man den Röhrenabstand

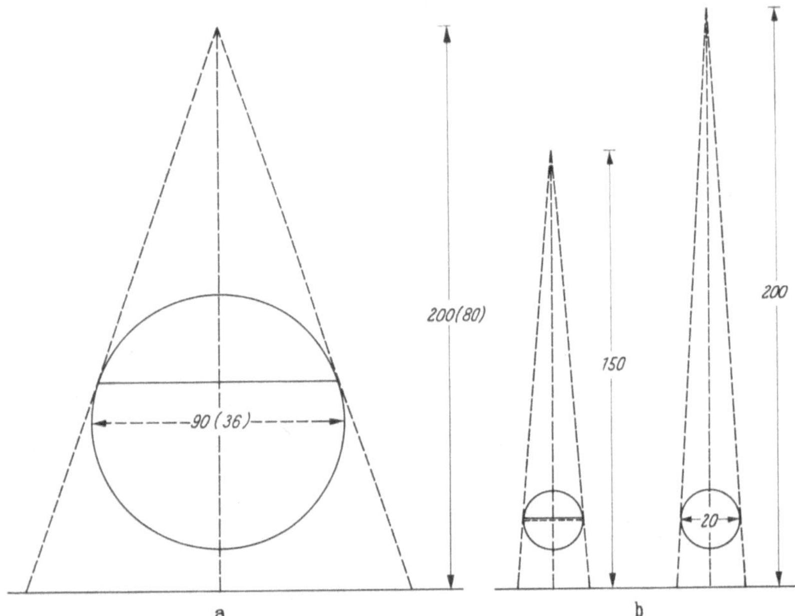

Abb. 8a u. b. Abbildung unterschiedlicher Organdurchmesser bei zentraler und paralleler Projektion. a In wirklichkeitsfremder, in der Praxis nicht vorkommender Verzerrung dargestellt (umgezeichnet aus einem Lehrbuch). b In natürlichen, in der Praxis vorkommenden Proportionen dargestellt

gleich 80 cm setzt (Durchleuchtung), ergibt sich immer noch ein Herzdurchmesser von 36 cm. Die beiden zur Darstellung kommenden Organdurchmesser liegen auf der Zeichnung 18 cm bzw. 7 cm auseinander. Bei maßstabgerechter Darstellung (Abb. 8b) mit einem immer noch extremen Herzdurchmesser von 20 cm sind die beiden zur Darstellung kommenden Strecken jedoch zeichentechnisch nicht zu trennen. Sie liegen in Wirklichkeit um einen kaum meßbaren Betrag auseinander.

II. Größenbestimmungen

1. Die mathematische Berechnung der Objektgröße

Wie im vorangegangenen Kapitel über die Geometrie des Röntgenbildes dargelegt wurde, handelt es sich bei der Röntgenvergrößerung um ganz einfache Beziehungen zwischen den beteiligten Größen. Wir haben es mit folgenden Begriffen zu tun (Abb. 9): Dem Filmmaß oder Schirmmaß eines Objektes (a'), dem Maß seiner Parallelprojektion (a), welches nur bei filmparallelem Objekt gleich dessen absolutem Maß ist, dem Röhrenabstand oder Focus-Filmabstand (FFA), dem Objektabstand zum Film (OFA), dem Objektabstand zur Röhre (FOA) und dem Projektionsverhältnis, d.h. dem Quotienten Focus-Filmabstand/Focus-Objektabstand (FFA/FOA), welcher zugleich auch den *Vergrößerungs-*

faktor für das vorliegende Projektionsverhältnis bildet und immer einen Wert über 1 darstellt.

Oder anders ausgedrückt: Die wahre Größe *a* eines Objektes erhält man, wenn man seine Filmgröße *a'* mit dem Quotienten *FOA/FFA* multipliziert. Dieser Quotient stellt den *Umrechnungsfaktor* dar und ist stets kleiner als 1. Umgekehrt erhält man die Vergrößerung eines Objektes, wenn man es mit dem Vergrößerungsfaktor (*FFA/FOA*) des vorliegenden Projektionsverhältnisses multipliziert. Die absolute Größe oder auch nur die Parallelprojektion eines nicht filmparallelen Objektes ist aus der zentralen Projektion des Röntgen-

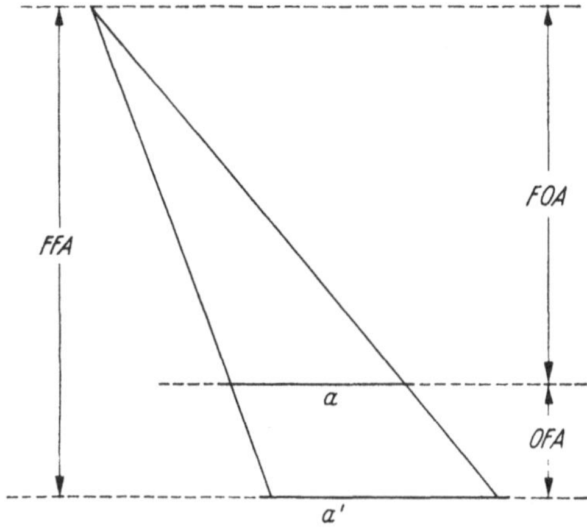

Abb. 9. Die wahre Größe *a* eines filmparallelen Objektes ist bei Kenntnis des Focus-Filmabstandes *FFA* und des Objekt-Filmabstandes *OFA* aus der Filmgröße *a'* leicht zu errechnen nach der Formel:

$$a = a' \cdot \frac{FFA - OFA}{FFA} \quad \text{oder} \quad a = a' \cdot \frac{FOA}{FFA}$$

bildes nicht ohne weiteres zu berechnen. Es ist hierzu die Kenntnis der Winkellage und der Abstände beider Endpunkte der zu messenden Strecke vom Film nötig. Da diese drei Werte praktisch nie alle bekannt sind und durch weitere Aufnahmen und Berechnungen erst ermittelt werden müßten, kommt eine mathematische Berechnung der wahren Länge einer unbekannt im Raum stehenden Strecke für die Praxis nicht in Frage. Sie ist übrigens auch gar nicht nötig, denn ihre Bestimmung ist ohne jede Berechnung und bei beliebiger Aufnahmetechnik mit unbekannt bleibender Röntgenprojektion mittels der Röntgentiefenlotung auf rein konstruktivem Wege möglich und auf S. 153 beschrieben.

Für die Umrechnung der Maße der Fernaufnahme in absolute Maße wurden mehrere Umrechnungstabellen, Nomogramme, graphische Methoden und Formeln angegeben (GEIGEL 1909, REH 1909, BLASIUS 1938, HOLMQUIST 1938, BALL und GOLDEN 1943, LEMCKE 1951, BARANY 1954, GLADYSZ 1956, BROWN 1957). All dieser Dinge bedarf es jedoch nicht. Auf Umrechnungstabellen oder graphische Darstellungen wird daher bewußt

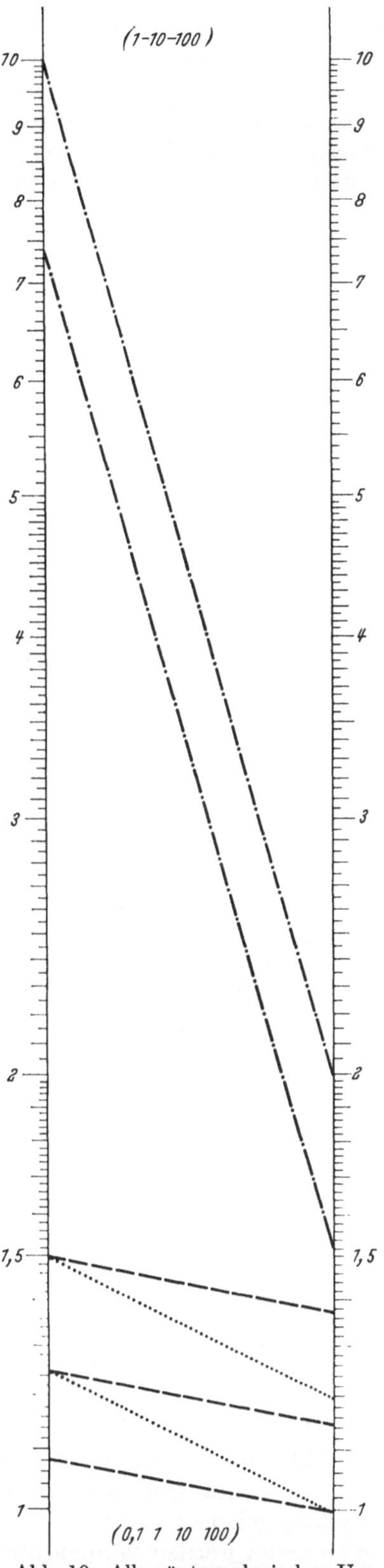

Abb. 10. Alle röntgenologischen Umrechnungen lassen sich mit zwei einfachen logarithmischen Leitern durchführen (Benützung vgl. Text)

verzichtet. Wie oben dargelegt, besteht die „Formel" der Röntgenvergrößerung aus einem
einfachen Quotienten. Dieser Quotient ist auf den Grundskalen eines jeden Rechen-
schiebers mit einem Handgriff einstellbar. Gegenüber jedem Filmmaß ist dann das
unverzeichnete Maß unmittelbar abzulesen. Spezialrechengeräte zur Umrechnung der
Filmmaße haben DRUMMOND und SCHMELA (1939), SNOW und LEWIS (1940), BÜCHNER
(1952), INNES (1953), SCHWARZ (1954) und BROWN (1957) angegeben.

Es wird bei der Besprechung der Umrechnung der Filmmaße immer wieder behauptet,
daß bei der Fernaufnahme aus 2 m die Divergenz des Strahlenbündels vernachlässigt

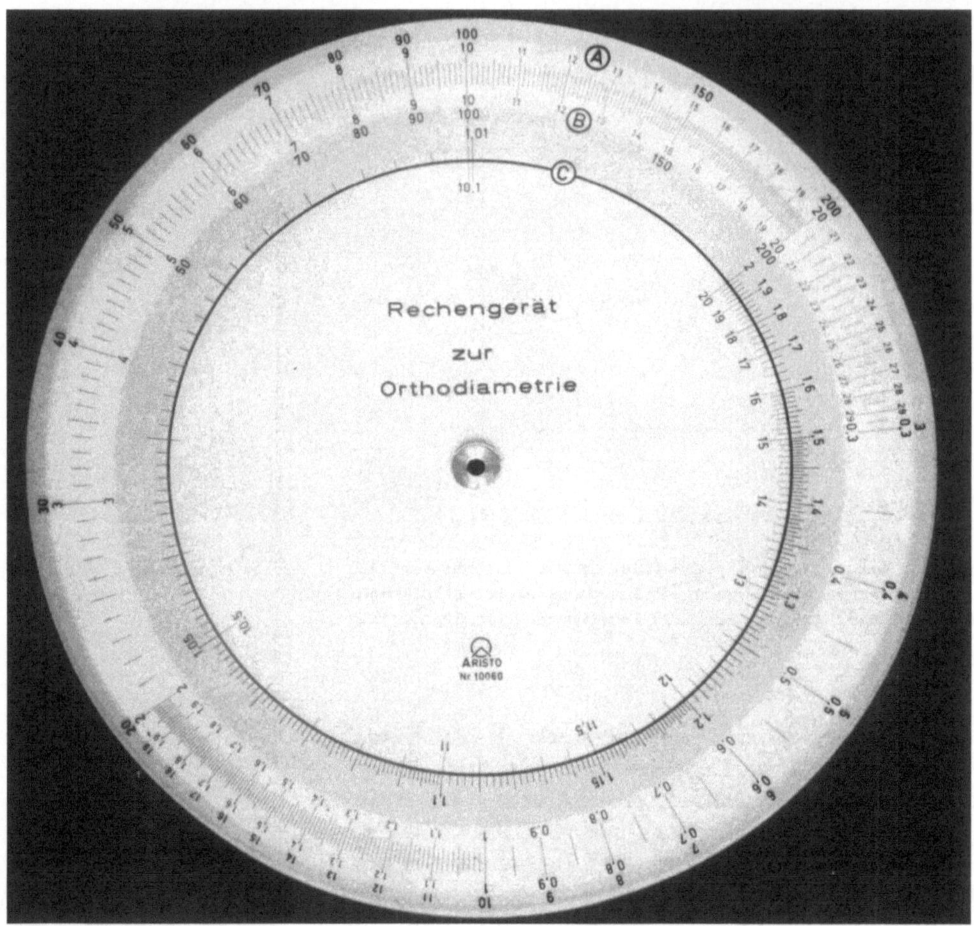

Abb. 11a. Rechengerät zur Orthodiametrie

werden könne, wenn das Objekt klein sei und möglichst im Bereich des Zentralstrahls
liege. Daß diese Ansicht irrig ist, haben wir oben schon bewiesen. Hier nur eine Richtig-
stellung zur Divergenz der Fernaufnahme. Sie ist immer noch beträchtlich und kann bei
Messungen nicht vernachlässigt werden. Für das Herz beträgt die Vergrößerung bis zu
10 % und mehr, wie weiter unten aufgezeigt wird.

Abb. 10 zeigt an Hand von zwei in einem geringen Abstand aufgetragenen logarithmischen Teilungen, wie mit einem ganz gewöhnlichen Rechenschieber bzw. den hier
wiedergegebenen Skalen auf einfachste Weise alle röntgenologischen Ausrechnungen vorgenommen werden können und starre Umrechnungstabellen und Nomogramme mit zum
Teil vier und mehr Skalen überflüssig sind. Ähnlich wie auf den Teilungen eines Rechen-
schiebers jeder Wert der einen Skala jedem Wert der anderen gegenübergestellt werden
kann, kann auch auf den Skalen der Abb. 10 jede Gegenüberstellung vorgenommen

werden. Die gegenüberzustellenden Werte werden mit parallelen Linien verbunden, wie es die angegebenen Ausführungsbeispiele der Umrechnung des größten queren Herzdurchmessers auf Aufnahmen aus 200 cm und 150 cm zeigen. Die Verbindung der Werte kann durch Auflegen eines transparenten Millimeterpapiers geschehen oder mittels eines an einem Lineal entlanggleitenden Winkels.

In dem eingezeichneten einen Beispiel (......) ist dem Röhrenabstand 150 (= 1,5 links) der Wert 12 (= 1,2 rechts) gegenübergestellt. Gegenüber dem Filmmaß 12,5 (= 1,25 links) steht der Wert 1 (rechts). Das Filmmaß 12,5 cm ist um 1 cm vergrößert, das wahre

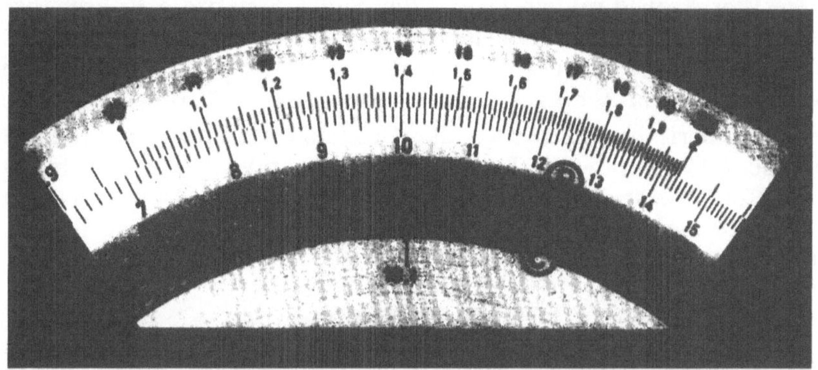

Abb. 11 b. Einstellungsbeispiel für die Feststellung des Betrages der Röntgenvergrößerung für eine Aufnahme aus 100 cm FFA und 14 cm OFA (Sella auf dem Flachblendentisch). 14 auf Skala A über 100 auf Skala B. Über dem Filmmaß 12 steht der Betrag der Röntgenvergrößerung 1,68, über 15 steht 2,1 usw.

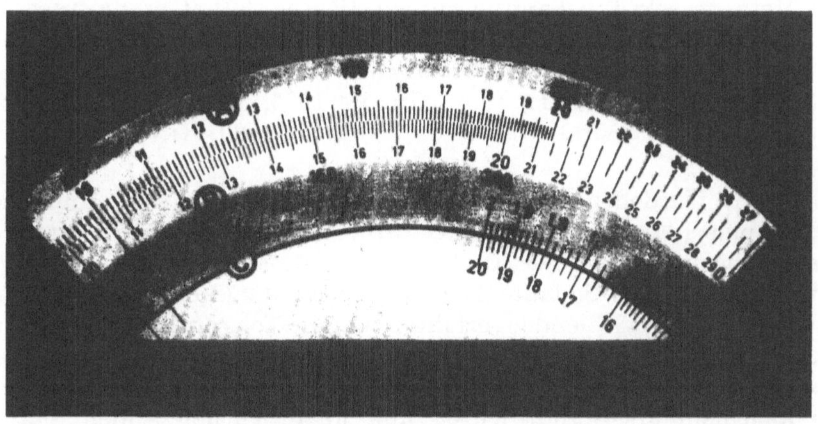

Abb. 11 c. Einstellungsbeispiel für die direkte Umrechnung der Filmmaße in absolute Maße für eine Fernaufnahme aus 200 cm FFA und 13 cm OFA bzw. 187 cm FOA (Herz). 187 auf Skala A über 200 auf Skala B. Über dem Filmmaß 14 steht 13,1, über 17 steht 15,9 usw.

Maß beträgt 11,5 cm. Von einem Filmmaß 15 cm wären 1,2 cm abzuziehen usw. Verschiebt man die beiden Skalen so gegeneinander, daß dem Focus-Filmabstand nicht der Objekt-Filmabstand, sondern der Focus-Objektabstand gegenübersteht, bzw. verbindet man die entsprechenden Werte auf den Teilungen, dann kann gegenüber jedem Filmmaß direkt das wahre Maß abgelesen werden. Im zweiten Beispiel (-------) ist dem Röhrenabstand 150 daher der Focus-Objektabstand 138 gegenübergestellt. Gegenüber dem Filmmaß 12,5 steht jetzt direkt das wahre Maß 11,5. Außerdem ist bei dieser Einstellung (*FFA/FOA*) gegenüber dem Wert 1 stets der Vergrößerungsfaktor des eingestellten Projektionsverhältnisses abzulesen. Im Beispiel 1,08 (links). Zieht man vom Vergrößerungsfaktor 1 ab, so hat man damit übrigens zugleich die geometrische Unschärfe (Focusunschärfe) des vorliegenden Projektionsverhältnisses für die Focusgröße 1 mm. Im Beispiel (-------) also

0,08 mm. Für andere Focusgrößen ist dieser Wert jeweils mit der Focusgröße zu multiplizieren, denn es gilt: $U_G = (V-1)\,F$. Das dritte Beispiel (-.-.-.-.) zeigt, daß selbst bei der Fernaufnahme aus 2 m (rechts) und einem günstigen Objektabstand zum Film von 10 cm (links) ein Herzdurchmesser von 15 cm (1,5 rechts) immer noch um 0,75 cm (7,5 links) vergrößert ist. Abb. 11 zeigt als Beispiel eines Spezialrechengerätes das vom Verfasser 1952 angegebene Rechengerät zur Orthodiametrie. Es ist ein Kreisrechengerät mit endlos ineinanderlaufenden Skalen. Die äußeren Skalen A und B haben jeweils hell und dunkel getönte Werte. Die Werte auf dunklem Grund der Skala A sind die Objektabstände und die Werte auf dunklem Grund der Skala B sind die Röhrenabstände. Die Werte auf hellem Grund sind die absoluten Maße bzw. die Beträge der Röntgenvergrößerung (A) und die Film- oder Schirmbildmaße (B). Auf Skala C ist der Vergrößerungsfaktor des jeweils auf A und B eingestellten Projektionsverhältnisses abzulesen.

Zu den mehr rechnerischen Methoden der Größenbestimmung können auch die Methoden von Törög (1922) und von Falkner und Wisdom (1952) gezählt werden, bei welchen mit zwei Röhren erst eine der Stereoaufnahme ähnliche Doppelbelichtung erfolgt und aus der Parallaxe der Objekte zunächst deren Tiefenlage und dann ihre wahre Größe ermittelt wird.

2. Orthodiagraphie

Die Orthodiagraphie gestattet das Aufzeichnen der unverzeichneten Organumrisse als Parallelprojektionen während einer Durchleuchtung und wurde zuerst von Moritz (1900) beschrieben. Die Methode hat bald überall Eingang gefunden. Im Laufe der Jahre sind eine größere Anzahl von Orthodiagraphen in verschiedenen Ausführungsformen und Abwandlungen der Methode selbst bekanntgeworden (Behn 1901, Guilleminot 1902, Immelmann 1903, Levy-Dorn 1904, 1907, Franze 1905, 1906, 1909, Groedel 1906, Dessauer 1907, Kienböck 1907, Walsham und Halls 1907, Haenisch 1907, Bardachzi 1908, 1911, Eiykmann 1908, Forsell 1908, Gillet 1906, 1909, Burchard 1910, Béclere 1910, Quiring 1910, Palmieri 1920, von Teubern 1920, Reviglio 1925, Bischof 1926 und Lysholm 1926).

Die Orthodiagraphie wurde früher in Publikationen oft auch als Orthoröntgenographie oder Orthophotographie (Albers-Schönberg 1910, Groedel 1908, Immelmann 1909) und als Orthoröntgenoskopie (Gocht 1911) bezeichnet, was zu Verwechslungen mit anderen Methoden führen kann. So faßte Albers-Schönberg (1910) die Orthodiagraphie, die Orthophotographie, das Spaltblendenverfahren und die Teleröntgenographie unter dem Sammelbegriff Orthoröntgenographie zusammen und bezeichnete den Orthodiagraph auch als Orthoröntgenograph. Zu der Zeit, als die Orthodiagraphie für röntgenologische Herzuntersuchungen allgemein angewandt wurde und unentbehrlich schien, hat Albers-Schönberg (1910) vier verschiedene Orthodiagraphen vergleichend beschreiben können: Den verbesserten Orthodiagraph von Moritz, den Orthodiagraph von Siemens & Halske, den Orthodiagraph von Levy-Dorn und den Orthodiagraph von Groedel.

Das Prinzip der Orthodiagraphie beruht darauf, daß die Konturen des Objektes mit einem eng ausgeblendeten, zentralen Strahlenbündel bzw. mit dem markierten Zentralstrahl (besser: Vertikalstrahl) umfahren werden, wobei die vom Röhrenfocus oder irgendeinem Punkt des Zentralstrahls beschriebene Figur oder Strecke kontinuierlich oder unterbrochen graphisch festgehalten wird. Man erhält die graphische Wiedergabe der Parallelprojektion des Objektes. Voraussetzung für die Orthodiagraphie ist die Möglichkeit, die Röhre allein oder zusammen mit dem Leuchtschirm als gekuppelte Einheit in schirmparallelen Ebenen gegenüber dem Objekt bewegen zu können. Eine Änderung der Abstände Röhre—Patient—Schirm ist dabei ohne Bedeutung. Unter Einhaltung obiger Voraussetzungen beschreibt jeder Punkt des Röhren-Schirm-Systems die gleiche Figur und es kann daher jeder Punkt dieses Systems zur Befestigung einer Schreibvorrichtung bzw. einer Schreibfläche herangezogen werden. Abb. 12 gibt das Prinzip und die verschiedenen Ausführungsformen eines Orthodiagraphen schematisch wieder. Das in der Zeichnung gekoppelt gezeichnete Röhren-Schirm-System kann auch getrennt gedacht werden, wobei dann aber nur die Röhre oder Teile der Röhre zur Befestigung der Schreibvorrichtungen benützt werden können. Auch auf die Haut des Patienten wurde das Orthodiagramm geschrieben.

Auf eine bisher noch nicht bekannte Möglichkeit, das Orthodiagramm festzuhalten, hat Verfasser (1952) hingewiesen. Hierbei wird der zur Orthodiametrie benützte Lichtspalt zu einem Lichtpunkt verändert, welchem man zudem noch verschiedene Formen (Kreis, Kreuz, Dreieck, Raute) geben kann. Dieser Lichtstrahl wird während des Orthodiagraphierens auf eine neben dem Schirm in der Bereitschaftsstellung der Filmkassette stehende lichtempfindliche Schreibfläche (Röntgenpapier, Röntgenfilm) fallen lassen und hält dort die umfahrene Herzfigur fest. Das Verfahren hat gegenüber anderen direkten graphischen Verfahren außer dem Vorteil der Masselosigkeit des Schreibhebels noch den

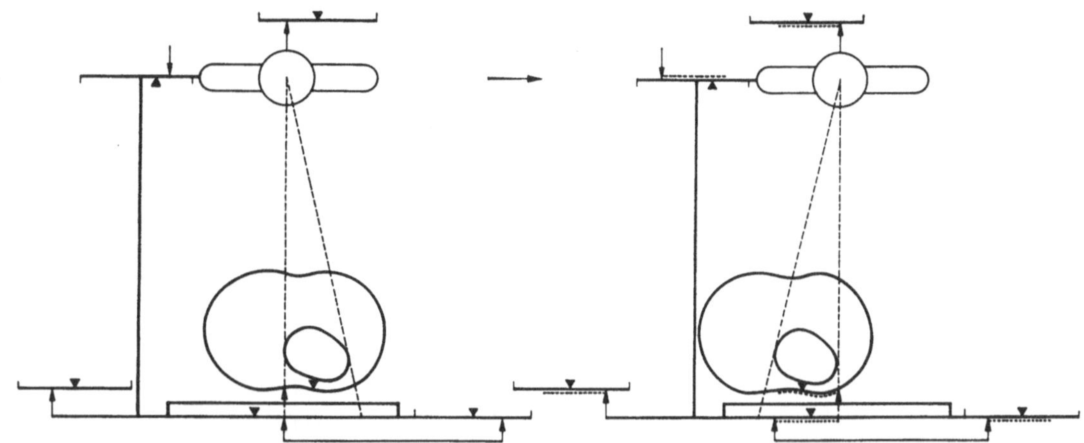

Abb. 12. Prinzip der Orthodiagraphie bei verschiedenen Ausführungsformen.
▼ = Schreibfläche, ↑ = Schreibvorrichtung

Vorteil, daß man das Orthodiagramm lagegerecht in eine vorher oder nachher angefertigte gezielte Herzaufnahme oder auch Fernaufnahme vor deren Entwicklung hineinschreiben kann und so beide Herzdarstellungen auf einem Dokument hat. Einen anderen Vorschlag zu einer etwas umständlich anmutenden Schreibweise des Orthodiagramms hat TAMIYA 1930 gemacht. Er verwendete eine Spezialröhre mit einer sog. Bikathode. Hierbei werden zwei einander gegenüberliegende Kathoden im Rhythmus des Phasenwechsels abwechselnd geheizt und emittieren gegen die parallelgestellten Flächen einer gemeinsamen Anode, wodurch zwei einander genau entgegengesetzt gerichtete Röntgenstrahlenbündel entstehen. Eines davon verläßt die Röhre gewissermaßen nach hinten. Mit ihm wird das Orthodiagramm auf eine hinter der Röhre angeordnete lichtempfindliche Schreibfläche geschrieben, während mit dem nach vorn austretenden Strahl das Herz umfahren wird.

Komplette Orthodiagraphen oder orthodiagraphische Zusätze werden heute nicht mehr hergestellt. Nur wenige Veröffentlichungen der letzten Jahrzehnte lassen erkennen, daß heute vereinzelt überhaupt noch orthodiagraphiert wird. Welche Gründe sind hierfür maßgebend? Einmal war es die Fernaufnahme, die das Orthodiagramm abgelöst hat, und zum anderen die technische Entwicklung der Durchleuchtungsgeräte, bei denen die Einheit Röhre-Leuchtschirm von Jahr zu Jahr immer schwerer wurde und heute eine solche Masse darstellt, daß man sie nicht mehr ohne Schwierigkeiten eine vorgegebene Figur beschreiben lassen kann. Nicht zuletzt sind es jedoch auch Strahlenschutz und Zeitmangel, welche uns heute nicht mehr erlauben, bei einer Thoraxdurchleuchtung zusätzlich mehrere Minuten orthodiagraphisch zu arbeiten.

3. Orthodiametrie

Nachdem die Orthodiagraphie teils infolge der konstruktiven Änderungen an den Durchleuchtungsgeräten, teils aus Gründen des Strahlenschutzes und — wir wollen es ruhig sagen — teils auch aus Zeitmangel und einer gewissen Bequemlichkeit der Untersucher verlassen wurde, gab es keine einfache Möglichkeit mehr, die Herz- und Aortenmaße während der Durchleuchtungskontrolle zu messen. Die Kardiologen alter Schule, die noch selbst orthodiagraphiert hatten, haben in Vorträgen und Publikationen des öftern ihr Bedauern hierüber ausgedrückt und immer wieder betont, daß die mittels der Orthodiagraphie gewonnenen Erkenntnisse und Werte nicht einfach mit denen der Herzfernaufnahme verglichen werden dürfen. Ganz vereinzelt wurde bis in die jüngste Zeit mit zum Teil altem Instrumentarium doch noch orthodiagraphiert, so z. B. von A. WEBER in Bad Nauheim. Eine Wiener Firma hat sogar bis in die Jahre vor dem letzten Krieg ein orthodiagraphisches Zeichengerät als Zusatzeinrichtung zu vorhandenen Durchleuchtungs-

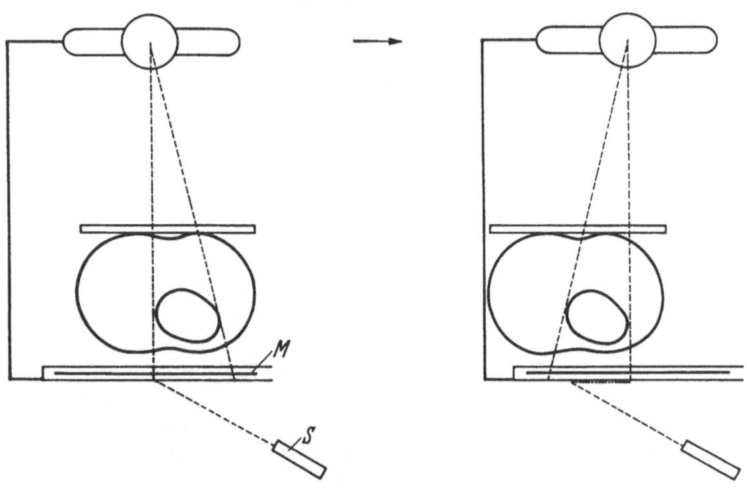

Abb. 13.

Prinzip der Orthodiametrie. *M* Meßplatte mit Maßstab, *S* Spaltlampe

geräten hergestellt. Bei den neuen, noch schwerer gewordenen Zielgeräten ist auch dies kaum mehr möglich. Ein Altmeister der Herzröntgenologie, H. DIETLEN, hat daher in seiner Rieder-Vorlesung auf der Tagung der Deutschen Röntgengesellschaft 1954 in Wiesbaden wörtlich gesagt: „Wer orthodiagraphiert aber heute noch? Vielleicht erfährt die Orthodiagraphie durch das physikalisch einwandfreie und dabei mit jedem modernen Durchleuchtungsgerät — im Stehen und Liegen — durchführbare Verfahren von H. BÜCHNER einen neuen Aufschwung." Welche Gedanken und Ziele müssen einem bei der Suche nach einer neuen Durchleuchtungs-Meßmethode für das Herz leiten? Unter Würdigung der Bedeutung der Orthodiagraphie, der Unzulänglichkeiten der Fernaufnahme, des Standes der technischen Entwicklung der Durchleuchtungsgeräte sowie ihrer weiteren Entwicklungstendenz, unter Würdigung der Bedenken gegen eine Verlängerung der normalen Durchleuchtungszeit und unter Beachtung des Strahlenschutzes müssen wir an eine neue Methode folgende Forderungen stellen: Ihre Maße sollen mit den früheren Maßen der Orthodiagraphie völlig identisch sein und sie sollen im Gegensatz zu den Maßen der Fernaufnahme wieder in kontrollierbarer Atemlage der Zwerchfelle und in wählbarer und kontrollierbarer Aktionsphase des Herzens gewonnen werden. Die Methode soll an jedem heute gebräuchlichen Durchleuchtungsgerät während einer Routinedurchleuchtung sofort durchführbar sein und auch bei noch schwerer werdenden Zielgeräten und Weiterführung der Zielautomatik (inzwischen ist dies bereits geschehen) noch möglich sein. Die normale Durchleuchtungszeit darf nicht merklich verlängert werden und die Vorschriften des Strahlenschutzes müssen beachtet werden. Es muß also mit kleinen Feldern gemessen werden können und es dürfen keine Hilfsmarken während der Durchleuchtung im Strahlengang angebracht werden.

Alle obigen Forderungen konnten mit der 1951 vom Verfasser angegebenen Orthodiametrie erfüllt und eingehalten werden. Wie ihr Name schon ausdrückt, ist sie mit der Orthodiagraphie eng verwandt. Im Gegensatz zur Orthodiagraphie, bei welcher die gesuchten Maße meist nur über den Umweg einer graphischen Darstellung zu erhalten waren — für die Herzform haben wir heute ja die Fernaufnahme —, gestattet die Orthodiametrie ein direktes Ablesen der absoluten Maße auf dem Leuchtschirm ohne den Umweg über die Aufzeichnung. Es gab allerdings auch Orthodiagraphen, bei denen die Maße direkt an Skalen mittels eines entlanglaufenden Zeigers abgelesen werden konnten, so etwa bei dem von LEVY-DORN (1904) angegebenen und von Reiniger, Gebbert & Schall in Erlangen gebauten orthodiagraphischen Zeichenstativ für vertikale und horizontale Untersuchungen. Hiermit kommen wir übrigens zu einer weiteren Forderung für eine exakte Herzmeßmethode, sie muß in allen Körperlagen ausführbar sein. Die Herzfernaufnahme kann ohne besonderen technischen Aufwand nur im Stehen angefertigt werden. Mit der Orthodiametrie kann an den umlegbaren Durchleuchtungsgeräten im Stehen und im Liegen sowie in jeder Zwischenlage gemessen werden.

Voraussetzung für die Durchführung der Orthodiametrie ist ein gekuppeltes Röhren-Schirm-System, wie es heute bei allen Durchleuchtungsgeräten vorliegt. Abb. 13 zeigt das Prinzip der Methode.

An Stelle einer Filmkassette wird in das Zielgerät eine Meßplatte mit einem Röntgenschatten gebenden Maßstab gestellt und bei der Durchleuchtung hinter den

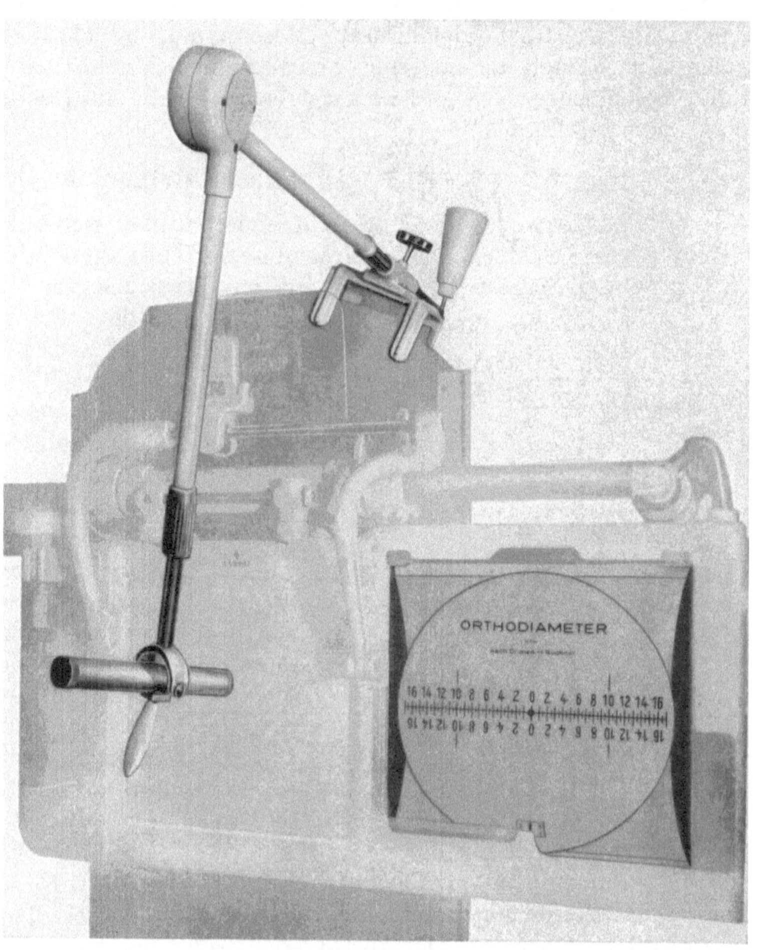

Abb. 14. Orthodiameter an einem umlegbaren Durchleuchtungsgerät

Leuchtschirm geschoben. Der Maßstab ist um 360° drehbar, so daß in allen Richtungen gemessen werden kann. Er erscheint zusammen mit dem Objekt in der gleichen Bildebene, der Fluorescenzschicht des Leuchtschirms, und scheidet damit alle Parallaxenfehler aus, die beim Messen auf der dicken Bleiglasplatte entstehen können. Das Röntgenbild des Maßstabes erscheint als unverzeichnete Zentimeterskala in der gleichen Schattenqualität wie das zu messende Objekt. Von einem Nullwert in der Mitte des Maßstabes läuft die Zentimeterteilung nach beiden Seiten. Zu Beginn des Orthodiametrierens wird die lange Nullinie durch entsprechende Schirmverschiebung an das eine Ende der zu messenden Strecke gebracht (Abb. 13a). In dieser Stellung wird der Nullwert des Maßstabes auf dem Leuchtschirm mit einem auf die Nullinie projizierten Lichtspalt markiert, der von einer fest im Raum montierten Spaltlampe kommt. Jede Bewegung des Leuchtschirmes in seiner Ebene und in Richtung des Maßstabes wird von diesem Lichtspalt fortlaufend in ihrem wahren Ausmaß angezeigt. Wird die Nullinie des Maßstabes vom einen Ende der zu messenden

Strecke mittels Schirmverschiebung zum anderen Ende gebracht, so zeigt der Lichtspalt auf dem Maßstab den zurückgelegten Weg in Zentimeter an (Abb. 13b). Dieser Weg entspricht genau der Distanz, um welche die mit der Nullinie kenntlich gemachte Strahlenebene parallel zu sich selbst verschoben wurde und ist damit der Parallelprojektion des gemessenen Objektes gleichzusetzen (vgl. auch Abb. 37, S. 56 u. 57).

Das pulsierende Herz wird zwischen zwei parallelen Ebenen gemessen, die einzig richtige Möglichkeit, von einem unregelmäßig geformten, seine Größe fortwährend ändernden Objekt, die maximale Ausdehnung in einer bestimmten Richtung zu messen. Auch wenn das Herz einer direkten Messung zugänglich wäre, würde man es nicht anders ausmessen können, als zwischen den parallelen Meßbacken einer entsprechend zugerichteten Schieblehre. Die orthodiametrischen Maße sind somit identisch mit den orthodiagraphischen Maßen.

4. Parallaktische Orthodiametrie

Von SZENES wurde 1950 ein einfaches parallaktisches Meßverfahren mitgeteilt, das sich an jedem Durchleuchtungsgerät ohne ein Zusatzgerät durchführen läßt. Der Leuchtschirm wird so eingestellt, daß ein auf den Tisch gelegter Maßstab von 10 cm Länge auf dem Schirm 20 cm mißt. Hierdurch ist zwischen Focus-Schirmdistanz und Focus-Tischdistanz ein Verhältnis von 2:1 hergestellt und der Abstand Focus-Tischplatte ist gleich dem Abstand Tischplatte-Fluorescenzschicht. Diese Schirmstellung wird am Schirmauszug für spätere Messungen markiert. Sie darf während des Messens nicht verändert werden, der Schirm muß also in Richtung Röhre—Untersucher fixiert werden. Vor dem Messen wird auf die Tischplatte etwa in Tischmitte und etwa in Organhöhe eine kleine Bleimarke geklebt. Das eine Ende der zu messenden Strecke wird in den Zentralstrahl gebracht. In dieser Einstellung wird die Stellung der Bleimarke auf dem

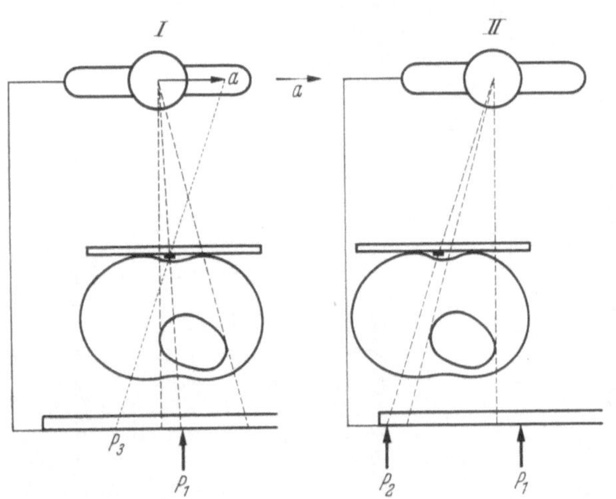

Abb. 15. Parallaktische Größenbestimmung nach SZENES

Schirm (P_1 in Abb. 15) mit Fettstift markiert. Hierauf wird der Zentralstrahl zum anderen Ende der Meßstrecke gebracht und die neue Stellung der Bleimarke wird auf dem Schirm (P_2 in Abb. 15) markiert. Der Abstand der beiden Schirmmarken entspricht dann genau der doppelten Objektgröße. Das Prinzip der Methode beruht auf der Tatsache, daß die Objektparallaxe (P_1—P_3 in Abb. 15) eines in der Mitte zwischen Focus und Schirm befindlichen Objektes bei Verschiebung der Röhre allein genau dem Betrag der Röhrenverschiebung (a in Abb. 15) entspricht. Da bei gekuppeltem Schirm-Röhrensystem jedoch der Schirm um den gleichen Betrag in gleicher Richtung verschoben wird wie die Röhre, so erscheint die Objektparallaxe auf dem Schirm doppelt so groß wie die Röhrenverschiebung.

Die Szenessche Methode eignet sich sehr gut zum Messen kleinerer Strecken, wie etwa der Aortenbreite. Bei größeren Strecken hat man jedoch mit der Methode Schwierigkeiten, da dann die Bleimarke aus dem Leuchtschirm auswandert. Es muß dann oft mehrmals ihre Lage auf dem Tisch nachkorrigiert werden. Manchmal verschwindet die Marke auch hinter einem dichteren Schatten. Beim Anbringen der Fettstiftmarken auf der Bleiglasplatte des Leuchtschirms ist auf den Parallaxenfehler zu achten, der durch die Dicke der Glasscheibe entstehen kann. Ein anderer Meßfehler kann dadurch entstehen, daß mit der Methode nicht zwischen parallelen Ebenen, sondern zwischen zwei Punkten gemessen wird. Dies trifft vor allem für den größten queren Herzdurchmesser und die

Herztiefe zu. Hier müssen auf dem Schirm durch die beiden Punkte erst Parallele gezogen werden und deren Abstand muß gemessen werden. Auf eine weitere Schwierigkeit hat SZENES bereits hingewiesen. Bei einem Vergrößerungsverhältnis von 2:1 ist bei den meisten Untersuchungsgeräten der Leuchtschirm zu dicht am Patienten bzw. der Tischplatte. Man muß daher eine Vergrößerung von mehr als 2:1 nehmen. Damit kann aber der Abstand der beiden Schirmmarken nicht mehr mit einem Normalmaß direkt gemessen werden, sondern muß umgerechnet werden oder man muß sich einen gedehnten Maßstab selbst herstellen.

In Anlehnung an die Orthodiametrie wurde das Szenessche Verfahren vom Verfasser zur parallaktischen Orthodiametrie modifiziert, um die oben gezeigten Fehlermöglichkeiten und Durchführungsschwierigkeiten auszuschalten.

Um das Auswandern der Bleimarke aus dem Schirmbild und um Höhenkorrekturen zu vermeiden, wurde die Bleimarke durch drei Drähte von etwa 20 cm Länge ersetzt, die im Abstand von je 5 cm auf Pappe geklebt oder in Holz eingelassen sind (Abb. 16a). Damit auch bei einem günstigeren Vergrößerungsverhältnis als 2:1 direkt abgelesen werden kann, um Parallaxenfehler der Bleiglasplatte auszuschließen und um zwischen parallelen Ebenen messen zu können, wurde ein gedehnter Maßstab 2,2:1 mit Bleimarken und Bleizahlen in eine Meßplatte eingelegt (Abb. 16b). Analog der Meßplatte

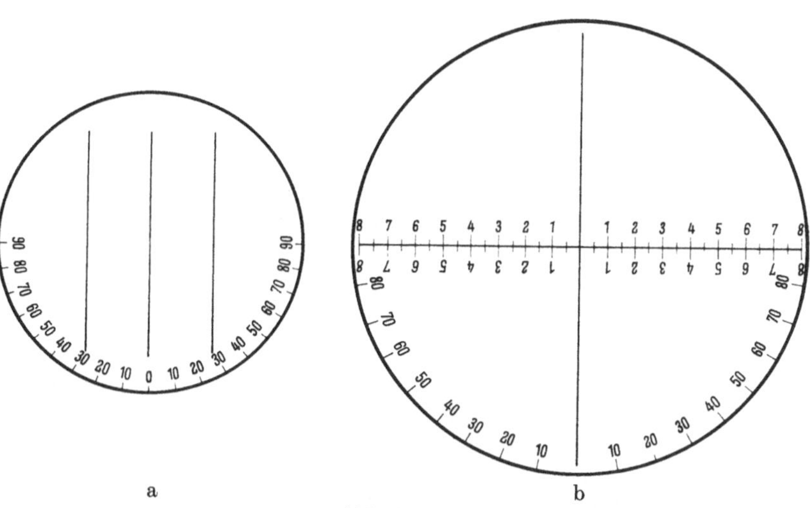

a
b
Abb. 16a u. b.
Drahtmarken (a) und Meßplatte (b) zur parallaktischen Orthodiametrie

zum Orthodiameter wird diese an Stelle einer Filmkassette hinter den Leuchtschirm gegeben. Es ist aber auch möglich, den Maßstab auf einen abgewaschenen Röntgenfilm zu zeichnen und vor dem Schirm zu benützen.

Von den drei langen Drahtmarken bleiben zwei auch bei größeren Schirmverschiebungen immer auf dem Leuchtschirm sichtbar. Der Schirm kann durch Verschieben innerhalb seiner Ebene stets so eingestellt werden, daß eine davon den Maßstab an gut sichtbarer Stelle schneidet. Der bekannte Abstand der Drahtmarken von 5 cm erleichtert und beschleunigt vor jedem Messen das Einstellen des Leuchtschirms in die richtige Ebene, ohne daß am Schirmauszug eine Markierung angebracht werden muß. Der Schirm wird so lange in Richtung Röhre—Untersucher verschoben, bis die Drahtmarken auf dem Maßstab des Leuchtschirmes einen Abstand von je 5 cm anzeigen (der wirkliche Abstand ihrer Leuchtschirmbilder beträgt bei einem Vergrößerungsverhältnis von 2,2:1 dann 11 cm). Hiermit ist der Schirmabstand zum Messen exakt geeicht. Die praktische Durchführung der parallaktischen Orthodiametrie ist im speziellen Teil im Kapitel über die Herzgrößenbestimmung beschrieben.

5. Orthoradiographie

Die Orthoradiographie steht zwischen Orthodiagraphie und Fernaufnahme. Man findet in der Literatur für diese Methode auch Bezeichnungen wie *Orthophotographie*, *Orthoröntgenographie* oder *orthogonale Aufnahme* (HAENISCH 1905, ALBERS-SCHÖNBERG 1905 und 1910, GILLET 1906, HOFFMANN 1907, KAISIN 1908, DE AGOSTINI 1910). Sie arbeitet mit einem schmal ausgeblendeten zentralen Strahlenbündel. Entlang der Organkontur werden mit diesem kleinen Feld mehrere Aufnahmen angefertigt, wobei man Feld dicht an Feld setzen kann, nur die Endpunkte aufnimmt oder kontinuierlich umfährt. Man muß sich allerdings darüber klar sein, daß innerhalb des jeweiligen Feldes ein filmparalleles Objekt — und sei das Feld auch noch so klein ausgeblendet — die gleiche Röntgen*vergrößerung* hat wie bei dem gleichen Röhrenabstand am Rande eines großen Feldes. Von Feld zu Feld besteht dagegen keine nennenswerte Röntgen*verzeichnung*. Strenggenommen sollten die Bezeichnungen Orthoradiographie oder Orthoröntgenographie nur der Aufnahmetechnik vorbehalten bleiben, bei welcher zum Zwecke der Radiometrie zwei Röntgenaufnahmen an den Enden der zu messenden Strecke angefertigt werden. Es ist dabei für das Messen selbst gleichgültig, ob mit einem kleinen zentralen Feld oder mit großem Feld gearbeitet wird und welche Stellung der Zentralstrahl einnimmt. Nur eines ist von ausschlaggebender Bedeutung: Die Stellung des Vertikalstrahls. Der senkrecht auf den Film auftreffende Strahl muß durch den Endpunkt der zu messenden Strecke gehen bzw. in seiner unmittelbaren Nachbarschaft stehen (vgl. Abb. 63, S. 114). Die Orthoradiographie wird heute noch beim Messen der langen Röhrenknochen und bei Beckenmessungen angewandt und ist im speziellen Teil in den betreffenden Kapiteln nochmals näher beschrieben. Aber selbst für die Herzmessung wurde die Methode in neuerer Zeit wieder aufgegriffen und von SAVCENCOV (1953) als totale Orthoröntgenographie des Herzens und der Aorta beschrieben. Hierbei wird mit einem 3×3 cm großen Feld das gesamte Gebiet nacheinander Feld an Feld belichtet und es werden bis zu 100 Expositionen gemacht.

6. Mitphotographieren von Maßstäben (Isometrie)

Von allen Verfahren zur Größenbestimmung auf Röntgenfilmen haben die Methoden der mitphotographierten Vergleichsmaßstäbe — im angelsächsischen Schrifttum auch Isometrie genannt — bei weitem die größte Verbreitung gefunden. Sie beruhen alle auf der eingangs aufgestellten Grundregel (II), wonach alle Objekte in gleicher filmparalleler Ebene unabhängig von ihrer Lage zum Vertikalstrahl und zum Zentralstrahl gleich stark vergrößert werden (BÜCHNER 1951, 1959). Wie im Kapitel über die Geometrie des Röntgenbildes bereits ausführlich geschildert, ist jedoch die gegenteilige Meinung von der Bedeutung des Zentralstrahls bzw. der Lage der zu messenden Strecke zu diesem Strahl weit verbreitet, da sie ohne nähere kritische Prüfung recht einleuchtend ist.

Diese falsche Ansicht von der Bedeutung des Zentralstrahls war auch der Grund, daß manche Methoden mit Vergleichsmaßstäben unnötig kompliziert gestaltet wurden. Es ist weder nötig, den Vergleichsmaßstab in das Rectum einzuführen (GUTHMANN 1928, NAENDRUP 1938), noch ihn nach Entfernung des Patienten in gleicher Ebene gesondert aufzunehmen oder in das Röntgenbild mit einer zweiten Exposition hineinzuprojizieren (ATTWOOD 1952, COE 1952), wie dies für die Schenkelhalsmessung bzw. Beckenmessung vorgeschlagen wurde.

Wie aus Abb. 2 und deren Beweisführung ersichtlich, genügt es, wenn der Maßstab in der Ebene des Objektes irgendwo außerhalb des Körpers in beliebiger Richtung im Vergleich zur Richtung der zu messenden Strecke mitphotographiert wird. Es wurde nämlich auch die Richtung des Vergleichsmaßstabes bei einigen Methoden ängstlich beachtet. So hat GRANZOW (1930) den Maßstab bei der Beckenmessung *sterilisiert*, vor Vulva und Damm gelegt und mit einer eigenen Haltevorrichtung fest in die Weichteile gepreßt, um ihm etwa die gleiche Richtung mit der Conjugata vera zu geben und ihn möglichst dicht neben dieser zu haben. Selbst in neuerer Zeit wird diese Lage des Maßstabes noch empfohlen (ARESIN und MÖBIUS 1952). Die einfachere, für *alle* Beteiligten auch sicher angenehmere Anordnung ist jedoch ein unsteriler Maßstab im Kreuz der Patientin.

Wie fest diese irrige Auffassung von der Bedeutung des Zentralstrahls im radiometrischen Gedankengut verankert ist und wie bedenkenlos die geometrischen Ausführungen und Voraussetzungen des einen Autors vom anderen übernommen werden, zeigt NAENDRUP (1938), wenn er zur Begründung seines zur Einführung in das Rectum konstruierten Maßstabes die Granzowsche Forderung wiederholt und wörtlich schreibt: „... hat GRANZOW die Voraussetzungen formuliert, unter denen ein gleichzeitig mit der Conjugata vera photographierter Maßstab im gleichen Verhältnis, wie diese selbst, vergrößert wird: 1. Conjugata vera und Maßstab müssen sich in ein und derselben plattenparallelen Objektebene befinden. 2. Das zur Messung der Conjugata vera verwendete Stück des Maßstabes muß zum Zentralstrahl der Röhre dieselbe Lage in der Objektebene einnehmen wie die Conjugata vera selbst."

NAENDRUP stützt sich dabei auf die folgende Stelle bei GRANZOW (1930), welcher sogar noch eine Zeichnung beigefügt ist, die diese irrige Auffassung beweisen sollte: „Wann werden die Schattenbilder dieser zwei Stäbe (gemeint sind zwei gleich große Testobjekte in gleicher filmparalleler Ebene. Der Verf.) auf der Platte die gleiche Länge haben? Das wird dann der Fall sein, wenn die sie erzeugenden Ausschnitte des gesamten Strahlenkegels der Röntgenröhre nur Strahlen von gleicher Divergenz enthalten. Alle Strahlen aber, die von dem senkrecht durch Objektebene und Plattenebene hindurchgehenden Zentralstrahl dieselbe Entfernung haben, bilden den gleichen Winkel mit diesen beiden Ebenen und haben demnach den gleichen Grad an Divergenz." An diesen Ausführungen GRANZOWS ist übrigens nichts falsch, was die Divergenz der Röntgenstrahlen betrifft. Auch die beigefügte Zeichnung ist in dieser Hinsicht richtig. Falsch ist nur die auch heute noch weitverbreitete Auffassung, daß die Divergenz der Röntgenstrahlen für das gleiche filmparallele Objekt außerhalb des Zentralstrahls größer sei als im Bereich des Zentralstrahls (vgl. Abb. 2).

Die Meinung: Je stärker die Divergenz der Röntgenstrahlen gegenüber dem Zentralstrahl, desto stärker die Röntgenvergrößerung — ist falsch.

Die bisher angegebenen *Röntgenmaßstäbe* bestanden entweder aus einer zusammenhängenden Metallstrecke mit Einkerbungen, Löchern oder anderen Markierungen alle Zentimeter und seltener alle halbe Zentimeter, oder sie bestanden aus Röntgenschatten gebenden Stiften oder Marken, die in einen Holz- oder Kunststoffmaßstab eingelassen waren. Der vom Verfasser 1953 angegebene und später zu beschreibende Maßstab hat zum erstenmal die Millimeterteilung gebracht. Die nachträglich mit einer zweiten Exposition in das noch nicht verarbeitete Röntgenbild vor der Entwicklung hineinprojizierten Vergleichsmaßstäbe bestehen aus Bleiplatten mit siebförmig angeordneten Löchern oder skalenförmig angeordneten Schlitzen.

Wichtig ist es, zu wissen, daß bei dem Mitphotographieren eines bekannten Vergleichsobjektes, sei es nun ein richtiger Maßstab oder auch nur eine Vergleichsmarke bekannter Größe, alle Objekte in der gleichen Ebene auf dem Film abgegriffen werden können und durch Übertragung des Abgriffs auf den mitphotographierten Maßstab direkt in ihrem wahren Maß abgelesen werden können. Wird nur eine Vergleichsmarke mitphotographiert oder soll die bekannte Distanz zwischen zwei Marken als Vergleichsstrecke dienen, so muß die unbekannt vergrößerte Filmstrecke mit der vergrößerten Marke als bekanntem Reduktionsmaßstab abgeschritten werden oder es muß das gesuchte Objektmaß aus dem vergrößerten Objektmaß, der vergrößerten Marke und der bekannten Markengröße mittels einfacher Proportionalgleichung errechnet werden nach der Formel:

$$a = a' \cdot \frac{b}{b'},$$

worin a gleich dem gesuchten Objektmaß, a' gleich dem Filmmaß des Objektes, b gleich dem wirklichen Maß des Vergleichsobjektes und b' gleich dessen Filmmaß gesetzt ist.

Ein weiteres wichtiges Argument, das für das Mitphotographieren von graduierten Vergleichsmaßstäben spricht, ist die Tatsache, daß jeder Nachuntersucher ohne Kenntnis der Aufnahmetechnik die Filme ebenfalls ausmessen kann, und daß dies selbst noch auf der unbekannt verkleinerten Wiedergabe im Diapositiv, auf einem Papierabzug oder in

einem gedruckten Klischee möglich ist. Selbst auf einem Röntgenschirmbild wurde mit
dieser Methode schon gemessen. GUBNER und UNGERLEIDER (1944) haben dies für die
Herzmessung auf dem 35 mm Schirmbildfilm ausführlich beschrieben und die Exaktheit
bewiesen.

Das Mitphotographieren von Vergleichsmaßstäben ist von mehreren Autoren auch für
die Schichtaufnahme vorgeschlagen worden (BÜCHNER und WIELAND 1952, FRANKE 1954).
Hier braucht der Maßstab nur in der Schichtebene mitgeschnitten zu werden, oder es wird
eine vertikale Zentimeterteilung über alle Schichten zugleich (Simultanschichtaufnahme!)
angeordnet (MACHANIK und LIEBERMAN 1953). Zum Mitschneiden bei Simultanschicht-
aufnahmen eignet sich auch das Röntgen-Tiefenlot (Abb. 20), dessen Skala F sich über eine Schichttiefe von 20 cm erstreckt und alle halbe Zentimeter einen Vergleichs-maßstab von 1 cm Länge bietet, welcher in jeder Schicht scharf abgebildet wird. Das Instrument kann auch bei Einzel-schichtaufnahmen mitphotographiert wer-

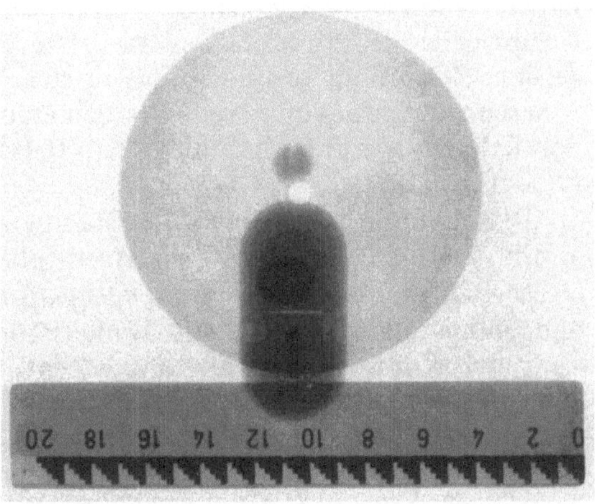

a   b

Abb. 17a u. b. Teststrecke zur Orthodiametrie. a Das Gerät, b dessen Röntgenbild

den, wenn die Schichttiefe des zu messenden Objektes bzw. der zu messenden Distanz
vorher nicht genau bekannt ist. Man hat dann mit Sicherheit in der fraglichen Schicht
nicht nur einen Vergleichsmaßstab bekannter Länge, sondern kann auch an der Tiefenlotskala die jeweilige Schichttiefe kontrollieren.

Für die vielen Meßmethoden, die mit mitphotographierten Vergleichsmaßstäben
arbeiten und im speziellen Teil näher besprochen werden, wurde vom Verfasser ein Vergleichsmaßstab angegeben (1952, 1953), der entsprechend den methodischen Anforderungen
an einer Stativsäule parallel zum Film bleibend in der Höhe verstellt werden kann, auch
in vertikaler Stellung benützt werden kann und das Ablesen von Millimetern gestattet.
Es ist ein ganz aus strahlendurchlässigem Kunststoff gearbeitetes Gerät (Abb. 17a). Der
Maßstab ist mit großen (1 cm) und kleinen (2 mm) Stufen treppenförmig unterteilt in den
Kunststoff eingelegt. Auf der Röntgenaufnahme (Abb. 17b) sind die feinen Stufen auch
dann noch sicher zu erkennen, wenn der Film an dieser Stelle stärker geschwärzt sein sollte.
Ist der Maßstab einmal einer härteren Strahlung frei Luft ausgesetzt (Beckenmessung),
so wird er vor Überstrahlung dadurch geschützt, daß das ganze Gerät auf eine Kupferfolie
oder dünne Bleifolie gestellt wird. Es ist übrigens nicht so sehr die Primärstrahlung,
die in solchen Fällen den Maßstab etwas schwer lesbar macht, sondern die vom Patienten
kommende Streustrahlung, die mit den untergelegten Folien leicht abgefangen werden

kann. Bringt man nämlich die Folien unmittelbar unter der Skalenplatte an, so sind sie fast wirkungslos.

Der Maßstab wird jeweils in die Ebene des zu messenden Objektes gestellt. Höhenunterschiede zwischen Objektebene und Maßstabebene von 1—2 cm, die sich in der Praxis außer in der Körpermittellinie kaum umgehen lassen, bedingen bei den üblichen Aufnahmeabständen von 1 m und mehr keinen nennenswerten Meßfehler. Er errechnet sich selbst für ein ungünstiges Verhältnis von 100 cm Focusabstand und 20 cm Objekt-Filmabstand bei einer Fehleinstellung von ± 2 cm für eine Meßstrecke von 10 cm mit nur rund 2 mm. Ebenso gering ist der Meßfehler, wenn Objektebene und Filmebene bzw. Maßstabebene nicht genau parallel stehen. So war man bei der Messung des Schenkelhalses, der mit der Filmebene im allgemeinen einen Winkel von 12° bildet, darauf bedacht, die Abwinkelung durch maximale Innenrotation auszugleichen oder den Vergleichsmaßstab um den Winkel zu neigen (ATTWOOD 1952). Für die Beckenmessung wurde sogar eine Wasserwaage angegeben (RUCKENSTEINER 1954). Dieses Vorgehen entspricht, gemessen an der röntgenologischen Abgrenzungsungenauigkeit der zu messenden Strecke und gemessen an dem praktischen Nutzen, einer Pseudogenauigkeit. VAN BRUNT (1956) konnte nachweisen, daß ein Neigungswinkel bis zu 15° bei der Schenkelhalsmessung vernachlässigt werden kann und WIELAND (1954) hat den Meßfehler für einen Winkel von 12° und eine Meßstrecke von 10 cm mit 2,02 mm angegeben. Für die Beckenmessung haben wir selbst (1952) den Fehler mit der gleichen Größenordnung errechnet.

Es muß in diesem Zusammenhang jedoch betont werden, daß andererseits schiefstehende Strecken innerhalb des Körpers durch eine Schiefstellung des Vergleichsmaßstabes außerhalb des Körpers nicht ohne weiteres gemessen werden können (vgl. Abb. 3). Die Bestimmung der wahren Länge und Winkellage einer beliebig im Raum stehenden Strecke ist, abgesehen von der Stereogrammetrie, auf Röntgenaufnahmen nur mit der Röntgentiefenlotung (vgl. S. 152) und mit dem „veränderlichen Winkel" von CALDER (1956, 1957) möglich.

7. Spaltblendenverfahren (Skanographie)

Das Verfahren wurde 1905 von ALBERS-SCHÖNBERG erstmalig erwähnt, später mehrmals wiederentdeckt und wird selbst in neuerer Zeit immer wieder unter anderen Namen beschrieben: 1953 von SCHALTENBRAND als „Orthoröntgenographie", 1958 von HERZOG als „Rollmeßbild" und 1961 von PICCHIO als „Orthoradiographie". Bei diesem Verfahren wird die Aufnahme nur mit einem durch einen Spalt schmal ausgeblendeten Strahlenbündel belichtet, welches während der Expositionszeit durch kontinuierliche Röhrenverschiebung parallel zu sich selbst über den Film wandert. In Richtung der Röhrenverschiebung findet dann keine Verzeichnung statt, in allen anderen Richtungen treten die Verzeichnung und Vergrößerung der zentralen Projektion jedoch mehr oder weniger stark auf. Die Spaltaufnahmen eignen sich nur zum Messen in einer bestimmten Richtung und lassen kaum eine andere Beurteilung zu, da sie eine mehr oder weniger starke Bänderung aufweisen. Im Prinzip ist es gleichgültig, ob die Röhre gegenüber dem Patienten oder der Patient gegenüber der Röhre bewegt wird. In der Anwendung für die Herzmessung wurde ursprünglich der Patient durch Seitenverschiebung an dem schmalen Strahlenbündel vorbeibewegt, später wurde jedoch nur noch die Röhre gegen den Patienten bewegt. Es muß zum Messen übrigens nicht die ganze Meßstrecke abgefahren werden, es genügt auch, wenn mit einem schmal ausgeblendeten Strahlenbündel etwa von beiden Herzrändern eine orthogonale Aufnahme angefertigt wird. Eine ähnliche Aufnahmetechnik ist die *Orthometrie* von SCHWARZ (1956) zur Beckenmessung. Hiermit haben wir jedoch das eigentliche Spaltblendenverfahren bereits verlassen und befinden uns bei der Orthoradiographie. Es ist hieraus aber ersichtlich, daß das Spaltblendenverfahren letzten Endes nichts anderes ist, als die Aneinanderreihung vieler Orthoradiogramme. Auf das Spaltblendenverfahren wird im Kapitel über die Knochenmessungen im speziellen Teil nochmals eingegangen werden.

8. Dreidimensionale Meßmethoden

Eine Volumenbestimmung und Organmodellierung ist vor allem beim Herzen von besonderem Interesse, können doch Größenveränderungen und Formveränderungen eines räumlichen Gebildes mit Streckenmessungen oder Flächenmessungen aus seinen Projektionen nie so exakt erfaßt werden, wie mit einer Volumenbestimmung oder Organmodellierung.

Neben der Bestimmung des Herzvolumens spielen andere röntgenologische Volumenbestimmungen am Schädel (FUCHS und BAYER 1954, BERGERHOFF 1957), an den Lungen (LAVENNE u. Mitarb. 1954), an der Gallenblase (TOULET 1953, WIESER 1954) und am Nierenbecken (JÄGER 1957) nur eine untergeordnete Rolle. Der Anreiz zu einer Organmodellierung ging wahrscheinlich von der Orthodiagraphie aus. So war es auch MORITZ (1907), der zuerst mittels der von ihm wenige Jahre zuvor entwickelten Orthodiagraphie ein grobes Raummodell des Herzens aus zwei Orthodiagrammflächen zusammensetzte. Auf dem orthodiagraphischen Prinzip beruhen auch die Methoden und Apparate von GROEDEL (1921), LYSHOLM (1926) und SCHATZKI (1928). Statt ein Orthodiagramm zu schreiben, wurde mit einem mechanischen Zentralstrahl aus Draht oder einer Klaviersaite aus einem Tonblock ein Herzmodell herausgearbeitet. Patient und Tonblock drehten sich auf gekoppelten Töpferscheiben. PALMIERI (1920, 1929) und BREDNOW (1932) haben zum Modellieren Fernaufnahmen herangezogen und den Strahlengang mittels gespannter Fäden oder Drähte rekonstruiert. WEGELIUS (1934) hat ein eigenes Untersuchungsgerät mit drei Röhren angegeben und gelangt ebenfalls durch Rekonstruktion des Strahlenganges und Rückprojektion der Aufnahmen zu einem Organmodell. Er zeigt übrigens nicht nur Herzmodelle, sondern auch Moulagen anderer Organe. Alle diese Methoden — so wichtig und instruktiv sie auch sind — bleiben ihrer Umständlichkeit wegen jedoch an Bedeutung weit zurück gegenüber den Methoden zur Herzvolumenbestimmung nach ROHRER (1916), KAHLSTORF (1932) und LUDWIG (1939). Sie sind unten im speziellen Abschnitt über die Herzvolumenbestimmung näher beschrieben.

Ursprünglich wurden zur Volumenbestimmung die orthodiagraphischen Maße in zwei Ebenen und eine Orthodiagrammfläche benützt (ROHRER, KAHLSTORF). In etwas abgewandelter Form wurde dann die Orthodiagrammfläche durch das Herzrechteck ersetzt bzw. mit der Ellipsoidformel berechnet und statt des Orthodiagramms wurde die Fernaufnahme benützt (HAMMER 1928, LUDWIG 1939, 1941, SCHWARZ 1946, LARSSON und KJELLBERG 1948).

Sahen die bisherigen Organmodelle stets etwas grob und unbehauen aus, da sie aus wenigen Schattenrissen oder tangentialen Flächen zusammengesetzt waren, so ist einleuchtend, daß die Tomographie sehr bald einen neuen Beitrag zur Organmodellierung und Volumenbestimmung geleistet hat. Man braucht ein beliebig geformtes Organ nur in lauter Scheiben von 1 cm Dicke zerlegt zu denken, um die Bedeutung der Tomographie auf diesem Gebiet zu erkennen. Es wurden sowohl die transversale wie die horizontale Schichtaufnahmetechnik herangezogen (DUHAMEL u. Mitarb. 1953, 1954, FUCHS und BAYER 1953, GEBHARDT 1957, OLIVA 1958, TAKAHASHI u. Mitarb. 1950—1954, VALLEBONA 1948). Schwierigkeiten entstehen bei der Schichtaufnahme durch die mangelnde Abgrenzungsmöglichkeit der Organkonturen gegenüber der normalen Röntgenaufnahme und durch die Vergrößerung und Umrechnung der Filmmaße.

Eine neue Möglichkeit der dreidimensionalen Organdarstellung bietet das vom Verfasser (1959) ausgearbeitete Röntgentopogramm nach einem von SAHATCHIEFF (1925) und von KNOTHE (1928) erstmals beschriebenen Prinzip. Die Methode ist in ihrer zweidimensionalen Anwendung bei der Röntgenlokalisation näher beschrieben (S. 41) und in ihrer dreidimensionalen Anwendung im speziellen Teil bei der Herzvolumenbestimmung (S. 71). Das Röntgentopogramm liefert auf Grund von vier normalen und unbekannt verzeichneten Röntgenaufnahmen beliebig viele Organquerschnitte direkt im Maßstab 1:1. welche unmittelbar zu einem der Wirklichkeit entsprechenden Organmodell zusammengefügt werden können.

9. Röntgentopographie

Bei der Besprechung der dreidimensionalen Meßmethoden wurde das Röntgentopogramm bereits erwähnt. Die Methode der Röntgentopographie wurde vom Verfasser (1959) ursprünglich zur Röntgenlokalisation für chirurgische Eingriffe und zur Herdlokalisation für die Bewegungs- und Stehfeldbestrahlung entwickelt. Sie stellt im wesentlichen auch eine Lokalisationsmethode dar und wird daher erst später bei der Röntgenlokalisation ausführlich besprochen werden. In ihrer Anwendung zur Herzvolumenbestimmung und Herzmodellierung ist ihr im speziellen Teil Raum vorbehalten. Hier, bei der Besprechung der Methoden zur röntgenologischen Größenbestimmung soll daher nur zum Ausdruck kommen, was die Methode ihrem Prinzip nach darstellt und was man mit ihr erreichen kann.

Das Röntgentopogramm stellt eine gezeichnete Körperquerschnittskizze im Maßstab 1:1 dar, die durch Abmodellieren des Körperumfanges gewonnen wurde. In sie können alle mittels Röntgenstrahlen abgrenzbare Objekte und Organe in ihrer natürlichen Form, Lage und Größe zueinander und zur Körperoberfläche als Querschnitte eingezeichnet werden. Das Röntgentopogramm hat daher enge Beziehungen zu den topographisch-anatomischen Körperquerschnitten bzw. den Gefrierschnitten und zur transversalen Schichtaufnahme. Es stellt in gewissem Sinn die auf Normalmaß reduzierte Röntgenskizze einer transversalen Körperschichtaufnahme dar. Ausschlaggebend ist jedoch, daß es auf Grund von zwei bis vier *normalen*, unbekannt vergrößerten und verzeichneten, d.h. in beliebiger Aufnahmetechnik angefertigten Röntgenaufnahmen hergestellt wird. Alles, was auf den Aufnahmen abgrenzbar ist, kann in einen Körperquerschnitt eingezeichnet werden. Es kann durch ein Organ, etwa das Herz, nicht nur ein Querschnitt in einer bestimmten Höhe gelegt werden, sondern es können beliebig viele Querschnitte in wählbarer Höhe gezeichnet werden. Das Röntgentopogramm ermöglicht also — um mit dem Fachausdruck der Tomographie zu sprechen — eine transversale Simultanschichtserie. Hierdurch sind Größenbestimmungen und Distanzmessungen — etwa die Tumor-Hautdistanzen zur Strahlentherapie — nicht nur in einer, sondern in mehreren Körperquerschnittsebenen auf Röntgenübersichtsaufnahmen möglich.

10. Fernaufnahme

Die Fernaufnahme aus 200 cm Röhrenabstand wurde 1905 von Köhler eingeführt. Sie stellt noch heute die Standardtechnik der Thoraxaufnahme dar. In den folgenden Jahren haben Köhler selbst (1906, 1908, 1911) sowie Groedel (1908), Nemenow (1909), Ceresole (1910), Hasselwander (1912), Huismans (1913, 1915), Josné und Laquerrière (1914) und Heilbron (1926) weitere Beiträge zu ihrer Technik und Anwendung als Herzfernaufnahme geleistet. Groedel und Wachter (1926) haben den Wert der sog. Abstandsaufnahme hervorgehoben, welche heute als Groedel- oder Abstandstechnik bei der Hartstrahlaufnahme eine Rolle spielt.

Auch die Aufnahme aus 150 cm wird oft als Fernaufnahme bezeichnet. Bei einer Aufnahme unter 200 cm Focus-Filmabstand sollte man jedoch nicht von einer Fernaufnahme sprechen. Denn selbst die Fernaufnahme aus 2 m hat noch eine so beträchtliche Verzeichnung und Röntgenvergrößerung, daß sie viele Autoren zu einer exakten Herzgrößenbeurteilung nicht für geeignet halten, was auch durch die zahlreich angegebenen Umrechnungstabellen zum Ausdruck kommt (Dietlen 1913, 1923, Hammer 1917, White und Camp 1932, Assmann 1934, Rautmann 1951, Büchner 1953). Man muß sich in diesem Zusammenhang auch daran erinnern, daß die Orthodiagraphie (Moritz 1900) die ältere Methode zur Größenbestimmung ist und daß nach der Einführung der Fernaufnahme lange Jahre der Streit darum ging, welche der beiden Methoden zur Herzgrößenbeurteilung benützt werden soll und ob die Maße der beiden Meßmethoden überhaupt vergleichbar sind. Später haben sich die Unterschiede zwischen beiden Methoden leider etwas verwischt. Die mittels Orthodiagraphie gewonnenen Erkenntnisse, so z.B. die Herz-Lungenkorrelation nach Groedel, wurden ohne weiteres auf die Fernaufnahme übertragen, man sprach von einem praktisch parallelen Strahlengang der Fernaufnahme. Es wurde hier nicht zuletzt aus der Not eine Tugend gemacht und die exaktere, aber unbequemere Untersuchungsmethode mit der weniger exakten, aber bequemeren vertauscht. Die Vergrößerung der Fernaufnahme aus 200 cm und die der Aufnahme aus 150 cm ist jedoch keineswegs zu vernachlässigen. Im allgemeinen beträgt die Röntgenvergrößerung 5—10% für die Herzmaße. Dies entspricht einem Projektionsverhältnis (FFA/FOA) von 200/190 bis 200/180 bzw. 150/142,5 bis 150/135. Für seitliche Thoraxaufnahmen muß in vielen Fällen eine noch stärkere Vergrößerung angenommen werden. Selbst bei einem Röhrenabstand von 6 m (!) würde bei einem Herz-Filmabstand von 15 cm ein Herzdurchmesser von 12 cm noch um 0,3 cm vergrößert werden.

Ein weiteres Moment, welches die gebräuchliche Fernaufnahme zur exakten Beurteilung der Herzgröße ungeeignet macht, ist die Ungewißheit, in welcher Aktionsphase das Herz getroffen wurde, sowie die Unsicherheit über die Atemlage und die Druckverhältnisse im Thoraxraum. Es ist sehr leicht möglich, daß der Patient bei tiefem Inspirium statt lediglich den Atem anzuhalten unwillkürlich preßt und dadurch ein ungewollter Valsalvascher Versuch zustande kommt. Allein durch all diese unkontrollierbaren Momente können Größendifferenzen am Herzen von 1—2 cm auftreten, wie unter anderen DIETLEN (1906. 1913) und HAMMER (1917) zeigen konnten. Es sind daher mehrere Vorschläge gemacht worden, die Fernaufnahme in einer bestimmten Aktionsphase des Herzens vom EKG oder Puls aus zu schalten und auch die Atemlage in der Schaltung zu berücksichtigen (EIJKMAN 1910, KORANYI und v. ELISCHER 1910, WEBER 1910, v. ELISCHER 1912, GHILARDUCCI 1912, EYSTER und MEEK 1920, BERGK und CHANTRAINE 1932, COTTENOT 1933, LUDWIG 1938, EGGLI 1939, JONSELL 1939, LIECHTI 1942, LARSSON und KJELLBERG 1948, KJELLBERG 1949). In den Routinebetrieb haben diese Schaltungen kaum Eingang gefunden. In neuester Zeit sind allerdings auch Zusatzgeräte auf den Markt gekommen, welche in Verbindung mit einem vorhandenen Röntgengenerator und einem vorhandenen Elektrokardiographen eine herzphasengerechte Steuerung der Röntgenaufnahme ermöglichen [,,Syn-X-Cor'', Medizinalmarkt 7, 193 (1959)].

Im Gegensatz zu obigen Autoren und anderen Untersuchern messen REINDELL u. Mitarb. (1958) der Aktionsphase des Herzens bei der Volumenbestimmung keine Bedeutung bei. Seine Vergleiche hätten ergeben, daß eine herzphasengesteuerte Aufnahme überflüssig sei. Neuere Untersuchungen von BÜCHNER und GRIESE (1960) haben jedoch gezeigt, daß den Herzvolumenbestimmungen mit Fernaufnahmen und einem konstanten Herzfaktor so große Fehlermöglichkeiten anhaften, daß bei Vergleichsbestimmungen aktionsbedingte Volumenschwankungen in den weit größeren methodischen Fehlern völlig untergehen müssen.

11. Sonstige Verfahren

Wegen seiner Einfachheit — man braucht dazu nur eine kleine Bleimarke und ein Stück Klebepflaster — soll das Meßverfahren von SZENES (1950) hier an erster Stelle nochmals erwähnt werden. Es ist im Kapitel über die parallaktische Orthodiametrie bereits beschrieben worden (S. 18).

Ebenfalls bei der Durchleuchtung anwendbar ist das der Orthodiagraphie bzw. der Orthodiametrie nahe verwandte Verfahren von GROSS (1930). Die zu messende Strecke wird mit dem Zentralstrahl (markierter Schirmmittelpunkt) abgefahren. In der Ausgangsstellung wird auf die Schirmmitte ein Lichtkreuz projiziert. In Endstellung nach Abfahren der Meßstrecke wird der neue Stand des Lichtkreuzes markiert. Die Distanz zwischen der Zentralstrahlmarke und dieser Kreuzmarke entspricht dann der Parallelprojektion der abgefahrenen Strecke und kann auf dem Leuchtschirm mit einem normalen Maßstab nachgemessen werden.

Da hier wieder einmal der Zentralstrahl erwähnt wird, könnte der Eindruck entstehen, daß er entgegen unserer früheren Behauptung beim Messen eben doch eine Rolle spielt. Wir möchten daher betonen, daß bei dem Grossschen Verfahren, ebenso wie bei ähnlichen

Verfahren, also auch bei der Orthodiagraphie und bei der Orthodiametrie weder die Röhre genau auf die Schirmmitte zentriert zu werden braucht, noch der Schirmmittelpunkt zum Messen benützt werden muß. Man dezentriere einmal bewußt seine Röhre und führe diese Messungen mit irgendeinem Punkt des Leuchtschirmes aus, so wird man feststellen, daß eine hinter den Schirm gegebene Teststrecke dann genau so exakt gemessen werden kann wie mit der zentrierten Röhre und dem Fußpunkt des Zentralstrahls in der Schirmmitte. Es wird gerade bei Meßmethoden während der Durchleuchtung meist eine exakte Zentrierung der Röhre als Voraussetzung angegeben und es wurden eigene durchleuchtbare Zentriervorrichtungen hierzu entwickelt. Dies alles ist unnötig. Vergegenwärtigen wir uns doch einmal, was tatsächlich geschieht, wenn wir die Röhre durch Schwenken in irgendeine Richtung dezentrieren, also den Zentralstrahl nicht mehr auf die Schirmmitte fallen lassen. Es tritt dann eben irgendein anderer Strahl an seine Stelle und wird zum Vertikalstrahl. Die einzelnen Strahlen des Strahlenkegels vertauschen nur ihre Plätze untereinander, an der Röntgenprojektion ändert sich damit nicht das geringste. Verschieben wir bei der Dezentrierung der Röhre auch noch den Focus nach irgendeiner Seite, so fällt nun der Vertikalstrahl nicht mehr auf die Schirmmitte. Aber auch dies ändert nichts an der Genauigkeit der Messungen. Es kommt nicht darauf an, daß wir mit dem Zentralstrahl oder dem Vertikalstrahl eine zu messende Strecke abfahren, sondern daß wir sie mit einem bestimmten, markierten Strahl bzw. einer markierten Strahlenebene abfahren, denn Parallele zwischen Parallelen sind einander gleich. Abb. 18 zeigt dies deutlich. Wir mußten diese Tatsachen hier besprechen, da sich von der Orthodiagraphie her die Meinung festgesetzt hat, man könne gerade bei Durchleuchtungen nur im Zentralstrahl messen. Diese Überzeugung erschwert das Verständnis für viele Meßmethoden — vor allem für die orthodiametrischen —, wie wir wiederholt feststellen konnten.

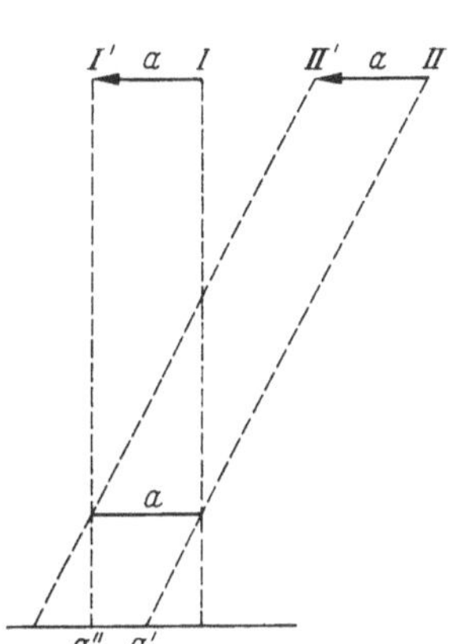

Abb. 18. Auch bei den Meßmethoden während der Durchleuchtung spielt weder der Zentralstrahl noch der Vertikalstrahl eine Rolle. *I* Röhre zentriert, *II* Röhre dezentriert. $a = a' = a''$

Eine höchst einfache Meßmethode während der Durchleuchtung wurde von STEINBACH (1927) angegeben. Sie bedarf keinerlei Hilfsmittel und beruht auf einem Prinzip, welches weder vorher noch nachher für eine andere Meßmethode benützt wurde und nach welchem mindestens ebenso genaue Meßresultate zu erzielen sind wie mit allen anderen Methoden, bei denen der Objektabstand zum Schirm bzw. zum Film geschätzt wird. Werden drei in gleichem Abstand liegende Parallelen von zwei von einem außerhalb liegenden Punkt ausgehenden Strahlen geschnitten, so teilen diese Strahlen auf den Parallelen Strecken ab, von denen die größte gegenüber der mittleren um so viel größer ist, als diese gegenüber der kleinsten. In die röntgenologische Praxis umgesetzt heißt dies: Ein filmparalleles Objekt im Körper ist gegenüber seinem Schirmbild um soviel kleiner, als ein zweites Schirmbild im Abstand Objekt—Schirm hinter dem ersten Schirmbild aufgefangen gegenüber dem ersten Schirmbild größer erscheint. STEINBACH hat daher zunächst das normale Schirmbild gemessen, bei dem der Patient dem Schirm unmittelbar anlag. Hierauf hat er den Schirm so weit ausgezogen und vom Patienten entfernt, als es dem vorherigen Abstand Schirm—Objekt (= $^1/_3$ Thoraxtiefe) entsprach. Das zweite Schirmbild war dann um soviel gegenüber dem ersten größer, als das erste Schirmbild gegenüber dem Objekt vergrößert war. Eine wirklich einfache Methode. Sie ist übrigens ohne weiteres auch auf Röntgenaufnahmen (Fernaufnahmen) zu übertragen. Es werden hierbei zwei Filme zugleich belichtet. Der eine befindet sich in einer Kassette ohne Bleiboden, welche dem Patienten unmittelbar anliegt, und der zweite wird in einer Kassette belichtet, welche im Abstand Objekt—Körperoberfläche hinter der ersten Kassette aufgestellt ist. Die Differenz beider, in gleicher Aktionsphase getroffener Herzdurchmesser wird von dem kleineren Filmmaß abgezogen und ergibt sofort das absolute Maß.

Man muß sich fragen, warum diese einfache und überall jederzeit sofort durchführbare Meßmethode STEINBACHs völlig unbeachtet geblieben ist. Vielleicht lag es daran, daß sie von STEINBACH nur als Durchleuchtungsmethode beschrieben wurde und nicht erkannt wurde, daß das ihr zugrunde liegende Prinzip ohne weiteres auch auf die Aufnahmetechnik übertragen werden kann. Verfasser ist der Ansicht, daß diese *Methode der Abstandsverdoppelung* es wert ist, aufgegriffen zu werden. Es sind inzwischen viele Meßmethoden veröffentlicht worden, mit denen das gleiche Ziel auf wesentlich umständlichere Art zu erreichen versucht wurde. Erst kürzlich hat FERMIN (1961) zur Beckenmessung eine ebenfalls mit einer Abstandsverdoppelung arbeitende Methode vorgeschlagen, die jedoch wesentlich umständlicher und schon aus Gründen des Strahlenschutzes abzulehnen ist. Es werden mit dieser Methode zwei Röntgenaufnahmen nacheinander angefertigt, nachdem zwischen erster und zweiter Aufnahme der Focus-Filmabstand verdoppelt wurde. Das gesuchte Filmmaß berechnet sich nach der Formel:

$$x = \frac{ab}{2a - b},$$

wobei x das gesuchte wahre Maß des Objektes, a sein Filmmaß auf dem ersten Film und b sein Maß auf dem zweiten Film ist. Es ist natürlich heute nicht mehr vertretbar, für die geburtshilfliche Beckenmessung zwei Röntgenaufnahmen anzufertigen, wo genügend Meßmethoden vorliegen, die mit der halben Strahlenbelastung, also mit einer Belichtung auskommen. Die Steinbachsche Abstandsverdoppelung erfordert zwar auch zwei Röntgenaufnahmen, jedoch nur eine Belichtung, da beide Filme zugleich belichtet werden können. Mit den Größen der obigen Ferminschen Formel ausgedrückt, lautet die Steinbachsche Formel:

$$x = a - (b - a).$$

Bei den meisten Aufnahmen zur Beckenmessung und bei vielen anderen Meßaufnahmen ist der Abstand Objekt—Film bekannt, feststellbar oder hinreichend genau abschätzbar. So genügt es z.B. bei der Beckenmessung in Seitenlage der Patientin unterhalb der ersten Kassette (ohne Bleiboden!) unter dem Flachblendentisch eine zweite Kassette zu lagern, die so weit unterhalb der ersten liegt, als diese von der Körpermittellinie entfernt ist. Das Blech des Kassettenwagens ist dabei zu entfernen und durch eine dünne Kunststoffplatte zu ersetzen.

Eine besonders elegante Methode zum Messen während der Durchleuchtung hat SCHMIDBERGER-JAKOBS (1953) angegeben. Sie erfordert allerdings den Einbau einer relativ komplizierten elektrischen Meßanordnung in das Zielgerät und würde sich daher nur lohnen, wenn eine Durchleuchtungsgeräte herstellende Firma den Einbau gleich vornehmen würde. Auch hier wird die Strecke mittels Schirmverschiebung abgefahren. Der zurückgelegte Weg der Parallelprojektion wird an einem abgefahrenen Widerstand gemessen und von einem elektrischen Meßinstrument in Zentimeter angezeigt. Es kann allerdings nur horizontal oder vertikal gemessen werden, entsprechend den beiden mechanischen Richtungskomponenten der Schirmverschiebung.

In der Gruppe der Meßmethoden, die mit Röntgenaufnahmen arbeiten, hat früher die *Stereogrammetrie* eine dominierende Rolle gespielt. Zur Verbreitung der Stereoaufnahmetechnik und der Bildausmessung haben vor allem die Arbeiten des früheren Erlanger Anatomen HASSELWANDER (1952) einen erheblichen Beitrag geleistet. Der von ihm entwickelte sog. Stereoskiagraph hat das Ausmessen der Stereobildpaare wesentlich erleichtert und diente als Vorlage für eine Anzahl weiterer Betrachtungsgeräte, die z.B. in England und den USA für die Beckenmessung heute noch benützt werden. Bei der Stereogrammetrie wird auf optischem Wege ein virtuelles Bild erzeugt. In dieses im Raum stehende Bild werden an die beiden Endpunkte der zu messenden Strecke Fixpunkte gebracht. Meist sind es kleine Glühlämpchen. Der wirkliche Abstand dieser Raumpunkte ist dann der direkten Messung zugänglich. Bei dem Hasselwanderschen Gerät konnte der Lichtpunkt auch entlang einer Kontur des virtuellen Bildes bewegt werden und die Bewegungen konnten mittels eines Schreibsystems 1:1 auf Papier gebracht werden.

Ähnlich dem Stereoverfahren und eines der ältesten Verfahren zur Größen- und Tiefenbestimmung ist die sog. *„Kreuzfadenmethode"*. Über sie haben MACKENZIE und DAVIDSON schon 1897 berichtet. KEHRER und DESSAUER (1914) haben das Verfahren in abgewandelter Form und in Verbindung mit einem von ihnen konstruierten Beckenmeßstuhl bei der Beckenmessung benützt. Auch in dem Schwebemarkenlokalisator von WACHTEL (1914) steckt dieses Prinzip. Es ist ein rein konstruktives Verfahren. Mit zwei Belichtungen auf eine Röntgenplatte wurde ein stereoähnliches Bildpaar erzeugt. Die entwickelte Platte wurde auf eine von unten angeleuchtete Glasplatte gelegt, über welcher sich genau in der Entfernung voneinander, um welche der Röhrenfocus zwischen den beiden Belichtungen verschoben wurde und im gleichen Abstand zur Röntgenplatte wie dieser, zwei Brennpunkte befanden, von denen Fäden ausgingen. Zog man zu zwei korrespondierenden Bildpunkten von jedem Focus einen Faden, so kreuzten sich die beiden Fäden zwischen Focus und Film genau in dem Punkt, in welchem das zugehörige Objekt bei der Aufnahme zu suchen war. Mit je zwei sich kreuzenden Fäden an den Enden der Meßstrecke konnte diese im Raum festgelegt und ausgemessen werden.

Diese Verfahren wurden inzwischen längst wieder verlassen, da sie viel zu zeitraubend und zu umständlich waren. Sie sind zudem heute nicht mehr nötig, da wir einfachere und ebenso exakt arbeitende Methoden zur Verfügung haben, wie im speziellen Teil noch ersichtlich sein wird. So sind z. B. schon die Methoden, die mit einem *festgelegten Projektionsverhältnis* arbeiten, wesentlich einfacher und gerade bei der Beckenmessung auch durchführbar. ZIMMER (1953) hat für die Beckenmessung folgenden Weg vorgeschlagen. Durch Einstellen verschiedener Skalen am Säulenstativ der Röhre wird der Focus-Filmabstand entsprechend dem jeweiligen Objekt-Filmabstand derart geändert, daß alle zu messenden Strecken im Körperinnern immer die gleiche Röntgenvergrößerung erleiden. Sie können dann mit einem einmalig anzufertigenden gedehnten Reduktionsmaßstab auf den Filmen direkt ausgemessen werden.

Einen besonders interessanten Anwendungsfall und zugleich eine originelle Meßmethode stellt die Bestimmung der axialen Länge des Augapfels mittels eines dem Spaltblendenverfahren ähnlichen Verfahren dar (LARSSON 1948). Ist es doch die einzige radiometrische Methode, bei welcher der Lichteindruck, den die Röntgenstrahlen im gut adaptierten Auge hervorrufen, zum Messen benützt wird. Ein tangential und senkrecht zur Längsachse des Bulbus einfallendes schlitzförmiges Strahlenbündel wird so lange nach dorsal verschoben, bis die Lichterscheinung eben noch wahrnehmbar ist. Der Spalt liegt dann an der hinteren Zirkumferenz des Augapfels. In dieser Stellung wird mit dem Spalt eine Aufnahme gemacht. Es erscheint ein schmaler Strich auf dem Film. Aus gleicher Röhrenstellung wird nach Abnahme der Spaltblende eine normale seitliche Aufnahme der Orbita angefertigt, auf welcher die Distanz Cornea—Spaltbild gemessen werden kann und entsprechend dem vorliegenden Projektionsverhältnis in das absolute Maß gebracht wird. Nach Kenntnis der bisher beschriebenen Methoden würden wir hier allerdings vorschlagen, statt die Maße zu errechnen, in der Achsenebene des Bulbus einen Maßstab mitzuphotographieren. Die Aufnahmen können dann später auch noch ausgemessen werden, wenn das Projektionsverhältnis nicht mehr bekannt ist.

Literatur

Im folgenden Literaturverzeichnis sind nur die im Text zitierten Literaturstellen angeführt. Weitere Literatur zur röntgenologischen Größenbestimmung bei den einzelnen Kapiteln des speziellen Teils.

AGOSTINI, P. DE: Beitrag zur Kenntnis der Orthophotographie. Fortschr. Röntgenstr. **15**, 115 (1910).

ALBERS-SCHÖNBERG, H.: Eine neue Methode der Orthophotographie. Fortschr. Röntgenstr. **9**, 389 (1905/06).

— Eine neue Methode der „Orthographie". Verh. dtsch. Röntgen-Ges. **2**, 109 (1906).

ALBERS-SCHÖNEBERG, H.: Die orthoröntgenographischen Verfahren. In: Die Röntgentechnik, 3. Aufl., S. 555. Hamburg: Lucas Gräfe & Sillem 1910.

ARESIN, N., u. W. MÖBIUS: Vereinfachte Veramessung. Z. ärztl. Fortbild. **46**, 30 (1952).

ASSMANN, H.: Die klin. Röntgendiagnostik der inneren Erkrankungen. Berlin: F.C.W. Vogel 1934.

ATTWOOD, C. J.: Measurement of the neck of the femur. Amer. J. Roentgenol. **67**, 993 (1952).

BALL, R. P., and R. GOLDEN: Roentgenographic obstetric pelvycephalometry in erect posture. Amer. J. Roentgenol. **49**, 731 (1943).

BÀRANY, J.: Das Maß der Bildverzerrung am Röntgenbild. Magy. Radiol. **6**, 175 (1954).

BARDACHZI, F.: Ein neuer orthodiagraphischer Durchleuchtungsapparat. Dtsch. med. Wschr. **1908**, 1594.

— Neue orthodiagraphische Zeichenvorrichtung. Münch. med. Wschr. **1911**, 415.

BÉCLÈRE, H.: Orthodiagraphie simplifiée. Bull. Soc. Radiol. Paris 1910.

BEHN, L.: Einrichtung zur Aufzeichnung des mit senkrechtem Röntgenstrahl hergestellten Herzschattens auf die Körperoberfläche zum Vergleich mit Perkussionsbefunden. Fortschr. Röntgenstr. **4**, 44 (1901).

BERGERHOFF, W.: Über die Bestimmung der Schädelkapazität aus dem Röntgenbild. Fortschr. Röntgenstr. **87**, 176 (1957).

BERGK, K., u. H. CHANTRAINE: Vorrichtung zur Einschaltung der Lungenaufnahmen durch den Herzschlag. Fortschr. Röntgenstr. **45**, 334 (1932).

BERMAN, R.: Obstetrical roentgenology. Philadelphia: F. A. Davis 1955.

BISCHOF, L.: Portable orthodiagraph. Brit. J. Radiol. **31**, 510 (1926).

BLASIUS, W.: Herzmaße im Röntgenbild. Fortschr. Röntgenstr. **57**, 567 (1938).

BREDNOW, W.: Plastische Darstellung des Herzens. Z. klin. Med. **122**, 382 (1932).

BROWN, G. H.: Automativ compensation in roentgenographic pelvycephalometry. Amer. J. Roentgenol. **78**, 1063 (1957).

BRUNT, E. VAN: A method of measuring the femoral neck in surgical treatment of fractures of the hip. Amer. J. Roentgenol. **76**, 1163 (1956).

BÜCHNER, H.: Orthodiametrie. Teil I. Die Größenbestimmung mittels einfacher Röntgendurchleuchtung. Fortschr. Röntgenstr. **74**, 498 (1951).

— Orthodiametrie. Teil II. Die Lagebestimmung während einfacher Röntgendurchleuchtung und das Umrechnen verzeichneter Filmmaße mittels eines Spezialrechengerätes. Fortschr. Röntgenstr. **76**, 158 (1952).

— Über Orthodiametrie. Die Größen- und Lagebestimmung mittels einfacher Röntgendurchleuchtung. Wien. med. Wschr. **1952**, 473.

— Eine weitere Vereinfachung der Röntgentiefenlotung. Fortschr. Röntgenstr. **78**, 205 (1953).

— Die Herz-Lungenkorrelation. Ein Beitrag zur Herzgrößenbeurteilung. Klin. Wschr. **1953**, 65.

— Das Röntgentopogramm. Ein einfaches Hilfsmittel zur räumlichen Orientierung in Diagnostik und Therapie. Fortschr. Röntgenstr. **91**, 252 (1959).

— Die Knochenmessungen für Chirurgie und Orthopädie. Ein röntgenologisches Problem? Chirurg **30**, 454 (1959).

—, u. M. GRIESE: Röntgenologische Herzvolumenbestimmung und Herzmodellierung. Die bisherigen Methoden und ein neuer Vorschlag zur routinemäßigen klinischen Durchführung. Arch. Kreisl.-Forsch. **32**, 292 (1960).

BÜCHNER, H., u. H. WIELAND: Eine einfache Größenbestimmung bei Körperschichtaufnahmen. Röntgen-Bl. **5**, 227 (1952).

BURCHARD, G.: Ein neuer Orthodiagraph. Dtsch. militärärztl. Z. (1910).

CALDER, E.: A study of the variable angle as a measuring device of linear dimension. Brit. J. Radiol. **29**, 386 (1956).

— The variable angle as a measuring device in radiography including tomography. Acta radiol. (Stockh.) **48**, 453 (1957).

CERESOLE, G.: La teleradiographie. Zbl. Röntgenstr. **1**, 295 (1910).

COE, P. C.: Roentgenographic cephalopelvimetry. Amer. J. Roentgenol. **67**, 449 (1952).

COTTENOT, P.: Sélecteur cardio-respiratoire permettant la stéréoradiographie thoracique et la prise de radiographies du coeur en systole et en diastole. J. Radiol. Électrol. **17**, 381 (1933).

DESSAUER, F.: Das Trochoskop als Orthodiagraph. Arch. phys. Med. med. Techn. **3**, H. 1 (1907).

DIETLEN, H.: Über Größe und Lage des Herzens und ihre Abhängigkeit von physiologischen Bedingungen. Dtsch. Arch. klin. Med. **88**, 55 (1906).

— Orthodiagraphie und Teleröntgenographie als Methoden der Herzmessung. Münch. med. Wschr. **1913**, 1763.

— Herz und Gefäße im Röntgenbild. Leipzig: Johann Ambrosius Barth 1923.

DRUMMOND, D. H., and W. W. SCHMELA: Computation of dimensions in planigraph with mathematical instruments. Radiology **32**, 550 (1939).

DUHAMEL, J., P. L. MARTIN et M. GUILLON: La méthode tomographique dans la mesure du volume d'un viscère plein sur le sujet vivant. Sci. industr. photogr. **24**, 485 (1953).

— — — et J. BROUSSIN: La méthode tomographique dans la mesure du volume d'un viscère plein. Application au coeur. Acta radiol. (Stockh.) **41**, 377 (1954).

EGGLI, A.: Eine Apparatur zur Auslösung herzphasensynchronisierter Thoraxaufnahmen zum Zwecke der Herzgrößenbestimmung und Lungenstereometrie. Radiol. clin. (Basel) **8**, 51 (1939).

EIJKMAN, P. H.: Ein neuer Orthodiagraph. J. radiogr. (1908).

— Einschaltung der Röhre durch den Pulsschreibhebel. 81. Verslg Dtsch. Naturf. u. Ärzte 1910.

ELISCHER, J. V.: Momentröntgenbild des gesunden und kranken Herzens in verschiedenen Phasen seiner Tätigkeit. Z. klin. Med. **75** (1912).

EYSTER, J. A. E., and C. G. MEEK: Instantaneous radiographs of the human heart at determined points on the cardiac circle. Amer. J. Roentgenol. **7**, 471 (1920).

Falkner, F., and S. Wisdom: Measurement of tissue components radiologically. Brit. med. J. 1952, II, No 4896, 1240.

Fermin, H. E. A.: Roentgenologische Meetmethoden. J. belge Radiol. 44, 467 (1961).

Forsell, G.: Eine Vorrichtung zur Röntgenographierung mit Kompression und Orthodiagraphierung im unmittelbaren Anschluß an die Durchleuchtung. Fortschr. Röntgenstr. 12, 109 (1908).

Franke, H.: Direkte Größenmessung bei Körperschichtaufnahmen und intrathorakale Lagebestimmung mit Projektion auf die Körperoberfläche. Fortschr. Röntgenstr. 81, 205 (1954).

Franze, P. C.: Orthodiagraphische Praxis. Leipzig: O. Nemnich 1905.

— The use of the diaphragma in X-ray work, with a note on orthodiagraphy. Arch. Roentg. Ray 10, 43 (1905).

— Theorie, Technik und Methodik der Orthodiagraphie. Arch. phys. Med. med. Techn. 1906, 248.

— Zur Technik der Orthodiagraphie. Münch. med. Wschr. 1906, 2300.

— Neuerungen auf dem Gebiete der Orthodiagraphie. In: Röntgenkalender 1909.

Fuchs, G., u. O. Bayer: Eine neue Methode zur Bestimmung des Herzvolumens. Fortschr. Röntgenstr. 78, 709 (1953).

— — Eine radiologische Methode zur Bestimmung der Schädelkapazität. Radiol. Austr. 8, 51 (1954).

Gebhardt, W.: Eine neue Methode der röntgenologischen Herzvolumenbestimmung mit Hilfe des simultanen Schichtverfahrens im Vergleich mit den bisher üblichen Methoden. Klin. Wschr. 1957, 1119.

Geigel, R.: Über die Bestimmung der wahren Größe von Organen aus der Größe des Schattens im Röntgenbild. Münch. med. Wschr. 1909, 1609.

Ghilarducci, F.: Sopra un metodo per ottenire la radiografia del cuore a volontà durante la sistole o durante la diastole. Bull. accad. med. Roma 1912.

Gillet, R.: Ein Orthoröntgenograph einfacher Konstruktion. Fortschr. Röntgenstr. 10, 114 (1906).

— Über einen einfachen, präzis arbeitenden Vertikalorthoröntgenographen. Verh. dtsch. Rönt.-Ges. 5, 80 (1909).

Gladysz, B.: A proper calculation of the width of the tomogram. Pol. Przegl. radiol. 20, 183 (1956).

Gocht, H.: Orthoröntgenoskopie. In Handbuch der Röntgenlehre, 3. Aufl., S. 200. 1911.

Granzow, J.: Eine einfache Methode zur röntgenographischen Messung der Conjugata vera. Arch. Gynäk. 141, 155 (1930).

Groedel, F. M.: Zur Ausgestaltung der Orthodiagraphie. Münch. med. Wschr. 1906, Nr 17.

— Eine neue Zeichenvorrichtung und einige Verbesserungen am Orthodiagraphen. 23. Kongr. Inn. Med. 1906, S. 704.

Groedel, F. M.: Vorrichtung zur Ruhigstellung des Patienten während der Orthodiagrammaufnahme. 23. Kongr. Inn. Med. 1906, S. 712.

— Vorrichtung zur direkten und gemeinsamen Aufzeichnung des Orthodiagramms und der Orientierungspunkte des Körpers auf eine Ebene Verh. dtsch. Röntg.-Ges. 1906, 107.

— Die Orthoröntgenographie. Anleitung zum Arbeiten mit parallelen Röntgenstrahlen. München: J. F. Lehmann 1908.

— Moment- und Teleröntgenographie. Ärztl. Ver. München 1908.

— Zur Technik der Teleröntgenographie. Z. med. Elektrol. u. Röntgenk. 10, 168 (1908).

— Der Querschnitt-Zeichenapparat und -Orthodiagraph. Fortschr. Röntgenstr. 28, 155 (1921/22).

—, u. Wachter: Diagnostische Bedeutung der (Röhren-) Fern- und (Platten-) Abstandsaufnahmen. Verh. dtsch. Röntg.-Ges. 1926, 134.

Gross, M.: Orthoröntgenoskopie und Tiefenmessung mittels optischen Zeigers. Röntgenpraxis 7, 700 (1935).

Gubner, R., and H. E. Ungerleider: A device for measurement of heart size in miniature roentgenograms and a substitute for teleroentgenography and orthodiascopy. Amer. J. Roentgenol. 52, 443 (1944).

Guilleminot, A.: Sciagrammes orthogonaux du thorax (Orthodiagraphie). C. R. Acad. Sci. 24. 6. 1902.

— Über einige Vorrichtungen zur Durchleuchtung des Körpers und zur Größenbestimmung der Organe. Fortschr. Röntgenstr. 5, 190 (1902).

— Mode opératoire pour obtenir les projections orthogonales radioscopiques. Arch. Élect. méd. 1902, 717.

Guthmann, H.: Die röntgenologische Messung der Conjugata vera. Arch. Gynäk. 133, 415 (1928).

Haenisch, F.: Ein neuer Apparat zur „Orthophotographie“ mit horizontaler Lagerung. Fortschr. Röntgenstr. 9, 394 (1905).

— Ein neuer Apparat zur Orthophotographie, zugleich Trochoskop und Aufnahmetisch. Fortschr. Röntgenstr. 11, 99 (1907).

Hammer, G.: Die röntgenologischen Methoden der Herzgrößenbestimmung, nebst Aufstellung von Normalzahlen für Orthodiagramm und die Fernaufnahme. Fortschr. Röntgenstr. 25, 510 (1917/18).

— Die Herzfläche als Maßstab für die Herzgrößenbestimmung. Fortschr. Röntgenstr. 38, 1000 (1928).

Hasselwander, A.: Beiträge zur Methodik der Röntgenographie. Die Teleröntgenographie. Fortschr. Röntgenstr. 19, 356 (1912).

— Die objektive Stereoskopie des Röntgenbildes. Röntgen- u. Lab.-Prax. 5, 299 (1952).

Heilbron, L. G.: Über Fernaufnahmen. Acta radiol. (Stockh.) 6, 531 (1926).

Herzog, K.: Das Rollmeßbild. Ein Röntgenverfahren zur Längenbestimmung z. B. von Knochen. Chirurg 29, 397 (1958).

HOFFMANN, G.: Über einen praktischen Röntgentisch für orthodiagraphische Aufnahmen in horizontaler und vertikaler Lage. Med. Klin. **1907**, 211, 230.

HOLMQUIST, H. J.: Nomogram for roentgenographic mensuration. Radiology **31**, 198 (1938).

HUISMANS, L.: Der Telekardiograph, ein Ersatz des Orthodiagraphen. Münch. med. Wschr. **1913**, 2400.

— Telekardiographie. Zbl. Herz- u. Gefäßkr. **7** (1915).

IMMELMANN, M.: Über die Untersuchung mittels des Orthodiagraphen. Dtsch. med. Z. **1903**, Nr 50.

— Die Orthophotographie. In: SOMMERs Röntgenkalender 1909 und in: Röntgentaschenbuch 1909.

INNES, G. S.: A slide rule for calculating the size of an object from the size of its shadow on an X-ray film. Brit. J. Radiol. **26**, 158 (1953).

JÄGER, W.: Die Raumbestimmung des Nierenbeckens auf röntgenologischem Wege. Röntgen-Bl. **10**, 117 (1957).

JONSELL, S.: A method for the determination of the heart size by teleroentgenography (a heart volume index). Acta radiol. (Stockh.) **20**, 325 (1939).

JOSNÉ, D., et M. LAQUERRIÈRE: Dispositif pour radioscopie, radiographie et téléradiographie. Arch. Élect. méd. **1914**, 52.

— — Note sur l'instrumentation et la technique de la téléradiographie du coeur et de l'aorte. J. Radiol. Électrol. **1914**, 305.

KAHLSTORF, A.: Über eine orthodiagraphische Herzvolumenbestimmung. Fortschr. Röntgenstr. **45**, 123 (1932).

KAISIN, F.: Orthoröntgenographischer Apparat. Int. Kongr. Med. Elektrolog. u. Röntgenk., Amsterdam 1908.

KEHRER, E., u. F. DESSAUER: Versuche und Erfahrungen mit der röntgenologischen Beckenmessung. Münch. med. Wschr. **1914**, 22.

KIENBÖCK, R.: Ein vertikaler Orthodiagraph. Fortschr. Röntgenstr. **11**, 357 (1907).

KJELLBERG, S. R.: Roentgenologie determination of the cardiac volume and some of its sources of error. Cardiologia (Basel) **14**, 374 (1949).

KNOTHE, W.: Einfache Methode zu einer exakten sowohl geometrischen wie auch anatomischen Tiefenbestimmung von Fremdkörpern, gleichzeitig geeignet, Lage und Tiefendimension schattengebender Organe und Tumoren feststellen. Münch. med. Wschr. **1928**, 1876.

KÖHLER, A.: Die Herstellung fast orthodiagraphischer Herzphotogramme mittels Röntgeninstrumentarium mit kleiner Elektrizitätsquelle. Wien. klin. Rdsch. **19**, Nr 16 (1905).

— The theory and the technique of teleroentgenography. Arch. Roentg. Ray **12**, 311 (1908).

— Teleröntgenographie und Universalgestell. Münch. med. Wschr. **1911**, 139.

KORANYI, A. v., u. J. v. ELISCHER: Teleröntgenographie des Herzens in beliebigen Phasen seiner Tätigkeit. Zbl. Röntgenk. **12**, 265 (1910).

LARSSON, H.: An apparatus for the determination of the axial length of the eyeball. Acta radiol. (Stockh.) **30**, 237 (1948).

—, and S. R. KJELLBERG: Roentgenological heart volume determination with special regard to pulse rate and the position of the body. Acta radiol. (Stockh.) **29**, 159 (1948).

LAVENNE, F., O. L. WADE, P. HUGH-JONES et J. C. GILSON: Prédiction du volume pulmonaire résidual à partir des mensurations thoraciques. J. franç. Méd. Chir. thor. **8**, 1 (1954).

LEMCKE, W.: Über die graphische Darstellung zur Umrechnung der Herzgröße auf Aufnahmen aus verschiedener Entfernung nach BLASIUS. Röntgen-Bl. **4**, 68 (1951).

LEVY-DORN, M.: Ein neues orthodiagraphisches Zeichenstativ. Fortschr. Röntgenstr. **8**, 123 (1904/05).

— Einige Neuerungen im Röntgeninstrumentarium. Fortschr. Röntgenstr. **11**, 303 (1907).

LIECHTI, A.: Eine vollautomatische Stereoaufnahmeapparatur für die Thoraxdiagnostik. Fortschr. Röntgenstr. **65**, 81 (1942).

LUDWIG, H.: Röntgenaufnahmen des Herzens während bestimmter Aktionsphasen. Fortschr. Röntgenstr. **57**, 515 (1938).

— Röntgenologische Beurteilung der Herzgröße. Fortschr. Röntgenstr. **59**, 1, 139, 250, 607 (1959).

— Bedeutung und Technik der Herzgrößenbestimmung. Helv. med. Acta **8**, 800 (1941).

LUSTED, L. B., and T. E. KEATS: Atlas of roentgenographic measurement. Chicago: Year book publisher 1959.

LYSHOLM, E.: Röntgenoskopischer Modellierungsapparat auch für Quersektion und Lokalisation. Acta radiol. (Stockh.) **7**, 189 (1926).

MACHANIC, H. J., and B. LIEBERMAN: A new device for radiographic measurements. Radiology **61**, 405 (1953).

MACKENZIE, W. R., and J. M. K. DAVIDSON: Roentgenrays and localisation. Brit. med. J. **1897**.

MORITZ, F.: Über die Bestimmung der wahren Größe von Gegenständen mittels des Röntgenverfahrens. Münch. med. Wschr. **1900**, 509.

— Methoden der Herzuntersuchung. In: Die deutsche Klinik, Bd. 4, S. 453. Berlin u. Wien: Urban & Schwarzenberg 1907.

NAENDRUP, H.: Beitrag zur Röntgenbeckenmessung. Med. Welt **1938**, 1416.

NEMENOW, M.: Zur Technik der Teleröntgenographie. Russky Wratsch **1909**, Nr 48.

OLIVIA, L.: Riproduzione radiografiche con imagini die pseudorelievo; stereoradiografia, stratigrafia in relievo. Radiol. med. (Torino) **14**, 71 (1958).

PALMIERI, G. G.: Ortodiagrafia e cardiovolumetria. Gi. Clin. med. **1**, 146 (1920).

— Sulla possibilita di ricostruire il cuore in plastica dal vivente con il sussidio dei raggi X. Mall cuore **4**, 69 (1920).

— La ricostruzione plastica del cuore col sussidio dei raggi Roentgen. Radiol. med. (Torino) **1920**, 134.

PALMIERI, G. G.: Semplice e pratico dispositivo per ortodiagrafia. Radiol. med. (Torino) **1920**, 438.
— Über meine Methode der plastischen Darstellung des Herzens am Lebenden. Acta radiol. (Stockh.) **10**, 127 (1929).
PICCHIO, C.: Ortoradiografia. Radiol. med. (Torino) **47**, 152 (1961).
QUIRING, L.: Ein neuer Apparat für orthodiagraphische Messungen. Fortschr. Röntgenstr. **16**, 229 (1910).
RAUTMANN, H.: Die Untersuchung und Beurteilung der röntgenologischen Herzgröße. Darmstadt: Steinkopf 1951.
REH, M.: Zur Bestimmung der wahren Organgröße aus der Größe des Röntgenschattens. Münch. med. Wschr. 1909, 2116.
REINDELL, H., K. MUSSHOFF, H. KLEPZIG, H. STEIN, P. FRISCH, G. METZ u. K. KÖNIG: Beitrag zur Funktionsdiagnostik des gesunden und kranken Herzens. Münch. med. Wschr. **1958**, 765.
REVIGLIO: Dispositif pour rendre plus aisée l'orthodiagraphie. J. Radiol. Électrol. 1925.
ROHRER, F.: Volumenbestimmung von Körperhöhlen und Organen auf orthodiagraphischem Wege. Fortschr. Röntgenstr. **24**, 285 (1916).
RUCKENSTEINER, E.: Die Wasserwaage als Behelf zur röntgenometrischen Messung der Conjugata vera. Röntgen-Bl. **7**, 244 (1954).
SAHATCHIEFF, A.: Beitrag zur Röntgenuntersuchung des Herzens. Fortschr. Röntgenstr. **33**, 683 (1925).
SAVCENKOV, J. J.: Totale Orthoröntgenographie des Herzens und der Aorta. Vestn. Rentgenol. Radiol. **1953**, 68.
SCHALTENBRAND, G.: Orthoroentgenography. Amer. J. Roentgenol. **70**, 114 (1953).
SCHATZKI, R.: Plastische größen- und lagewahre Darstellung des Herzens. Fortschr. Röntgenstr. **37**, 899 (1928).
SCHMIDBERGER-JAKOBS, M.: Automatisches Verfahren zur Lokalisation und Größenbestimmung von Fremdkörpern und Organen mittels Röntgendurchleuchtung. Fortschr. Röntgenstr. **80**, 267 (1954).
SCHUBERT, E. v.: Diskussionsbemerkung auf der 20. Verslg Dtsch. Ges. Gynäk., Bonn 1927. Arch. Gynäk. **132**, 254 (1927).
SCHWARZ, G. S.: Determination of the frontal plane area from the product of long and short diameters of the cardiac silhouette. Radiology **47**, 360 (1946).
— A simplified method of correcting roentgenographic measurements of the maternal pelvis and the fetal skull. Amer. J. Roentgenol. **71**, 115 (1954).
— An orthometric radiograph for obstetrical roentgenometry. Radiology **66**, 753 (1956).
SHOW, W., and F. LEWIS: Simple technique and new instrument for rapid roentgen pelvimetry. Amer. J. Roentgenol. **43**, 132 (1940).
STEINBACH, R.: Methode zur Messung von Strecken im Körperinnern am Röntgenschirm gezeigt an Transversaldurchmessern von Herzen. Fortschr. Röntgenstr. **35**, 1259 (1927).

SZENES, T.: Eine Methode der Distanzmessung mit Röntgendurchleuchtung. Radiol. clin. (Basel) **19**, 178 (1950).
TAKAHASHI, S., M. IMAOKA and T. SHINOZAKI: Rotatory crossgraphy (Study on rotatography, 3rd report). Tohoku J. exp. Med. **54**, 59 (1951).
—, and T. NIKAIDO: A method, to take a radiogram of the body in three dimensions. Preliminary report. Tohoku J. exp. Med. **52**, 144 (1950).
— — Solidography. A method to take a radiogram of the body in three dimensions. Tohoku J. exp. Med. **54**, 121 (1951).
—, and T. SHINOZAKI: Solidography of the heart. Acta radiol. (Stockh.) **41**, 435 (1954).
TAMIYA, CH.: Über ein neues Prinzip für Größenbestimmung des Herzens und seine praktische Anwendung. Fortschr. Röntgenstr. **41**, 62 (1930).
TEUBERN, K. v.: Ein elektrischer Schreibapparat für orthodiagraphische Röntgenuntersuchungen. Fortschr. Röntgenstr. **27**, 314 (1920).
TÖRÖG, B. v.: Distanzbestimmung im menschlichen Korper mittels Röntgendoppelbildern mit besonderer Berücksichtigung des geraden Durchmessers im Beckeneingang. Fortschr. Röntgenstr. **30**, 240 (1922).
TOULET, J.: Méthode pratique de calcul du volume vésiculaire et du pourcentage volumétrique d'évacuation. Rev. int. Hépat. **3**, 169 (1953).
VALLEBONA, A.: L'esplorazione stratigrafica tridimensionale. Radiol. sper. **2**, 95 (1948).
WACHTEL, H.: Der Schwebemarkenlokalisator. Ein einfacher und exakter Fremdkörperuntersucher. Münch. med. Wschr. **1914**, 2292; **1915**, 225.
WAHL, F. A.: Röntgenfernaufnahmen bei 6 Meter Fokusplattendistanz und ihre Bedeutung für die Geburtshilfe. Arch. Gynäk. **142**, 337 (1930).
WALSHAM, and HALLS: The orthodiagraph. Brit. med. J. **1907**, 651.
WEBER, A.: Eine Methode für Herzmomentaufnahmen in verschiedenen Phasen der Herzrevolution. 27. Kongr. Dtsch. Ges. Inn. Med. 1910.
WEGELIUS, C.: Untersuchungen über die Möglichkeiten einer dreidimensionalen röntgenographischen Abgrenzung innerer Organe des menschlichen Körpers. Helsingfors: Mercators Tryckeri 1934.
WHITE, P. D., and P. D. CAMP: A comparison of orthodiagraphic and teleroentgenographic measurements of heart and thorax. J. intern. Med. **6**, 409 (1932).
WIELAND, H.: Über eine einfache Technik der Beckenmessung und Messungen am übrigen Skelett. Radiol. clin. (Basel) **23**, 257 (1954).
WIESER, C.: Nouvelle méthode de volumétrie au cours de l'épreuve d'évacuation en cholécystographie. Schweiz. med. Wschr. **1954**, 149.
ZIMMER, K.: Standardisierung der geburtshilflichen Röntgendiagnostik durch vereinfachte Veramessung. Geburtsh. u. Frauenheilk. **13**, 1013 (1953).

III. Röntgenlokalisation

Es sind wohl auf keinem Gebiet der Radiometrie bisher so viele Meßmethoden publiziert worden wie auf dem Gebiet der Fremdkörperlokalisation. Ihre Zahl geht in die Hunderte. Da sich alle in den gegebenen Rahmen der Geometrie der zentralen Projektion einfügen müssen und als prinzipielle Basis aller Methoden eigentlich nur die Gesetze der Parallaxe in Frage kommen, ist es verständlich, daß sich viele Lokalisationsmethoden nur durch den Namen ihres Autors voneinander unterscheiden und daß manche Methoden mit periodischer Regelmäßigkeit nach zwei bis drei Jahrzehnten wiederentdeckt werden. Es muß dem Problem der Tiefenlokalisation ein gewisser Anreiz innewohnen, der die gewiß nicht zahlreichen geometrisch und mathematisch interessierten Ärzte veranlaßt, sich mit geometrischen Aufgabenstellungen zu befassen und neue Lösungen zu suchen. Mit jedem Krieg sind früher die Methoden zur Fremdkörperlokalisation wie Pilze aus dem Boden geschossen. So kann man feststellen, daß während des ersten Weltkrieges kaum ein Heft der bekannten medizinischen Zeitschriften erschienen ist, in dem nicht eine Lokalisationsmethode vorgeschlagen wurde. Es ist daher selbst in dem vorliegenden Rahmen einer monographischen Bearbeitung nicht mehr möglich, alle bisher bekanntgewordenen Methoden zu beschreiben. Zusammenfassende Darstellungen der älteren Methoden bzw. der Methoden zur reinen Fremdkörperlokalisation findet man bei WESKI (1915), bei CASE (1918), bei HOLZKNECHT (1918), bei LILIENFELD (1918), bei GRASHEY (1940), bei HASSEL-WANDER (1940) und bei JANKER (1947). Viele der Methoden sind auch so kompliziert und zeitraubend, daß sie heute schon deswegen von niemandem mehr durchgeführt werden würden. Als Beispiel hierfür möge der Schwebemarkenlokalisator von WACHTEL (1914) dienen, ein eigens konstruierter Lokalisationstisch, an welchem die stereoähnlichen Bildpaare mittels Schwebemarken und Fäden zu einem künstlichen Focus rückprojiziert wurden. KÖHLER hat schon 1916 treffend gesagt: „Jede der angegebenen umständlichen Methoden wird in der Regel nur von ihrem Erfinder, der sie natürlich immer höchst einfach und nur scheinbar kompliziert hinstellt, und seinen Schülern geübt." Es sind aber auch noch andere Gründe, die solche Methoden heute in der Praxis uninteressant erscheinen lassen. Die Aufgabenstellung hat sich gewandelt. Bei der modernen Kriegsführung gibt es weniger Steckschüsse und Stecksplitter, so daß die reine Fremdkörperlokalisation heute bei den Lokalisationsaufgaben an letzter Stelle rangiert. Im Vordergrund steht nicht mehr die geometrische Tiefenbestimmung, sondern die anatomische Lokalisation der Tumoren für die Strahlentherapie und die Lokalisation zu gezielten, diagnostischen und therapeutischen Eingriffen. Für diese Aufgaben bieten all die reinen Fremdkörperlokalisationsmethoden keinen praktischen Nutzen mehr. GRASHEY (1940) hat dies treffend mit folgenden Worten ausgedrückt:

„Wenn ich jemand sage: Den gewünschten Schlüssel finden Sie, wenn Sie vom Mittelpunkt der Türschwelle in einem Winkel von 28° nach rechts, 456 cm vorwärts und dann vom Fußboden 81,3 cm senkrecht in die Höhe tasten, dann wird er scheinbar sehr sorgfältig (‚Pseudoexaktheit‘), praktisch aber viel schlechter bedient sein, als wenn ich ihm sage: Der Schlüssel liegt auf dem Schreibtisch am Fenster auf dem Tintenfaß! Wenn er mir genau folgen wollte, müßte er ein ziemlich großes Loch durch die Tischplatte bohren."

1. Die mathematische Berechnung der Objekttiefe

Alle geometrischen Lokalisationsmethoden lassen sich auf das einfache Gesetz der parallaktischen Verschiebung zurückführen. Dieses Gesetz besagt, daß bei der zentralen Projektion der Schatten eines Objektes auf der Projektionsebene (Leuchtschirm oder Röntgenfilm) bei Verschiebung des Projektionszentrums (Focus) eine parallaktische Wanderung ausführt, deren Ausmaß dem Betrag der Röhrenverschiebung direkt und dem Abstand des Objektes vom Projektionszentrum umgekehrt proportional ist. Inhaltlich entspricht dies unserer eingangs aufgestellten Grundregel IV (Abb. 4).

Abb. 19 läßt erkennen, daß durch die sich im Objekt schneidenden Strahlen zwei ähnliche Dreiecke entstehen. Es verhalten sich somit die Basis (a = Röhrenbasis) des größeren Dreiecks zur Basis (a' = Parallaxe) des kleineren Dreiecks wie die Höhe (FOA = Focus-Objektabstand) des größeren zur Höhe (OFA = Objekt-Filmabstand) des kleineren. Hieraus folgt: 1. Der Objekt-Filmabstand ist gleich dem Produkt aus dem Röhrenabstand und dem Quotienten aus der Parallaxe und der Summe Parallaxe + Röhrenbasis und 2. der Focus-Objektabstand ist gleich dem Produkt aus dem Röhrenabstand und dem Quotienten aus der Röhrenbasis und der Summe Parallaxe + Röhrenbasis.

$$1.\ \ OFA = \frac{a'}{a'+a}\, R\,; \qquad\qquad 2.\ \ FOA = \frac{a}{a'+a}\, R\,;$$

$$3.\ \ a' = \frac{OFA}{FOA}\, a\,; \qquad\qquad 4.\ \ a = \frac{FOA}{OFA}\, a'.$$

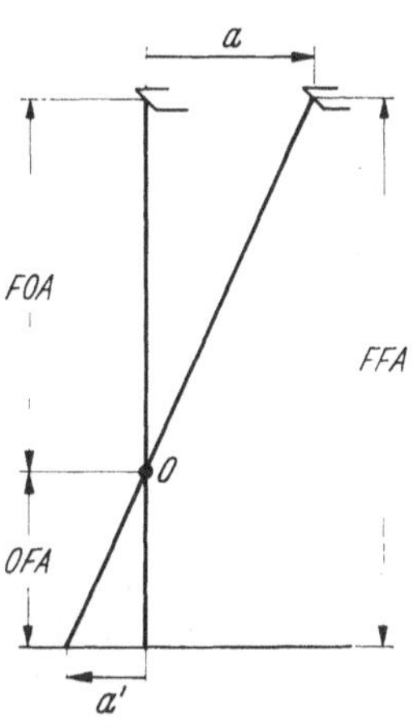

Abb. 19. Geometrische Grundlagen zur mathematischen Berechnung der Focus-Objekt- und Objekt-Filmdistanz

Die Formeln 1 und 2 unterscheiden sich somit nur dadurch, daß im Zähler einmal die *Röhrenbasis* steht (bei gesuchtem Objekt-*Röhrenabstand*) und das andere Mal die Parallaxe auf dem *Film* (bei gesuchtem Objekt-*Filmabstand*). Von den Größen a, a', R, OFA und FOA können a und R konstant gehalten werden, so daß die gesuchte Objekttiefe dann nur noch eine Funktion der Parallaxe ist, d.h. daß zu jeder gemessenen Parallaxe eine bestimmte Objekttiefe gehört. Die Berechnung der Objekttiefe nach den obigen Formeln läßt sich mittels der in Abb. 10 auf S. 11 abgedruckten logarithmischen Teilungen leicht durchführen. Wird die Objektdistanz zum Film gesucht, so wird der Objektparallaxe die Summe aus Röhrenverschiebung + Objektparallaxe gegenübergestellt. Gegenüber dem benützten Röhrenabstand steht dann die gesuchte Objekttiefe zur Filmebene. Wird die Objekttiefe zur Röhre gesucht, so steht diese wiederum gegenüber dem benützten Röhrenabstand, wenn diesmal nicht die Objektparallaxe, sondern der Betrag der Röhrenverschiebung der Summe Röhrenverschiebung + Objektparallaxe gegenübergestellt wird.

2. Durchleuchtung und Aufnahme mit Bleimarken

Eine der ältesten Methoden — und in zahlreichen Variationen bis heute noch in Benützung — ist die *Vier-Marken-Methode* von LEVY-DORN (1898). Sie ist im Gegensatz zu den reinen mathematisch-geometrischen Methoden eine mehr konstruktive Tiefenbestimmung mit anatomischen Lokalisationsmöglichkeiten. Bei ihr durchleuchtet man unter Drehung des Patienten aus zwei Richtungen und bringt jedesmal an der Stelle des Strahlenaustritts eine Bleimarke derart an, daß sich ihr Schatten mit dem Objektschatten auf dem Schirm deckt. Hierauf wird der Patient um 180° gedreht und die eine der Marken wird mit dem Objekt in Deckung gebracht. In Deckung mit ihr und dem Objekt wird an der Stelle des Strahlenaustritts eine dritte Marke angebracht. Analog bringt man in Deckung mit der zweiten Marke eine vierte Marke auf der Haut des Patienten an. Die Verbindungslinien korrespondierender Marken schneiden sich dann im Objekt. Wird der Körperumfang in der Ebene der Bleimarken mittels Bleidraht abmodelliert, so kann das Objekt in diesen Körperquerschnitt lagerecht eingezeichnet werden (vgl. auch Abb. 26).

Wir haben die klassische Vier-Marken-Methode etwas abgewandelt. Unsere Modifikation stellt eine den heutigen Maßstäben des Strahlenschutzes gerecht werdende wesentliche Vereinfachung dieser alten Methode dar. Es werden bei der *Strichmarkenmethode* im Gegensatz zu der Vier-Marken-Methode und ihren bisherigen Modifikationen keine vier punktförmigen Marken während der Durchleuchtung angebracht oder gar im Primärstrahlenbündel, wie dies auch schon beschrieben wurde, sondern nur zwei strichförmige Marken vor der Durchleuchtung. Je nachdem, ob der Fremdkörper oder das Objekt mehr dorsal oder mehr ventral liegen, klebt man auf die Haut des Patienten *vor*

3*

der Durchleuchtung etwa im Abstand von 1—2 Handbreiten in die Gegend des Fremdkörpers, so daß er etwa zwischen sie zu liegen kommt, je eine Bleimarke in Form einer vertikalen Linie (kurzes Stück Kupferdraht von 5—10 cm Länge). Dadurch, daß keine punktförmige Marke, sondern eine Strichmarke verwendet wird, kann diese blind in der Gegend des Fremdkörpers angebracht werden, sie wird sich bei der späteren Durchleuchtung immer mit diesem zur Deckung bringen lassen. Die beiden Drahtmarken brauchen auch nicht unbedingt vertikal zu verlaufen. Sie können jede Richtung einnehmen. die sich von der Horizontalen merklich unterscheidet. Nach Anbringen der beiden Marken wird der Patient erstmalig gezielt durchleuchtet. Man dreht ihn so, daß die eine der Strichmarken den Fremdkörper schneidet. In dieser Stellung wird an der Stelle des Strahlenaustritts und in Deckung mit dem Fremdkörper eine weitere Strichmarke mit einem Hautstift oder einer Hautfarbe unter Wahrung des Strahlenschutzes auf die Haut gezeichnet. Hierauf wird der Patient so gedreht, daß die andere Strichmarke den Fremdkörper schneidet. In dieser Stellung wird an der Stelle des Strahlenaustritts eine zweite Strichmarke in Deckung mit dem Fremdkörper angezeichnet. Auch die angezeichneten Hautmarken brauchen nicht streng vertikal zu verlaufen, wenn man darauf achtet, daß sich beim Antragen der Marken der Fremdkörper in der horizontalen Schirmmittellinie (enge Ausblendung) oder in ihrer unmittelbaren Nähe darstellt. Der Patient trägt dann vier Strichmarken, zwei aus Draht und zwei nur angezeichnet. Mit einer oder mehreren kurzen horizontalen Strichmarken wird in der Vertikalstrahlebene (horizontale Schirmmittellinie) die Höhe des Fremdkörpers auf der Haut angezeichnet. Die Schnittpunkte der horizontalen Höhenlinie mit den Drahtmarken bzw. Strichmarken stellen die vier Punkte der Vier-Marken-Methode dar. Im Schnittpunkt ihrer Verbindungslinien liegt der Fremdkörper.

Bei der Strichmarkenmethode kann der Körperumfang genauso abmodelliert werden wie bei der Röntgentopographie (S. 41). Werden die vier Punkte des Körperumfangs auf die Querschnittskizze mitübertragen, so liegt im Schnittpunkt ihrer Verbindungslinien wiederum der Fremdkörper. Die Strichmarkenmethode stellt damit eine vereinfachte Röntgentopographie dar.

Auf dem gleichen Prinzip der Rekonstruktion des Strahlenganges unter Mitphotographieren von Bleimarken beruht auch die *Schwebemarkenlokalisation* von WACHTEL (1914). Für ihre Durchführung war ein eigener Lokalisationstisch zur Auswertung der Aufnahmen erforderlich. Die Rekonstruktion des Strahlengangs fand nach dem Prinzip der Kreuzfadenmethode von MACKENZIE und DAVIDSON (1897) statt, die später beschrieben werden wird. Diese und ähnliche Methoden sind — im Gegensatz zur Vier-Marken-Methode — ihrer Umständlichkeit wegen schon lange nicht mehr in Gebrauch.

Eine weitere sehr einfache Technik der Tiefenbestimmung mittels Bleimarken ist das *Nahpunktverfahren*. Es ist aus der jedem Durchleuchter geläufigen fließenden Rotation abzuleiten, bildet daher auch eigentlich keine eigene Methode und ist auf keinen bestimmten Autor zurückzuführen. Dreht man während der Durchleuchtung einen Patienten vor dem Schirm, so wandern alle Objekte hinter dem Drehpunkt in entgegengesetzter Richtung zu den Objekten vor ihm. Die Objekte vor dem Drehpunkt wandern gleichsinnig mit der Drehrichtung der dem Schirm zugekehrten Körperoberfläche. Während der Drehung ändern alle Objekte ständig ihren Abstand zur auf dem Schirm sichtbaren Hautgrenze. Es gibt für jedes Objekt nur eine Stellung des Patienten, in welcher es die kürzeste Distanz zur Hautgrenze zeigt. Mit einem metallenen Watteträger wird der Nahpunkt auf der Haut markiert. Zweckmäßig verfährt man dabei so, daß der mit einer Hautfarbe getränkte Watteträger in Höhe des Objektes zunächst irgendwo auf die Haut aufgesetzt wird. Die Spitze des Watteträgers projiziert sich dann meist innerhalb des Körpers, d.h. hinter die Hautgrenze. Nun fährt man horizontal um den Körper ein kurzes Stück herum, bis die Spitze des Watteträgers vor der Hautgrenze frei Luft sichtbar wird (tangential), und dann wieder nach dem Körperinnern wandert. Auf der gleichen Markierungslinie fährt man wieder zum Tangentialpunkt zurück und zieht von hier aus eine kurze vertikale Markierungslinie. Der Patient trägt dann im Nahpunkt des Objektes eine Kreuzmarke mit genügend langen Schenkeln auch für operative Eingriffe. Der wahre Abstand zur Haut kann sowohl bei der Durchleuchtung als auch mit einer nachfolgend ausgeblendeten, gezielten Aufnahme leicht bestimmt werden, wenn auf die Kreuzmarke der Haut eine Bleimarke von 1 cm geklebt wird (am besten eine runde Bleischeibe von 1 cm Durchmesser). Steht beim Messen die Distanz Hautmarke-Objekt dabei nicht genau schirmparallel, so bringt dies praktisch keinen Meßfehler. Erst wenn die Hautmarke bei der Durchleuchtung oder auf der Aufnahme merklich hinter der Hautgrenze steht, können Meßfehler entstehen (vgl. auch Abb. 78, S. 143).

3. Die Röntgenparallaxe

Letzten Endes beruhen alle röntgenologischen Methoden zur Tiefenbestimmung auf der Wanderung der Objektschatten auf der Projektionsebene bei Verschiebung des Projektionszentrums oder des Objektes selbst. Eine Reihe von Meßmethoden ist jedoch so unmittelbar mit diesem Vorgang verbunden, daß sie hier gesondert besprochen werden sollen.

Eine unmittelbar auf der Messung der Objektparallaxe beruhende Methode hat GALEAZZI schon 1899 beschrieben. Bei konstantem Röhrenabstand (z.B. 100 cm) und konstanter Röhrenverschiebung (z.B. 10 cm) kann auf einem einmal angefertigten Maßstab zum Messen der Objektparallaxe direkt die Objekttiefe in Zentimetern abgelesen werden. Wird auf der Haut eine Vergleichsstrecke mitphotographiert, so kann mit einer erweiterten Formel auch direkt die Haut-Objektdistanz berechnet werden (BUMILLER 1951). Eine große Anzahl weiterer Methoden sind auf diesem Grundprinzip aufgebaut. Auch die *Blendenrandmethode* (HOLZKNECHT, SOMMER und MAYER 1916) beruht letztlich auf diesem Prinzip. Bei ihr wird der konstante Öffnungswinkel des durch eine röhrennahe Blende begrenzten Strahlenkegels ausgenützt. Das Objekt wird einmal mit dem einen Blendenrand und nach Verschiebung der Röhre mit dem anderen Blendenrand oder mit dem Vertikalstrahl in Deckung gebracht. Bei konstantem Röhrenabstand ist die Röhrenverschiebung dann nur von der Objekttiefe abhängig und letztere kann aus dem Betrag der Röhrenverschiebung unmittelbar erkannt werden.

FÜRSTENAU (1907) hat einen Röntgentiefenmesser beschrieben, der später als der *Fürstenausche Tiefenzirkel* bekannt wurde und auch mehrmals abgewandelt worden ist (FÜRSTENAU, IMMELMANN und SCHÜTZE 1931). Zwischen den Zirkelspitzen wurde die Objektparallaxe gemessen. Bei konstanter Röhrenverschiebung und konstantem Röhrenabstand konnte dann auf einer zwischen den Zirkelschenkeln mitlaufenden Skala oder an der Öffnung der beiden anderen Zirkelspitzen bei sich überkreuzenden zweiarmigen Zirkel die Objekttiefe abgelesen werden. Ebenfalls auf dem Prinzip der Parallaxe — und zwar auf der festgelegten Objektparallaxe bei festgelegtem Röhrenabstand — beruht das sog. *Fixpunktverfahren* von ZUPPINGER (1940, 1952). Durch einen mechanischen Arm, der schwenkbar und verstellbar am Untersuchungstisch befestigt ist, wird ein Fixpunkt im Raum markiert. Auf dem Leuchtschirm wird in Verschiebungsrichtung, am besten längstisch, eine Strecke bekannter Länge aufgetragen. Zweckmäßigerweise beträgt diese Strecke $1/_3$ oder $1/_4$ der Focus-Schirmdistanz. Das Objekt wird auf das eine Ende dieser Strecke eingestellt, ebenso das Ende des abgewinkelten Armes. Der Schirm wird aus dieser Einstellung heraus so lange verschoben, bis das Objekt zum anderen Ende der aufgetragenen Strecke gewandert ist. Die mit dem Schirm (und der Röhre) zurückgelegte Strecke wird durch den Fixpunkt des Armes angezeigt. Mit 3 bzw. 4 multipliziert, ergibt sie die Objekt-Focusdistanz und bei konstantem und bekanntem Abstand Focus-Stützwand damit auch die gesuchte Objekt-Hautdistanz. ZUPPINGER gibt statt Focus-Objektdistanz zwar die Objekt-Schirmdistanz als Endresultat des Fixpunktverfahrens an, wir möchten aber annehmen, daß diese Angabe auf einem Schreibfehler bzw. auf einer Verwechslung beruht. Es wird auf dem Schirm der Betrag der vorgenommenen Röhrenverschiebung gemessen (a in Formel 2, S. 35), wenn die Distanz Fixpunkt vor Verschiebung — Fixpunkt nach Verschiebung abgegriffen wird. Nach der oben erwähnten Formel ergibt sich dann bei einem festgelegten Röhrenabstand von 80 cm und einer abgefahrenen Strecke von 20 cm Länge auf dem Schirm:

$$FOA = \frac{a}{20} \cdot 80 = 4a.$$

Ist dagegen die Objekt-Schirmdistanz gesucht. so ist nach Formel 1 auf S. 35 auf dem Schirm nicht die vorgenommene Röhrenverschiebung a, sondern die Objektparallaxe a' abzugreifen. Diese Strecke ist gleich der Distanz Fixpunkt nach Verschiebung—Objektstand nach Verschiebung. Es ergibt sich dann:

$$OFA = \frac{a'}{20} \cdot 80 = 4a'.$$

Dieses Fixpunktverfahren ist mit dem Orthodiameter (Abb. 14, S. 17) leicht auszuführen. Der Lichtspalt bildet den Fixpunkt auf dem Schirm und der als Röntgenschatten auf dem Schirm erscheinende Maßstab der Meßplatte erlaubt die Konstanthaltung der Objektwanderung mit 20 cm, indem das Objekt erst auf die eine der Marken 10 eingestellt wird, der Lichtspalt daraufprojiziert wird und dann der Schirm so lange verschoben wird, bis das Objekt bei der anderen Marke 10 steht. Das vom Lichtspalt angezeigte Maß $+10$ entspricht dann der Röhrenverschiebung a der obigen Formel und die am Maßstab ebenfalls direkt ablesbare Differenz Lichtspalt—Fremdkörper in Endstellung entspricht der Objektparallaxe a'. Beide direkt abgelesenen Werte brauchen nur wieder mit 4 multipliziert zu werden, um den Focus-Objektabstand (FOA) bzw. Objekt-Schirmabstand (OFA) zu bekommen. Wird statt des Maßstabes des Orthodiameters ein Maßstab hinter den Schirm gegeben oder auf ihm aufgetragen, dessen Werte gleich mit 4 multipliziert sind, so ist das Verfahren noch einfacher, denn es kann nun die Objekttiefe direkt als Zahl vom Schirm abgelesen werden. Dieses Verfahren, in dem wohl niemand das Fixpunktverfahren von ZUPPINGER so leicht erkennen würde, liegt dem Tiefenmesser des Universalplanigraphen der Siemens-Reiniger-Werke zugrunde. Wir sehen hier wieder, daß niemand aus dem gegebenen Rahmen der Geometrie des Röntgenbildes heraus kann und alle röntgenologischen Tiefenbestimmungen, so verschieden ihre Namen auch klingen mögen, letzten Endes doch nur Modifikationen der Röntgenparallaxe sein können. Auch die im Kapitel der Fremdkörperlokalisation auf den S. 45 bis 49 beschriebenen orthodiametrischen Tiefenbestimmungen gehören hierher.

Der Nachteil all dieser Methoden ist jedoch der, daß man die Tiefe zum Focus oder zum Schirm (Film) erhält und sich hieraus die wirklich gesuchte Distanz Objekt—Haut erst herleiten muß. Diesen Nachteil umgeht die *Parallax-Perspektiv-Methode* von BUMILLER (1951). Sie eliminiert auch als eine der wenigen Methoden, ähnlich der Röntgentiefenlotung, den Röhrenabstand sowie den Betrag und die Richtung der Röhrenverschiebung zwischen den beiden Aufnahmen. Ein Draht bekannter Länge wird in der Nähe des Objektes auf der Körperoberfläche in einem bekannten Abstand H von der Filmebene filmparallel angebracht. Aus der Drahtlänge R auf dem Film, der Parallaxe a eines Drahtendpunktes und der Parallaxe b des Objektes ergibt sich dann der Abstand T des Objektes zur Haut aus der Formel:

$$T = \frac{H\,r\,(a-b)}{r\,(a-b) + b\,R}.$$

An Stelle der Formelberechnung ist auch eine graphische Ablesung möglich. SCHMIDBERGER-JAKOBS (1954) ging noch einen Schritt weiter. Sie hat die einfache Parallaxenformel in einem automatisch arbeitenden elektrischen Meßgerät verarbeitet. Man kann damit die gesuchte Tiefe bei der Durchleuchtung direkt in Zentimetern von einer Skala ablesen. Das Verfahren arbeitet mit der Messung der seitlichen Schirmverschiebung auf elektrischem Weg durch Abfahren eines Widerstandes und Anzeige auf der Skala eines elektrischen Meßinstrumentes. Damit die gesuchte Tiefe allein eine Funktion der seitlichen Verschiebung des Schirm-Röhrensystems ist, wird auf dem Schirm die Objektwanderung konstant gehalten. Man läßt bei der Durchleuchtung den Objektschatten von einer festgelegten vertikalen Linie auf der einen Schirmseite zu einer zweiten festgelegten Linie auf der anderen Schirmseite wandern. Hiermit wird die Summe aus Objektparallaxe + Röhrenverschiebung ($a' + a$ der Formeln 1 und 2 auf S. 35) konstant gehalten. Läßt man auch den Röhrenabstand (R in den erwähnten Formeln) zunächst einmal außer acht, dann ist die gesuchte Tiefe nur noch eine Funktion der Röhrenverschiebung selbst, und zu jedem mit dem Leuchtschirm zurückgelegten Weg (a) gehört eine bestimmte Tiefe (*FOA*). Den Röhrenabstand schaltet SCHMIDBERGER-JAKOBS dadurch aus, daß mit Betätigung des Schirmauszugs entsprechend der mathematischen Formel ein sich ändernder Widerstand vorgeschaltet wird. Die Methode erfordert selbstverständlich den Einbau einer relativ komplizierten elektrischen Meßvorrichtung und käme für die Praxis daher nur in Frage, wenn sie von einer Durchleuchtungsgeräte herstellenden Firma gleich mit eingebaut würde.

4. Röntgentiefenlotung

Im Gegensatz zu allen anderen Methoden der Röntgenlokalisation, bei denen entweder mindestens eine Größe aus den Projektionsbedingungen bekannt sein muß, oder durch konstruktive Wiedergabe des Strahlengangs die Tiefe ermittelt wird, ist die Objekttiefe bei der Röntgentiefenlotung (BÜCHNER 1952, 1953, 1954, 1955) sowohl auf dem Leuchtschirm als auch auf dem Röntgenfilm völlig unabhängig von den Projektionsbedingungen und ohne Kenntnis derselben direkt als Zahl in Zentimetern ablesbar. Die Methode arbeitet mit der reinen bildlichen Darstellung des aus Abb. 19 ersichtlichen parallaktischen Grundprinzips: Alle Objekte in gleicher filmparalleler Ebene haben die gleiche Parallaxe.

Der Konstruktion des zur Methode notwendigen Meßinstrumentes, des Röntgen-Tiefenlotes (Abb. 20), lag daher der folgende Gedankengang zugrunde: Im menschlichen Körper befindet sich ein Objekt unbekannter Tiefe. Außerhalb des Körpers wird eine Reihe von Objekten mit bekannter Tiefe hergestellt, die Skala des Tiefenlotes, und zusammen mit dem Objekt durchleuchtet oder auf Film aufgenommen. Unter Verschiebung der Röhre

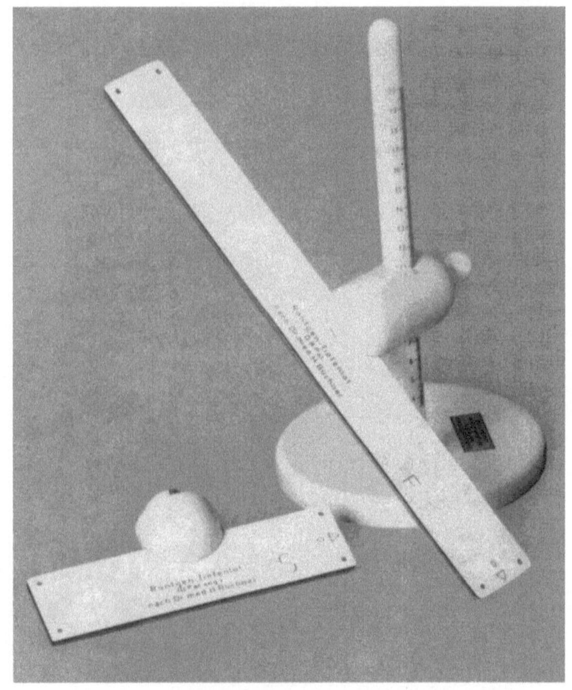

Abb. 20. Röntgen-Tiefenlot mit Skala S für Durchleuchtung und Skala F für Aufnahmen

läßt man das unbekannte Objekt eine parallaktische Wanderung ausführen — bei der Durchleuchtung durch einfache Schirmverschiebung und bei der Aufnahme durch Anfertigung zweier Aufnahmen aus verschiedenen Röhrenstellungen — und beobachtet bzw. stellt fest, welches bekannte Objekt (Skalenwert) der Tiefenlotskala dabei die gleiche Parallaxe zeigt wie das unbekannte. Dieser bekannte Skalenwert muß mit dem Objekt in der gleichen filmparallelen Ebene liegen und zeigt somit die Objekttiefe direkt in Zentimetern an, da die Skala nach Zentimetern geeicht ist und jeder Wert seinen Abstand zu einer durch den Skalennullpunkt gelegten filmparallelen Bezugsebene angibt. Abb. 21 zeigt zwei Testaufnahmen, welche dieses einfache Prinzip verständlich machen. Es wurde ein Zylinder aufgenommen, der in einer steigenden Spirale Zahlen enthält, welche ihre Höhe über Tisch in Zentimetern angeben. Abb. 22 zeigt das Ablesen der Objekttiefe. Statt die Parallaxen auszumessen, läßt man die Parallaxe des Objektes

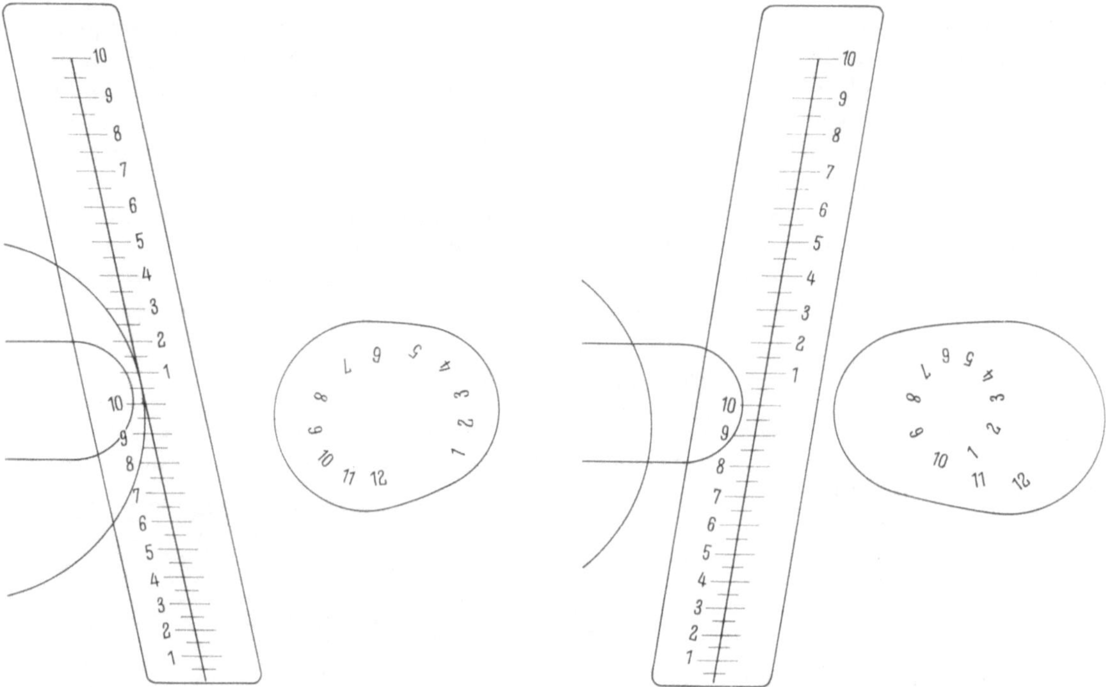

Abb. 21. Testaufnahmen zur Röntgentiefenlotung

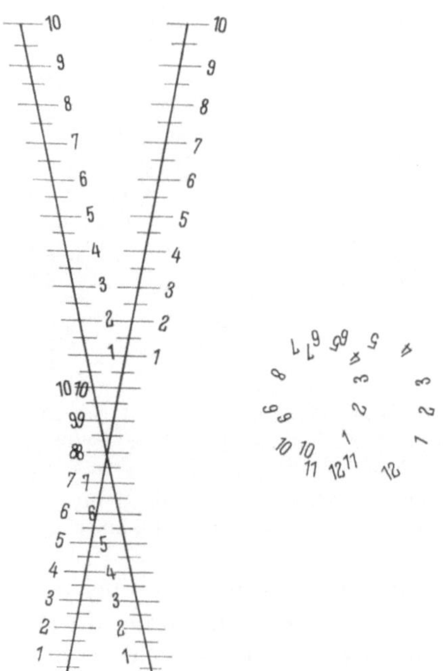

Abb. 22. Beide Aufnahmen der Abb. 21
zum Ablesen der Objekttiefe (8)
übereinandergehalten

(Zahl 8 in Abb. 22) gleich Null werden, indem beide Filme so übereinandergelegt werden, daß sich das zu bestimmende Objekt deckt. Die beiden Tiefenlotskalen überkreuzen sich dann, und der in ihrem Schnittpunkt liegende Wert (8) ist die gesuchte Tiefe des Objektes. Nur dieser Wert hat ebenfalls bei Deckung der Filme die Parallaxe Null, alle anderen Werte (über 8) haben eine größere oder (unter 8) eine kleinere Parallaxe!

Aus den bisherigen Ausführungen ist verständlich, daß bei der Aufnahmetechnik zur Röntgentiefenlotung keine besonderen Bedingungen zu beachten sind. Es können zwei beliebig projizierte Aufnahmen aus gleichem Focus-Filmabstand angefertigt werden, solange nur die Skala auf dem Film erscheint und zwischen den beiden Aufnahmen sich der Patient gegenüber der Skala nicht bewegt. Abb. 23 gibt die Aufnahmetechnik schematisch wieder. Alle mit einem Fragezeichen gekennzeichneten Größen, welche bei allen bisherigen Lokalisationsmethoden mehr oder weniger beachtet wurden oder bekannt sein mußten, sind bei der Röntgentiefenlotung unbeachtlich und bleiben unbekannt. Die Durchführung der Methode bei der Durchleuchtung ist im speziellen Teil bei der Tumorlokalisation näher beschrieben. Die Bezugs-ebene, bis zu welcher die Objekttiefe abgelesen werden soll, kann sowohl bei der Aufnahme als auch bei der Durchleuchtung zur Röntgentiefenlotung frei gewählt werden. Im allgemeinen wird die Tischebene als Bezugsebene genommen und die Skalen stehen mit ihrem Nullpunkt auf dem Tisch. Sie sind aber auch um 90⁰ drehbar, so daß ihr Nullpunkt und damit die Bezugsebene etwa in das Niveau der freien Körperoberfläche gebracht werden kann. Auf den Aufnahmen ist an der verschiedenen Größe der Skalenmarken erkennbar, ob die Skala vom Film weg oder in Richtung Film gelaufen ist.

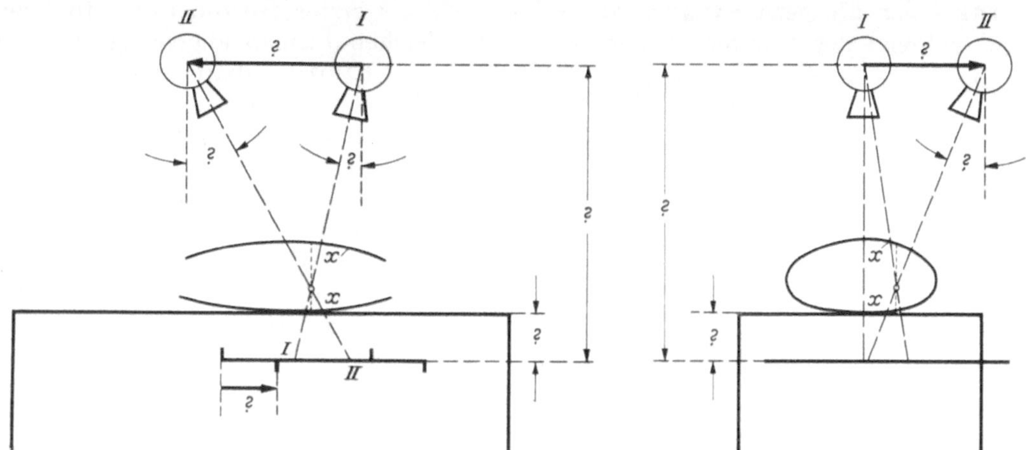

Abb. 23. Aufnahmetechnik zur Röntgentiefenlotung

Die Röntgentiefenlotung kann auch mit gewöhnlichen Stereoaufnahmen gekoppelt werden, so daß neben dem *subjektiven* Raumeindruck gleichzeitig eine *objektive* Kontrollmöglichkeit besteht. Anwendungsbeispiele zur Röntgentiefenlotung finden sich im speziellen Teil bei der Fremdkörper- und Tumorlokalisation.

5. Röntgentopographie

In vielen Fällen ist eine exakte geometrische Lokalisation der reinen Tiefenlage eines Objektes oder eines Krankheitsherdes für die Praxis weniger von Bedeutung als eine anatomisch-topographische Ortsbestimmung. Vor allem bei nachfolgenden chirurgischen Eingriffen und bei der Bewegungsbestrahlung ist es wichtig, die Lage des Herdes zu seiner Umgebung und zu mehreren Punkten der Körperoberfläche zugleich zu kennen. Am anschaulichsten sind für eine solche topographische Beurteilung die Körperquerschnitte der Anatomie. In der Röntgenologie können Körperquerschnitte mittels des transversalen Schichtverfahrens hergestellt werden. Das transversale Schichtbild weist jedoch die übliche Vergrößerung der zentralen Projektion auf, es bedarf

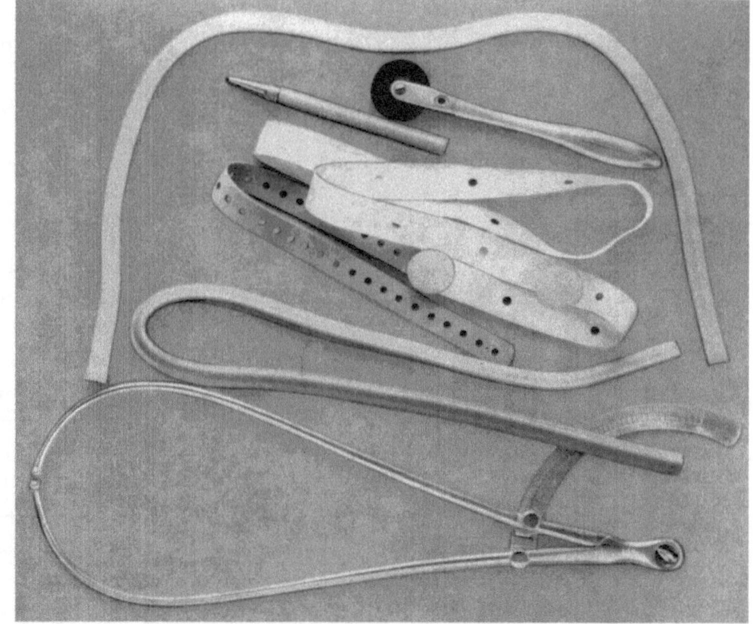

Abb. 24. Meßausrüstung zur Röntgentopographie

eines speziellen Aufnahmegerätes und einer besonderen Erfahrung zur Deutung der Bilder. Kleine Herdbildungen und zarte Verschattungen lassen sich in vielen Fällen nur auf der normalen Röntgenaufnahme und im Körperlängsschnitt, nicht aber im transversalen Schichtbild darstellen. Der erste Vorschlag zur Darstellung eines Körperquerschnittes im Maßstab 1:1 auf Grund gewöhnlicher Röntgenaufnahmen stammt von KNOTHE (1928). Das Verfahren wurde damals leider nicht aufgegriffen und nicht weiter verfolgt. Vor KNOTHE hatte übrigens SAHATCHIEFF schon 1925 als erster Herzquerschnitte gezeigt, die er während der Durchleuchtung nach dem gleichen Prinzip angefertigt hatte wie

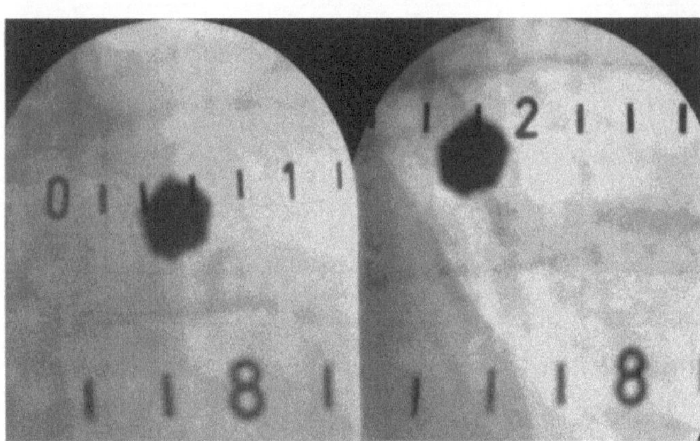

Abb. 25. Zwei gezielte Aufnahmen zur Anfertigung des Röntgentopogramms der Abb. 26

KNOTHE später mittels Aufnahmen. Unabhängig davon hat Verfasser 1959 praktisch das gleiche Verfahren als Röntgentopogramm beschrieben, weiter ausgebaut und auch zu einem dreidimensionalen Verfahren zur Herzvolumenbestimmung und Organmodellierung erweitert (vgl. S. 71).

Das Prinzip des *Röntgentopogramms* ist das gleiche wie das der Vier-Marken-Methode: Eine Rekonstruktion des Strahlenganges mit Hilfe von Bleimarken. Allerdings mit dem Unterschied, daß nicht während der Durchleuchtung vier Marken gezielt angebracht werden, sondern vor der Durchleuchtung eine ganze Reihe von Marken blind auf die Körperoberfläche gebracht wird. Der Patient bekommt etwa in der Höhe des Objektes ein Plastikband um den Körper gelegt, welches alle Zentimeter eine Strichmarke und alle 5 cm eine Zahl enthält. Marken und Zahlen bilden sich auf dem Leuchtschirm oder dem Film mit ab. Abb. 24 zeigt die zur Anfertigung eines Röntgentopogramms benützte Meßausrüstung.

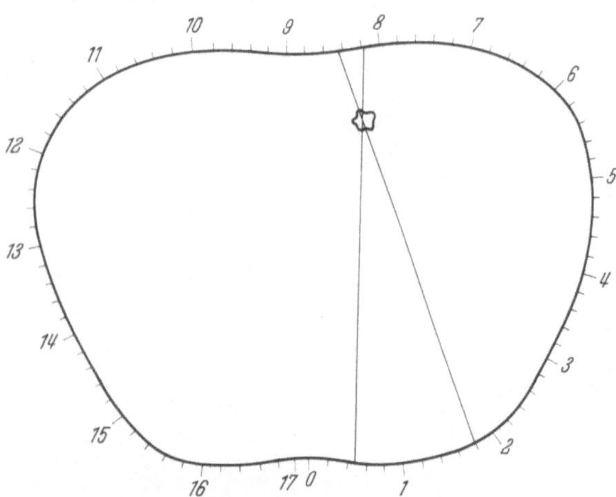

Abb. 26. Röntgentopogramm eines Fremdkörpers aus den Aufnahmen der Abb. 25

Die einfache Durchführung der Methode ist am besten aus dem Beispiel der Abb. 25 ersichtlich. Es wurden von dem Fremdkörper unter geringer Drehung des Patienten zwei gezielte Aufnahmen auf das Format 13/18 gemacht. In beiden Aufnahmen hat der Fremdkörper andere Bandschnittwerte. Im linken Bild der Abb. 25 sind es die Werte 0,5 und 8,2 und im rechten Bild die Werte 1,8 und 8,4. Auch ohne Anfertigung von Aufnahmen hätten diese Bandschnittwerte bei der Durchleuchtung abgelesen werden können. Nach Abnahme des Lokalisationsbandes wird an seiner Stelle ein Bleidraht oder ein plastisches Kurvenlineal um den Körper gelegt (dorsale und ventrale Hälfte getrennt) und der Körperumfang wird abmodelliert. Er wird als 1:1-Querschnitt auf Papier übertragen. Die Zentimetermarken des Lokalisationsbandes werden mit übertragen, wozu eine Stempelrolle benützt wird. Null liegt bei allen Untersuchungen stets ventral in der Medianebene. Auf dem gezeichneten Körperquerschnitt werden die festgestellten Bandschnittwertpaare des Objektes miteinander verbunden. Im Schnittpunkt der Verbindungslinien liegt dann das Objekt (Abb. 26).

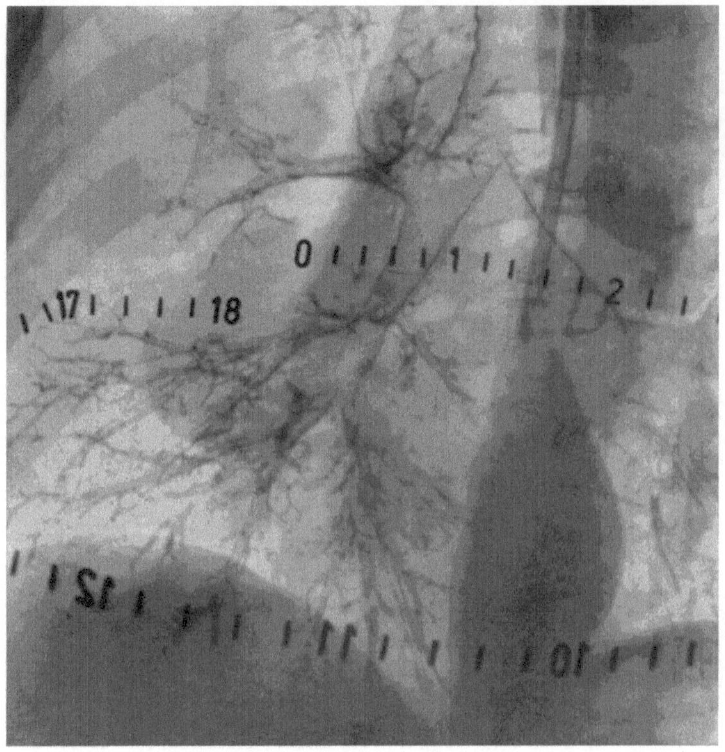

Abb. 27 a

Abb. 27 a—d. Vier gezielte Aufnahmen eines Mediastinaltumors
zur Anfertigung des Röntgentopogramms der Abb. 28

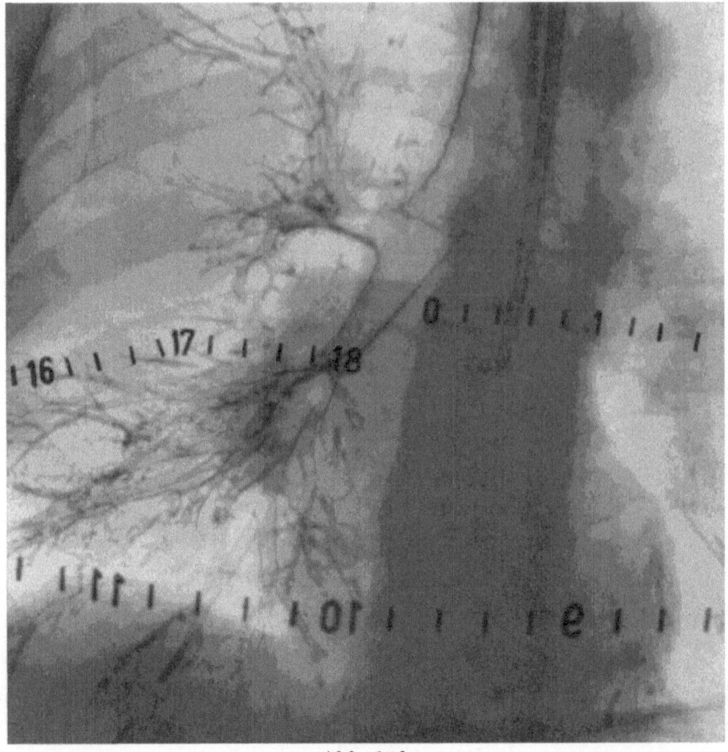

Abb. 27 b

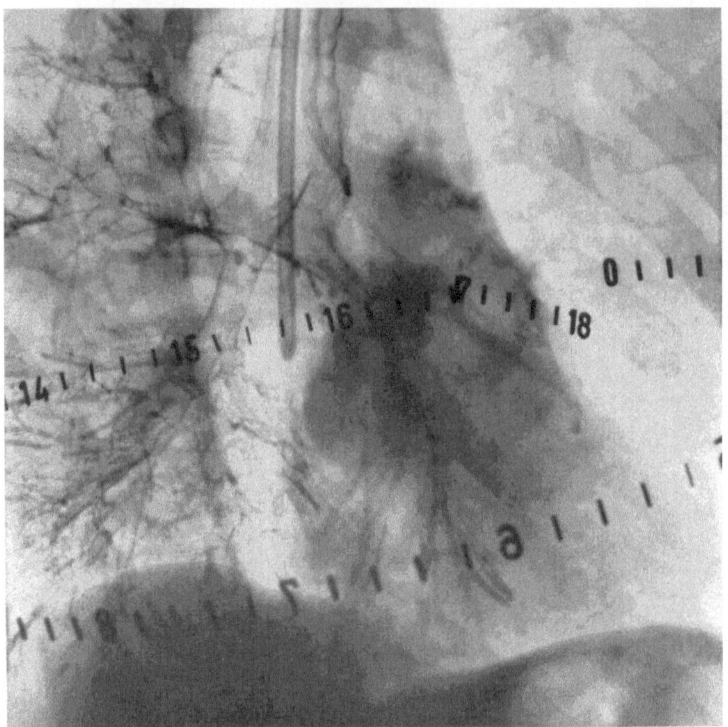

Abb. 27c

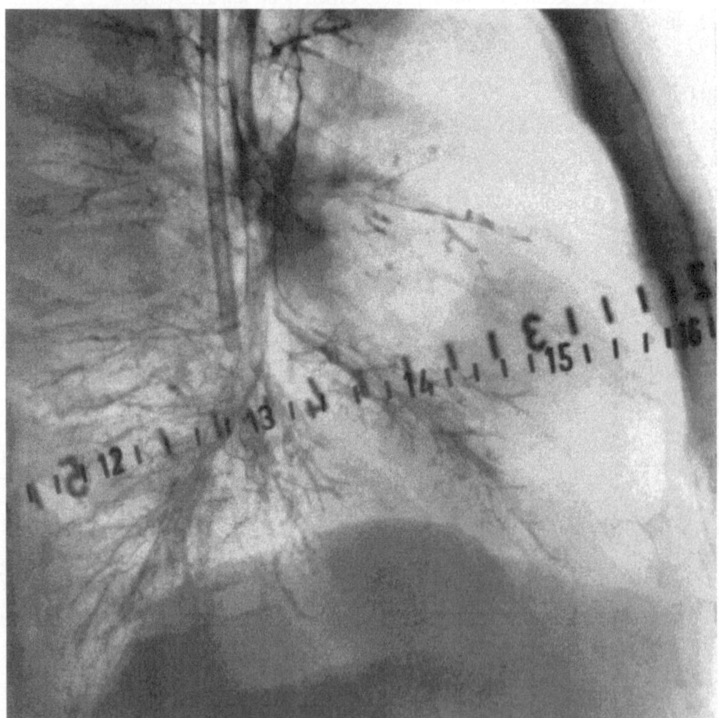

Abb. 27d

So wie der Fremdkörper der Abb. 25 durch seine Bandschnittwerte, d.h. durch die Rekonstruktion zweier Strahlenebenen räumlich festgelegt wurde, genauso ist es auch möglich, einen beliebigen Organquerschnitt durch das Anlegen mehrerer tangentialer

Strahlenebenen mit Hilfe der jeweiligen Bandschnittwerte zu zeichnen. Es kann auf diese Art mit zwei bis vier normalen und unbekannt verzeichneten Röntgenaufnahmen nicht nur von dem fraglichen Organ, sondern auch von seinen Nachbarorganen und den Skeletelementen ein form-, lage- und größengerechter Querschnitt hergestellt werden, der als unmittelbare Grundlage zu diagnostischen oder therapeutischen Eingriffen dient oder als Vorlage zur Aufstellung eines Bestrahlungsplanes und zur Dosisermittlung bei der Bewegungsbestrahlung.

Abb. 27 zeigt vier gezielte Bronchogramme eines Mediastinaltumors und Abb. 28 das nach diesen Aufnahmen gezeichnete Röntgentopogramm. Das Röntgentopogramm ist nicht nur auf die Ebene des Lokalisationsbandes beschränkt. Ohne Anfertigung weiterer Aufnahmen können auch Objekte und Organquerschnitte lagegerecht zueinander gezeichnet werden, die nicht in dieser Ebene liegen. Bei dieser dreidimensionalen Röntgentopographie muß zusätzlich die Röntgenverzeichnung in der

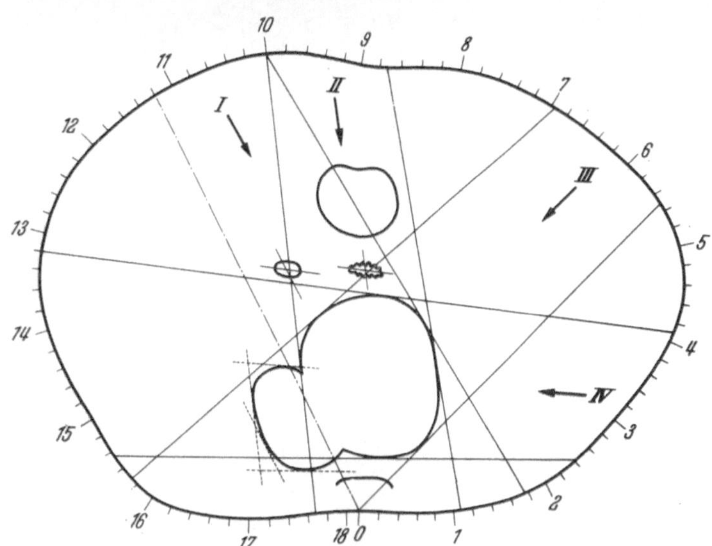

Abb. 28. Röntgentopogramm eines Mediastinaltumors, gezeichnet auf Grund der 4 gezielten Aufnahmen der Abb. 27

zur Bandebene senkrechten Ebene (meist kranio-caudal) berücksichtigtwerden. Sollen von einem Organ (Herz) mehrere Querschnitte etwa im Abstand von 1 cm hergestellt werden (vgl. Abb. 39 und 40), so muß zunächst immer erst der Querschnitt in der Vertikalstrahlebene (Mittelhalbierende des Filmes) dargestellt werden, denn er ist der einzige, für den auf allen vier Aufnahmen Randpunkte in gleicher Horizontalebene sicher festzulegen sind.

6. Orthodiametrie

Es gibt drei Möglichkeiten, mittels der Orthodiametrie die Tiefenlage eines Objektes auf dem Leuchtschirm zu bestimmen:

1. Durch direktes Messen nach Drehung des Patienten um 90°.
2. Durch das Messen der Objektparallaxe bei festgelegter Röhrenverschiebung.
3. Durch das Messen der Objektparallaxe bei festgelegter Summe Röhrenverschiebung + Objektparallaxe.

Das direkte Orthodiametrieren der Objekttiefe bedarf nach Kenntnis der Orthodiametrie (vgl. S. 16) keiner näheren Erläuterung mehr. Abb. 29 zeigt ein Ausführungsbeispiel, die Orthodiametrie der Hilustiefe für die Festlegung der Pendeltiefe zur Bewegungsbestrahlung bzw. für die Vorausbestimmung der Schichttiefe zur Schichtaufnahme.

In vielen Fällen ist es jedoch nicht angängig, den Patienten um 90° zu drehen. Die Tiefe muß im dorso-ventralen Strahlengang bestimmt werden. Unter Verwendung des Orthodiameters kommen dann die obigen Lösungen 2 und 3 in Frage. Beides sind mehr oder weniger mathematische Lösungen, entsprechend den auf S. 35 angegebenen Parallaxenformeln, obwohl in der praktischen Durchführung keine Formelberechnung erfolgen muß.

Bei der orthodiametrischen Tiefenbestimmung mittels festgelegter Röhrenverschiebung wird das Objekt auf die Nullinie des hinter den Schirm gegebenen Maßstabes eingestellt

(Abb. 30). Auch der Lichtspalt der Spaltlampe wird auf die Nullinie projiziert. Es wird damit die Nullstellung zur Orthodiametrie hergestellt (vgl. auch Abb. 13 und 37). Aus dieser Stellung heraus wird der Schirm so lange nach einer Seite verschoben, bis der

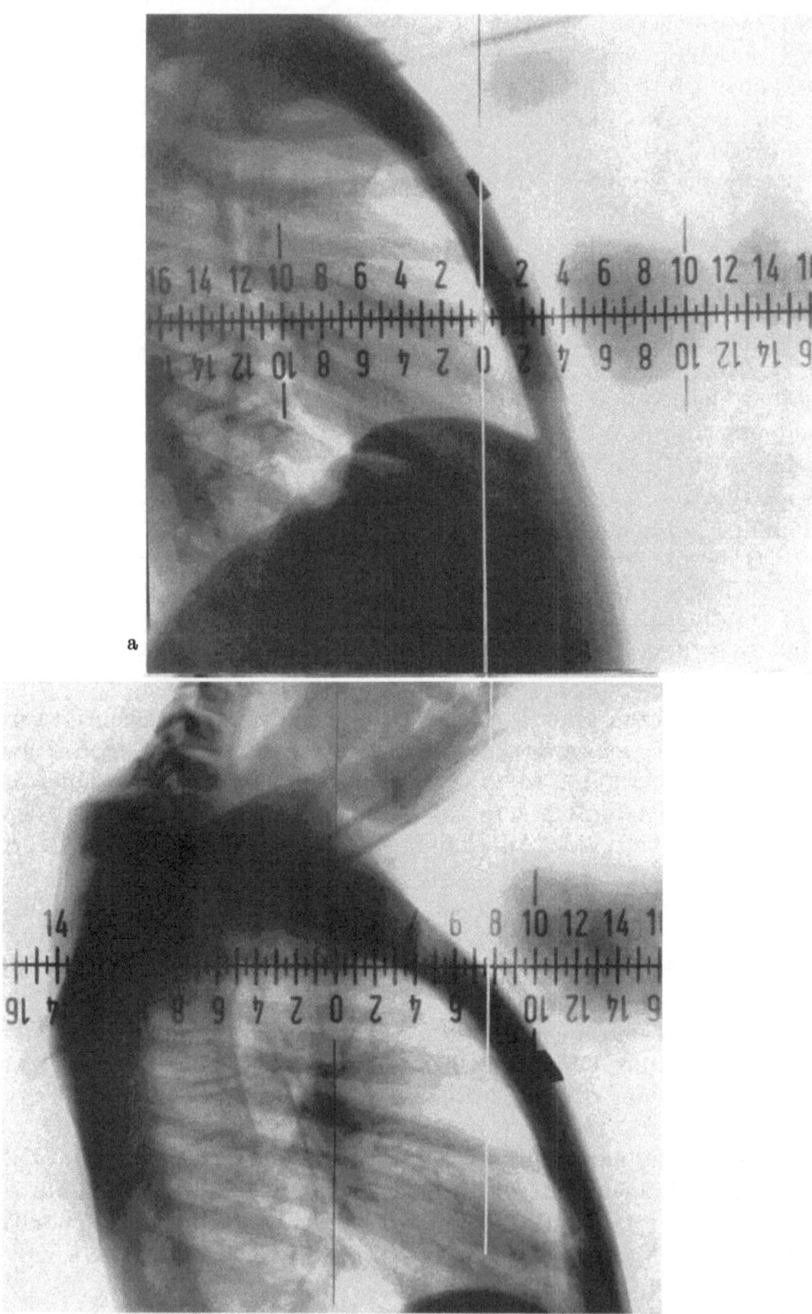

Abb. 29 a u. b. Die Orthodiametrie der Hilus-Hautdistanz

Lichtspalt eine der Marken 10 des Maßstabes erreicht hat. Das Schirm-Röhrensystem wurde dann um genau 10 cm verschoben. Der Objektschatten steht in dieser Ablese-stellung bei einem Maßstabwert über 10 (Abb. 30). Dieser Wert entspricht der Summe Röhrenverschiebung + Objektparallaxe, denn der Leuchtschirm und der damit fest ver-bundene Maßstab wurden mit der Röhre gekuppelt um 10 cm verschoben. Hätte man die entkuppelte Röhre allein um 10 cm verschoben, so wäre das Objekt von der Nullinie des Maßstabes aus nur um den Betrag gewandert, um welchen es jetzt über dem Wert 10 steht. Der Wert, bei welchem das Objekt in Ablesestellung steht abzüglich 10, entspricht also

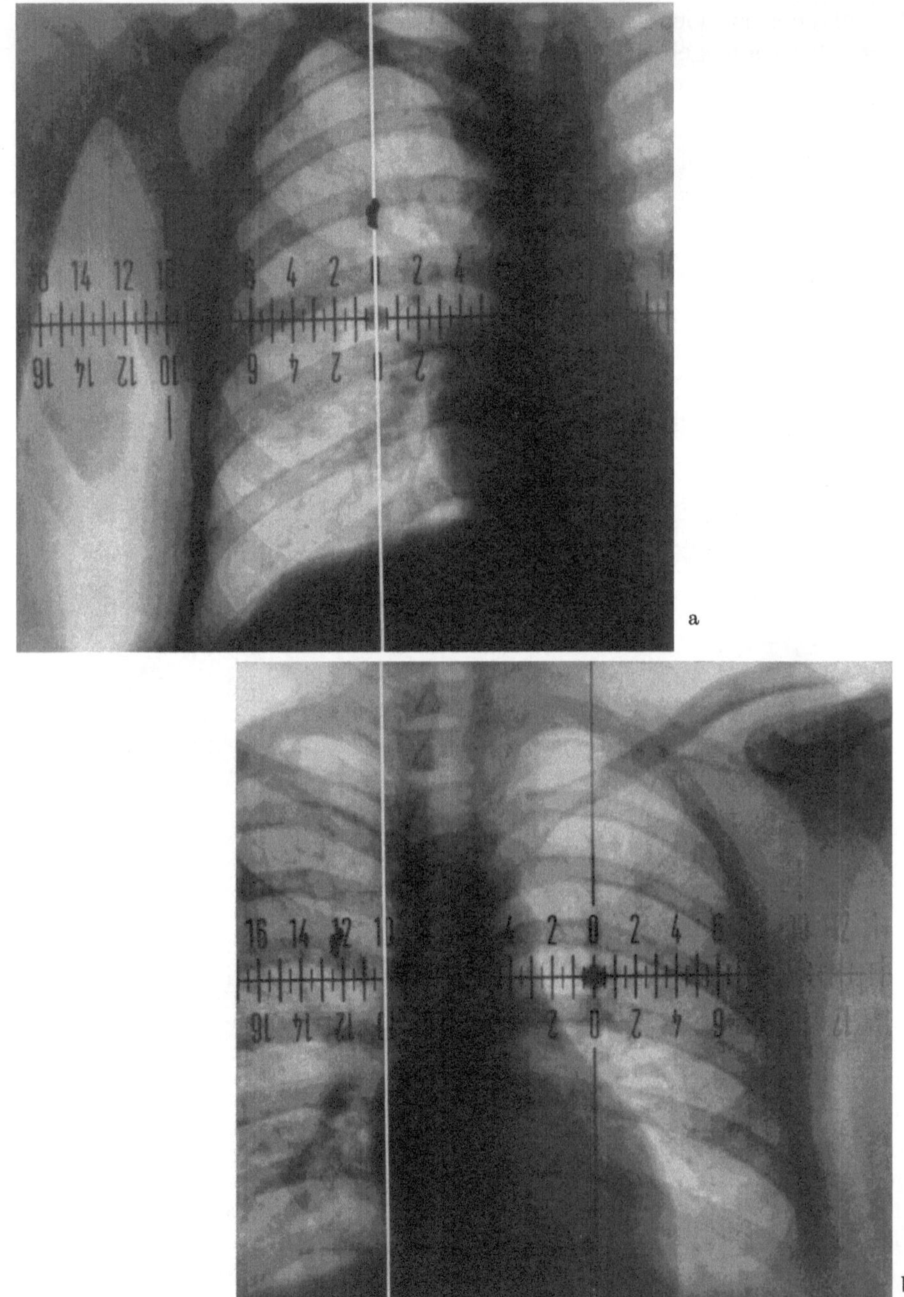

Abb. 30 a u. b. Orthodiametrische Tiefenbestimmung mit 10 cm Röhrenverschiebung (vgl. Text)

der reinen Objektparallaxe. Bei Kenntnis des benützten Röhrenabstandes ist die Objekttiefe damit nach den Parallaxenformeln auszurechnen. Diese Ausrechnung wird unter Benützung des Rechengerätes zur Orthodiametrie (vgl. auch Abb. 11) umgangen. Auf diesem Gerät wird der Stand des Objektes in Ablesestellung (12,25 in Abb. 30) unter dem Indexstrich auf Skala B eingestellt (Abb. 31 a). Über dem benützten Röhrenabstand

(Skala B) steht dann die Objekttiefe zum Focus (Skala A). Wird der Stand des Objektes (12,25) auf Skala C unter den Indexstrich gestellt (Abb. 31b), so steht über dem benützten Röhrenabstand der Skala B auf Skala A die Objekttiefe zum Schirm (untere Hälfte der Abb. 31b).

Noch einfacher ist vielleicht die dritte Möglichkeit, die eine Modifikation des von ZUPPINGER (1940) angegebenen Fixpunktverfahrens darstellt (vgl. S. 37). Man wählt zur Tiefenbestimmung einen Röhrenabstand von 80 cm, der sich auch bei dicken Patienten

a

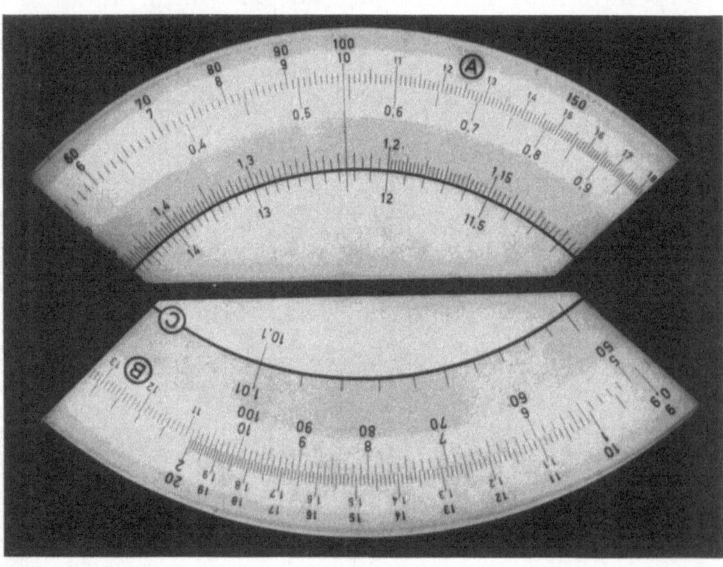

b

Abb. 31 a u. b. Benützung des Rechengerätes zur Orthodiametrie bei der Tiefenbestimmung (vgl. Text)

noch einhalten läßt. Der Maßstab des Orthodiameters wird vertikal, d.h. längstisch eingestellt und das Objekt wird auf eine der Marken 10 des Maßstabes eingestellt (Abb. 32a). Der horizontal gedrehte Lichtspalt kommt auf 0. Nun wird der Leuchtschirm mit der gekuppelten Röhre so lange längstisch verschoben, bis das Objekt auf die andere Marke 10 gewandert ist. Der Lichtspalt zeigt dann die vorgenommene Röhrenverschiebung an. Die Summe Röhrenverschiebung + Objektparallaxe wird mit 20 cm dadurch konstant gehalten, daß man das Objekt von Marke 10 zu Marke 10 wandern läßt. Aus der Parallaxenformel 2 auf S. 35 ist ohne weiteres ersichtlich, daß bei einem festgelegten Röhrenabstand von 80 cm (R) und einer festgelegten Summe Röhrenbasis + Parallaxe von 20 cm ($a + a'$) der Betrag der Röhrenverschiebung (a) nur mit 4 zu multiplizieren ist, um die Objekttiefe zur Focusebene zu erhalten. Da die Distanz Focus—Tischoberfläche am Röntgengerät konstant und bekannt ist, hat man damit die Objekt-Hautdistanz.

Die Objekt-Schirmdistanz würde man gemäß der Parallaxenformel 1 auf S. 35 bekommen, wenn man statt der abgelesenen Röhrenverschiebung (a) die Objektparallaxe (a') mit 4 multiplizieren würde. Die Objektparallaxe (a') erhält man in der Ablesestellung der Abb. 32b, wenn der vom Lichtspalt angezeigte Wert (a) von 20 ($a' + a$) abgezogen wird.

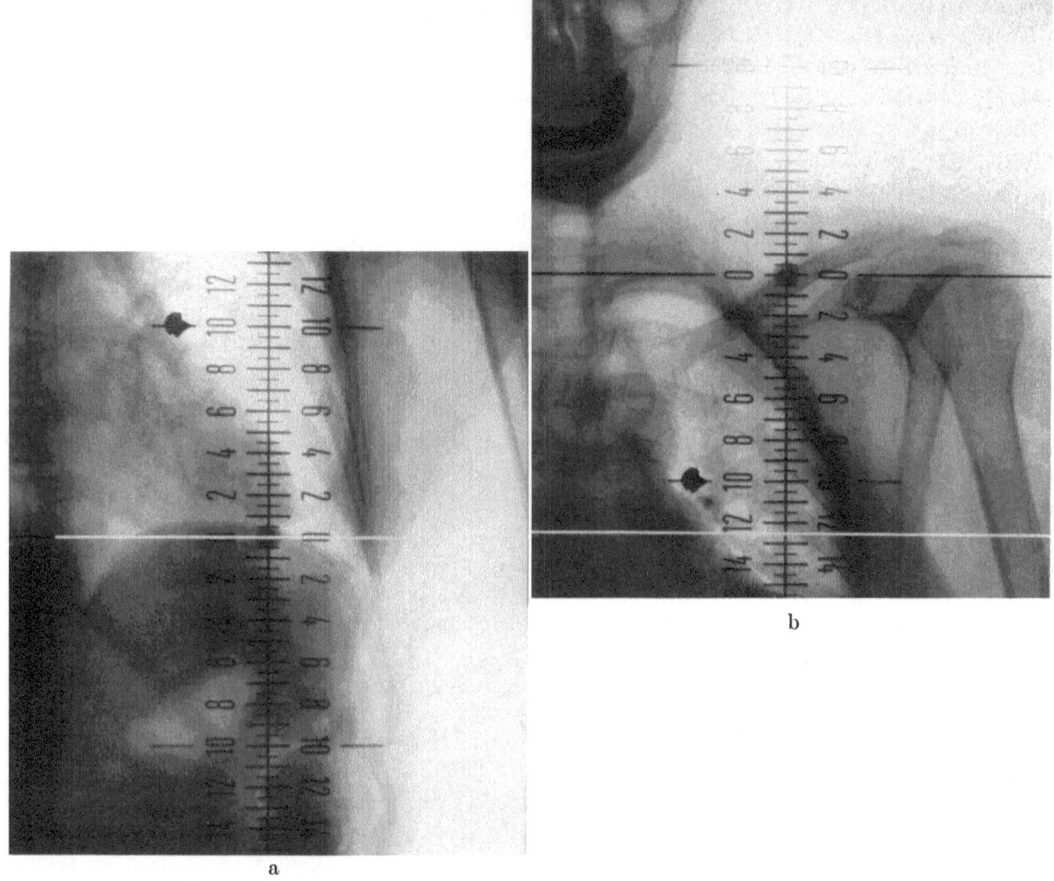

Abb. 32 a u. b. Orthodiametrische Tiefenbestimmung mit festgelegter Summe
Röhrenverschiebung + Objektparallaxe von 20 cm (vgl. Text)

7. Konstruktive Methoden

Die konstruktiven Verfahren arbeiten ohne eine Berechnungsformel. Sie rekonstruieren auf Grund des parallaktischen Prinzips entweder rein mechanisch oder zeichnerisch den Strahlengang, oder sie erarbeiten die Objekttiefe auf graphischem Wege mit Hilfe von Messungen auf Verschiebeaufnahmen. Mit den mit Formeln arbeitenden Methoden haben sie jedoch gemein, daß stets einer oder mehrere Werte des Projektionsverhältnisses bekannt sein müssen und bereits bei der Aufnahmetechnik auch zu beachten sind. Die einzigen konstruktiven Methoden, bei denen überhaupt keine Bedingung in bezug auf die Aufnahmetechnik zu beachten ist und bei denen das Endresultat, die gesuchte Objekttiefe, ohne Kenntnis irgendeines zweiten Wertes zu erhalten ist, sind die aus diesem Grund gesondert beschriebene Röntgentopographie und die Röntgentiefenlotung. Neben der bereits erwähnten Vier-Marken-Methode von LEVY-DORN ist die sog. *Kreuzfadenmethode* von MACKENZIE und DAVIDSON (1897) wohl das älteste Verfahren zur Tiefenbestimmung, welches im Laufe der Jahre viele Abwandlungen erfahren hat. Ihr Grundprinzip besteht darin, daß der Strahlengang der Aufnahmen mittels gespannter Fäden rekonstruiert wird. Auf einem Spezial-Untersuchungstisch werden die beiden Stereoaufnahmen auf einer

Glasfläche von unten durchleuchtet. Von korrespondierenden Bildpunkten aus werden zu zwei gedachten Röhrenbrennflecken Fäden gespannt. Im Kreuzungspunkt der von beiden Aufnahmen kommenden Fäden liegt dann das Objekt. Diese Methode wurde auch zur Beckenmessung von KEHRER und DESSAUER (1914) herangezogen. Die beiden Endpunkte der zu messenden Strecke wurden mit ihr im Raum festgelegt, so daß das absolute Streckenmaß abgegriffen werden konnte.

In neuerer Zeit hat CALDER (1956, 1957) ein der Röntgentiefenlotung auffallend ähnliches konstruktives Verfahren mitgeteilt. Er benützt dazu einen sog. *„einstellbaren Winkel"* *(variable angle)*. Das Meßinstrument besteht aus einem Lineal aus Plastik, welches eine schattengebende normale Zentimeterskala (große und kleine Bleikugeln) enthält. Der Winkel der Skala zur Horizontalen (Filmebene) kann verschieden eingestellt werden. Zuerst werden vom Objekt unter Röhrenverschiebung zwei Aufnahmen auf einen Film angefertigt. Darauf werden unter Bleiabdeckung der Aufnahmen vom Meßinstrument ebenfalls zwei Aufnahmen auf den gleichen Film gemacht, wobei die Röhre um den gleichen Betrag streng parallel zu einer Filmkante und streng vertikal zur Skala verschoben werden muß. Durch Vergleich der Objektparallaxe mit den Parallaxen der Skalenwerte und mittels Kenntnis des Einstellwinkels der Skala zur Filmebene und Einsetzen des sin dieses Winkels werden Tiefenlage und Größe des Objektes aus einer geometrischen Rekonstruktion der Projektionsverhältnisse graphisch ermittelt. So sehr das Verfahren und selbst das Meßinstrument der Röntgentiefenlotung und dem Röntgen-Tiefenlot ähneln, soviel zeitraubender und umständlicher ist es aber auch. CALDER erwähnt in seinen Veröffentlichungen die Röntgentiefenlotung übrigens nicht.

Literatur

Im folgenden Literaturverzeichnis sind nur die im Text zitierten Literaturstellen angeführt. Weitere Literatur zur Röntgenlokalisation bei den einzelnen Kapiteln des speziellen Teils.

BÜCHNER, H.: Orthodiametrie. Teil II: Die Lagebestimmung während einfacher Röntgendurchleuchtung und das Umrechnen verzeichneter Filmmaße mittels eines Spezialrechengerätes. Fortschr. Röntgenstr. **76**, 158 (1952).

— Das Röntgen-Tiefenlot. Eine orthodiametrische Methode zum direkten Ablesen der Objekttiefe auf dem Leuchtschirm oder dem Film. Fortschr. Röntgenstr. **77**, 350 (1952).

— Eine weitere Vereinfachung der Röntgentiefenlotung. Fortschr. Röntgenstr. **78**, 205 (1953).

— Die Röntgentiefenlotung. Ihre Ausführung durch die Röntgenassistentin. Röntgen- u. Lab.-Prax. **7**, 239 (1954).

— Schichttiefe und Pendeltiefe sind auf dem Leuchtschirm direkt als Zahl ablesbar. Fortschr. Röntgenstr. **83**, 266 (1955).

— Zur praktischen Durchführung der Pendelbestrahlung. Strahlentherapie **98**, 430 (1955).

— Das Röntgentopogramm. Ein einfaches Hilfsmittel zur räumlichen Orientierung in Diagnostik und Therapie. Fortschr. Röntgenstr. **91**, 252 (1959).

BUMILLER, H.: Die Parallax-Perspektive-Methode zur röntgenologischen Tiefenbestimmung. Fortschr. Röntgenstr. **75**, 481 (1951).

CALDER, E.: A study of the variable angle as a measuring device of linear dimension. Brit. J. Radiol. **29**, 386 (1956).

— The variable angle as a measuring device in radiography including tomography. Acta radiol. (Stockh.) **48**, 453 (1957).

CASE, J. T.: A brief history of the development of foreign body localization by means of the X-rays with bibliography. Amer. J. Roentgenol. **5**, 113 (1918).

FÜRSTENAU, R.: Über einen neuen Röntgentiefenmesser. Fortschr. Röntgenstr. **11**, 281 (1907).

— M. IMMELMANN u. I. SCHÜTZE: Tiefenbestimmung und Lokalisation von Fremdkörpern nach FÜRSTENAU. In: Leitfaden des Röntgenverfahrens, S. 444. Stuttgart: Ferdinand Enke 1931.

GALEAZZI, R.: Über die Lagebestimmung von Fremdkörpern vermittels Röntgenstrahlen. Zbl. Chir. **18**, 529 (1899).

GRASHEY, R.: Steckschuß und Röntgenstrahlen. Leipzig: Georg Thieme 1940.

HASSELWANDER, A.: Steckschuß und Rontgenstrahlen. Leipzig: Georg Thieme 1940.

HOLZKNECHT, G.: Die gegenwärtige Technik der Lokalisation der Augenfremdkörper — Einführung in die Fremdkörperlokalisation — Durchführung der lokalisatorischen Untersuchung — Anweisung zur Ausführung der beibehaltenen Lokalisationsmethoden — Harpunen und Harpunenzange. In HOLZKNECHT, Röntgenologie. Teil I. Wien u. Berlin: Urban & Schwarzenberg 1918.

— O. SOMMER u. R. MAYER: Durchleuchtungslokalisation mittels der Blendenränder. Münch. med. Wschr. **1916**, 491 und in HOLZKNECHT, Röntgenologie. Teil I. Wien u. Berlin: Urban & Schwarzenberg 1918.

JANKER, R.: Die röntgenologische Lagebestimmung von Fremdkörpern. Zbl. Chir. **72**, 858, 1097 (1947).

KEHRER, E., u. F. DESSAUER: Versuche und Erfahrungen mit der röntgenologischen Beckenmessung. Münch. med. Wschr. **1914**, 22.

KNOTHE, W.: Einfache Methode zu einer exakten sowohl geometrischen wie anatomischen Tiefenbestimmung von Fremdkörpern, gleichzeitig geeignet, Lage und Tiefendimension schattengebender Organe und Tumoren festzustellen. Münch. med. Wschr. **1928**, 1876.

KÖHLER, A.: Zur Vereinfachung der röntgenologischen Fremdkörperlokalisation. Dtsch. med. Wschr. **1916**, 752.

LEVY-DORN, M.: Die Lagebestimmung von Fremdkörpern in der Tiefe bei der Durchleuchtung mit Röntgenstrahlen. Dtsch. med. Wschr. **1898**, 354.

— Die Lagebestimmung von Fremdkörpern mittels Röntgendurchleuchtung. Zbl. Chir. **1898**, 617.

LILIENFELD, L.: Methodik der Fremdkorperlokalisation. In HOLZKNECHT, Röntgenologie. Teil I. Wien u. Berlin: Urban & Schwarzenberg 1918.

MACKENZIE, W. R., and J. M. K. DAVIDSON: Roentgenrays and localisation. Brit. med. J. **1897**.

SAHATCHIEFF, A.: Beitrag zur Röntgenuntersuchung des Herzens. Fortschr. Röntgenstr. **33**, 683 (1925).

SCHMIDBERGER-JAKOBS, M.: Automatisches Verfahren zur Lokalisation und Größenbestimmung von Fremdkörpern und Organen mittels Röntgendurchleuchtung. Fortschr. Röntgenstr. **80**, 267 (1954).

WACHTEL, H.: Der Schwebemarkenlokalisator. Ein einfacher und exakter Fremdkörperuntersucher. Münch. med. Wschr. **1914**, 2292; **1915**, 225.

WATSON, W.: The third dimension in radiography. Radiography **25**, 83 (1959).

WESKI, O.: Die röntgenologische Lagebestimmung von Fremdkörpern. Ihre schulgemäße Methodik dargestellt an kriegschirurgischem Material. Stuttgart: Ferdinand Enke 1915.

ZUPPINGER, A.: Die röntgenologische Fremdkörperlokalisation. Praxis **29**, 61 (1940).

— Fremdkörper und ihre Lokalisation. In SCHINZ-BAENSCH-FRIEDL-UEHLINGER, Lehrbuch der Röntgendiagnostik, 5. Aufl., Bd. 2. Stuttgart: Georg Thieme 1952.

Spezieller Teil

Im folgenden speziellen Teil wird die Anwendung heute noch durchführbarer Meßmethoden an den einzelnen Organen beschrieben. Bei den meisten Methoden ist am Schluß ihre praktische Durchführung nochmals in Stichworten zusammengefaßt. Hierdurch kann das vorliegende Werk dem mit den allgemeinen Regeln der röntgenologischen Meßmethoden schon etwas vertrauten Leser in den jeweiligen Anwendungsgebieten als Gebrauchsanleitung zur Durchführung einer bestimmten Meßmethode dienen. Bei den mittels Röntgenaufnahmen durchzuführenden Messungen dienen diese stichwortartigen Anleitungen der Röntgenassistentin als Hilfe bei der Einstellung zu den Aufnahmen. Methoden, die im allgemeinen Teil bereits ausführlicher besprochen wurden, sind im speziellen Teil nur in dieser stichwortartigen Zusammenfassung nochmals aufgenommen.

I. Größenbestimmungen

1. Herzgrößenbestimmung

Die Fernaufnahme stellt heute in der Praxis die fast ausschließlich benützte Unterlage zur Herzgrößenbeurteilung dar. Es sind seit vielen Jahren keine Mitteilungen mehr erschienen, aus denen einwandfrei hervorgeht, daß noch orthodiagraphisch gearbeitet wird. Die letzte uns bekannte Mitteilung ist die von FUCHS und BAYER (1953), die bei der Herzvolumenbestimmung mittels Horizontalplanigraphie den größten Tiefendurchmesser bei der seitlichen Durchleuchtung orthodiagraphieren. Aus früheren Jahrzehnten ist uns jedoch eine reichhaltige Literatur über die orthodiagraphische Herzuntersuchung überliefert worden, deren Erkenntnisse auch heute noch zur Beurteilung der Herzgröße mit anderen Methoden (Fernaufnahme, Orthodiametrie, Schirmbildaufnahme) von ausschlaggebender Bedeutung sind. Neben MORITZ (1900—1934), der die Orthodiagraphie eingeführt und wohl auch am meisten zu ihrer Ausarbeitung und Verbreitung beigetragen hat, waren es vor allem GROEDEL (1906—1925), DIETLEN (1906—1950) und LUDWIG (1938 bis 1946), welche sich um ihre klinische Anwendung verdient gemacht haben. Schon wenige Jahre nach ihrer Einführung konnte DU MESNIL DE ROCHEMONT (1907) in einer Festschrift einen zusammenfassenden Überblick des damaligen Standes der orthodiagraphischen

Herzuntersuchung geben. Mit Aufgabe der Orthodiagraphie in neuerer Zeit ist uns neben der exakten Herzgrößenbeurteilung leider auch manche Beurteilungsmöglichkeit in bezug auf die Herzform, den Herztonus und die Herzaktion verlorengegangen, da wir diese Dinge aus einer Fernaufnahme nicht sicher beurteilen können und die *Herzdurchleuchtung* immer mehr zu einer „Routinedurchleuchtung" des *Thorax* geworden ist. Außerdem gilt es — vor allem in den USA — aus Gründen des Strahlenschutzes fast schon als ein Kunstfehler, wenn ohne vorherige Röntgenaufnahme und ohne zwingende Indikation eine Thoraxdurchleuchtung vorgenommen wird. Es ist daher zu begrüßen, daß gerade aus diesem Lande von VAN ZWALUWENBURG und WARREN (1920) die Forderung zur Benützung der Röntgendurchleuchtung bei der Beurteilung des Herzens und der großen Gefäße erhoben wurde. Diese Stimme ist jedoch in der Einzahl geblieben. Die heutige Auffassung drückt der Atlas der Röntgenbildmessung von LUSTED und KEATS (1959) aus. in dessen Herzkapitel das Wort Orthodiagraphie nicht einmal mehr vorkommt und in welchem nur die amerikanischen Maße des Sagittalbildes Erwähnung finden. Trotzdem stammt einer der letzten Vorschläge zur Herzgrößenbestimmung während der Durchleuchtung wiederum aus den USA. JOHNSON (1950) hat vorgeschlagen, bei seitlicher Durchleuchtung einen 50 mm langen Bleistreifen mitten in den Herzschatten auf die Haut des Patienten zu kleben. Die Länge des Bleistreifens auf dem Leuchtschirm im sagittalen Bild ergibt dann den Umrechnungswert für die in gleicher Ebene liegenden Herzdurchmesser. Einen ähnlichen Vorschlag haben GUBNER und UNGERLEIDER (1944) bereits für Schirmbildaufnahmen gemacht.

Über orthodiagraphische Herzuntersuchungen mit besonderen Fragestellungen haben DE AGOSTINI (1910, Größenveränderungen bei Anstrengungen) berichtet, sowie BECK (1910, Herzgröße bei Tuberkulose) und OTTEN (1912, beginnende Herzerweiterung). Berichte über orthodiagraphische Untersuchungen im Kindesalter liegen vor von REYHER (1906), VEITH (1908), CLOPATT (1910) und von ARKUSSKY (1925). GILLET hat 1905 die scheinbare Diskrepanz zwischen der perkutierten und der orthodiagraphierten Herzgröße aufgeklärt und im gleichen Jahre auch über die Fehlerquellen der Orthodiagraphie berichtet. GRIESEBACH (1942) hat untersucht, wieweit sich die Herzkontur im Röntgenschirmbild mit den absoluten Herzmaßen im Orthodiagramm in Einklang bringen läßt und ist dabei, wie viele Autoren vor und nach ihm, von der falschen Voraussetzung ausgegangen. daß bei der Durchleuchtung „ganz andere" Randpunkte am Herzen abgebildet werden wie bei der Fernaufnahme oder dem Orthodiagramm, und daß ein Objekt um so mehr verzeichnet würde, je weiter es vom Zentralstrahl entfernt liege.

Zusammenfassende Darstellungen über die Orthodiagraphie des Herzens haben in den ersten Jahren nach 1900 HANDWERCK (1902), KARFUNKEL (1902), IMMELMANN (1905). HERZ (1907) und CLAYTOR und MERIL (1909) gegeben. Da KÖHLER (1905) zur gleichen Zeit die Herzfernaufnahme eingeführt hat, sind auch bald von KÖHLER selbst (1908) und von anderen Autoren über diese neue Möglichkeit der Herzuntersuchung Berichte gekommen (ALBERS-SCHÖNBERG 1908, GROEDEL 1912, RIEDER 1906, REH 1909, GEIGEL 1914, WEISS 1925). Auf diesen Voruntersuchungen teilweise aufbauend, sind dann die Standardwerke von VAQUEZ und BORDET (1913, 1928), ZDANSKY (1949) und BREDNOW (1951) erschienen.

Die verzeichneten Maße der Fernaufnahme werden meist ohne Umrechnung benützt. wenn es nur darum geht, die linearen Maße des sagittalen Herzbildes festzustellen und mit früheren oder späteren Aufnahmen zu vergleichen. Nur bei der Herzvolumenbestimmung werden die Filmmaße regelmäßig umgerechnet. Daß es mit der Umrechnung allein auch nicht getan ist, wurde im allgemeinen Teil bei der Geometrie des Röntgenbildes und der Besprechung der Fernaufnahme schon dargelegt. Wir wissen nie genau, wie tief der betreffende Herzdurchmesser bei der Aufnahme vom Film entfernt war und können ihn schon aus diesem Grund nicht exakt umrechnen. Wir wissen aber auf der üblichen Fernaufnahme auch nicht, in welcher Aktionsphase das Herz getroffen wurde. DIETLEN hat auf dem Röntgenkongreß 1951 in Baden-Baden in der Diskussion die Diapositive zweier kurz hintereinander angefertigter Herzfernaufnahmen des gleichen Patienten gezeigt, bei denen der größte quere Durchmesser um 1,6 cm differierte. An diesen Differenzen sind nicht nur die Aktionsphasen des Herzens schuld, sondern auch die unkontrollierte Atemlage bei der Aufnahme. Auch bei scheinbar gleichem Zwerchfellstand im tiefen Inspirium können trotzdem im Thorax ganz verschiedene Druckverhältnisse geherrscht haben. Wir wissen nie, ob der Patient nicht gepreßt hat und damit einen ungewollten Valsalvaschen Versuch ausgeführt hat. DIETLEN hat daher 1913 — als noch orthodiagraphiert wurde — schon gefordert, daß den Patienten nur solche Orthodiagramme oder Fernaufnahmen in die Hand gegeben werden sollten, die alle für die Beurteilung notwendigen Angaben enthalten (Körperstellung, Einstellung, Atemphase, Abstand usw.). Wenn dies nicht geschehe, unterstütze man in zuweilen unheilvoller Weise den Mißbrauch, der von Patienten und Ärzten durch Vergleich nicht vergleichbarer Herzmessungen getrieben wird. Er sagte damals wörtlich: ,,Es ist dringend zu wünschen, daß die Bequemlichkeit der Fernaufnahme nicht dazu führt, den wichtigsten Teil der röntgenologischen Herzuntersuchung, das direkte Sehen, zu vernachlässigen.''

Es sind immer wieder Stimmen laut geworden, die vor der Unterschätzung der Differenzen zwischen Fernaufnahme und Orthodiagramm warnten (HAMMER 1918, WHITE und CAMP 1932). Auf der anderen Seite steht die Meinung, daß sowohl Teleröntgenogramm als auch Orthodiagramm die tatsächliche Herzgröße gäbe (v. BOROS 1949). Wie stark die Herzmaße allein infolge der zentralen Projektion der Fernaufnahme von den absoluten Maßen des Orthodiagramms und der Orthodiametrie abweichen, ist bei der Umrechnung der Herzmaße (Abb. 10) gezeigt worden.

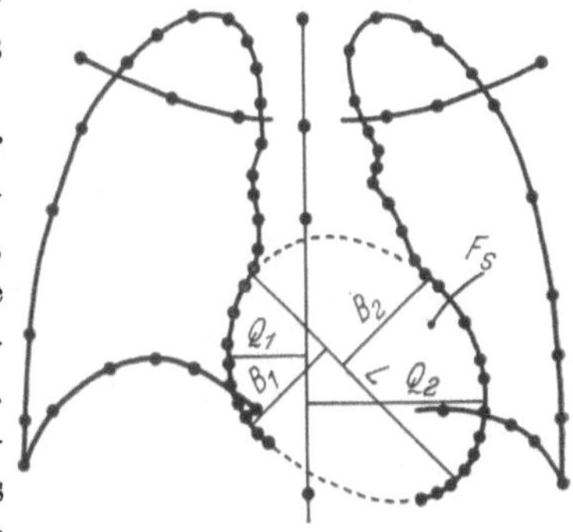

Abb. 33. Die gebräuchlichsten Herzmaße im Orthodiagramm

Im allgemeinen wird die Herzmessung stehend vorgenommen. Zahlreiche Untersuchungen haben gezeigt, daß das Herz infolge einer Änderung der hämodynamischen Verhältnisse und in gewissem Maße auch infolge einer Lageänderung im Stehen und Liegen andere Maße zeigt (MORITZ 1905, DIETLEN 1906, GROEDEL 1911, KLASON 1930, SCHLOMKA und DAUM 1930, HABBE 1956, MUSSHOFF und REINDELL 1956, 1957). Es gibt Untersucher, die prinzipiell der Herzmessung im Liegen den Vorzug geben (KJELLBERG 1953, REINDELL u. Mitarb. 1958) und auch Fernaufnahmen im Liegen anfertigen. Es müssen auch die Spontanschwankungen (SCHLOMKA und DAUM 1937) und die respiratorischen Schwankungen (HASSELWANDER 1949, DIETLEN 1906, GROEDEL 1910) berücksichtigt werden.

Am Herzen werden im allgemeinen folgende Längenmaße bestimmt. Sie sind in der orthodiagraphischen Skizze der Abb. 33 eingezeichnet.

Im sagittalen Strahlengang ist es vor allem der größte quere Herzdurchmesser (Q), der zwischen zwei vertikalen parallelen Ebenen zu messen ist und im Orthodiagramm und auf der Fernaufnahme nur aus ,,Mitte rechts und Mitte links'' (Q_1 und Q_2) ermittelt, orthodiametrisch aber direkt gemessen werden kann. Die Herzlängsachse (L) wird zwischen dem Umschlagspunkt vom rechten Vorhof zum Gefäßband, der meist an einer leichten Einkerbung der rechten Herzkontur zu erkennen ist und bei der Durchleuchtung zudem noch an den gegensinnigen Pulsationen, bis zum äußersten Punkt der Herzspitze gemessen, welcher meist auch zugleich der tiefste Herzpunkt ist. Die Herzbreite (B) ist die senkrecht auf der Achse (L) stehende größte Breite des Herzens und wird wiederum zwischen zwei an die Herzkontur angelegten Parallelen gemessen. Das Produkt $L \times B$ bildet die Fläche des sog. schrägen Herzrechtecks und zugleich die Grundlage für die nicht mit der Orthodiagrammfläche arbeitenden Herzvolumenbestimmungen. Das schräge Herzrechteck ist in Abb. 36 zu erkennen. Im frontalen Strahlengang interessiert im allgemeinen nur die größte Tiefe (T), die zwischen zwei an die vordere und hintere Herzkontur angelegten Parallelen gemessen wird und horizontal verläuft. Mit diesem Maß kommen in die mit linearen Maßen arbeitenden Methoden der Herzvolumenbestimmung vermutlich die größten Fehler außer denen des Herzfaktors. Denn die Tiefenausdehnung des Herzens ist im seitlichen Strahlengang sowohl bei der Durchleuchtung als auch auf der Aufnahme meist schwer abzugrenzen. Die ventrale Herzkontur verliert sich in der Thoraxwand und die dorsale im Hilusschatten und in den großen Gefäßen. Meßmethoden, die ohne die streng seitliche Projektion auskommen, schalten diese Fehlerquelle aus (vgl. das Herztopogramm, S. 72). Am besten läßt sich das Herz im II. schrägen Durchmesser abgrenzen. Es wurden daher mehrere Vorschläge gemacht, die Herzmaße im II. schrägen Durchmesser zu messen (CIGNOLINI 1928, FRAY 1932, DILLON und GUREWITSCH 1935, BENEDETTI 1936, LUDWIG 1938); auch seien hier die Beziehungen zu den Thoraxmaßen eindeutiger (FRAY 1932). FRIK (1922) hat dagegen dem I. schrägen Durchmesser einen gewissen Vorzug gegeben und die Deutung dieses Schrägbildes beschrieben.

Es ist zur Zeit der Orthodiagraphie und in früheren Jahrzehnten diesen linearen Herzmaßen sehr viel Aufmerksamkeit geschenkt worden. Es wurden viele Tabellen aufgestellt über die Norm dieser Maße in den einzelnen Altersklassen und getrennt nach Geschlecht, sowie über deren Korrelation zu anderen Körpermaßen, wie Größe, Gewicht, Thoraxmaße, Körperoberfläche usw. (BARDEEN 1915, 1917, GROEDEL 1915, 1918, LEVY-DORN und MÜLLER 1916, HAMMER 1917, 1928, KLEEMANN 1919, DIETLEN 1923, HODGES und EYSTER 1926, TAIPALE 1927, EYSTER 1928, BREITMANN 1931, MORITZ 1931, 1932, FRAY 1932, 1940, ROESLER 1934, DEDIC 1938, LUDWIG 1939, POPPI und MARCOCCI 1940, 1941, SCHMITZ 1942, UNGERLEIDER und GUBNER 1942, MEYER 1949, JACOBS 1949, RAUTMANN 1951, NEUMAIER 1952, CEBALLOS und JEIRO 1952 und LUDWIG und GORIDIS 1953). Untersuchungen und Spezialtabellen über die Herzmaße von Säuglingen und Kindern stammen von BAMBERG und PUTZIG (1919), ARKUSSKY (1925), v. BERNUTH (1930, 1931), LINCOLN und SPILLMAN (1928), BAKWIN und BAKWIN (1935), MARESH und WASHBURN (1938), ESGUERRA-GOMEZ (1941, 1951), CAFFEY (1945) und von MARESH (1948). Alle diese Tabellen der „normalen Herzmaße" spielen heute in der Klinik nur noch eine untergeordnete Rolle. Auf ihre Wiedergabe, welche mehrere Seiten füllen würde, wird daher hier bewußt verzichtet. Seit in der Klinik die funktionelle Diagnostik am Herzen und am Kreislauf in den Vordergrund getreten ist und Herzkatheter und Angiokardiographie vielerorts schon zum normalen Untersuchungsprogramm gezählt werden, ist es um diese Dinge etwas ruhiger geworden. Einmal sind sie tatsächlich für die Diagnose und Therapie lange nicht so wichtig, wie man früher annahm, und zum anderen ist eine wirklich eindeutige und leicht bestimmbare Korrelation zwischen Herzgröße und einem oder mehreren Körpermaßen bis heute nicht gefunden worden. Am verbreitetsten — und auch am einfachsten zu bestimmen — ist noch die sog. Herz-Lungenkorrelation (Groedelsche Relation), welche besagt, die Herzbreite (Q) soll sich zur Lungenfeldbreite (Th in Abb. 36) etwa wie 1:1,9 verhalten. Diese Relation gilt jedoch nur für Orthodiagraphie und Orthodiametrie, nicht aber für die Maße der Fernaufnahme, da hier die Lungenfeldbreite stärker vergrößert wird als die Herzbreite; nicht weil sie weiter außen vom Zentralstrahl liegt, sondern weil sie hinter der Herzbreite liegt und daher weiter vom Film entfernt ist (BÜCHNER 1953). Ganz falsch ist es daher, diesen Quotienten etwa bei der Durchleuchtung zu bestimmen, wie dies von uns oft beobachtet werden konnte. Man spreizt dabei die Finger und greift damit die Herzbreite auf dem Leuchtschirm ab, läßt die Hand auf dem Leuchtschirm ruhen und fährt mit ihm einmal nach links und einmal nach rechts, um festzustellen, ob die Thoraxhälften (Lungenfeldbreite) in die gespreizten Finger hineinpassen. Gerade bei der Durchleuchtung aus 70—80 cm Röhrenabstand und einem Abstand Körpermitte—Schirm von etwa 30 cm ist die Thoraxbreite so wesentlich stärker vergrößert als die Herzbreite, daß auch ein sicher vergrößertes Herz noch gut zweimal in die Thoraxbreite hineingeht und daher noch normal groß erscheint.

Von den vom Verfasser zur röntgenologischen Größenbestimmung entwickelten Meßmethoden eignen sich zur Herzgrößenmessung vor allem diejenigen, die bei der gewöhnlichen Durchleuchtung durchführbar sind, also die Orthodiametrie (1951) und die parallaktische Orthodiametrie. Auch mittels des Röntgentopogramms (1959) ist eine lineare Herzgrößenmessung möglich. Diese Methode ist jedoch zeitraubender und kommt daher nur für die Herzvolumenbestimmung in Betracht. Sie ist dort behandelt. Die *parallaktische Orthodiametrie* ist im allgemeinen Teil bei der Besprechung des parallaktischen Meßverfahrens nach SZENES ihrem Prinzip nach schon beschrieben worden und ihre

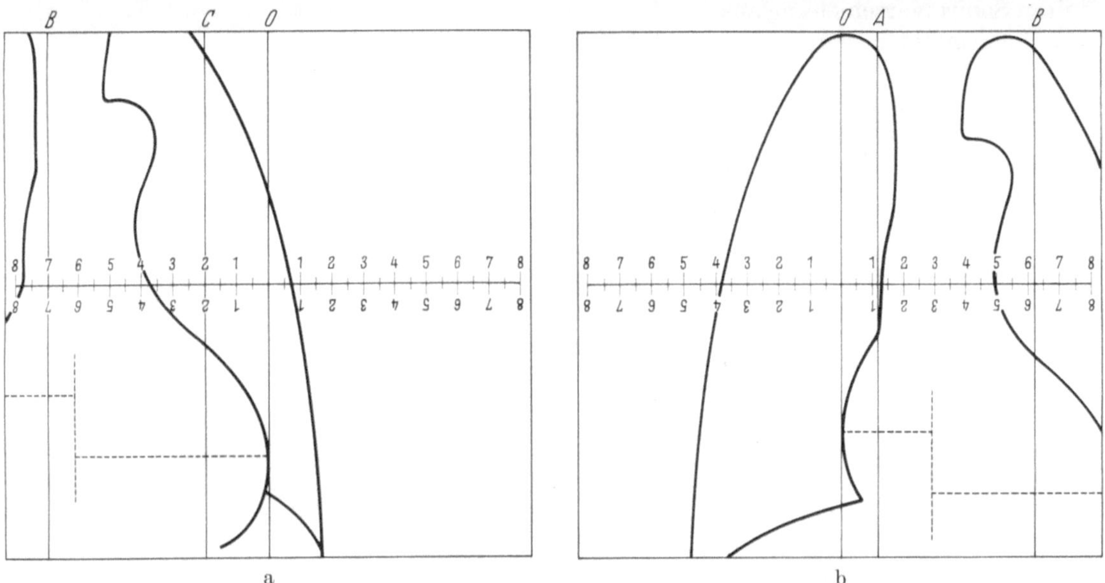

Abb. 34a u. b. Bestimmung des größten queren Herzdurchmessers mittels der parallaktischen Orthodiametrie

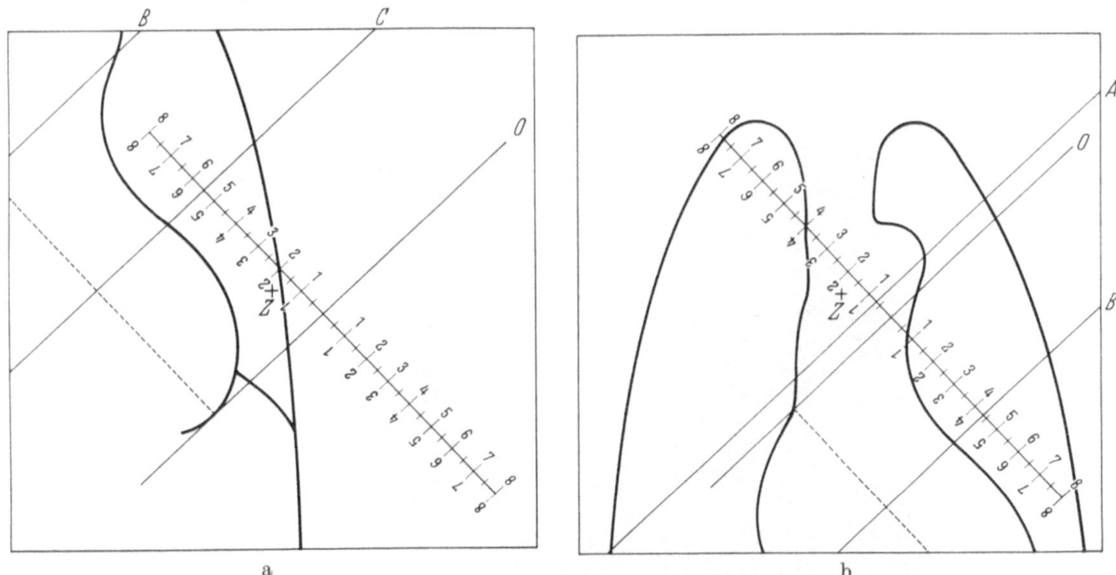

Abb. 35a u. b. Bestimmung der Herzlängsachse mittels der parallaktischen Orthodiametrie

„Meßgeräte", drei in je 5 cm Abstand auf Karton geklebte Drähte von etwa 20 cm Länge und ein etwa im Verhältnis 2,2:1 gedehnter Maßstab, wurden in Abb. 16 bereits gezeigt.

Mit den Abb. 34 und 35 wird die praktische Durchführung der parallaktischen Orthodiametrie an den Beispielen des größten queren Herzdurchmessers und der Herzlängsachse leicht verständlich. In Abb. 34a ist die Ausgangsstellung dargestellt. Die Nullinie der Meßplatte ist als Tangente am linken Herzrand angelegt. Es muß nun entschieden werden, welche der drei Drahtmarken zum Messen benützt werden soll. Eine Marke (*A*) liegt außerhalb des Schirmbildes, eine Marke (B) ist schlecht ablesbar, so daß die dritte Marke (C) zum Messen herangezogen wird. Sie steht bei dem Maßstabwert —2. Dieser Wert wird gemerkt. Nach Abfahren der Meßstrecke mit der Nullinie befindet sich diese als Tangente am rechten Herzrand. Diese Ablesestellung ist in Abb. 34b dargestellt. Die in der Ausgangsstellung der Abb. 34a zum Messen benützte Marke C ist infolge der relativ

weiten Schirmverschiebung aus dem Schirmbild herausgewandert. Es kann nun zum Ablesen die Strichmarke A oder B genommen werden. Die Marke B steht bei $6^{1}/_{4}$. Der vorher gemerkte Wert 2 plus $6^{1}/_{4}$ ergibt $8^{1}/_{4}$. Hierzu kommt die Differenz zwischen der zuerst benützten Marke C und der Ablesemarke B mit 5 cm, so daß als Endwert für die gemessene Strecke $13^{1}/_{4}$ herauskommen. Wird zum Ablesen

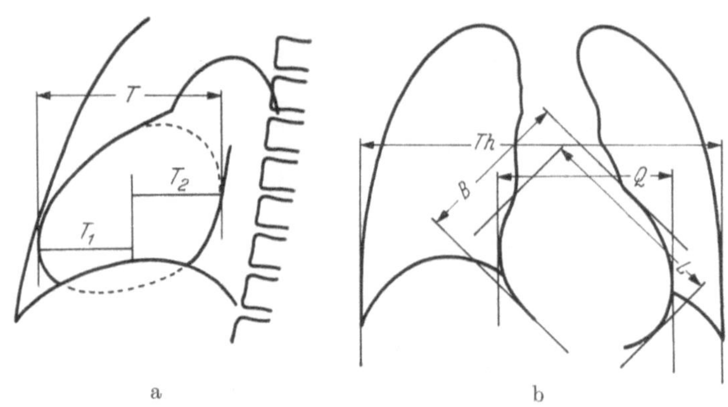

a   b
Abb. 36a u. b. Die orthodiametrischen Herzmaße

die Marke A benützt, so ergibt sich das Resultat aus $2 + 1^{1}/_{4} + 10 = 13^{1}/_{4}$. Die nicht mehr sichtbare Marke C würde bei breiterem Leuchtschirm bei dem Wert $11^{1}/_{4}$ stehen, denn die drei Marken behalten unabhängig von dem Ausmaß der Schirmverschiebung immer ihren Abstand von 5 Maßstabeinheiten untereinander.

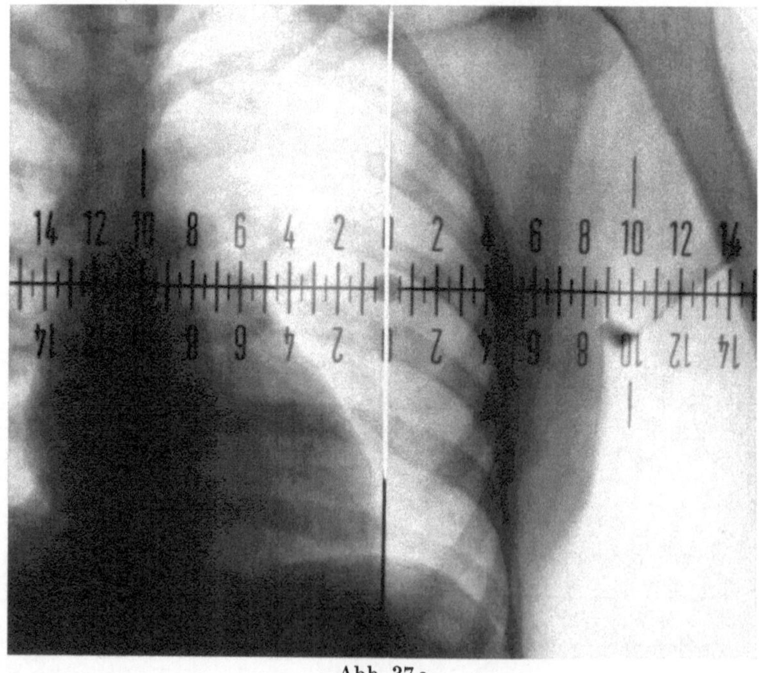

Abb. 37a

Abb. 37a—c. Die Orthodiametrie des größten queren Herzdurchmessers. a Nullstellung, b Beginn der Verschiebung des Schirmes nach links, c Ablesestellung. Der Lichtspalt zeigt 11,4 cm an

Auch dieses Beispiel zeigt wiederum, daß eine filmparallele Strecke am Schirmrand genauso stark vergrößert wird wie im Zentralstrahl bzw. im Vertikalstrahl. Auch bei der parallaktischen Orthodiametrie kann der Zentralstrahl völlig außer acht gelassen werden. Die Röhre braucht weder exakt zentriert zu sein, noch muß der Zentralstrahl auf einen

bestimmten Schirmpunkt oder Maßstabpunkt auftreffen. Weder der Nullpunkt des Maßstabes noch der Zentralstrahl müssen in Schirmmitte sein oder den gleichen Fußpunkt
haben.

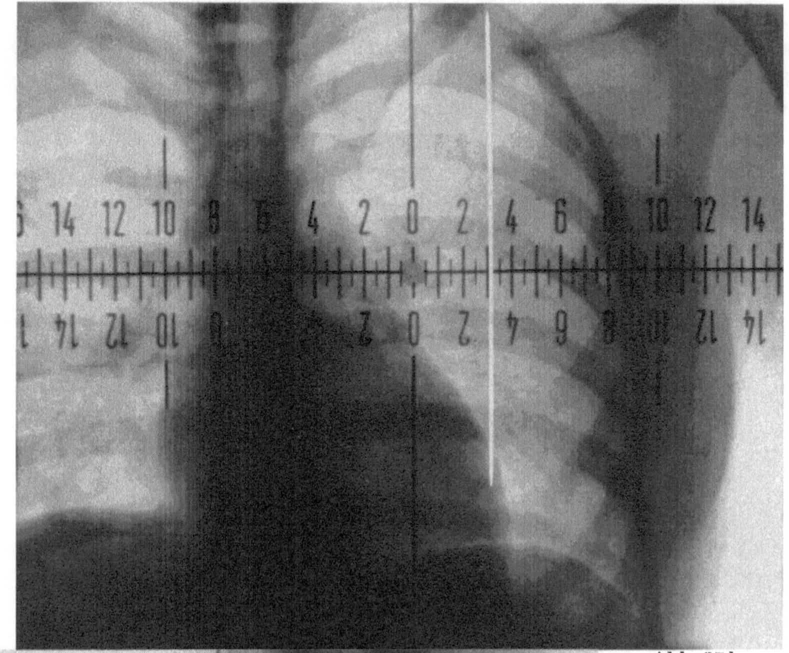

Abb. 37 b

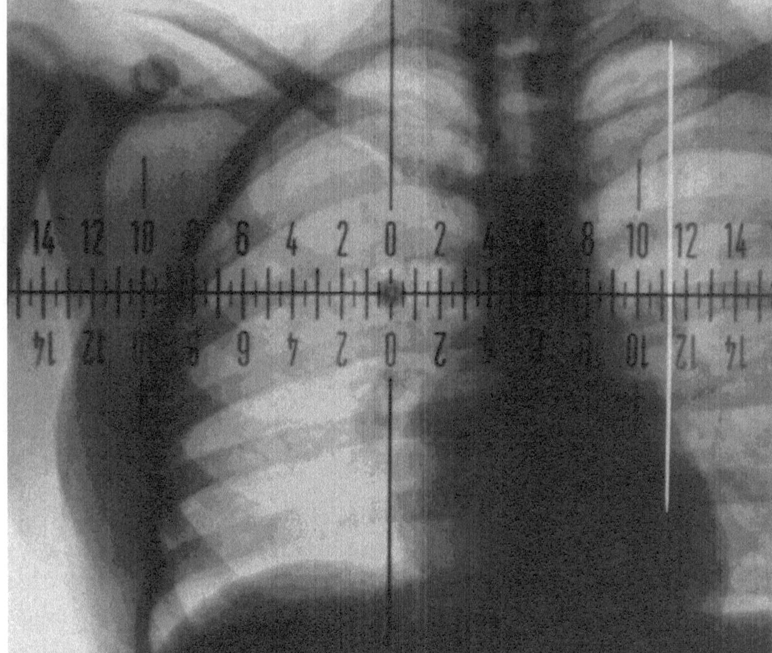

Abb. 37 c

Bei der höchst einfachen und überall mit rasch selbst herzustellenden Mitteln durch-
führbaren Meßmethode wird — um es nochmals mit anderen Worten auszudrücken —
lediglich folgende Manipulation vorgenommen. Das Objekt wird mit einer markierten
Strahlenebene (Nullinie des Maßstabs) abgefahren. Hierbei wird beobachtet, welchen
Weg eine auf der Tischplatte befindliche Bleimarke auf dem Maßstab als parallaktische

Wanderung zurücklegt. Der von der Bleimarke zurückgelegte Weg — der manchmal aus dem Stand einer Nachbarmarke erkannt werden muß — gibt das gesuchte Maß auf dem gedehnt gezeichneten Maßstab direkt an. Die gewählte Dehnung des Maßstabes bestimmt dabei, in welcher Entfernung von der Tischplatte (Strichmarken) der Schirm bewegt werden muß. Er ist dann in der richtigen Ebene, wenn der bekannte Abstand der Strichmarken (z.B. 5 cm) auf dem gedehnten Maßstab mit 5 Maßstabeinheiten angezeigt wird. Ist der Dehnungsfaktor des Maßstabes n (= 2,2), so legt jede Bleimarke auf dem Schirm in Wirklichkeit den n-fachen Weg der vorgenommenen Schirmverschiebung zurück und damit auch die n-fache Länge der gemessenen Strecke, welche auf dem n-fach gedehnten Maßstab aber als Normalmaß abgelesen werden kann.

Parallaktische Orthodiametrie in Stichworten:

1. Drei Strichmarken auf Tischplatte, | 5 cm | 5 cm | senkrecht zur Meßrichtung.

2. 2,2:1 gedehnter Maßstab dicht hinter bzw. auf den Schirm parallel zur Meßrichtung.

3. Schirm ausziehen, bis Strichmarken im Schirmbild 5 Maßstabeinheiten Abstand haben. Schirm in seiner Ebene fixieren.

4. Nullinie an das eine Objektende. Stand einer Strichmarke merken.

5. Nullinie an das andere Objektende und neuen Strichmarkenstand ablesen oder aus Nachbarmarke herleiten. Differenz = Markenwanderung = Objektgröße.

Die für die linearen Herzmaße der gewöhnlichen Fernaufnahme bestehenden Fehlerquellen der unbekannten Vergrößerung, der ungewissen Herzphase und der unkontrollierbaren Atemlage werden bei der *Orthodiametrie des Herzens* ausgeschaltet. Eine weitere wesentliche Verbesserung und Vereinfachung der Herzmessung besteht darin, daß die Maße auf dem Leuchtschirm selbst unmittelbar abgelesen werden können, daß sie zwischen parallelen Ebenen gemessen werden, womit die äußersten Randpunkte leicht und sicher erfaßt werden und nicht zuletzt, daß sie von der Röntgenprojektion völlig unabhängig in jeder Körperlage gewonnen werden. Abb. 36 zeigt eine Thoraxskizze mit den eingezeichneten orthodiametrischen Maßen. Sie sind mit ihren Buchstaben an der Stelle eingezeichnet, an welcher sie bei der Durchleuchtung auf dem Schirmbild auch wirklich als Zahl abgelesen werden.

Den wirklichen Meßvorgang auf dem Leuchtschirm, so wie ihn der Untersucher sieht, zeigt die Abb. 37 für den größten queren Durchmesser und die Abb. 38 für die Herzlängsachse. Um das Verständnis und die Übersicht nicht zu erschweren, wurden lediglich die aus Strahlenschutzgründen vorzunehmenden Einblendungen weggelassen. Es kann jeweils mit einem ganz schmalen Feld entlang der Nullinie (bei der Einstellung) und entlang des Maßstabes (beim Ablesen) gearbeitet werden.

Der Maßstab der um 360° drehbaren Meßplatte ist jeweils parallel zur Meßrichtung gestellt. An einer im Schirmbild nicht sichtbaren Winkelteilung ist dabei zugleich die Neigung der gemessenen Strecke (Herzlängsachse) zur Horizontalen oder Vertikalen festzustellen. Wie aus den Abb. 37 und 38 ersichtlich, braucht der Maßstab weder mit der Meßstrecke zusammenzufallen, noch bei den Schirmverschiebungen genau entlang dieser Strecke bewegt zu werden. Hierdurch werden die Messungen wesentlich erleichtert, da der Maßstab stets in die helleren Lungenfelder gestellt werden kann und man mit der Mechanik der Schirmverschiebung nicht in Konflikt kommt. Es ist nur eine Bedingung einzuhalten: Man darf während des Messens den Leuchtschirm nicht mehr in Richtung Röhre—Untersucher bewegen, muß also in der vor Beginn des Messens gewählten Leuchtschirmebene bleiben, was durch Fixierung des Schirmes in dieser Ebene leicht möglich ist. Unter Beobachtung der Herzpulsationen und der Atemtechnik des Patienten — mittlere Atmung, maximale Inspiration oder Exspiration — wird die lange Nullinie des Maßstabes jeweils als Tangente von außen an die Herzkontur herangeführt. Es ist dabei völlig gleichgültig, mit welchem Punkt sie anliegt, der Zentralstrahl ist also völlig bedeutungslos. Die Spaltlampe wird am besten irgendwo an der Stützwand des Durchleuchtungsgerätes montiert, damit sie beim Umlegen des Gerätes mitgeht und in allen Körperlagen gemessen werden kann. Ihr Lichtspalt wird stets parallel zur Nullinie gedreht und in der Ausgangsstellung mit dieser zusammenfallen lassen. Man muß übrigens den größten queren Herzdurch-

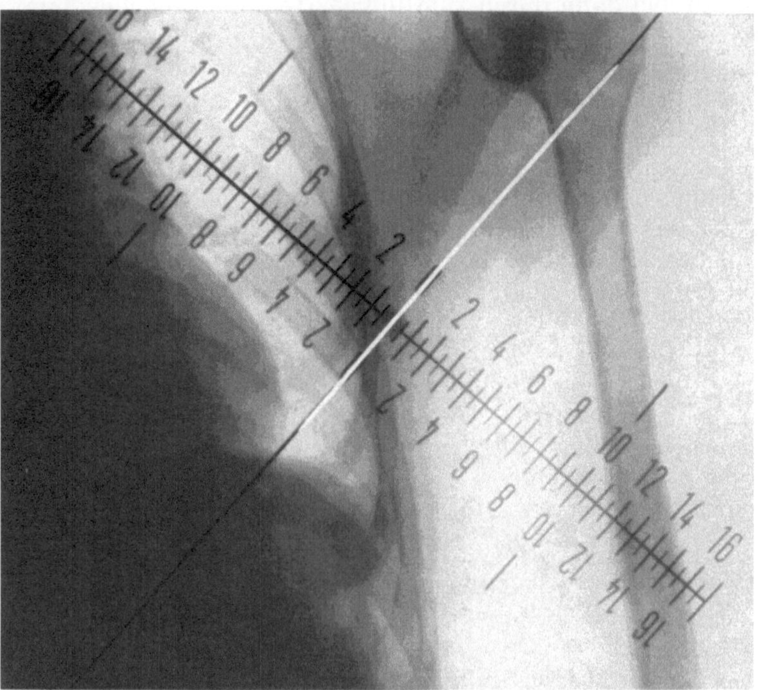

a

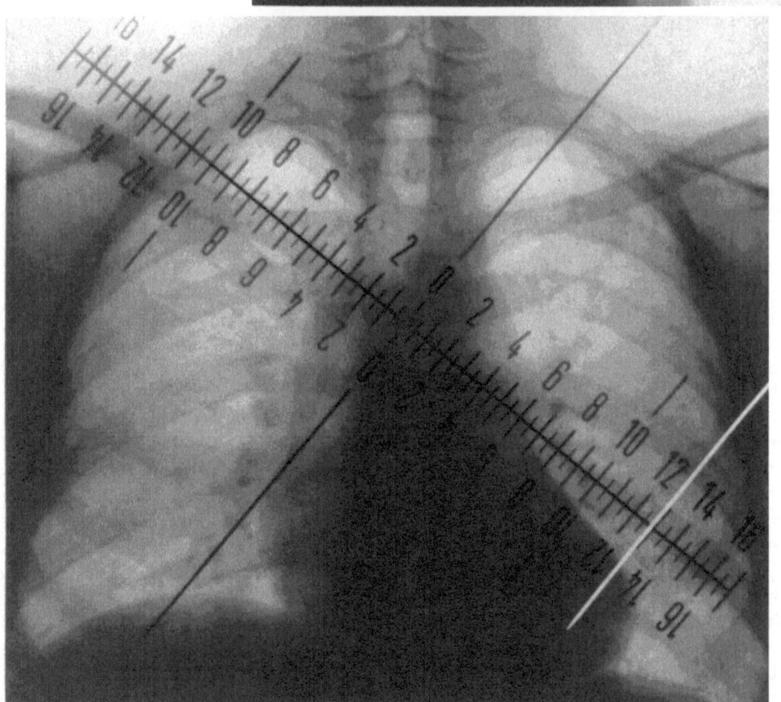

b

Abb. 38a u. b. Die Orthodiametrie der Herzlängsachse. a Nullstellung, b Ablesestellung. Der Lichtspalt zeigt 12,9 cm an

messer nicht als Ganzes messen, sondern kann seine Teilmaße (Q_1 und Q_2 der Abb. 33) auch getrennt messen. Hierzu wird zu Beginn des Messens die Nullstellung nicht am linken oder am rechten Herzrand hergestellt, sondern in der Körpermittellinie (Sternoclaviculargelenke, Trachealaufhellung, Dornfortsätze der unteren Hals- und oberen Brustwirbelsäule). Man fährt dann mit dem Schirm einmal kurz nach rechts, liest das Maß „Mitte rechts" ab und dann durch zum linken Herzrand und bekommt das Maß „Mitte links". Bei Strecken, die größer sind als die halbe Schirmbreite (über 16—17 cm) werden 10 cm vorausgemessen, da der Maßstab nur bis 17 cm geht. In der Nullstellung kommt der Lichtspalt in diesen Fällen nicht auf die Nullinie, sondern auf die in Meßrichtung gelegene Marke 10. Zu dem in Endstellung abgelesenen Maß sind dann jeweils 10 cm hinzuzuzählen.

Bei Patienten, von denen frühere Fernaufnahmen vorliegen, können die Maße exakt umgerechnet und zu den neuen orthodiametrischen Maßen in Vergleich gesetzt werden. Denn die Herztiefe, die Distanz Brusthaut—Herzmitte, kann in seitlicher Durchleuchtung orthodiametriert werden. Hinzu kommt dann der bekannte Abstand Patient—Film, der je nach Aufnahmetechnik zwischen 2 und 15—20 cm (Abstandstechnik) schwanken kann. Bei richtiger Durchführung der Methode beträgt der Meßfehler für die Herzmaße nur 1—2 mm. Diese Fehlergrenze wurde bei Vergleichsmessungen mehrerer Untersucher am gleichen Herzen festgestellt (BÜCHNER 1955). An bewegten Phantomen hat WIELAND (1954) bei verschiedenen Untersuchern Fehler von 1,5—2,5 mm festgestellt. Damit bewegen sich die Meßfehler der Orthodiametrie in der gleichen Grenze wie früher die Meßfehler der Orthodiagraphie, sie sind im wesentlichen durch die mangelnde röntgenologische Abgrenzmöglichkeit des Objektes infolge der hohen Unschärfe des Leuchtschirmbildes bedingt.

Orthodiametrie in Stichworten:

1. Meßplatte dicht hinter Leuchtschirm. Leuchtschirm in seiner Ebene fixieren.
2. Nullinie als Tangente an das eine Objektende senkrecht zur Meßrichtung.
3. Lichtspalt auf die Nullinie.
4. Nullinie als Tangente an das andere Objektende. Lichtspalt zeigt das orthodiametrische = orthodiagraphische Maß an.

Literatur

ACHELIS, W.: Zur orthodiagraphischen Darstellung der Herzspitze. Münch. med. Wschr. **1910**, 2225.

AGOSTINI, P. DE: Orthodiagraphische und radiographische Untersuchungen über die Größenveränderungen des Herzens in Beziehung zu Anstrengungen. Z. exp. Path. Ther. 7 (1910).

ALBERS-SCHÖNBERG, H.: Zur Technik der Orthoröntgenographie. Fortschr. Röntgenstr. 9, 208 (1905/06).

— Die Bestimmung der Herzgröße mit besonderer Berücksichtigung der Orthophotographie. (Distanzaufnahme. Teleröntgenographie.) Fortschr. Röntgenstr. 12, 38 (1908).

— Orthodiagraphie und ihre Technik. In: Röntgentechnik 1910.

ALTSTAEDT, E.: Praktische Herzgrößenbestimmung. Dtsch. med. Wschr. **1919**, 819.

ARENDT, J., u. H. BAUMANN: Größe- und Lagebestimmung der einzelnen Herzteile mittels des Flächenkymogramms in Ruhe und bei Arbeit. Klin. Wschr. **1931**, 1607.

ARKUSSKY, J. S. VON: Orthodiagraphie und Somatometrie des kindlichen Herzens und der Aorta. Vestn. Rentgenol. Radiol. **1925**, 143.

— Neue Ergebnisse zur Frage der Orthodiagraphie des Herzens. Fortschr. Röntgenstr. 44, 39 (1931).

ASSMANN, H.: Die klinische Röntgendiagnostik der inneren Erkrankungen. Berlin: F. C. W. Vogel 1934.

BAINTON, J. H.: The transverse diameter of the heart. Amer. Heart J. 7, 331 (1932).

BAKWIN, H., and R. M. BAKWIN: Body built in infants; growth of cardiac silhouette and thoraco-abdominal cavity. Amer. J. Dis. Child. 49, 861 (1935).

BAMBERG, K., u. H. PUTZIG: Die Herzgröße im Säuglingsalter auf Grund von Röntgenfernaufnahmen. Z. Kinderheilk. 20, 195 (1919).

BARDEEN, C. R.: A standard of measurement in determing the relative size of the heart. Anat. Rec. 10, 176 (1915).

— Tables for id thni ae determination of the relative size of the heart by means of roentgenrays. Amer. J. Roentgenol. 4, 604 (1917).

— Determination of size of heart by means of the X-rays. Amer. J. Anat. 23, 423 (1918).

BEAUJARD, R.: Mesure radioscopique des ventricules cardiaques. Ann. Méd. 5, 545 (1917).

BÉCLÈRE, A.: Sur la mensuration de l'aire du cœur à l'aide des rayons de Roentgen. Bull. Soc. Radiol. méd. France 1, 677 (1900).

BEDFORD, D. E., and H. A. TREADGOLD: Size of healthy heart and its measurement. Lancet **1931** II, 836.

BEHN, L.: Einrichtung zur Aufzeichnung des mit senkrechtem Röntgenstrahl hergestellten Herzschattens auf die Körperoberfläche zum Vergleich mit Perkussionsbefunden. Fortschr. Röntgenstr. 4, 44 (1901).

BENEDETTI, P.: Die klinische Morphologie des Herzens und ihre Auswertungsmethodik bei Herzgesunden und Herzkranken. Ergebn. inn. Med. Kinderheilk. 51, 531 (1936).

— Bemerkungen zur Arbeit von H. LUDWIG über „Röntgenologische Beurteilung der Herzgröße". Fortschr. Röntgenstr. 59, 602 (1939a).

— Schlußwort zu der Erwiderung von H. LUDWIG. Fortschr. Röntgenstr. 59, 608 (1939b).

—, e V. BOLLINI: Ricerche cliniche sulla morfologia del cuore; valutazione metrica e ispettiva del cuore dei cardiopazienti. Arch. Pat. Clin. med. 15, 303 (1935); 16, 85 (1936).

BERNUTH, F. V.: Zur Beurteilung der Herzgröße des Kindes nach dem Röntgenbild. Fortschr. Röntgenstr. 42, 368 (1930).

— Radiologische Untersuchungen über die Herzgröße im Kindesalter. Ergebn. inn. Med. Kinderheilk. 38, 69 (1931).

BLASIUS, W.: Herzmaße im Röntgenbild. Fortschr. Röntgenstr. 57, 567 (1938).

— Die Genauigkeit der Herzgroßenbestimmung mit Hilfe der Herzfernaufnahme und mit dem „orthodiametrischen" Durchleuchtungsverfahren nach H. Büchner. Fortschr. Röntgenstr. 79, 653 (1953).

BÖHME, W.: Die röntgenologische Beurteilung des Herzens. In: Beurteilung der Leistungsfähigkeit des Gesunden und Kranken. Herausgeg. von B. ADAM, Leipzig 1931.

BORDET, E.: La dilatation du cœur. Étude radioscopique, Paris: Baillière 1926.

— Die Herzerweiterung im Durchleuchtungsbild. Übersetzt von A. ENGSTER, Leipzig: Georg Thieme 1928.

BOROS, J. V.: Klinische Bewertung der röntgenologischen Untersuchungsbefunde des Herzens. Fortschr. Röntgenstr. 71, 536 (1949).

BOURNE, G., and B. G. WELLS: Measurement of heart size. Lancet 1951 I, 17.

BRAMWELL, J. C.: Radiological diagnosis of cardiac enlargement. Brit. med. J. 2, 597 (1933).

BREDNOW, W.: Röntgenatlas der Erkrankungen des Herzens und der Gefäße. München u. Berlin: Urban & Schwarzenberg 1951.

BREITMANN, K.: Eine einfache Formel zur Bestimmung des transversalen Durchmessers des Herzens nach Körpergröße, Körpergewicht und Brustumfang. Z. Kreisl.-Forsch. 23, 767 (1931).

BÜCHNER, H.: Orthodiametrie, Teil I: Die Größenbestimmung mittels einfacher Röntgendurchleuchtung. Fortschr. Röntgenstr. 74, 498 (1951).

— Die Herz-Lungenkorrelation. Ein Beitrag zur Herzgrößenbeurteilung. Klin. Wschr. 31, 65 (1953).

— Abschließende Stellungnahme zur Kritik von W. BLASIUS an der Orthodiametrie des Herzens. Fortschr. Röntgenstr. 82, 821 (1955).

BUFFONI, L., e B. M. BELOTTI: Osservazioni sui rapporti tra volume cardiaca, determinato mediante stratigrafia assiale transversa, e superficie cardiaca delimitata sul radiogramma frontale toracico, in soggetti di età pediatrica. Min. pediat. (Torino) 8, 637 (1956).

BUSKIRK, E. M. VAN: Graphical method for obtaining the area of the heart shadow in the roentgen-ray study of heart diesase. Radiology 24, 433 (1935).

CAFFEY, J.: Pediatric X-ray diagnosis. Chicago: The Year Book Publishers 1945.

CAMP, O. DE LA: Zur Kritik der sogenannten modernen Methoden der Herzgrößenbestimmung. Fortschr. Röntgenstr. 6, 267 (1903).

— Zur Methodik der Herzgrößenbestimmung. 21. Kongr. inn. Med., Leipzig 1904. Ref. Fortschr. Röntgenstr. 7, 180 (1903/04).

CEBALLOS, J., and J. B. JAIRO: Determination of individual enlargement of the ventricles. Radiology 58, 844 (1952).

CHANTRAINE, H.: Über das Röntgenbild des minderleistungsfähigen Herzens. Fortschr. Röntgenstr. 71, 239 (1949).

— Bemerkungen zu dem Aufsatz von BLASIUS: Die Genauigkeit der Herzgrößenbestimmung mit Hilfe der Herzfernaufnahme und mit dem orthodiametrischen Durchleuchtungsverfahren nach H. Büchner. Fortschr. Röntgenstr. 80, 274 (1954).

CHAUMET: Orthodiagramm et téléradiographie du cœur. Bull. Soc. Radiol. méd. France 20, 205.

CHRIST, W. H.: Über die Verwendbarkeit der Querdurchmessersumme zur Größenbeurteilung des Herzens. Radiol. clin. (Basel) 22, 433 (1953).

CLAYTOR, TH., and W. N. MERIL: Orthodiagraphy in the study of the heart and great vessels. Amer. J. med. Sci. 138, 549 (1909).

CLOPATT, A.: Orthodiagraphiska undersökningar af hjärtat hos skolharn. Finska Läk.-Sällsk. Handl. 52, 547 (1910). Ref. Fortschr. Röntgenstr. 17, 119 (1911).

COHN: An investigation of the size of the heart in soldiers by the teleroentgen method. Arch. intern. Med. 25 (1920).

COMEAU, W. J., and P. D. WHITE: A critical analysis of standard methods of estimating heart size from roentgen measurements. Amer. J. Roentgenol. 47, 665 (1942).

DALEY, R. M., H. C. UNGERLEIDER and R. GUBNER: Evaluation of heart size measurements. Amer. J. Roentgenol. 48, 551 (1942).

DAVIDSOHN, F.: Die Herzdarstellung mittels Röntgenstrahlen. Dtsch. med. Wschr. 1908, 1595.

DEDIĆ, ST.: Die Ermittlung der proportionalen Herzgröße. Fortschr. Röntgenstr. 57, 153 (1938).

DIETLEN, H.: Über die Größe und Lage des Herzens und ihre Abhängigkeit von physiologischen Bedingungen. Dtsch. Arch. klin. Med. 88, 55 (1906).

— Orthodiagraphische Beobachtungen über Herzlagerung bei pathologischen Zuständen. Münch. med. Wschr. 1908a, 9.

DIETLEN, H.: Orthodiagraphische Beobachtungen über Veränderungen der Herzgröße bei Infektionskrankheiten, bei exsudativer Perikarditis und paroxysmaler Tachykardie, nebst Bemerkungen über das röntgenologische Verhalten der Pneumonie. Münch. med. Wschr. **1908**b, 2077.

— Orthodiagraphische Untersuchungen über pathologische Herzformen und das Verhalten des Herzens bei Emphysem und Asthma. Münch. med. Wschr. **1908**c, 1770.

— Orthodiagraphie und Teleröntgenographie als Methoden der Herzmessung. Münch. med. Wschr. **1913**, 1763.

— Zur Frage der akuten Herzerweiterung bei Kriegsteilnehmern. Münch. med. Wschr. **1916**, 248.

— Zur Frage des kleinen Herzens. Münch. med. Wschr. **1919**, 47.

— Über die Untersuchung von Hypertrophie und Dilatation im Röntgenbild. Zbl. Herz- u. Gefäßkr. **13**, 315 (1921).

— Über Herzgröße und Herzmessung. Klin. Wschr. **1922**, 2097.

— Herz und Gefäße im Röntgenbild. Leipzig: Johann Ambrosius Barth 1923.

— Herzgröße, Herzmeßmethoden; Anpassung, Hypertrophie, Dilatation, Tonus des Herzens. In Handbuch der normalen pathologischen Physiologie. Berlin 1926.

— Fortschritte in der Röntgendiagnostik des Herzens. Münch. med. Wschr. **1935**, 1878.

— Über die klinische und physiologische Bedeutung der Herzgröße. Münch. med. Wschr. **1950**, 1261, 1345.

DILLON, J. G., u. J. B. GUREWITSCH: Herzmessungen in dorsoventralen und schrägen Durchmessern und ihre klinische Bedeutung. Fortschr. Röntgenstr. **51**, 180 (1935).

DIMITROW, M.: Beitrag zum Studium des Herzschattens bei der Schirmbildphotographie. Fortschr. Röntgenstr. **63**, 285 (1941).

EDENS, E.: Die Krankheiten des Herzens und der Gefäße. Berlin: Springer 1929.

EGGLI, A.: Eine Apparatur zur Auslösung herzphasensynchronisierter Thoraxaufnahmen zum Zwecke der Herzgrößenbestimmung und Lungenstereometrie. Radiol. clin. (Basel) 8, 51 (1939).

EPSTEIN, B. S.: Study of cardiac outline. Amer. Heart J. **12**, 563 (1936).

ESGUERRA-GOMEZ, G.: El indice antropométrico y el diámetro transverso del corazón (cuadros de prediccion para los niños.) Bol. clin. de Marly **11**, 1 (1949).

— Importance of the relation between the antropometric index and the transverse cardiac diameter for appraising the size of the heart. Radiology **57**, 217 (1951).

EYSTER, J. A. E.: The size of the heart in the normal and in organic heart disease. Radiology 8, 300 (1927).

— Determination of cardiac hypertrophy by roentgenray methods. Arch. intern. Med. **41**, 667 (1928).

EYSTER, J. A. E., and W. J. MEEK: Instantaneous radiographs of the human heart at determined points of the cardiac circle. Amer. J. Roentgenol. **7**, 471 (1920).

FOGELSON, L. I., u. J. B. GUREWITSCH: Zur Methodik der Messung der Herzventrikel. Sborn. naučno-izsledov. Rab. **1**, 36 (1936). Ref. Zbl. ges. Radiol. **24**, 674 (1937).

FRAY, W.: Mensuration of the heart and chest in the left posteroanterior oblique position. A comparative study. I. Relation of the transverse diameter of the heart to the thorax. Amer. J. Roentgenol. **27**, 177 (1932).

— II. Determination of type of cardiac enlargement (right or left). Amer. J. Roentgenol. **27**, 363 (1932).

— III. Correlative measurements of the aortic arch and the thorax. Amer. J. Roentgenol. **27**, 585 (1932).

— IV. Comparison of the transverse diameters of the heart and cardiothoracic indices of the chest obtained from the postero-anterior and left anterior oblique chest films. Amer. J. Roentgenol. **27**, 729 (1932).

— The cardiomensurator, an instrument for the detection of cardiac enlargement by direct correlation of the transverse diameter of the heart with body weight and hight. Amer. Heart J. **19**, 417 (1940).

FRIK, K.: Zur Deutung des Röntgenbildes im ersten schrägen Durchmesser. Fortschr. Rontgenstr. **29**, 723 (1922).

FUCHS, G.: Eine röntgenologische Methode zur Bestimmung der Lage der Herzachse. Röntgenblätter 7, 241 (1954).

FUSS, W.: Prüfung der Werte des Herztransversaldurchmessers berechnet nach der Ludwigschen Formel. Röntgenblätter 3, 175 (1950).

GALLI: L'ortodiagrafia nella diagnose della malattie di cuore. Policlinico, Sez. **15** (1908).

GEIGEL, R.: Die klinische Verwertung der Herzsilhouette. Münch. med. Wschr. **1914**, 1220.

— Der reduzierte Herzquotient. Münch. med. Wschr. **1920**, 343.

GHILARDUCCI, F.: Sopra un metodo per ottenere la radiografia del cuore a volonta durante la sistole o durante la diastole. Bull. Radiol. acad. med., Roma 1912.

GILLET, R.: Über die Verschiedenheit der Resultate der Orthodiagraphie und der Percussion des Herzens. Fortschr. Röntgenstr. **9**, 378 (1905a).

— Über Fehlerquellen bei der Orthoröntgenographie. Fortschr. Röntgenstr. **9**, 379 (1905b).

GRIESEBACH, M.: Wie weit läßt sich die Herzkontur im Röntgenschirmbild mit den absoluten Herzmaßen im Orthodiagramm in Einklang bringen? Fortschr. Röntgenstr. **66**, 24 (1942).

GROEDEL, F. M.: Zur Ausgestaltung der Orthodiagraphie. Münch. med. Wschr. **1906**a, Nr 17.

— Eine neue Zeichenvorrichtung und einige Verbesserungen am Orthodiagraph. 23. Kongr. inn. Med. **1906**b, S. 704.

— Vorrichtung zur Ruhigstellung des Patienten während der Orthogrammaufnahme. 23. Kongr. inn. Med. **1906**c, S. 712.

GROEDEL, F. M.: Vorrichtung zur direkten und gemeinsamen Aufzeichnung des Orthodiagrammes und der Orientierungspunkte des Körpers auf eine ebene Fläche. Verh. dtsch. Röntg.-Ges. **2**, 107 (1906d).

— Ortho-roentgenography. Arch. Roentg. Ray **1907**, 150.

— The examination of the heart by roentgen rays. Arch. Roentg. Ray **12**, 303 (1908a).

— Die Normalmaße des vertikalen Herzorthodiagramms. Ann. städt. Krankenhäuser (München) **13** (1908b).

— Die Orthoröntgenographie. Anleitung zum Arbeiten mit parallelen Röntgenstrahlen. München: J. F. Lehmann 1908c.

— Über den Einfluß der Widerstandsgymnastik auf die Herzgröße. Mschr. phys.-diät. Heilmethoden **2** (1910a).

— Beobachtungen über den Einfluß der Respiration auf Blutdruck und Herzgröße. Z. klin. Med. **70**, 47 (1910b).

— Was leisten die Röntgenstrahlen bei der Untersuchung des Herzens? Zbl. Herzkr. (1910c).

— Erste Mitteilung über die Differenzierung einzelner Herzhöhlen im Röntgenbilde und den Nachweis von Kalkschatten in der Herzsilhouette intra vitam. Fortschr. Röntgenstr. **16**, 337 (1910/11).

— Das Verhalten des Herzens bei kongenitaler Trichterbrust. Münch. med. Wschr. **1911**a, 684.

— Welche Momente bedingen die verschiedene Größe respektive Form des vertikalen und horizontalen Herzorthodiagramms? Ann. städt. Krankenhäser (München) **14** (1911b)

— Die Röntgendiagnostik der Herz- und Gefäßerkrankungen. Berlin: H. Meusser 1912.

— Röntgenanatomische Studie zur Topographie der einzelnen Herzhöhlen. Arch. Roentg. Ray **18**, (1912).

— Das Thoraxbild bei zentrischer (sagittaler, frontaler, schräger) und exzentrischer Röntgenprojektion. Fortschr. Röntgenstr. **20**, 541 (1913a).

— Die röntgenologische Herzgrößenbestimmung auf Abwegen. In: Röntgen-Taschenbuch, Bd. V, herausgeg. v. E. SOMMER. Leipzig: O. Nemnich 1913b.

— Zur Röntgenuntersuchung des Herzens bei fraglicher Militärtauglichkeit. Münch. med. Wschr. **1915**, 1781.

— Vereinfachte Ausmessung des Herz-Orthodiagramms nach Theo Groedel. Münch. med. Wschr. **1918**a, 397.

— Die Dimensionen des normalen Aorto-Orthodiagramms. Berl. klin. Wschr. **1918**b, 327.

— Vereinfachte Ausmessung des Herz-Orthodiagramms. Berl. klin. Wschr. **1918**c, Nr 15.

— Die röntgenologische Untersuchung des kindlichen Herzens. Z. Kinderheilk. **29**, 36 (1921).

— Der Querschnitt-Zeichenapparat und -Orthodiagraph. Fortschr. Röntgenstr. **28**, 155 (1921/22).

—, und H. LOSSEN: Röntgendiagnostik in der inneren Medizin. München: J. F. Lehmann 1936.

GROTE, F.: Wie orientieren wir uns am besten über die wahren Herzgrenzen? Dtsch. med. med. Wschr. **1902**, 221.

GRUNMACH, E.: Über die Leistungen der X-Strahlen zur Bestimmung der Lage und Größe des Herzens. Verhdl. Dtsch. Naturforscher, Kassel 1903. Ref. Dtsch. med. Wschr. **1903**, 335.

—, u. WIEDEMANN: Aktinoskopische Methode zur exakten Bestimmung der Herzgrenzen. Dtsch. med. Wschr. **1902**, 601.

GUBNER, R., and H. E. UNGERLEIDER: A device for measurement of heart size in miniature roentgengrams and a substitute for teleroentgenography and orthodiascopy. Amer. J. Roentgenol. **52**, 443 (1944).

GUILLEMINOT, A.: Mensuration des diamètres et de l'aire du cœur sur l'écran radioscopique sans graphique. Dispositif nouveau s'adaptant à un écran quelconque. Arch. Élect. méd. **1902**.

GUREWITSCH, J. B.: Die Rolle der Vererbung und der Umwelt in der Variabilität der Herzgröße. Fortschr. Röntgenstr. **54**, 62 (1937).

GUTTMANN, W.: Über die Bestimmung der sogenannten wahren Herzgröße mittels Röntgenstrahlen. Z. klin. Med. **58**, 353 (1906).

HABBE, J. E.: The influence of posture on size and configuration of the heart as seen teleroentgenographically. Amer. J. Roentgenol. **76**, 706 (1956).

HAMMER, G.: Die röntgenologischen Methoden der Herzgrößenbestimmung (nebst Aufstellung von Normalzahlen für Orthodiagramm und die Fernaufnahme). Fortschr. Röntgenstr. **25**, 510 (1917/18).

— Die Herzfläche als Maßstab für die Herzgrößenbestimmung. Fortschr. Röntgenstr. **38**, 1000 (1928a).

— Herz und Gefäße. In: Kurzes Handbuch der gesamten Röntgendiagnostik und Therapie, herausgeg. von KOHLMANN 1928b.

HANDWERCK, C.: Über die Bestimmung des Herzumrisses (nach Moritz) und deren Bedeutung für den praktischen Arzt. Münch. med. Wschr. **1902**, 230.

HARET, G., et L. FRAIN: À propos de l'examen radiologique du cœur (étude quantitative). Bull. Soc. Radiol. méd. France **20**, 35 (1932). Ref. Amer. J. Roentgenol. **30**, 277 (1933).

HASSELWANDER, A.: Die Lage des Herzens im Inspirationszustand und die epigastrische Pulsation. Fortschr. Röntgenstr. **71**, 419 (1949).

HAUDECK: Eine Revision der Methodik der röntgenologischen Herzgrößenbeurteilung. J-kurse ärztl. Fortbild. **9** (1918).

HECHT, A. F.: Die Verwertung der orthodiagraphischen Herzflächenmessung für die Beurteilung der Herzgröße im Kindesalter; mit Beiträgen zur Konstitution kreislaufkranker Kinder. Jb. Kinderheilk. **133**, 26 (1931).

HERRNHEISER, G.: Die Tiefenlage der im Orthodiagramm randbildenden Herz-Gefäßpartien. Fortschr. Röntgenstr. **28**, 372 (1921).

HERZ, W.: Zur Orthographie des Herzens. Wien. klin. Wschr. **1907**, 1291.

HERZUM, A.: Beitrag zur Frage der Herzgröße bei jugendlichen Sportlern. Z. Kreisl.-Forsch. **30**, 197 (1928).

HEYERDAHL, TH.: Studien über die Orthodiagraphierung des Herzens und der Lunge bei Gesundenund Kranken. Inaug.-Diss. Christiania 1910.

HILBISH, TH. F., and R. H. MORGAN: Cardiac mensuration by roentgenologic methods. Amer. J. med. Sci. **224**, 586 (1952).

HODGES, P. C.: A comparison of the teleroentgenogram with the orthodiagram. Amer. J. Roentgenol. **11**, 466 (1924).

— The clinical value of roentgen measurement of heart size. Radiology **20**, 161 (1933).

— Heart size from routine chest films. Radiology **47**, 355 (1946).

—, and J. A. E. EYSTER: Estimation of cardiac area in man. Amer. J. Roentgenol. **12**, 252 (1924).

— — Estimation of transverse cardiac diameter in man. Arch. intern. Med. **37**, 707 (1926).

HOFFMANN, A.: Ein Apparat zur gleichzeitigen Bestimmung der Herzgrenzen in Verbindung mit den Orientierungspunkten und Linien der Körperoberfläche. Zbl. inn. Med. **1902**, 473.

HOLLAENDER, L.: Die Bestimmung der Größe und Konfiguration des Herzens mittels Telediagramm. Fortschr. Röntgenstr. **36**, 1217 (1927).

HOLZKNECHT, G., u. HOFBAUER: Respiratorische Größenschwankungen des Herzschattens. Jena 1907.

HOLZMANN, M.: Erkrankungen des Herzens und der Gefäße. In SCHINZ-BAENSCH-FRIEDL-UEHLINGER, Lehrbuch der Röntgendiagnostik, 5. Aufl. Stuttgart: Georg Thieme 1952.

HORNUNG, M.: Über Vorzüge und Fehler der Orthodiagraphie und der Frictionsmethode bei Bestimmung der Herzgrenzen. Verh. dtsch. Kongr. inn. Med. **1902**, 427.

— Ist die Orthodiagraphie für exakte Herzuntersuchungen brauchbar? Wien. klin. Rdsch. **1903**, Nr 37. Ref. Fortschr. Röntgenstr. **7**, 47 (1903/04).

HUISMANS, L.: Der Telekardiograph, ein Ersatz des Orthodiagraphen. Münch. med. Wschr. **1913**, 2400.

— Eine einfache Methode, die „Herzspitze" für die Messungen des Längsdurchmessers des Herzens sichtbar zu machen. Dtsch. med. Wschr. **1914**, 1429.

— Telekardiographische Studien über Herzkonturen. Fortschr. Röntgenstr. **24**, 561 (1916).

— Telekardiographie. Z. klin. Med. **85** (1918a).

— Über die verschiedenen Methoden der Herzmessung und Herzphasenbestimmung. Dtsch. med. Wschr. **1918**b, 295.

IMMELMANN, M.: Die röntgenologischen Untersuchungsmethoden des Herzens und der großen Gefäße. Röntgenhilfe **5** (1921).

INDA, A.: Eine einfache Methode zur röntgenologischen Beurteilung der Herzgröße. Dtsch. med. Wschr. **1926**, 956.

JACOBS, L. G.: A new standard for heart size measurement. Radiology **52**, 103 (1949).

JOHNSON, A. S.: Orthodiascopic measurements during fluoroscopy. U. S. armed Forces med. J. **1**, 422 (1950).

JONSELL, S.: A method for determination of the heart size by teleroentgenography (A heart volume index). Acta radiol. (Stockh.) **20**, 325 (1939).

O'KANE, G. H., F. D. ANDREW and ST. L. WARREN: A standardization roentgenologic study of the heart and great vessels in the left oblique view. Amer. J. Roentgenol. **23**, 373, 405 (1930).

KARFUNKEL, B.: Über orthodiagraphische Untersuchungen am Herzen. Münch. med. Wschr. **1902**, 93.

KEITH, T. S.: The cardiac outline. Lancet **1936 I**, 1466.

KIRSCH, O.: Grundlagen der orthodiagraphischen Herzgrößen- und Thoraxbreitenbeurteilung im Kindesalter. Berlin: S. Karger 1929.

KLASON, T.: On a new method for the roentgenological examination of the heart. Abstr. Commun. 2nd Int. Congr. Radiol. Stockholm 1928, S. 45.

— On the horizontal orthoprojection of the heart. Acta radiol. (Stockh.) **11**, 57 (1930).

KLEEMANN, M.: Über den Wert der Zahlen in der Orthodiagraphie. Dtsch. med. Wschr. **1919**, 621.

KÖHLER, A.: Technik der Herstellung fast orthoröntgenographischer Herzphotogramme mittels Röntgeninstrumentarien mit kleiner Elektrizitätsquelle. Wien. klin. Rdsch. **19**, Nr 16 (1905). Ref. Fortschr. Röntgenstr. **9**, 76 (1905/06).

— Teleröntgenographie des Herzens. Dtsch. med. Wschr. **1908**, 186.

KÖHNLE, H.: Herzbild-Maßstab für Röntgenaufnahmen. Röntgenpraxis **10**, 563 (1938).

KOHLER, L.: Scheinbare Herzvergrößerung im Röntgenbild bei Trichterbrust. Fortschr. Röntgenstr. **71**, 584 (1949).

KORANYI, A. v., u. J. v. ELISCHER: Teleröntgenographie des Herzens in beliebigen Phasen seiner Tätigkeit. Z. Röntgenk. **12**, 265 (1910).

KREUZFUCHS, S.: Ein neues Verfahren der Herzmessung. Münch. med. Wschr. **1912**, 1030.

KRÜGER, E.: Einfache behelfsmäßige Orthodiaphie des Herzens. Dtsch. med. Wschr. **1927**, 413.

KUTTNERMANN, G., and G. REYERSBACH: The value of special radiologic procedures in detecting cardiac enlargement in children with rheumatic heart disease. Amer. Heart J. **18**, 213 (1939).

LANGE und FELDMANN: Das Herzgrößenverhältnis bei der Röntgendurchleuchtung. Mschr. Kinderheilk. **21** (1921).

LEMCKE, W.: Über die graphische Darstellung zur Umrechnung der Herzgröße auf Aufnahmen aus verschiedener Entfernung nach Blasius. Röntgenblätter **4**, 68 (1951a).

— Untersuchungen über das minderleistungsfähige Herz. Fortschr. Röntgenstr. **74**, 417 (1951b).

LEVY-DORN, M.: Einfache Maßstäbe für die normale Herzgröße im Röntgenbilde. Berl. klin. Wschr. **1910**, 2017.
— Zur Beurteilung der Herzgröße. Berl. klin. Wschr. **1933**.
—, u. S. MÖLLER: Einfache Maßstäbe für die normale Herzgröße im Röntgenbild. Z. klin. Med. **72**, 563 (1911).
— — Zur Beurteilung der Herzgröße (Durchschnittsmaß und Individualmaß). Berl. klin. Wschr. **1916**, 23.
LIBANSKY, W.: Orthodiagraphie als Kontrolle des Einflusses der Digitalistherapie. Čas. Lék. čes. **1913**, 11. Ref. Fortschr. Röntgenstr. **21**, 122 (1914a).
— Die Orthodiagraphie als Kontrolle der Digitalistherapie. Z. klin. Med. **80**, 31 (1914b).
LIESE, E.: Beitrag zur Röntgenologie des Herzens. Dtsch. med. Rdsch. **93**, H. 4 (1949).
LILIENSTEIN, I.: Das Orthometer, ein Maßstab zur Größenbestimmung des Herzens am Röntgenschatten. Münch. med. Wschr. **1923**, 1121.
LINCOLN, E. M., and R. SPILLMAN: Studies on heart of normal children; roentgen-ray studies. Amer. J. Dis. Child. **35**, 791 (1928).
LORENZ, H. E.: Röntgenologische Herzgrößenbestimmung. Fortschr. Röntgenstr. **29**, 35 (1922).
LUDWIG, H.: Röntgenaufnahmen des Herzens während bestimmter Aktionsphasen. Fortschr. Röntgenstr. **57**, 515 (1938a).
— Röntgenologische Beurteilung der Herzgrößen im zweiten schrägen Durchmesser. Verh. dtsch. Ges. Kreisl.-Forsch. **1938b**, 356
— Röntgenologische Beurteilung der Herzgröße. Fortschr. Röntgenstr. **59**, 1, 139, 250, 607 (1939).
— Bedeutung und Technik der Herzgrößenbestimmung. Helv. med. Acta 8, 800 (1941a).
— Die röntgenologische Beurteilung der Herzgröße bei der Frau. Fortschr. Röntgenstr. **63**, 311 (1941b).
— Biologische Normen und ihre Grenzen. Klin. Wschr. **1942**, 233.
— Kritik des Herzlungenquotienten. Helv. med. Acta **13**, 352 (1946).
—, u. D. D. GORIDIS: Die Querdurchmessersumme als Maß der Herzgröße. Radiol. clin. (Basel) **22**, 293 (1953).
LUSTED, L. B., and T. E. KEATS: Atlas of roentgenographic measurements. Chicago: Year Book Publishers 1959.
MANARA, M.: Die Beziehungen zwischen transversalem Durchmesser von Herz und Thorax in den verschiedenen morphologischen Konstitutionen. Rif. med. **42**, 821 (1926). Ref. Fortschr. Röntgenstr. **35**, 853 (1927).
MARESH, M. M., and A. H. WASHBURN: Size of the heart in healthy children. Amer. J. Dis. Child. **56**, 33 (1938).
MARZOCCHI, G.: L'orthodiagramma del cuore normale nei due sessi e nella diverse età. Radioterap. Fis. Med. **9**, 249 (1943).
— La valatazione della dimensioni cardiache all indagine schermografica. Radiol. med. (Torino) **43**, 16 (1957).

DU MESNIL DE ROCHEMONT, R.: Zur Methodik der Herzuntersuchung mittels des Orthodiagraphen. Festschr. für G. v. RINDFLEISCH. Leipzig: Wilhelm Engelmann 1907.
MEYER, R. R.: Heart measurement. A simplified method. Radiology **52**, 691 (1949a).
— A method for measuring children's heart. Radiology **53**, 363 (1949b).
MORITZ, F.: Über eine einfache Methode, um beim Röntgenverfahren mit Hilfe der Schattenprojektion die wahre Größe der Gegenstände zu ermitteln. Kongr. inn. Med. Wiesbaden 1900. Ref. Berl. klin. Wschr. **1900a**, 400.
— Über die Bestimmung der wahren Größe von Gegenständen mittels des Röntgenverfahrens. Münch. med. Wschr. **1900b**, 509.
— Eine Methode, um beim Röntgenverfahren aus dem Schattenbilde eines Gegenstandes dessen wahre Größe zu ermitteln und die exakte Bestimmung der Herzgröße nach diesem Verfahren. Münch. med. Wschr. **1900c**, 992.
— Über exakte Größenbestimmung des Herzens mittels des Röntgenverfahrens. Ärztl. Verein, München 1900. Ref. Dtsch. med. Wschr. **1900d**, 191.
— Über die orthodiagraphischen Untersuchungen am Herzen. Münch. med. Wschr. **1902**, 1901.
— Methodisches und Technisches zur Orthodiagraphie. Dtsch. Arch. klin. Med. **81**, 1 (1904).
— Über Veränderungen in der Form, Größe und Lage des Herzens beim Übergang aus horizontaler in vertikale Körperstellung. Zugleich ein weiterer Beitrag zur Methodik der Orthodiagraphie, insbesondere zu der Frage, wie die Orthodiagraphie des Herzens zu wählen sei. Dtsch. Arch. klin. Med. **82** (1905).
— Über die Bestimmung der sogenannten wahren Herzgrößen mittels Röntgenstrahlen. Z. klin. Med. **59**, 111 (1907a).
— Ergebnisse der Orthodiagraphie für die Herzuntersuchung. Straßburg. med. Z. **1907b**, Nr 8.
— Zur Geschichte und Technik der Orthodiagraphie. Münch. med. Wschr. **1908**, 671.
— Zur Beurteilung der Herzgröße. Fortschr. Röntgenstr. **38**, 993 (1928).
— Über die Norm der Form und Größe des Herzens beim Mann. Dtsch. Arch. klin. Med. **171**, 431 (1931).
— Die Beurteilung der Herzgröße nach ihrer Korrelation zu sonstigen Abmessungen des Körpers. Karlsbad. ärztl. Vortr. **21**, 1 (1931). Ref. Zbl. Radiol. **11**, 435 (1932a).
— Über die Norm der Form und Größe des Herzens bei der Frau. Dtsch. Arch. klin. Med. **172**, 462 (1932b).
— Über die Norm der Form und Größe des Herzens beim Mann und bei der Frau. Dtsch. Arch. klin. Med. **174**, 330 (1932c).
— Größe und Form des Herzens bei Meistern im Sport. Dtsch. Arch. klin. Med. **176**, 455 (1934).
MÜLLER, E.: Radiologische Beobachtungen über Fehlerquellen der klinischen Herzgrößenbestimmung. Münch. med. Wschr. **1914**, 1270.

MUSSHOFF, K., u. H. REINDELL: Zur Rontgenuntersuchung des Herzens in horizontaler und vertikaler Körperstellung. I. Mitt. Der Einfluß der Körperstellung auf das Herzvolumen. Dtsch. med. Wschr. **1956**, 1001.

— — Zur Röntgenuntersuchung des Herzens in horizontaler und vertikaler Körperstellung. II. Mitt. Der Einfluß der Körperstellung auf die Herzform. Dtsch. med. Wschr. **1957**, 1075.

NASSIM: Nouvelle méthode pour évaluer la superficie de la projection orthodiagraphique. Radiol. med. (Torino) **1914**, 115.

NEUMAIER, F.: Nomogrammi per la valutazione del cuore dell'adulto. Radiol. Prat. **2**, 4 (1952a).

— Sui nomogrammi cardiaci. Radiol. Prat. **2**, 58 (1952b).

OTTEN, M.: Die Bedeutung der Orthodiagraphie für die Erkennung der beginnenden Herzerweiterung. Dtsch. Arch. klin. Med. **105**, 370 (1912). — Leipzig: F. C. W. Vogel 1912.

PALMIERI, G. G.: Sull'indagine radiologica del cuore in proiezione latero-laterale. Bull. Sci. med. **111**, 482 (1939). Ref. Zbl. ges. Radiol. **31**, 417 (1940).

PARKINSON, J.: Enlargement of the heart. Lancet **1936 I**, 1337.

PERUSSIA, F.: Metodi e valore clinico della ortodiagrafia. Policlinico, Sez. prat. **1919**, 609.

POPPI, A., e G. MARCOCCHI: Formule dei previsione della grandezza del cuore nel vivente. Endocrinol. **15**, 417, 585 (1940); **16**, 60, 173 (1941). Ref. Zbl. inn. Med. **110**, 181 (1942); **111**, 586 (1942); **114**, 194 (1943).

POTAIN: De la mensuration du cœur pour la percussion et pour la radiographie. Comparaison des deux méthodes. Sem. méd. (Paris) **1901**, 53.

RADINO, G., e A. CARDANI: Rilievi clinico-radiologici nella silicosi polmonare. Applicazione di un metodo biometrico alla valutazione dell' area cardiaca reale. Minerva med. (Torino) **2**, 939 (1956).

RAUTMANN, H.: Untersuchungen über die Norm, ihre Bedeutung und Bestimmung. Jena: Gustav Fischer 1921.

— Untersuchungen über die Variabilität der Herzgröße. Verh. dtsch. Ges. inn. Med., **1926**, 316.

— Zur röntgenologischen Untersuchung des Herzens von Sportsleuten. Med. Welt **1936**, 1097.

— Die Untersuchung und Beurteilung der röntgenologischen Herzgröße. Darmstadt: Steinkopff 1951.

—, u. F. HEISS: Zur Kenntnis der korrelativen Variabilität der orthodiagraphischen Herzgröße. Z. ges. Anat. **13**, 567 (1928).

REH, M.: Zur Bestimmung der wahren Organgröße aus der Größe des Röntgenschattens. Münch. med. Wschr. **1909**, 2116.

REINDELL, H.: Herz und Sport. Unsere heutige Einstellung zur Beurteilung der Herzgröße und zur Frage der Schädigung. Fortschr. Röntgenstr. **60**, 35 (1939).

— Größe, Form und Bewegungsbild des Sportherzens. Arch. Kreisl.-Forsch. **7**, 117 (1940).

REYHER: Über den Wert orthodiagraphischer Herzuntersuchungen bei Kindern. Jb. Kinderheilk. **64**, 216 (1906).

RIEDER, H.: Die Orthoröntgenographie des menschlichen Herzens. Arch. phys. Med. **1906**, 3.

RIGLER: Der Quadratograph. Ein Röntgenhilfsapparat. Münch. med. Wschr. **1914**, 1808.

ROESLER, H.: Die Grenzen des Normalen und Pathologischen im Röntgenbild des Herzens. Klin. Wschr. **1930**, 607.

— The relation of the shape of the heart to the shape of the chest. Amer. J. Roentgenol. **32**, 464 (1934).

— A roentgenological study of the heart size in athletes. Amer. J. Roentgenol. **36**, 849 (1936).

— Measurement of the cardio-vascular system. In: Diagnostic roentgenology. Edit. by R. GOLDEN, New York: Th. Nelson & Sons 1941.

ROESSLE, R., u. F. ROULET: Maß und Zahl in der Pathologie. Berlin: Springer 1932.

ROSENFELD, A.: Über die Methode zur Grenzbestimmung des Herzens. Berl. klin. Wschr. **1904**, 34.

SAHATCHIEFF, A.: Beitrag zur Rontgenuntersuchung des Herzens. Fortschr. Röntgenstr. **33**, 683 (1925).

SATTERTHWAITE: Fluorography for determining the position, size and movements of the heart. N.Y. Med. Rec. **1897**, 508.

SAVCENKOV, J. J.: Totale Orthoroentgenographie des Herzens und der Aorta. Vestn. Rentgenol. Radiol. **1953**, 68.

SCHAEDE, A., u. P. THURN: Größenbestimmung der Herzhöhlen mit dem Herzkatheter. Fortschr. Röntgenstr. **79**, 21 (1953).

SCHATZ: Das Maß für den Herzschatten. Z. ärztl. Fortbild. **39**, Nr 17 (1942).

SCHLOMKA, G., u. H. DAUM: Über die Spontanschwankungen der Herzgrößen beim Gesunden. Fortschr. Röntgenstr. **55**, 558 (1937).

SCHMITZ, K. L.: Das Maß für den Herzschatten. Z. ärztl. Fortbild. **39**, 384 (1942).

SCHRÖDER, G.: Herzform und Herzgröße im Röntgenbild bei vegetativer Dystonie. Z. Kreisl.-Forsch. **41**, 567, 688 (1952).

SCHWARTZ, G. S.: Determination of frontal plane area from the product of long and short diameters of the cardiac silhouette. Radiology **47**, 360 (1946).

SEGMÜLLER, G.: Bestimmung des planimetrischen Lungen/Herz-Quotienten (nach Rossi) bei Kindern im Alter von 0—10 Jahren und dessen graphische Darstellung nach Altersklassen und nach Thoraxgrößenklassen. Helv. paediat. Acta C **10**, 698 (1955).

SPIER, J.: Einfache Methode der Röntgenherzgrenzenbestimmung. Berl. klin. Wschr. **1912**, 1509.

STECHER, W. R.: Cardiac mensuration aided by horizontal orthodiagraphy. Amer. J. Roentgenol. **42**, 264 (1939).

STEINBACH, R.: Methode zur Messung von Strecken im Körperinnern am Röntgenschirm gezeigt an Transversaldurchmessern von Herzen. Fortschr. Röntgenstr. **35**, 1259 (1927).

STRAUSS, u. VOGT: Einfaches Verfahren zur Bestimmung der Herzgröße. Fortschr. Röntgenstr. **18**, 272 (1911).

TAIPALE, L.: Undesta röntgenologisesta sydämensuuruus-suhdelevusta (Über einen neuen röntgenologischen Index der Herzgröße). Duodecim (Helsinki) **43**, 32 (1927). Ref. Zbl. ges. Radiol. **3**, 322 (1927).

TAMIYA, CH.: Über ein neues Prinzip für Größenbestimmung des Herzens und seine praktische Anwendung. Fortschr. Röntgenstr. **41**, 62 (1930).

TESCHENDORF, W.: Lehrbuch der röntgendiagnostischen Differentialdiagnostik der Erkrankungen der Brustorgane. Stuttgart: Georg Thieme 1958.

TEUBERN, K. V.: Orthodiagraphische Messungen des Herzens und des Aortenbogens bei Herzgesunden. Fortschr. Röntgenstr. **24**, 549 (1916).

— Ein elektrischer Schreibapparat für orthodiagraphische Röntgenuntersuchungen. Fortschr. Röntgenstr. **27**, 314 (1920).

THOMSON, C.: The estimation of the size and shape of the heart by the roentgen rays. Lancet **1896**. 1011. 1605.

UNGERLEIDER, H. E., and C. P. CLARK: Transversal diameter of the heart. Amer. Heart J. **17**, 92 (1939).

—, and R. GUBNER: Evaluation of heart size measurement. Amer. Heart J. **24**, 494 (1942).

VAQUEZ, H., et E. BORDET: Le cœur et l'aorte. Études de radiologie clinique. Paris: Baillière 1913.

— — Radiologie du cœur et des vaisseaux de la base. Paris: Baillière 1928.

VEITH: Über orthodiagraphische Herzuntersuchungen bei Kindern im schulpflichtigen Alter. Jb. Kinderheilk. **68**, 205 (1908).

VOSS, E.: Röntgenographische Größenbestimmung des Herzens im Säuglings- und Kleinkindesalter. Z. Kinderheilk. **48**, 428 (1929).

WEBER, A.: Über die Methoden der Herzgrößenbestimmung. Med. Klin. **1916**, 93.

WEIL, A.: Die röntgenologischen Methoden der Herzgrößenbestimmung und ihr Einfluß auf die Entwicklung der Herzperkussion. Straßburg. med. Z. **1916**, Nr. 8.

WEISS, K.: Der Wert der Röntgenfernphotographie für vergleichende Untersuchungen der Herzgröße. Med. Klin. **21**, 402 (1925).

— Über Methodik und Ergebnisse der röntgenologischen Herzgrößenbestimmung. Wien. klin. Wschr. **1933**, 1113.

WHITE, P. D., and P. D. CAMP: Comparsion of orthodiagraphic and teleroentgenographic measurements of heart and thorax. Ann. intern. Med. **6**, 469 (1932).

WIKNER, E.: Normala ella icke normala hjartan? Nord. med. T. **1933**, 586.

WILLIAMS, F. H.: The importance of knowing the size of the heart; inacuracy of percussion in determining it as shown by X-ray examination. Med. Commun. Mass. Med. Soc. **1899**, 175.

ZDANSKY, E.: Röntgenuntersuchung des Herzens. Wien. klin. Wschr. **1933**, 432.

— Über die Veränderung der Herzgröße und -form nach einmaliger Arbeitsleistung. Z. klin. Med. **131**, 112 (1936).

— Röntgendiagnostik des Herzens und der großen Gefäße. Wien. Springer 1949.

ZINSKIN, TH.: Entwicklung und Größe des Kinderherzens nach Messungen an Teleröntgenogrammen. Amer. J. Dis. Child. **30**, 851 (1925).

ZONDECK, H.: Eine Methode zur Messung der Herzgröße im Röntgenbild. Med. Klin. **1918**, 289.

ZWALUWENBURG, J. G. VAN: A plea for the use of the fluoroscope in the examination of the heart and the great vessels. Amer. J. Roentgenol. **7**, 1 (1920).

—, and ST. L. WARREN: The diagnostic value of the orthodiagram in heart disease. Arch. intern. Med. **7**, 131 (1911).

2. Herzvolumenbestimmung und Herzmodellierung

Das Herz ist ein Hohlorgan. Die Bestimmung eines oder mehrerer Durchmesser in einer oder mehreren Ebenen muß daher immer etwas unbefriedigend bleiben. Man kann weder etwas Genaues aussagen über die Wandstärke noch über die Größe der einzelnen Herzhöhlen. THURN (1959) hat diese Verhältnisse in neuerer Zeit eingehend untersucht. Nach der heute geltenden Auffassung wäre eine ideale Methode zur Herzgrößenbeurteilung eine Methode der Herzvolumenbestimmung am kontrastgefüllten Organ, also eine Herzvolumenbestimmung während der Angiokardiographie. Allein sie würde eine Abgrenzung der Herzhöhlen gegenüber den großen Gefäßen zulassen. Trotzdem steht die Volumenbestimmung des nativen Herzens heute einer befriedigenden Lösung noch am nächsten. Von ihr sagte ASSMANN (1934), sie sei für den Kliniker das anzustrebende Endziel. Auch in den neueren Lehrbüchern wird ihr wieder breiterer Raum gegeben. So vertritt HOLZMANN (1952) die gleiche Meinung, wenn er sagt, daß die Volumenbestimmung grundsätzlich als Ziel aller röntgenologischen Messungen der Gesamtherzgröße bezeichnet werden muß. Sie ist daher mancherorts schon zur Routinemethode geworden. BUFFONI und BELOTTI (1956) konnten bei Reihenuntersuchungen von Kindern nachweisen, daß man von den Flächenmaßen des Herzbildes keineswegs auf das Herzvolumen schließen darf. Die Herzvolumenbestimmung wurde mit der Transversalschichtaufnahme vorgenommen. Im

Gegensatz hierzu scheint allerdings die Auffassung einiger amerikanischer Autoren zu stehen, was aus dem Atlas der Röntgenbildmessung von LUSTED und KEATS (1959) hervorgeht. Dieser Atlas ist die erste zusammenfassende Darstellung eines Teilgebietes der Radiometrie und bringt im Kapitel über die Herzmessung nur die linearen Maße des Sagittalbildes amerikanischer Autoren.

Welche Anforderungen muß man an eine Methode der Herzvolumenbestimmung stellen? BJÖRK hat sie 1949 auf dem Symposium über röntgenologische Herzvolumenbestimmung wie folgt formuliert: 1. Sie muß korrekt sein, d.h. es sollte eine volumetrische Methode benützt werden, da das Herz ein dreidimensionaler Körper ist. 2. Eine obere (und nach Möglichkeit eine untere) Grenze des Normalen sollte angegeben werden. 3. Es sollte möglich sein, dasselbe Herz zu verschiedenen Zeiten mit hinreichender Genauigkeit zu vergleichen. 4. Die Methode sollte einfach genug sein zum täglichen Gebrauch.

Die dreidimensionalen Meßmethoden des Herzens gehen ebenfalls auf orthodiagraphische Untersuchungen zurück (GEIGEL 1914, ROHRER 1916, KAHLSTORF 1932, LUDWIG 1939). Die nachfolgende Tabelle 2 zeigt eine Zusammenstellung der bisher bekanntgewordenen Methoden zur Herzvolumenbestimmung und zur Herzmodellierung. Bei den Volumenformeln sind unabhängig von den von den Autoren benützten Symbolen überall gleiche Symbole verwandt worden, wobei V gleich dem Gesamtvolumen des Herzens ist. F_s gleich der sagittalen Herzfläche, T gleich dem größten Tiefendurchmesser im Seitenbild, L gleich der Längsachse und B gleich der senkrecht zu ihr gemessenen Herzbreite. Mit F sind die Tomogramm- und Topogrammflächen bezeichnet. Aus der Zusammenstellung ist ersichtlich, daß zur räumlichen Erfassung des Herzens zunächst nur die Orthodiagraphie herangezogen wurde. MORITZ hat zwei senkrecht aufeinanderstehende Orthodiagrammflächen aus Pappe ausgeschnitten und zusammengesetzt. GEIGEL war der erste, der dem Herzvolumen mit einer Formel näherzukommen versuchte. Er hat, ebenso wie später BARDEEN, jedoch nur die sagittale Herzfläche in der Formel verarbeitet. Es handelt sich praktisch um die gleichen Formeln, nur hat BARDEEN die Fernaufnahme benützt, wodurch er zu einem anderen konstanten Faktor kommt als GEIGEL. ROHRER und viele Jahre später unabhängig davon KAHLSTORF haben dann beide eine Formel gefunden, die mit der sagittalen Orthodiagrammfläche, dem orthodiagraphierten größten Tiefendurchmesser senkrecht dazu, sowie mit einem konstanten Faktor arbeitet, der einen Korrektionsfaktor darstellt für einen Umdrehungskörper zwischen einem Paraboloid und Ellipsoid. In den zwanziger Jahren wurden dann eine Reihe plastischer Methoden bekannt, die teils mit der Fernaufnahme (PALMIERI, BREDNOW), teils mittels Orthodiagraphie (LYSHOLM, SCHATZKI) das Herz aus Ton oder Gips nachmodelliert haben. Patient und Modellmaterial drehten sich hierbei auf gekuppelten Töpferscheiben und die Modelle setzten sich aus einzelnen tangentialen Flächen zusammen. Einen völlig neuen, jedoch nur theoretisch interessanten Weg zur Herzmodellierung beschritt WEGELIUS. Er konstruierte ein eigenes Spezialgerät mit drei Röhren, die vom Herzen drei Aufnahmen in verschiedenen Ebenen ermöglichten. Unter Austausch der drei Röhren gegen Scheinwerfer und Einsetzen des fertigen Röntgenbildes an bestimmten Stellen innerhalb der Apparatur sowie Rückprojektion des Bildes auf eine Zeichenfläche konnten form-, lage- und größengerechte Herzsektionen dargestellt werden, die zu einem Modell zusammengefügt wurden. JONSELL und LUDWIG haben etwa zu gleicher Zeit auf der Rohrer-Kahlstorfschen Formel aufbauend eine Herzvolumenbestimmung ausgearbeitet, die statt mit der Sagittalfläche mit dem sog. Herzrechteck arbeitet bzw. mit der Ellipsoidformel. Das Produkt aus Länge, Breite und Tiefe wird in diesen Formeln mit einem konstanten Faktor multipliziert, der bei JONSELL für die Aufnahme aus 150 cm 0,42 beträgt und bei LUDWIG für die Orthodiagraphie 0,46. JONSELL war außerdem der erste, der die Herzvolumenbestimmung mit herzphasengeschalteten Aufnahmen durchgeführt hat, die vom EKG aus gesteuert wurden. REINDELL, MUSSHOFF u. Mitarb. haben in neuerer Zeit ausführlich über Herzvolumenbestimmungen berichtet, auch sie verwenden die gleiche Formel (MUSSHOFF), allerdings mit dem Faktor 0,4 für die Fernaufnahme im Liegen mit der Röhre unter dem Tisch.

Tabelle 2. *Herzvolumenbestimmung und Herzmodellierung*

	Autoren	Volumenformel	Untersuchungstechnik und -geräte	Modellmaterial
1907	MORITZ		Orthodiagraphie	Pappe u. Wachs
1914	GEIGEL	$V = F_s^{3/2} \cdot \dfrac{4}{3\sqrt{\pi}}$	Orthodiagraphie	
1916	ROHRER	$V = 0{,}63 \cdot F_s \cdot T$	Orthodiagraphie	
1920	PALMIERI		Fernaufnahmen und Modellierungsapparat	Ton
1922	BARDEEN	$V = 0{,}53 \cdot F_s^{3/2}$	Fernaufnahmen	
1926	LYSHOLM		Orthodiagraphischer Modellierungsapparat	Ton
1928	SCHATZKI		Orthodiagraphischer Modellierungsapparat	Ton
1932	BREDNOW	$V = 0{,}63 \cdot F_s \cdot T$	Fernaufnahmen und Modellierungsapparat	Gips
1932	KAHLSTORF	$V = 0{,}63 \cdot F_s \cdot T$	Orthodiagraphie	
1934	WEGELIUS		Spezialgerät mit 3 Röhren, Aufnahmen und Rückprojektion	Pappe
1939	JONSELL	$V = 0{,}42 \cdot L \cdot B \cdot T$	Aufnahmen aus 150 cm EKG-geschaltet	
1939	LUDWIG	$V = 0{,}46 \cdot L \cdot B \cdot T$	Orthodiagraphie	
1948	LARSSON u. KJELLBERG	$V = 0{,}53 \ldots 0{,}625 \cdot L \cdot B \cdot T$	Fernaufnahmen Röhre 30° caudal, Bauchlage EKG-geschaltet	
1950	TAKAHASHI u. Mitarb.		Transversalschichtaufnahmen (Solidographie)	Gips
1951	BÜCHNER	$V = 0{,}63 \cdot F_s \cdot T$	Orthodiametrie und Fernaufnahme	
1953	FUCHS u. BAYER	$V = \dfrac{h}{3\,(n-1)}\,(F_1 + 4F_2 + 2F_3 + 4F_4 + \cdots + F_n)$	Horizontalschichtaufnahmen und Orthodiagraphie	
1953	DUHAMEL u. Mitarb.	$V = F_1 + F_2 + \cdots + F_n$	Transversalschichtaufnahmen	
1954	LINDGREN u. ODÉN	$V = 0{,}35 \cdot L \cdot B \cdot T$	Schirmbildaufnahmen $7{,}5 \times 7{,}5$ cm; 80 cm FSA	
1955	REINDELL u. MUSSHOFF	$V = 0{,}4 \cdot L \cdot B \cdot T$	Fernaufnahmen im Liegen, Röhre unter Tisch	
1957	GEBHARDT	$V = \dfrac{1}{6}\,(F_1 + F_n) \cdot (T - T_{F_1 \cdots F_n}) + F_1 + F_2 + \cdots + F_n$	Horizontalschichtaufnahmen und Fernaufnahme	
1960	BÜCHNER u. GRIESE	$V = 1{,}058\,(F_1 + F_2 + \ldots + F_n)$	Röntgentopographie	Schaumgummi

Gegenüber der röntgenologischen Herzvolumenbestimmung ist immer wieder der Einwand laut geworden, daß man ein so verschieden geformtes Organ nicht mit einem konstanten Faktor, der nur für einen bestimmten, angenommenen Umdrehungskörper Gültigkeit hat, berechnen kann. LARSSON und KJELLBERG haben daher ausgedehnte Versuche in dieser Richtung unternommen und festgestellt, daß sich der Faktor mit der Herzform ändern muß. Vor allem die Abflachung des Herzens in dorso-ventraler Richtung ist hier von Bedeutung. Sie haben einen Index für die Form des Herzens ausgerechnet aus dem Quotienten zwischen dem Quadrat des Tiefendurchmessers und der sagittalen Fläche. Je nach der Größe dieses Quotienten bzw. der Herzform schwankt dann der konstante Faktor zur Berechnung des Herzvolumens zwischen 0,53 und 0,625. Auch sie benützen die Fernaufnahme, die vom EKG aus geschaltet wird. Der Patient liegt in Bauchlage und die Röhre ist mit einem Winkel von 30° nach caudal gekippt. Unter Würdigung aller bisherigen Einwände gegen die röntgenologische Herzvolumenbestimmung scheint diese Methode für die Bestimmung aus der Fernaufnahme zur Zeit die besten Resultate zu liefern. Auch das Röntgenschirmbild wurde zur Herzvolumenbestimmung herangezogen. LINDGREN und ODÉN haben hierzu das $7,5 \times 7,5$ cm-Schirmbild bei einem Aufnahmeabstand von 80 cm benützt. Nach Korrektur der optischen Verkleinerung des Schirmbildes kommen sie für den benützten Aufnahmeabstand von 80 cm zu einem konstanten Faktor von 0,35. Eine Möglichkeit, um mit der Fernaufnahme doch die Orthodiagrammformel von ROHRER und KAHLSTORF mit der Sagittalfläche anwenden zu können, hat Verfasser angegeben. Es wird die Sagittalfläche der Fernaufnahme in die Orthodiagrammfläche umgerechnet. Der Umrechnungsfaktor für die Filmfläche wird ermittelt durch Gegenüberstellung des bei einer Durchleuchtung orthodiametrierten größten queren Herzdurchmessers mit dem der vorliegenden Fernaufnahme. Der Quotient dieser beiden Werte ist der lineare Vergrößerungsfaktor. Die größte Tiefenausdehnung wird bei seitlicher Durchleuchtung ebenfalls orthodiametriert.

Einen völlig anderen Weg zur Herzvolumenbestimmung gehen die Methoden, die mittels Herzquerschnitten arbeiten, sei es durch horizontale Schichtaufnahme (FUCHS und BAYER, GEBHARDT), transversale Schichtaufnahme (DUHAMEL u. Mitarb., TAKAHASHI u. Mitarb.) oder mittels des dreidimensionalen Röntgentopogramms (BÜCHNER). Sie beruhen alle auf der Tatsache, daß das Gesamtvolumen eines beliebig geformten Körpers aus der Summe der Einzelvolumina mehrerer, durch beliebig gelegte parallele Schnitte gebildeter Teilkörper bestimmt werden kann. Schneidet man das Organ im Abstand von 1 cm, so kann die Summe des Inhalts der Oberflächen aller Querschnitte in Quadratzentimetern praktisch gleich dem Volumen des Organs in Kubikzentimetern gesetzt werden. Auf den Schichtaufnahmen macht die Abgrenzung der oberen und unteren auslaufenden Schichten oft Schwierigkeiten. Auch müssen die vergrößerten Flächen in absolute Flächen umgewandelt werden und bei der von FUCHS und BAYER benützten Formel muß der größte Tiefendurchmesser orthodiagraphiert werden.

Untersuchungen über das Verhalten des Herzvolumens bei verschiedener Körperhaltung und verschiedenen physiologischen Bedeutungen haben MUSSHOFF und REINDELL (1956, 1957) und NYLIN u. Mitarb. (1934, 1939) vorgenommen. NATVIG (1934) hat über die Änderungen des Herzvolumens beim Müllerschen und Valsalvaschen Versuch berichtet. Die Untersuchungen FRIEDMANs (1950) über die Möglichkeit einer röntgenologischen Abgrenzung des Restblutes können nur mit Vorbehalt aufgenommen werden, da die vorgenommenen postmortalen Herzvolumenbestimmungen zu sehr von der jeweiligen Untersuchungstechnik (Abbinden der großen Gefäße, Auffüllung der Herzhöhlen unter verschiedenem Druck) und den postmortalen Tonusschwankungen abhängig sind. LYSHOLM. NYLIN und QUARNA (1934) haben die Beziehungen zwischen Herzvolumen und Schlagvolumen unter physiologischen und pathologischen Bedingungen untersucht. Tabellen und Normalzahlen über das Herzvolumen stammen außer von LUDWIG (1939), von LILJESTRAND u. Mitarb. (1939) und aus neuerer Zeit von HOL und THALBERG (1955).

Gianelli (1933) hat die Werte für das Kindesalter zwischen 6 und 12 Jahren in Form eines individuellen Herzindex angegeben.

Herzvolumenbestimmung

Verfasser hatte ursprünglich (1951) vorgeschlagen, zur Herzvolumenbestimmung die bekannte Rohrer-Kahlstorfsche Formel zu benützen und die orthodiagraphischen Maße durch die orthodiametrischen zu ersetzen. Diese Formel galt bislang als die genaueste. Sie konnte in ihrer ursprünglichen Form nur nicht mehr benützt werden, da man nicht mehr orthodiagraphieren konnte oder wollte. Ihre linearen Maße wurden daher durch die Maße der Fernaufnahme ersetzt und umgerechnet und für die Orthodiagrammfläche wurde das schräge Herzrechteck eingesetzt. Der Vergrößerungsfaktor der Fernaufnahme und der sich aus der Ellipsoidformel ergebende Faktor für den Ausgleich zwischen Orthodiagrammfläche und Herzrechteck wurden mit dem konstanten Faktor der Rohrer-Kahlstorfschen Formel zu einem Faktor zusammengezogen. Wie aus Tabelle 2, S. 69, ersichtlich, schwankt dieser Faktor mit dem benützten Röhrenabstand und der Aufnahmetechnik. In diesem konstanten Faktor, den alle Methoden mit Ausnahme der mit Schichtaufnahmen arbeitenden benützen, liegt unserer Auffassung nach der Hauptfehler der bisherigen röntgenologischen Herzvolumenbestimmungen. Um wenigstens den durch die Fernaufnahme bedingten Fehler auszuschalten, hatten wir daher die Benützung der ursprünglichen orthodiagraphischen Formel vorgeschlagen. Die orthodiametrischen Maße konnten direkt in sie eingesetzt werden. Die Fläche der Langzeit-Fernaufnahme (Diastole), oder noch besser die diastolische Kymogrammfläche, konnten in Orthodiagrammflächen umgerechnet werden. Der Umrechnungsfaktor für die Flächen konnte durch Gegenüberstellung eines Durchmessers der Aufnahme mit dem entsprechenden orthodiametrischen Durchmesser errechnet werden. Dies ist durchaus korrekt und statthaft, denn wir haben mit Abb. 8 auf S. 10 bewiesen, daß bei der Fernaufnahme und dem Orthodiagramm bzw. der Orthodiametrie praktisch die gleichen Randpunkte zur Darstellung kommen.

Ein zweiter Vorschlag geht nun dahin, die Ludwigsche Formel zu benützen, welche nur mit linearen Maßen arbeitet und die Flächenumrechnung erspart. Bei dieser Formel brauchen nur Herzbreite (B), Herzlänge (L) und Herztiefe (T) orthodiametriert zu werden. Ihr Produkt wird mit dem konstanten Faktor 0,46 multipliziert.

Unser dritter Vorschlag zur Herzvolumenbestimmung (1960) liegt nun auf einer ganz anderen Ebene. Das ursprünglich als reine Lokalisationsmethode gedachte Röntgentopogramm (vgl. S. 41) wurde zu einer dreidimensionalen Meßmethode ausgebaut und liefert eine beliebige Anzahl echter Organquerschnitte. Diese Herzvolumenbestimmung arbeitet zwar auch mit Aufnahmen, aber nicht mit blind angefertigten Fernaufnahmen, sondern mit unter Durchleuchtungskontrolle geschossenen Zielaufnahmen, deren relativ starke Vergrößerung unbekannt bleibt und bedeutungslos geworden ist. Bei der Anfertigung der Aufnahmen am Zielgerät werden vier Projektionsrichtungen so gewählt, daß sich der Herzschatten am besten abgrenzen läßt. Die vier Aufnahmen werden entweder als Langzeitaufnahmen zwischen 1 und 2 sec belichtet, vom EKG aus geschaltet oder als Kymogramme angefertigt, wodurch das diastolische Herzvolumen sicher abgegrenzt werden kann. Die Anfertigung von Herzkymogrammen sowohl am Zielgerät als auch als Fernaufnahmen stößt bei der heutigen hohen Leistung der Röntgenapparate unter Anwendung der Hartstrahltechnik auf keine Schwierigkeiten mehr. Es sind neben den großen Kymographen handliche kleine Kymokassetten vorhanden, die in die Zielgeräte wie normale Kassetten eingeführt werden können oder am Lungenstativ bei der Fernaufnahme benützt werden (Büchner 1954, Ekert 1959). Bei Durchführung der neuen Distanzkymographie (Grasser 1958), bei der sich der Kymoraster nicht mehr zwischen Patient und Film, sondern zwischen Patient und Röhre befindet, ist die Strahlenbelastung gegenüber der früheren Kymographie wesentlich herabgesetzt, so daß auch von dieser Seite aus keine Bedenken gegen die Anfertigung von vier Kymogrammen bestehen.

Zur *Anfertigung eines Röntgentopogramms* bekommt der Patient ein Meßband in Höhe des Organs umgelegt. Die von uns benützte Meßausrüstung ist in Abb. 24 dargestellt. Die Zahlen und Marken des Bandes erscheinen auf den Aufnahmen. Jeder definierbare Bildpunkt hat zwei bestimmte Bandschnittwerte. Es sind diejenigen, welche mit ihm auf einer gemeinsamen vertikalen Strahlenebene liegen. Abb. 39 zeigt vier Aufnahmen zur Anfertigung eines Herztopogramms. Die einzelnen Querschnitte, die wir röntgentopographisch darstellen, sind in den einzelnen Aufnahmen andeutungsweise eingezeichnet. Wir beginnen stets mit dem durch die Filmmittellinie (horizontale Zentralstrahlebene) festgelegten Herzquerschnitt Z. Er ist der einzige, für welchen auf allen vier Aufnahmen mit Sicherheit Randpunkte in gleicher Transversalebene festzulegen sind. Mit Hilfe der

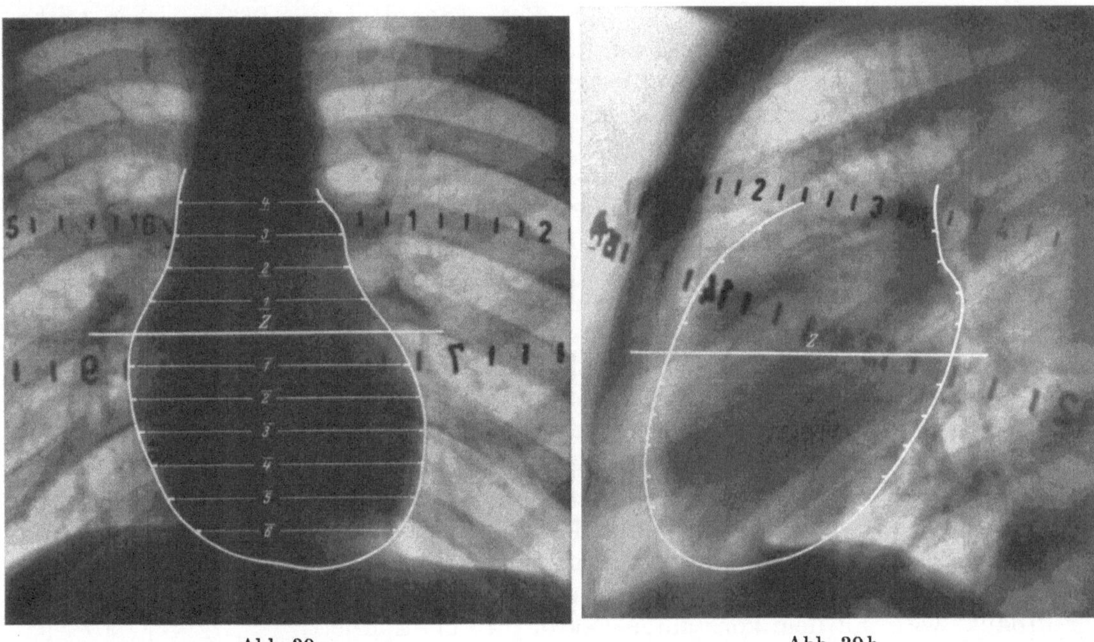

Abb. 39 a   Abb. 39 b

Abb. 39 a—d. Vier gezielte Aufnahmen zur Herzvolumenbestimmung mittels des Röntgentopogramms

Bandschnittwerte seiner Randpunkte wird dieser Z-Querschnitt in eine im Maßstab 1:1 gezeichnete Körperquerschnittskizze eingezeichnet. Die Körperquerschnittskizze erhält man durch Abmodellierung des Körperumfangs in Höhe der Bandebene mittels plastischer Kurvenlineale (Abb. 24). Auf den zu Papier gebrachten Körperumfang werden die Zahlen und Werte des Meßbandes übertragen. Wir umfahren den Körperumfang dazu einfach mit einer Stempelrolle. Die beiden Randpunkte des Z-Querschnitts der linken oberen Aufnahme der Abb. 39 haben die Bandschnittwerte 0,8/7,4 und 16/8,8. Sie wurden auf der Körperquerschnittskizze der Abb. 40 miteinander verbunden, wodurch eine Rekonstruktion des für die beiden Randpunkte maßgebend gewesenen Strahlengangs erfolgt ist. Analog wird mit den übrigen drei Aufnahmen verfahren. Es entsteht auf der Zeichnung ein Achteck, in welches sich zwanglos ein form-, lage- und größengerechter Herzquerschnitt einzeichnen läßt.

Es gilt nun, im Abstand von je 1 cm nach oben und nach unten von diesem ersten Querschnitt ausgehend weitere Herzquerschnitte darzustellen. Hierbei ist es nicht angängig, auf den Aufnahmen in Zentimeterabstand weitere Querlinien zu ziehen, da 1 cm Filmhöhe des Organs nicht 1 cm wirklicher Organhöhe entspricht. Die Höhenverzeichnung des Organs ist jedoch leicht festzustellen. Man bildet hierzu den Quotienten zwischen einem vergrößerten Durchmesser einer Aufnahme und dem korrespondierenden wahren

Durchmesser des bereits gezeichneten Herzquerschnitts (Z in Abb. 39 und 40). Der gewonnene Vergrößerungsfaktor — meist ein Wert zwischen 1,1 und 1,3 — stellt das Maß für 1 cm Organhöhe auf dem Film dar. Es werden auf der betreffenden Aufnahme etwa alle 1,2 cm Querlinien gezogen oder es wird die gesamte Organhöhe des Films durch den Vergrößerungsfaktor geteilt, um die Anzahl der einzuzeichnenden Schnitte zu erhalten. Erhält man dadurch auf dieser einen Aufnahme n-Herzquerschnitte, so teilt man die drei übrigen Aufnahmen ebenfalls in n-Querschnitte, ungeachtet des Umstandes, daß dann dort mitunter der Abstand von Querschnitt zu Querschnitt mehr oder weniger als 1,2 cm beträgt, denn die Aufnahmen sind ja unbekannt und verschieden vergrößert.

Die Körperquerschnittskizze der Abb. 40 wird zur Anfertigung aller weiteren Herzquerschnitte benützt, indem diese auf ein darübergelegtes transparentes Zeichenpapier

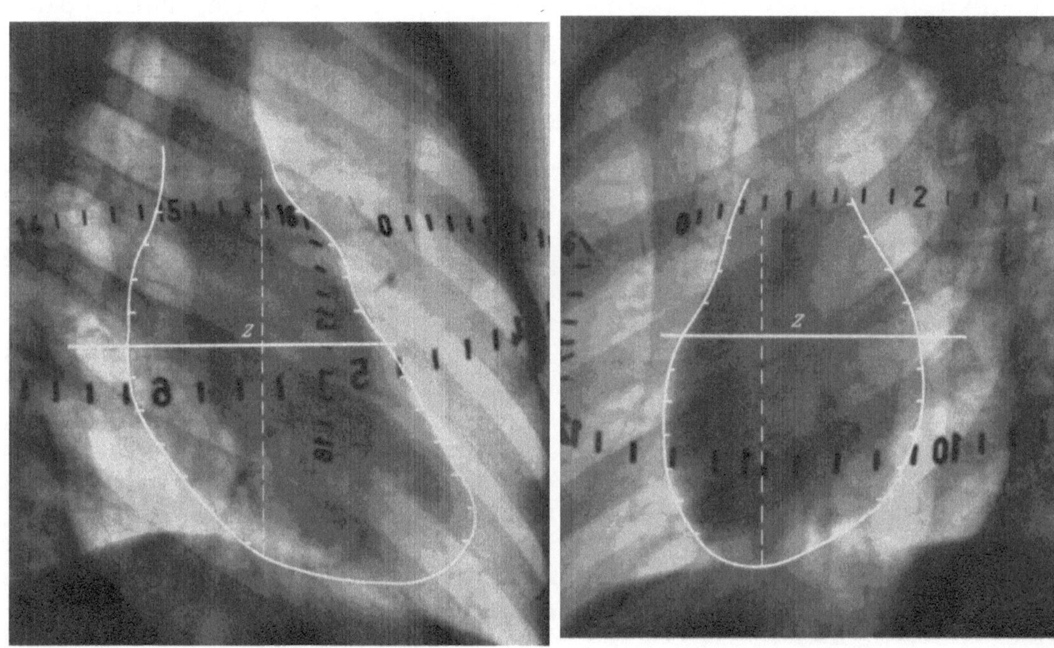

Abb. 39 c   Abb. 39 d

gezeichnet werden. Auf diese Art wurden die 11 Querschnitte der Abb. 41 gewonnen. Ihr Flächeninhalt entspricht der wahren Oberfläche der entsprechenden Herzquerschnitte der Aufnahmen der Abb. 39. Sie werden mit einem Planimeter der Reihe nach umfahren, ihr Flächeninhalt addiert sich fortlaufend und als Endsumme kann vom Planimeter die Summe aller Flächeninhalte abgelesen werden. Diese Summe in Quadratzentimetern entspricht mit hinreichender Genauigkeit dem gesuchten Herzvolumen in Kubikzentimetern. HERGARTEN (1951) hat den Vorschlag gemacht, bei der Herzvolumenbestimmung die Aufnahmen auf Röntgenpapier anzufertigen, die sagittale Herzfläche auszuschneiden und zu wiegen. Bei bekanntem Papiergewicht kann dann das Gewicht der Herzfläche direkt in den Flächeninhalt umgerechnet werden. Wir halten diese Methode zwar für billiger, aber keinesfalls für bequemer, schneller und exakter als die Benützung eines Planimeters. Solche Herzquerschnitte, wie sie die Röntgentopographie liefert, konnten früher übrigens auch auf orthodiagraphischem Wege hergestellt werden (LYSHOLM 1926, STECHER 1939), wobei vor allem das Verfahren von STECHER sich durch seine Einfachheit auszeichnet. Der Patient wurde auf einem Drehstuhl orthodiagraphiert. Durch eine einfache Übertragung durch ein starres System wurde auf eine über dem Kopf des Patienten angeordnete horizontale Schreibfläche geschrieben, die sich wie ein Baldachin mit dem Stuhl drehte. Durch Bewegungen des Schirmes in Richtung Röhre—Untersucher wurde auf der Schreibfläche jeweils ein kurzes Stück der tangentialen Strahlenebene markiert. Je geringer die Drehung des Patienten und je öfter die Markierungen aufeinander folgten, desto klarer zeichnete sich auf dem Papier der Herzumriß aus vielen einhüllenden Tangenten ab.

Es bleibt nun zu beweisen, daß die Summe aller Oberflächen der röntgentopographischen Herzquerschnitte dem gesuchten Herzvolumen gleichgesetzt werden kann. Man kann hier zunächst von der theoretischen Überlegung ausgehen, daß das Gesamtvolumen eines beliebig geformten Körpers gleich der Summe der Einzelvolumina seiner Teilkörper ist, welche durch n-parallele, durch den Körper gelegte Schnitte entstehen. Werden die Schnitte mit Zentimeterabstand gelegt, so hat jeder Teilkörper eine Höhe von 1 cm. Das Volumen eines Körpers von 1 cm Höhe entspricht jedoch — parallele Seitenwände vorausgesetzt — dem Flächeninhalt seiner Grund- bzw. Deckfläche. Keine der von uns hergestellten Herzscheiben hat jedoch parallele Seitenwände.

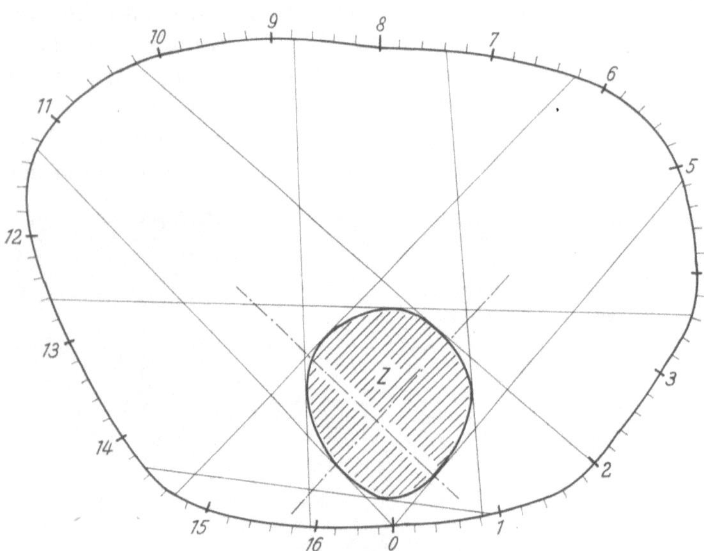

Abb. 40. Röntgentopographischer wahrer Herzquerschnitt
(Z der Abb. 39)

Die einzelnen Teilkörper entsprechen mehr oder weniger geraden oder schiefen Kegelstümpfen. Unsere Formel Oberflächensumme = Volumen wäre auf das Herz nur dann bedenkenlos anzuwenden, wenn dieses einem regelmäßig geformten Umdrehungskörper entsprechen würde und von einem Äquator in zwei gleiche Teilkörper geteilt würde. Oberhalb des Äquators würden dann alle Teilkörper um den gleichen Betrag zu klein berechnet werden, um den die Teilkörper unterhalb des Äquators zu groß berechnet würden. Annähernd müssen unsere Überlegungen jedoch auch für das Herz zutreffen, denn wir haben bei der Kontrolle mit 10 Schaumgummimodellen von Patientenherzen, mit Leichenherzen und mit einem anatomischen überlebensgroßen Herzmodell, deren Volumina wir durch Wasserverdrängung bestimmen konnten, festgestellt, daß ihre röntgentopographischen Herzvolumina nur um rund 6% durchschnittlich zu klein waren. Das Herz hat in gewissem Sinn auch einen Äquator, oberhalb dessen die Konturen im allgemeinen nach oben und unterhalb dessen sie im allgemeinen nach

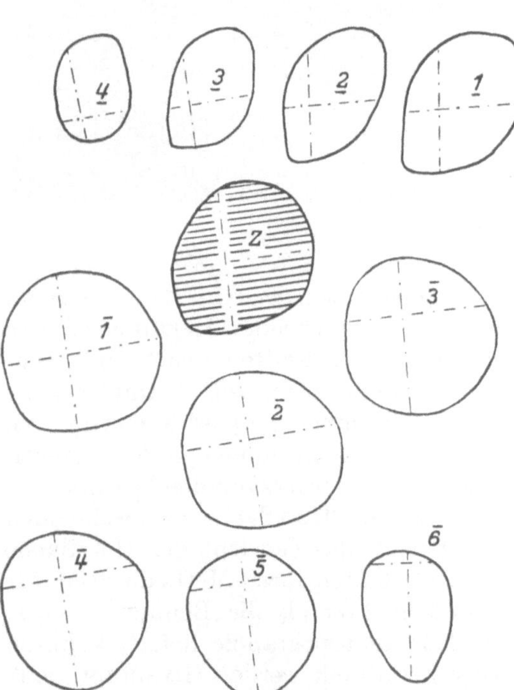

Abb. 41. Die 11 wahren Querschnitte des Herzens
der Abb. 39. Planimetrierte Gesamtoberfläche
= 417 cm² = 417 cm³ Herzvolumen · 1,058

unten konvergieren. Auch am Herz wird also die obere Partie mit unserer Formel etwas zu klein, die untere dafür etwas zu groß berechnet. Infolge der Schräglage

des Herzens entstehen dabei jedoch unabhängig von der Herzform und Herzgröße
lauter Minusdifferenzen, die sich mit einem konstanten Faktor auf einen kleineren
mittleren Fehler verringern lassen. Unser konstanter Faktor von 1,058 ist daher nicht
zu vergleichen mit den konstanten Faktoren anderer Autoren, welche die Herzform
und die röntgenologische Herzvergrößerung damit korrigieren wollen. Herzform,
Röntgenvergrößerung und Röntgenverzeichnung, die bisher größten Fehlerquellen der
röntgenologischen Herzvolumenbestimmung, sind bei unserer Methode eliminiert.
Wir korrigieren nur die durch die Schräglage des Herzens in unserer Annahme Oberflächensumme = Volumen entstehenden *konstanten Minusdifferenzen*. Es handelt sich
immer um Minusdifferenzen. Schon hieraus geht hervor, daß wir von der Form und
der Größe des Herzens unabhängig geworden sind, was auch einleuchtet, denn die Herz-
neigung ist von der Form und Größe des Herzens ja auch mehr oder weniger unabhängig.
Unsere Herzen hatten zum Teil extreme Größe und extreme Formen, wie aus der Zusammenstellung der Tabelle 3 hervorgeht.

Tabelle 3. *Zusammenstellung der Patienten, von denen Herzmodelle angefertigt wurden. Gegenüberstellung
der röntgentopographischen Herzvolumina mit den durch Wasserverdrängung bestimmten*

Patient	Alter	Große	Gewicht	Herzdiagnose	Tauch-volumen	Röntgentopographisches Volumen
	Jahre	cm	kg		cm³	cm³
S. E.	19	178	59	Normalherz	475	441 (−8,08 %)
S. L.	11	143	32	Oper. Vorhof-Septumdefekt	520	534 (+2,69 %)
H. E.	48	163	54,5	Myokardsklerose	588	570 (−3,31 %)
K. E.	27	175	53,5	Valv. Pulmonalstenose	635	647 (+1,89 %)
N. K.	19	170	63	Rechtsschenkelblock	650	648 (−0,34 %)
S. L.	11	143	31,6	Vorhof-Septumdefekt	760	783 (+3,13 %)
H. O.	55	162	59	AV-Block II. Grades	890	896 (+0,68 %)
D. C.	53	168	64	Kombiniertes Aorten-Mitral-Vitium	1275	1290 (+1,18 %)
E. H.	37	152	57,5	Chronische Myokarditis	1455	1450 (−0,34 %)
S. L.	47	161	62	Kombiniertes Aorten-Mitral-Vitium	2230	2207 (−1,31 %)
Gipsmodell					1270	1297 (+2,12 %)

Die extremen Fehler und die einfach berechneten mittleren Abweichungen für eine
Reihe von Bestimmungsmethoden des Herzvolumens sind in der graphischen Darstellung
der Abb. 42 zusammengestellt. Wir haben die Werte dieser Zusammenstellung erhalten,
indem wir die von uns hergestellten Schaumgummimodelle von Patientenherzen (vgl.
nächster Abschnitt) mit den verschiedenen Methoden bestimmt und mit dem durch Wasserverdrängung festgestellten Volumen verglichen haben. Es ist aus der Darstellung der
Abb. 42 klar ersichtlich, daß wir uns mit der Herzvolumenbestimmung aus Herzquerschnitten auf dem richtigen Weg befinden. Schon die mit Schichtaufnahmen arbeitenden
Methoden haben wesentlich kleinere Fehler als die mit der Fernaufnahme oder den auf
andere Art gewonnenen linearen Maßen arbeitenden Methoden. Hierbei muß allerdings
berücksichtigt werden, daß wir unsere greifbaren wahren Herzquerschnitte für die Schicht-
aufnahmeformel benützt haben. Mit echten Schichtaufnahmen wird der Bestimmungs-
fehler sicher größer, da dann die Abgrenzungsschwierigkeiten und die Umrechnungsfehler
hinzukommen.

*Herzvolumenbestimmung mittels Orthodiametrie und der Ludwigschen Formel in Stich-
worten:*

1. Patienten p.-a. durchleuchten, Herzlängsachse (L) orthodiametrieren.
2. Meßplatte um 90° drehen und Herzbreite (B) orthodiametrieren.
3. Patienten seitlich durchleuchten und Herztiefe (T) orthodiametrieren (Nullinie
senkrecht!).
4. $L \cdot B \cdot T \cdot 0,46 =$ Herzvolumen.

Herzvolumenbestimmung mittels Röntgentopogramm in Stichworten:

1. Lokalisationsband in Höhe des Herzens anlegen. 0 ventral median.

2. Vier gezielte Aufnahmen oder 4 Fernaufnahmen. Projektionsverhältnisse und Strahlengang bedeutungslos. Lediglich 4 verschiedene Herzprojektionen.

Einzige Bedingung: Focus zwischen den Aufnahmen nicht in Richtung Körperlängsachse verschieben.

3. Körperquerschnitt in Bandhöhe mit plastischem Kurvenlineal abmodellieren und auf Papier übertragen. Bandzahlen auf gezeichneten Körperumfang übertragen (Stempelrolle).

4. Auf allen 4 Aufnahmen horizontale Filmmittellinie ziehen. (Korrespondierender Z-Querschnitt auf allen 4 Aufnahmen.)

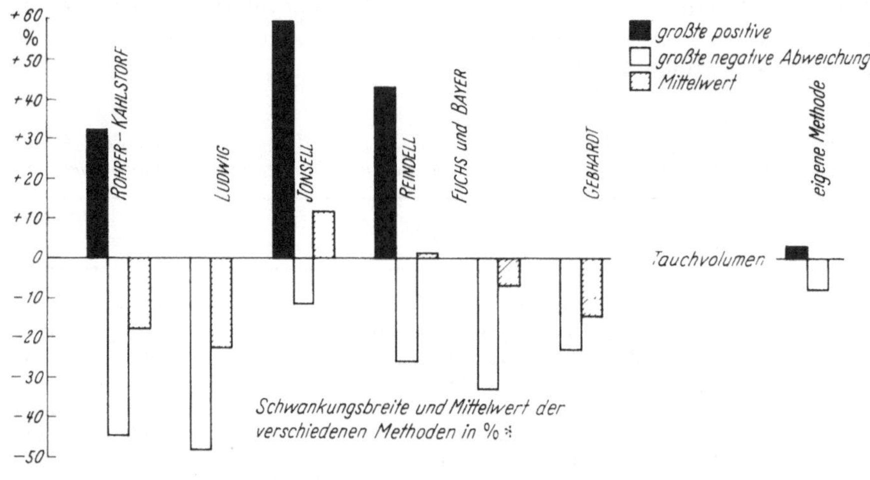

Abb. 42. Die Fehlerbreite mehrerer Herzvolumenbestimmungsmethoden, kontrolliert an Schaumgummimodellen von Patientenherzen

5. Bandschnittwerte aller 8 Herzrandpunkte des Z-Schnitts feststellen, die entsprechenden Werte in der Zeichnung verbinden und in das entstandene Achteck den Herzquerschnitt Z einzeichnen.

6. Durchmesser eines Z-Schnitts auf dem Film (p.-a.-Bild) und korrespondierenden Durchmesser der Zeichnung messen.

7. Der über 1 liegende Quotient beider Werte aus 6. ist der Vergrößerungsfaktor für die Herzhöhe auf dem benützten Film.

8. Mit dem gefundenen Faktor auf dem benützten Film vom Z-Schnitt ausgehend nach oben und unten weitere Herzquerschnitte in Zentimeterabstand, d.h. Faktorabstand, einzeichnen.

9. Auch die Herzprojektionen der anderen 3 Filme in die unter 8. gefundenen n-Querschnitte teilen.

10. Transparentpapier auf bereits gezeichneten Körperquerschnitt legen und alle übrigen Herzquerschnitte durch Konstruktion ihrer 4 Strahlentangentenpaare nebeneinander zeichnen.

11. Mit Planimeter alle Querschnitte umfahren. Gesamtinhalt aller Flächen · 1,058 = Herzvolumen.

Herzmodellierung

Von der Herzvolumenbestimmung zu einem form-, lage- und größengerechten Herzmodell ist es bei unserer Methode nur ein kleiner Schritt. Werden die gezeichneten Herzquerschnitte der Abb. 41 in Pappe ausgeschnitten und lagegerecht auf eine Nadel aufgespießt, so haben wir das Herzmodell der Abb. 43. Es vermittelt nicht nur die Entstehung aus den einzelnen Quersektionen, sondern bereits einen weitgehenden Raumeindruck.

Um die einzelnen Herzquerschnitte lagegerecht, also nicht gegeneinander verdreht anordnen zu können und um das Herzmodell als ganzes lagegerecht in den Raum stellen zu können, wurde der Begriff der Leitebenen eingeführt. Auf zwei etwa senkrecht aufeinanderstehenden Projektionen wird je eine vertikale Ebene durch das Organ gelegt und durch eine vertikale Linie auf den Filmen markiert (Abb. 39). Auch diese Leitebenen

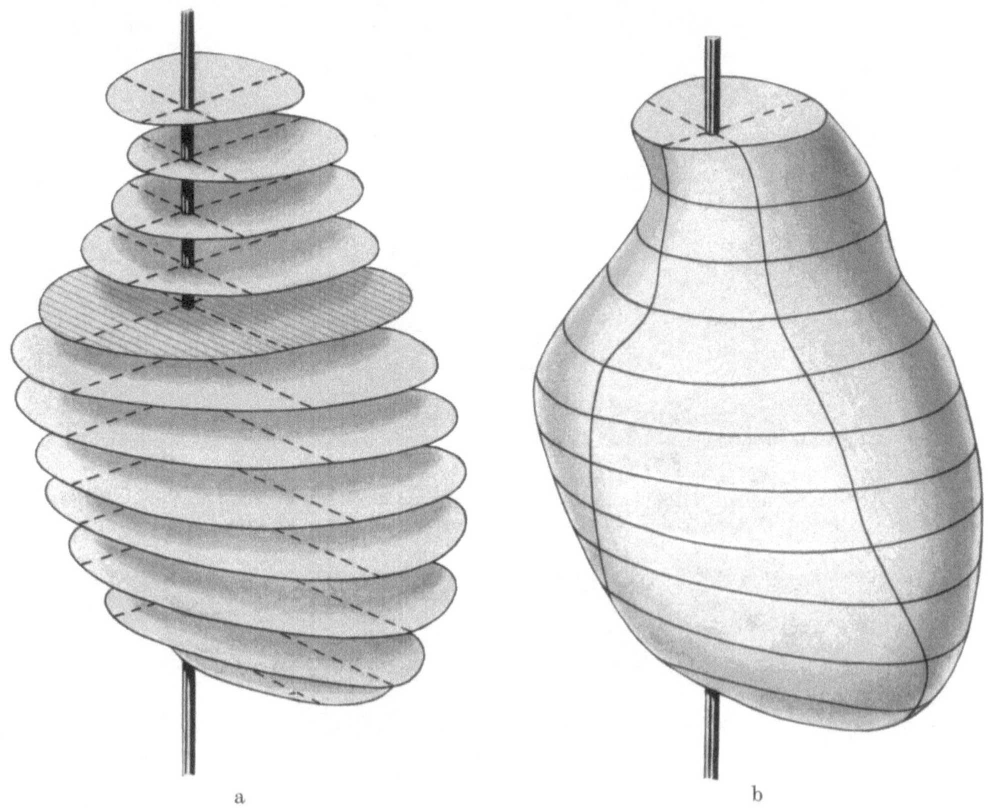

Abb. 43 a u. b. Die zu einem Herzmodell zusammengefügten Herzquerschnitte der Abb. 41

haben bestimmte Bandschnittwerte, mit deren Hilfe sie in den Körperquerschnitt eingezeichnet werden (Abb. 40). Sie kreuzen sich in der künstlichen Achse des zu konstruierenden Modells und werden auf jeden Querschnitt mitübertragen (Abb. 41). Die das Modell zusammenhaltende Nadel geht als Achse durch ihre Schnittlinie und die einzelnen Scheiben können mit ihrer Hilfe lagegerecht zueinander gedreht werden (Abb. 43).

Das „Schaschlik‟-Modell der Abb. 43 vermittelt zwar die Entstehung unserer Herzmodelle am besten, zur Herstellung haltbarer Herzmodelle, die eventuell auch dem Patienten mitgegeben werden können, hat sich uns jedoch Schaumgummi als das ideale Material erwiesen. Auch bei gewaltsamer Verformung springt es immer wieder in seine ursprüngliche Form zurück, es läßt sich leicht mit einer kleinen Schere bearbeiten und man kann mit einem Kugelschreiber die Umrisse der Herzquerschnitte gut übertragen. Besonders wichtig ist es aber, daß es Schaumgummi in 1 cm dicken verschiedenfarbigen Platten im Handel gibt. Man braucht die Herzquerschnitte nur auf diese Platten zu übertragen, die einzelnen numerierten Platten auf eine Nadel aufzuspießen, dicht zusammenrücken und hat damit ein haltbares Herzmodell. Die zwischen den einzelnen Scheiben überstehenden Stufen werden mit der Schere ausgeglichen. Abb. 44 zeigt das Gipsmodell

eines Patientenherzens, welches röntgentopographisch gewonnen wurde. Daneben steht
das von diesem Gipsmodell wiedergewonnene röntgentopographische Schaumgummimodell. Beide Modelle stimmen in Form, Lage und Größe vollständig überein. Selbst die

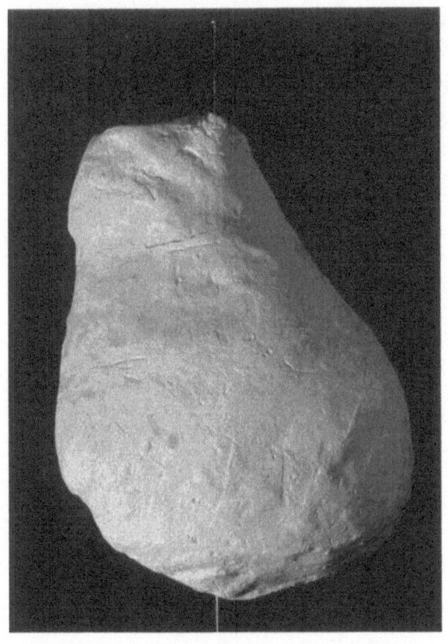

a   b

Abb. 44 a u. b. a Gipsmodell (1260 cm³) und b Schaumgummimodell (1270 cm³) eines Patientenherzens,
letztes durch Röntgentopographie des ersten entstanden

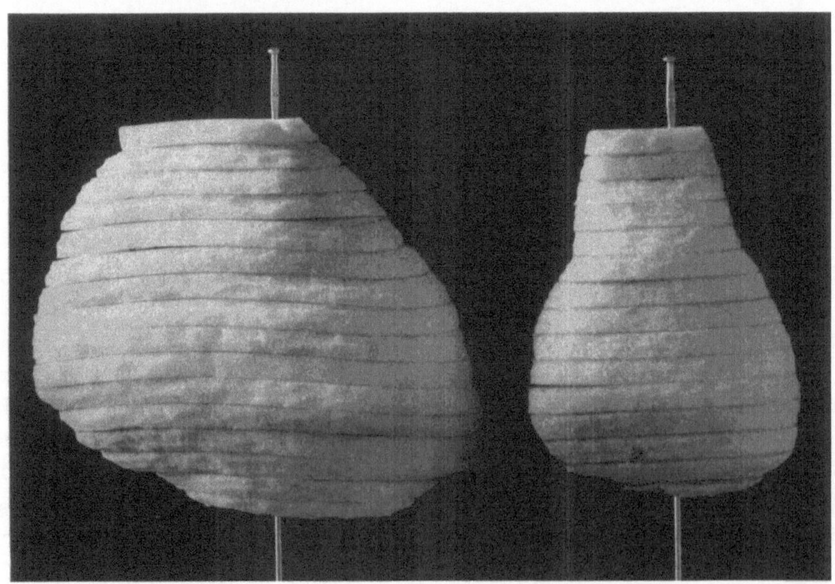

a   b

Abb. 45 a u. b. Zwei röntgentopographische Herzmodelle aus der Reihe der Tabelle 2. a Pat. L. Sch.: 47 J.,
161 cm, 62 kg, kombiniertes Aorten-Mitralvitium bei vorwiegender Aorteninsuffizienz. Herzvolumen 2207 cm³.
b Pat. E. H.: 48 J., 163 cm, 54,5 kg, Myokardsklerose. Herzvolumen 570 cm³

kleine Stufenbildung am rechten Herzrand kehrt im Schaumgummimodell wieder. Ihre
durch Wasserverdrängung bestimmten Volumina betragen 1260 cm³ für das Gipsmodell
und 1270 cm³ für das Schaumgummimodell, das sind nur 0,8 % Differenz.

Gegenüber der reinen Volumenbestimmung durch Planimetrieren der Querschnitte hat die Herzmodellierung den Vorteil, daß die Verformung und Vergrößerung einzelner Herzabschnitte räumlich erfaßt werden können. Für den Unterricht sind die Herzmodelle pathologischer Herzformen sicher wesentlich instruktiver als die Fernaufnahme. Abb. 45 zeigt zwei Patientenherzen. Es sind das größte und eines der kleinsten unserer Versuchsreihe der Tabelle 3. Die Patienten hatten praktisch die gleiche Körpergröße, waren fast gleich schwer und gleich alt.

Literatur

ASSMANN, H.: Die klinische Röntgendiagnostik der inneren Erkrankungen. Berlin: F. C. W. Vogel 1934.

BARDEEN, C. R.: Estimation of cardiac volume by roentgenology. Amer. J. Roentgenol. 9, 823 (1922).

BERG, H. H.: Zur dreidimensionalen Herzdarstellung. Fortschr. Röntgenstr. 37, 920 (1928).

BJÖRK, G.: On the relationship between the heart volume and various physical factors. Acta radiol. (Stockh.) 25, 372 (1944).

— Symposium über röntgenologische Herzvolumenbestimmung. Cardiologia (Basel) 14, 366 (1949).

BOLLINI, V.: Note di cardiovolumetria sperimentale. Radiol. Fis. med. 2, 358 (1935).

BRAUN, H.: Das Herzvolumen und seine Beziehung zu anderen hämodynamischen Faktoren unter Anwendung neuer röntgenologischer Untersuchungsmethoden. Arch. Kreisl.-Forsch. 32, 87 (1960).

BREDNOW, W.: Plastische Darstellung des Herzens. Z. klin. Med. 122, 382 (1932).

BROUSTET, P., C. WANGERMEZ, P. L. MARTIN, J. DUHAMEL et H. BRICAUD: Étude du volume cardiaque par la tomographie axiale transverse. J. Radiol. Électrol. 36, 770 (1955).

BÜCHNER, H.: Über die Möglichkeit einer einfachen Herzvolumenbestimmung mit Hilfe der Orthodiametrie. Heft der Dtsch. Röntgen-Ges. 33. Tagg 1951.

— Das Röntgentopogramm. Ein einfaches Hilfsmittel zur räumlichen Orientierung in Diagnostik und Therapie. Fortschr. Röntgenstr. 91, 252 (1959).

— Das Röntgenprogramm in der täglichen Praxis. Münch. med. Wschr. 1960, 1185.

—, u. M. GRIESE: Röntgenologische Herzvolumenbestimmung und Herzmodellierung. Bisherige Methoden und ein neuer Beitrag zur routinemäßigen klinischen Durchführung. Arch. Kreisl.-Forsch. 32, 292 (1960).

BUFFONI, L., e B. M. BELOTTI: Osservazioni sui rapporti tra volume cardiaco, determinato mediante stratigrafia assiale transversa, e superficie cardiaca delimitata sul radiogramma frontale toracico, in soggetti di età pediatrica. Minerva pediat. (Torino) 8, 637 (1956).

CIGNOLINI, P.: Le studio radiologico della volumetria cardiaca. Cuore e Circul. 12, 405 (1928).

COMEAU, W. J., and P. D. WHITE: Evaluation of heart volume determinations by Rohrer-Kahlstorf formula as clinical method of measuring heart size. Amer. Heart J. 17, 158 (1939).

DUHAMEL, J., P. L. MARTIN et M. GUILLON: La méthode tomographique dans la mesure du volume d'un viscère plein sur le sujet vivant. Sc. et industr. photogr. 24, 485 (1953).

— — — et J. BROUSSIN: La méthode tomographique dans la mesure du volume d'un viscère plein. Application au cœur. Acta radiol. (Stockh.) 41, 377 (1954).

EKERT, F.: Zum Ersatz der Herzfernaufnahme durch das Herzfernkymogramm. Röntgenblätter 12, 152 (1959).

FRIEDMAN, C. E.: The residual blood of the heart. A clinical x-ray and pathologico-anatomical study. Amer. Heart J. 39, 397 (1950).

FUCHS, G., u. O. BAYER: Eine neue Methode zur Bestimmung des Herzvolumens. Fortschr. Röntgenstr. 78, 709 (1953).

— — Das Volumen des menschlichen Herzens und seine Bestimmung aus der Schichtaufnahme. Wien. klin. Wschr. 104, 173 (1954).

GEBHARDT, W.: Eine neue Methode der röntgenologischen Herzvolumenbestimmung mit Hilfe des simultanen Schichtverfahrens im Vergleich mit den bisher üblichen Methoden. Klin. Wschr. 35, 1119 (1957).

GEIGEL, R.: Die klinische Verwertung der Herzsilhouette. Münch. med. Wschr. 1914, 1220.

GIANELLI, V.: Ricerche radiologiche sul volume del cuore e sull'indice cardiaco individuale nei bambini dai 6 ai 12 anni. Diario radiol. 10, 161 (1931). Ref. Zbl. ges. Radiol. 12, 573 (1932).

GRASSER, H.: Distanzkymographie. Röntgenblätter 11, 1 (1958).

HERGARTEN, L.: Die „Wägemethode", ein vereinfachtes Hilfsmittel bei der Herzvolumenbestimmung. Röntgenblätter 4, 304 (1951).

HOL, R., and B. THALBERG: Nomogram for the estimation of the heart volume. Acta radiol. (Stockh.) 43, 120 (1955).

HOLZMANN, M.: Erkrankungen des Herzens und der Gefäße. In: SCHINZ-BAENSCH-FRIEDL-UEHLINGER, Lehrbuch der Röntgendiagnostik. 5. Aufl., Bd. III, S. 2679ff. Stuttgart: Georg Thieme 1952.

JONSELL, S.: A method for the determination of the heart size by teleroentgenography (a heart volume index). Acta radiol. (Stockh.) 20, 325 (1939).

KAHLSTORF, A.: Über eine orthodiagraphische Herzvolumenbestimmung. Fortschr. Röntgenstr. 45, 123 (1932).

— Über Korrelationen der linearen Herzmaße und des Herzvolumens. Klin. Wschr. 1933, 362.

KAHLSTORF, A.: Möglichkeiten und Ergebnisse röntgenologischer Herzvolumenbestimmungen. Klin.Wschr. **1938**, 223.

KJELLBERG, S. R.: Roentgenologic determination of the cardiac volume and some of its sources of error. Cardiologia (Basel) **14**, 374 (1949).

— The roentgenologic determination of heart volume. Acta med. scand. **145**, Suppl. 277, 25 (1953).

— H. LÖNROTH, and U. RUDHE: The effect of various factors on the roentgenological determination of the cardiac volume. Acta radiol. (Stockh.) **35**, 413 (1951).

— — — and T. SJÖSTRAND: Relationship between the heart volume and the blood volume and its physiological variability. Acta med. scand. **140**, 446 (1951).

— U. RUDHE, and T. SJÖSTRAND: The relation of the cardiac volume to the weight and surface area of the body, the blood volume and the physical capacity for work. Acta radiol. (Stockh.) **31**, 113 (1949).

LARSSON, H., and S. R. KJELLBERG: Roentgenological heart volume determination with special regard to pulse rate and the position of the body. Acta radiol. (Stockh.) **29**, 195 (1948).

LILJESTRAND, G., E. LYSHOLM, G. NYLIN and C. G. ZACHRISSON: The normal heart volum in man. Amer. Heart J. **17**, 406 (1939).

LIND, J.: Heart volume in normal infants. Acta radiol. (Stockh.) Suppl. **82**, (1950).

LINDGREN, G., u. S. ODÉN: Herzvolumenbestimmung auf Mikrofilmen. Acta radiol. (Stockh). **42**, 374 (1954).

LUDWIG, H.: Röntgenologische Beurteilung der Herzgröße. Fortschr. Röntgenstr. **59**, 1, 139, 250, 607 (1939).

— Bedeutung und Technik der Herzgrößenbestimmung. Helv. med. Acta 8, 800 (1941).

— Symposium über röntgenologische Herzvolumenbestimmung. Cardiologia (Basel) **14**, 366 (1949).

LUSTED, L. B., and T. E. KEATS: Atlas of roentgenographic measurement. Chicago: The Year Book Publisher 1959.

LYSHOLM, E.: Röntgenoskopischer Modellierungsapparat auch für Quersektion und Lokalisation. Acta radiol. (Stockh.) **7**, 189 (1926).

— G. NYLIN and K. QUARNA: The relation between the heart volume and stroke volume under physiological and pathological conditions. Acta radiol. (Stockh.) **15**, 237 (1934).

MORITZ, F.: Methoden der Herzuntersuchung. In: Die deutsche Klinik usw., Bd. 4, S. 453ff. Berlin u. Wien: Urban & Schwarzenberg 1907.

MUSSHOFF, K., u. H. REINDELL: Zur Röntgenuntersuchung des Herzens in horizontaler und vertikaler Körperstellung. I. Mitt. Der Einfluß der Körperstellung auf das Herzvolumen. Dtsch. med. Wschr. **1956**, 1001.

— — Zur Röntgenuntersuchung des Herzens in horizontaler und vertikaler Körperstellung. II. Mitt. Der Einfluß der Körperstellung auf die Herzform. Dtsch. med. Wschr. **1957**, 1075.

NATVIG, P.: The volume of the heart in Müller's and Valsalva's test. Acta radiol. (Stockh.) **15**, 657 (1934).

NYLIN, G.: The relation between heart volume and stroke volume in recumbent and erect positions. Skand. Arch. Physiol. **69**, 237 (1934).

— T. SÖLLSTRÖM u. O. AGREN: Physiologische und pathologische Herzvolumenschwankungen. Verh. dtsch. Ges. Kreisl.-Forsch. **12**, 369 (1939).

PALMIERI, G. G.: Ortodiagrafia e cardiovolumetria. G. Clin. med. **1**, 146 (1920a).

— Sulla possibilita di recostruire il cuore in plastica dal vivente con il sussidio dei raggi X. Mal. Cuore 4, 69 (1920b).

— La ricostruzione plastica del cuore col sussidio dei raggi Roentgen. Radiol. med. (Torino) **1920c**, 134.

— Über meine Methode der plastischen Darstellung des Herzens am Lebenden. Acta radiol. (Stockh.) **10**, 127 (1929).

REINDELL, H., K. MUSSHOFF, H. KLEPZIG, H. STEIN, P. FRISCH, G. METZ u. K. KÖNIG: Beitrag zur Funktionsdiagnostik des gesunden und kranken Herzens. Münch. med. Wschr. **1958**, 765.

—, R. WEYLAND, H. KLEPZIG u. K. MUSSHOFF: Über physiologische und pathologische Grundlagen der Röntgendiagnostik des Herzens. I. Mitteilung: Anpassungsvorgänge des gesunden Herzens an physiologische Belastungen. Dtsch. med. Wschr. **1955a**, 540.

— — — — Über physiologische und pathologische Grundlagen der Röntgendiagnostik des Herzens. II. Mitteilung: Die Arbeitsweise des Herzens bei Herz- und Kreislauferkrankungen und ihre Rückwirkung auf die Herzgröße. Dtsch. med. Wschr. **1955b**, 744.

ROHRER, F.: Volumenbestimmungen von Körperhöhlen und Organen auf orthodiagraphischem Wege. Fortschr. Röntgenstr. **24**, 285 (1916).

SCHATZKI, R.: Plastische größen- und lagewahre Darstellung des Herzens. Fortschr. Röntgenstr. **37**, 899 (1928).

TAKAHASHI, S., M. IMAOKA and T. SHINOZAKI: Rotatory crossgraphy (Study on rotatography. 3rd report). Tôhoku J. exp. Med. **54**, 59 (1951).

—, and T. NIKAIDO: A method to take a radiogram of the body in three dimensions. Preliminary report. Tôhoku J. exp. Med. **52**, 144 (1950).

— — Solidography. A method to take a radiogram of the body in three dimensions. Tôhoku J. exp. Med. **54**, 121 (1951).

—, and T. SHINOZAKI: Solidography of the heart. Acta radiol. (Stockh.) **41**, 435 (1954).

THURN, P.: Zur röntgenologischen Volumenmessung des Herzens. Fortschr. Röntgenstr. **90**, 290 (1959).

WEGELIUS, C.: Untersuchungen über die Möglichkeit einer dreidimensionalen röntgenographischen Abgrenzung innerer Organe des menschlichen Körpers. Helsingfors: Mercators Tryckeri 1934.

3. Aortenmessung

Die Aortenmessung hat Röntgenologen und Internisten ähnlich wie die Herzgrößenbestimmung immer wieder von neuem interessiert, wenn auch die hierüber erschienene Literatur bei weitem nicht den Umfang wie bei der Herzmessung erreicht hat. Die Ortho-

diagraphie wurde ebenso wie zur Herzmessung auch zur Aortenmessung benützt. HOLZKNECHT (1900) hat das radiologische Verhalten der normalen Brustaorta eingehend studiert und beschrieben. Von ihm stammt der Vorschlag, die Aorta ascendens und descendens beim Orthodiagraphieren übereinander zu projizieren, was leicht im I. schrägen Durchmesser geschehen kann. KREUZFUCHS (1920) hat dann vorgeschlagen, bei der Messung einen Breischluck zu geben, um die medio-dorsale Kontur besser abgrenzen zu können. Von KREUZFUCHS stammen aus den Jahren 1916—1937 zahlreiche Arbeiten über die Aortenmessung und Altersbestimmung an der Aorta. ZDANSKY hat 1932 die Kreuzfuchssche Aortenmessung etwas variiert und vorgeschlagen, eine weitere kleine Drehung des Patienten vorzunehmen, vor allem, wenn die Aorta eine Schräglage zeige. Mittels dieser klassischen Methoden der Aortenmessung wird sowohl auf dem Orthodiagramm als auch auf der Fernaufnahme der Durchmesser des orthograd getroffenen Aortenbogens, d.h. das Kaliber der Aorta einschließlich der Aortenwand, gemessen. DEDIĆ (1934) hat Messungen im

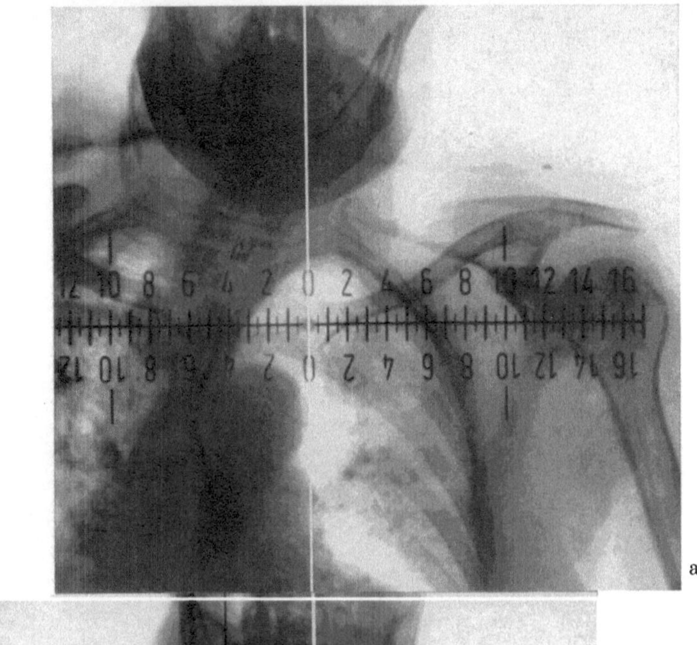

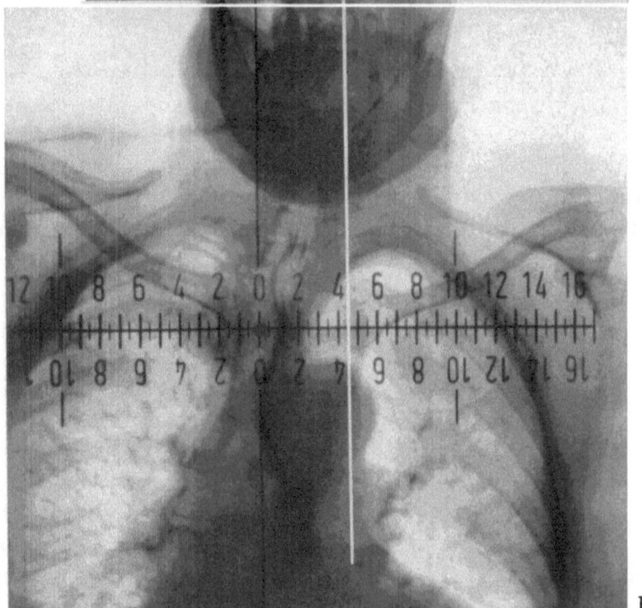

Abb. 46a u. b. Die Orthodiametrie des Aortendurchmessers. a Ausgangsstellung, b Ablesestellung. Der Lichtspalt zeigt 4,5 cm an

II. schrägen Durchmesser ausgeführt und Tabellen und Korrelationswerte für Alter und Thoraxbreite angegeben. Auch REICH (1926) hat die orthodiagraphischen Messungen im II. schrägen Durchmesser vorgenommen. Eine einfache Methode zur Aortenmessung hat v. ENGELMAYER (1935) angegeben. Es wird hierbei eine Aufnahme am Zielgerät mittels einer Fallkassette geschossen. Erst wird im Zentralstrahl ein Metallkreuz auf der Brusthaut in Deckung mit dem lateralen Aortenrand angebracht. Dann wird der Zentralstrahl zum medialen Rand der Aorta gebracht und die Aufnahme im Moment des

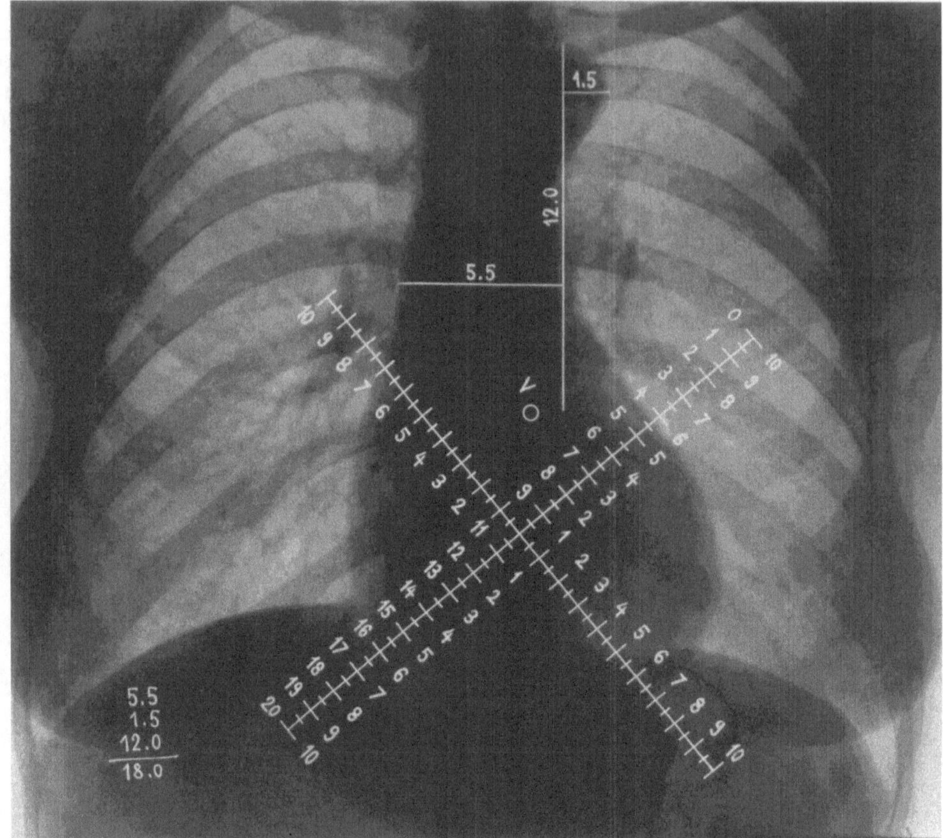

Abb. 47. Aortenindex nach Lodwick und Gladstone. Fernaufnahme mit aufgelegter Meßschablone

Breischluckens geschossen. Die Distanz medio-dorsaler Aortenrand—Bleikreuz stellt sich auf dem Film dann unverzeichnet dar. Dies gilt jedoch nur so lange, als die Brust der Kassette fast unmittelbar anliegt. Bei den heutigen Zielgeräten — vor allem wenn man noch einen Tubus verwendet — beträgt der Haut-Filmabstand bis zu 10—12 cm und die v. Engelmayersche Methode ist nicht mehr zu benützen. Zur Messung des Aortendurchmessers auf der Thoraxübersichtsaufnahme hat Lins (1937) eine Methode angegeben, bei welcher der Radius des Aortenknopfes geometrisch bestimmt wird. Aus der kreisförmigen Kontur des Aortenknopfes wird mittels einfacher und bekannter geometrischer Konstruktion entweder durch zwei Sehnen oder durch Kreisbogenschlagen mittels Zirkel der zugehörige Kreismittelpunkt bestimmt und so der Radius gemessen. Irsy (1941) legt eine Sonde als Vergleichsmaßstab in den Oesophagus. Auf der Aufnahme wird mit dem bekannten Sondendurchmesser der Aortendurchmesser reduziert.

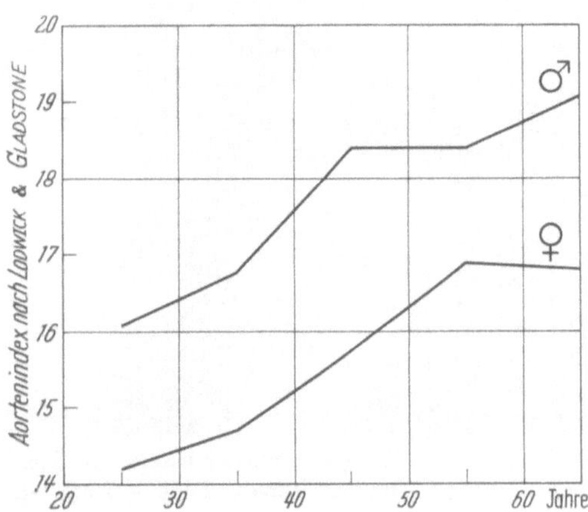

Abb. 48. Normale Mittelwerte des Aortenindex nach Lodwick und Gladstone

Eine Formel zur Bestimmung des normalen Aortendurchmessers stammt von Magara-šević (1953). Der Formel liegen über 400 Messungen zugrunde: $A = 0{,}1\,G/4 + 0{,}1\,T - {-}0{,}6 \pm 5{,}1\%$ cm. In dieser Formel ist A gleich dem Aortendurchmesser, G gleich dem Alter, T gleich der Thoraxbreite, gemessen zwischen den Zwerchfellrippenwinkeln.

Sowohl die Orthodiametrie mit Lichtspalt als auch die parallaktische Orthodiametrie gestatten auf einfache Art das Ablesen der wahren Aortenmaße unmittelbar vom Leuchtschirm. Die Orthodiametrie des Aortendurchmessers im I. schrägen Durchmesser ist in Abb. 46 dargestellt. Mittels eines Breischlucks wird die rechts-dorsale Kontur des Aortenbogens kenntlich gemacht. Der Aortendurchmesser wird mit der Nullinie des Orthodiameters abgefahren und der Lichtspalt zeigt das absolute Maß an.

Einen anderen und völlig neuen Weg der Aortenmessung sind LODWICK und GLADSTONE (1957) gegangen. Sie bestimmen auf der Herzfernaufnahme einen Aortenindex aus der Höhe und Breite des Gefäßbandes sowie dem Radius des Aortenknopfes. Auf die Fernaufnahme des Herzens wird eine transparente Schablone mit einem Koordinatensystem mit Zentimeterteilung derart aufgelegt, daß Herzachse und Herzbreite jeweils von den Koordinaten halbiert werden (Abb. 47). Bei dieser Lage der Schablone soll sich die auf der Schablone eingezeichnete Aortenklappe etwa in dem angegebenen Bereich befinden. Vom höchsten Punkt des Aortenbogens wird eine Vertikale bis zur bzw. unmittelbar neben die Aortenklappe gezogen. Von dieser Vertikalen ausgehend wird der Abstand zum jeweils äußersten Punkt der Kontur des Aortenbogens nach rechts und nach links gezogen. Die normalen Durchschnittswerte für den Index haben LODWICK und GLADSTONE nach Alter und Geschlecht getrennt in einem Diagramm angegeben. Bei Patienten mit Kalkeinlagerungen in der aufsteigenden Aorta wurden bei einem Aortenindex von über 24 bei 100% der Fälle positive serologische Reaktionen gefunden.

Aortenmessung mittels Orthodiametrie in Stichworten:

1. Patient im I. schrägen Durchmesser. Nullinie und Lichtspalt als Tangenten an der lateralen Aortenkontur.

2. Breischluck.

3. Nullinie zur medio-dorsalen Aortenkontur. Lichtspalt zeigt orthodiametrisches = orthodiagraphisches Aortenmaß an.

Literatur

BICKENBACH, O.: Die Messung des Querschnitts der Aorta ascendens. Arch. klin. Med. **121**, 647 (1931).

DEDIĆ, ST.: Die proportionale Aortenmessung in der Röntgenologie. Fortschr. Röntgenstr. **50**, 42 (1934).

ENGELMEYER, E. v.: Aortenmessung mittels Fallkassette. Röntgenpraxis 7, 197 (1935).

ERDELI, J.: Die Bedeutung der Röntgenuntersuchung der Aorta in der klinischen Diagnostik. Fortschr. Röntgenstr. **35**, 958 (1927).

FRIK, K.: Die normale Aorta im Röntgenbild. Verh. dtsch. Röntg.-Ges. **16**, 29 (1925).

GROEDEL, F. M.: Die Dimensionen des normalen Aortenorthodiagramms. Berl. klin. Wschr. **1918**, 327.

GUTIÉRREZ, J.: Las falsas mediciones radiològicas de aorta. Sem. méd. 2, 356 (1928).

HOLZKNECHT, G.: Das radiologische Verhalten der normalen Brustaorta. Wien. klin. Wschr. **1900**, Nr. 10.

IRSY, J.: Eine neue und pünktliche Methode zur Bestimmung der Maßangaben der Thorakalaorta. Magyar Röntg. Közlöny **1941**, 88.

KREUZFUCHS, S.: Die Brustaorta im Röntgenbild. Wien. klin. Wschr. **1916**, 701.

— Über eine neue Methode der Aortenmessung. Med. Klin. **1920**, 36.

— Isthmusmessung mittels transparenter Kreise. Med. Klin. **1935a**, 1274.

KREUZFUCHS, S.: Altersbestimmung an Aortenröntgenogrammen von Lebenden und post mortem vermittels einer geometrischen Aortenmeßmethode. Wien. klin. Wschr. **1935b**, 1355.

— Aortenverlauf und Meßbarkeit im Kindesalter. Fortschr. Röntgenstr. **54**, 396 (1936a).

— Die einfachste Aortenmessung und ihre physiologische klinische Bedeutung. Wien. klin. Wschr. **1936b**, 681.

— Aortométrie precise. Presse méd. 44, 2013 (1936c).

— Pulmonalismessung. Fortschr. Röntgenstr. **56**, 756 (1937).

LAUBER, H., E. L. PRZYWARA u. G. VELDE: Zur Messung des Aortendurchmessers in bestimmter Pulsationsphase. Beitrag zur Schlagvolumenbestimmung auf physikalischem Wege. Z. klin. Med. **119**, 67 (1931).

LINS, A.: Della misurazione geometrica del diametro del aorta. Radiol. med. (Torino) **23**, 714 (1936).

— Eine Methode zur geometrischen Messung des Durchmessers der Aorta. Röntgenpraxis **9**, 37 (1937).

LODWICK, G. S., and W. S. GLADSTONE: Correlation of anatomic and roentgen changes in arteriosclerosis and syphilis of the ascending aorta. Radiology 69, 70 (1957).

Magarasewić, M.: Le diamètre de l'aorte normale. Arch. Mal. Cœur **46**, 1128 (1953).

Moreau, M.: A propos des mensurations de la crosse aortique. Bull. Soc. Radiol. méd. France **17**, 215 (1929).

Quaresma, L.: Geometrische Messung des Aortendurchmessers. Fortschr. Röntgenstr. **56**, 743 (1937).

Reich, I.: Das Röntgenbild und die orthodiagraphische Messung der Aorta im zweiten schrägen Durchmesser. Fortschr. Röntgenstr. **34**, 322, 472 (1926).

Vaquez, H., et E. Bordet: Le cœur et l'aorte. Étude de Radiol. clin. Paris, Baillère 1913.

Weiss, K., u. E. Lauda: Die Kreuzfuchssche Methode der Aortenmessung. Dtsch. med. Wschr. **1921**, 322.

Zdansky, E.: Zur Kritik der Kreuzfuchsschen Aortenmessung. Fortschr. Röntgenstr. **45**, 40 (1932).

4. Beckenmessung und Fruchtmessung

Sobald es möglich war, vom weiblichen Becken auch nur einigermaßen deutbare Röntgenbilder zu gewinnen, hat es auch nicht an Versuchen gefehlt, die inneren, geburtshilflichen Beckenmaße röntgenologisch zu bestimmen. Die Zahl der Beckenmeßmethoden wird daher nur noch von der Zahl der Methoden zur Fremdkörperlokalisation übertroffen und es kommen da wie dort laufend „neue" Methoden hinzu. Zusammenfassende Darstellungen der geburtshilflichen Beckenmessung und Röntgendiagnostik stammen von Martius (1928), Schäfer (1931), Hodges und Dippel (1940), Wahl (1943), Allen (1946), Maitland (1949), Moloy (1951), Snow (1952), Berman (1955) und Thoms (1956).

Nach Wahl haben den ersten Bericht über eine Beckenmessung mit Röntgenstrahlen Pinard und Varnier auf dem XII. Internationalen Medizinischen Kongreß in Moskau 1897 gegeben. Im gleichen Jahr ist auch die erste deutsche Arbeit von Levy und Thumin erschienen. Lange Jahre konnten wegen der geringen Leistungsfähigkeit der Röntgeneinrichtungen von den Schwangeren nur sagittale Aufnahmen angefertigt werden, entweder in Bauchlage, in Rückenlage oder auch im Sitzen. Die Belichtungszeiten betrugen trotzdem bis zu mehrere Minuten. Albert (1899) mußte bei einem Focus-Plattenabstand von 60 cm bei der Sitzaufnahme 3—4 min belichten. Seitliche Aufnahmen konnten erst relativ spät — um 1920 — in einer solchen Bildgüte hergestellt werden, daß eine Knochenmessung möglich war. Erst nach Einführung der Röntgenaufnahmen auf Film und der rasch erfolgenden Verbesserung des Film- und Folienmaterials und unter Benützung wirksamer Streustrahlenblenden wurden als letztes dann auch Methoden zur Altersbestimmung und zur Längenmessung der Frucht entwickelt (Archangelski 1925, Wegrad 1937, Müller 1940, Andreas 1950, Wiegel 1956, Worm 1956, Zsebök 1957). Angaben über das Sichtbarwerden einzelner Skeletteile und Knochenkerne in den einzelnen Schwangerschaftswochen hat Hartley (1957) zusammengestellt. Nach Wegrad wird die Länge der Wirbelsäule vom 1. Halswirbel bis zum 5. Kreuzbeinwirbel gemessen und mit dem Faktor 2,29 multipliziert. Nach Zsebök entspricht die Länge des Kindes in Zentimetern der Länge der Lendenwirbelsäule von L 1 bis L 5 in Millimetern. Clifford (1934, 1935) benützt zur Altersbestimmung und Abschätzung des Gewichts der Frucht die Stereoaufnahme. Mit den einzelnen Methoden zur Kopfmessung und ihrem klinischen Wert haben sich Dittrich, Jabusch und Rothe (1956) auseinandergesetzt. Ince (1939) schließt aus der Kopfgröße auf das Geburtsgewicht.

Von den vielen Beckenmaßen und Meßpunkten sowie von den verschiedenen Lagerungen der Patienten haben sich im Laufe der Jahre nur wenige als praktisch brauchbar erwiesen. In Deutschland legt man im allgemeinen mehr Wert auf die Conjugata vera, in den USA finden die Durchmesser des Beckeneingangs, der Beckenmitte und des Beckenausgangs eine besondere Beachtung. Die Meßstrecken sind aus den Skizzen der Abb. 49 ersichtlich.

Auf dem Seitenbild (Abb. 49a) sind es die Conjugata vera (AB) bzw. der anteroposteriore Durchmesser des Beckeneingangs mancher angloamerikanischer Autoren, der anteroposteriore Durchmesser des Beckeneingangs nach Colcher und Sussman (CB), der anteroposteriore Durchmesser der Beckenmitte (ED) und der anteroposteriore Durchmesser des Beckenausgangs (*GF*). Auf der a.-p.-Aufnahme (Abb. 49b) werden die queren Durchmesser des Beckeneingangs (*BE*), der Beckenmitte (*BM*) und des Beckenausgangs (*BA*) bestimmt. Die Sitzaufnahme (Abb. 49c) gestattet das Ausmessen aller Durchmesser

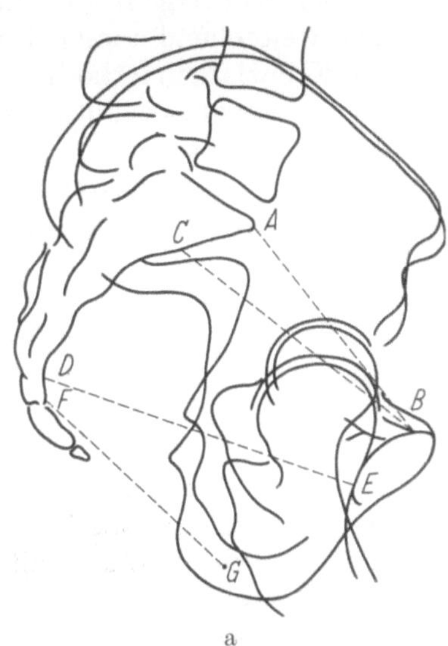

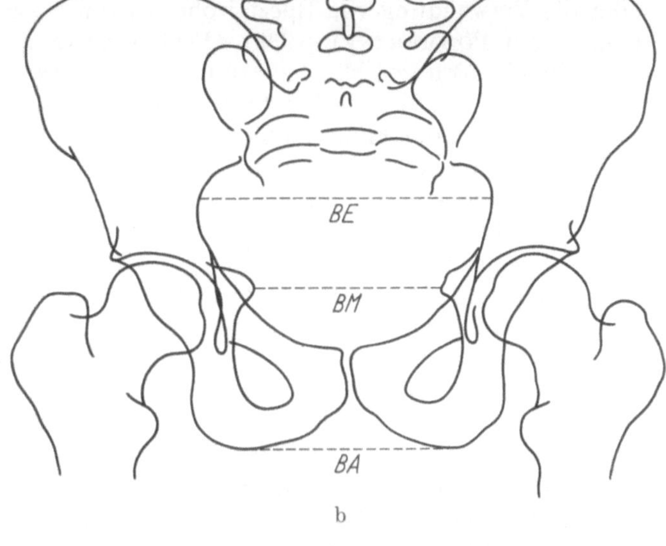

des Beckeneingangs einschließlich seines Flächeninhalts, da bei dieser Aufnahme der Beckeneingang filmparallel gestellt ist.

Welche der im allgemeinen Abschnitt beschriebenen Meßmethoden eignen sich für die Messung dieser geburtshilflichen Distanzen? Mit Ausnahme der Durchleuchtungsmethoden sind alle gut geeignet und die meisten auch benützt worden. Einige Meßmethoden, so z.B. das Mitphotographieren von Vergleichsmaßstäben, gehen sogar ursprünglich auf die Beckenmessung zurück und sind bei ihr erstmals angewandt worden (FABRE 1899, ALBERT 1899). Die Methoden lassen sich in 6 Gruppen einteilen.

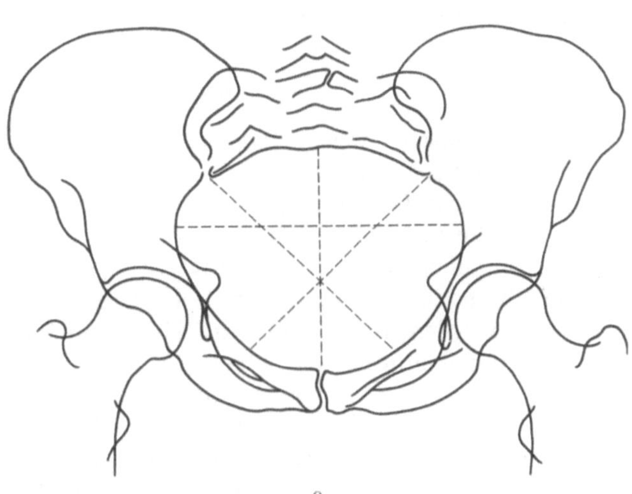

Abb. 49a—c. Meßstrecken der geburtshilflichen Beckenmessung. a Im Seitenbild, Patientin stehend oder liegend, b in der a.p. Aufnahme, Lagerung nach COLCHER und SUSSMAN (vgl. S. 90), c in der Sitzaufnahme nach MARTIUS bzw. THOMS

a) Stereoverfahren und geometrische Rückkonstruktion oder optische Rückprojektion

Das Stereoverfahren wird heute schon wegen der doppelten Strahlenbelastung kaum mehr benützt. Für die Messung am knöchernen Becken ist es nicht nötig, da alle wichtigen Strecken auch mit Hilfe einer normalen Aufnahme gemessen werden können. In den angelsächsischen Ländern hat das *Präzisionsstereoverfahren* von MOLOY (1933, 1951) die weiteste Verbreitung gefunden und wird auch heute noch benützt (GRABER und KANTOR 1943). Mit einem dem Hasselwanderschen Stereoskiagraphen ähnlichen Stereogerät werden die Stereoaufnahmen betrachtet und im virtuellen Bild direkt ausgemessen.

Zur Messung des kindlichen Kopfes, dessen Lage zum Film nicht ohne weiteres bekannt ist, ist das Stereoverfahren gegenüber den anderen Methoden dagegen im Vorteil (ARCHANGELSKI 1925, CARABELLO 1954). In Deutschland haben sich vor allem DRÜNER (1928, 1929)

und Dyroff (1928, 1929) mit der Stereogrammetrie in der Geburtshilfe beschäftigt. Es besteht jedoch die Gefahr, daß sich der noch nicht fest engagierte Kopf zwischen den beiden Stereoaufnahmen bewegt. Eine entsprechende Lagerung und schnelle Aufnahmetechnik mit automatischem Kassettenwechsel und automatischer Röhrenverschiebung oder die Verwendung von Spezialröhren kann diese Fehlerquelle weitgehend ausschalten (Fray und Pommerenke 1939). Früher hatte man auch die Kreuzfadenmethode zur Tiefenlokalisation von Mackenzie und Davidson (1897) zur Beckenmessung benützt. Es wurden dabei von dem gedachten Focus zu den jeweiligen Stereobildpunkten der Platten und später auch der Filme Fäden gespannt. Im Kreuzungspunkt der Fäden war dann der wahre Objektpunkt zu suchen und der Abstand zweier wahrer Objektpunkte untereinander konnte so nachgemessen werden (Manges 1912, Haenisch 1912, Kehrer und Dessauer 1914). Auch eine mathematische Berechnung auf Grund der Stereoaufnahme (Parallaxe) ist vorgeschlagen worden (Runge und Grünhagen 1915, Spalding 1922, Friedman und Euphrat 1939). Weitere Berichte und Vorschläge über die Stereoaufnahmetechnik bei der Beckenbeurteilung stammen von Dyroff (1928), Drüner (1928, 1929), Johnson (1930—1937), Hodges und Ledoux (1932), Hodges (1937), Steele und Javert (1942). Auch die uns heute etwas umständlich anmutenden Methoden der optischen Rückprojektion gehören hierher. So hat Thoms (1925), der später mit Vergleichsmaßstäben gearbeitet hat, ursprünglich einen Beckenzirkel mitphotographiert und die Aufnahme mit einer Laterna magica rückprojiziert, bis die Zirkelöffnung sich 1:1 darstellte. Van Ebbenhorst-Tengbergen (1928) hat ein ähnliches Verfahren der Rückprojektion benützt und nennt es *Redressionsverfahren*.

b) Orthoradiographische Verfahren

Es hat relativ lange gedauert, bis man darauf kam, auch das orthoradiographische Prinzip zur Beckenmessung heranzuziehen. v. Engelmayer (1935) hat unseres Wissens als erster davon Gebrauch gemacht. Die Patientin wurde in Albertscher Lage (entspricht praktisch der Lagerung nach Thoms bzw. Martius) auf dem Trochoskop durchleuchtet (!). Bei nicht genügender Abgrenzungsmöglichkeit der Linea terminalis wurden kurze Aufnahmeblitze ausgelöst (!). An beiden Enden des queren Durchmessers des Beckeneingangs wurden im Zentralstrahl kleine Bleikreuze auf der Bauchhaut befestigt bzw. in einem Tunnel unmittelbar über der Bauchhaut und unterhalb des Leuchtschirms eingestellt. Hierauf wurde eine Aufnahme angefertigt. Auf dieser Aufnahme konnte der quere Beckendurchmesser zwischen den unverzeichnet wiedergegebenen Bleikreuzen direkt gemessen werden, andere Durchmesser des Beckeneingangs konnten mittels einfacher Proportionalgleichung unter Verwendung der Distanz der Bleikreuze als bekanntem Vergleichsmaßstab leicht ermittelt werden. Später haben Hodges und Nichols (1949) sowie Schwarz (1955) diesen Gedanken wieder aufgegriffen, aber von Durchleuchtungen selbstverständlich Abstand genommen. Schwarz macht zur Bestimmung des queren Beckendurchmessers in gewöhnlicher Rückenlage der Patientin zwei orthoradiographische Aufnahmen mit etwa handbreiten Feldern an den Enden der zu messenden Strecke, also je eine Aufnahme etwa 5 cm seitlich der Medianlinie. Da die queren Beckendurchmesser um 10 cm herum schwanken, sind damit die Endpunkte der Meßstrecke praktisch orthograd getroffen und ihre Distanz auf dem Film entspricht mit hinreichender Genauigkeit ihrer wahren Distanz. Bei Abweichungen der gemessenen Strecke auf dem Film um mehr als 1—2 cm von der eingestellten 10 cm-Focusverschiebung zwischen den Aufnahmen können zwei weitere Aufnahmen mit der korrigierten Focusverschiebung nachgeschossen werden. Die Felder können so klein gewählt werden, daß sich gerade die seitliche Linea terminalis darstellt und die Ovarien am Rand des Feldes liegen oder überhaupt keine Primärstrahlung abbekommen. Schwarz nennt seine Methode „*Orthometrie*". Es ist übrigens verwunderlich, daß dieses Prinzip nicht generell bei allen filmparallel eingestellten oder einstellbaren Beckenmaßen angewandt wird. Warum sollte man z.B. nicht auch die

Conjugata vera damit mindestens ebenso genau messen können wie mit all den anderen Methoden ? Ja, wir möchten noch einen Schritt weitergehen und fragen, ob damit nicht auch zugleich die übrigen Durchmesser in der Medianebene gemessen werden können ? Werfen wir einen kurzen Blick auf die in Abb. 49a eingetragenen Durchmesser, so können wir feststellen, daß die Verbindungslinie aller Endpunkte, also die Linie A—B—E—G—F—D—C—A, nahezu ein Rechteck abgrenzt. Die vordere kurze Seite des Rechtecks wird durch die Schambeinäste und einen Teil des Sitzbeines gebildet, die hintere etwa durch die Sehne der Kreuzbeinwölbung. Mit einer orthograd angefertigten Aufnahme mit einem etwa 10 cm langen, schmal ausgeblendeten Feld parallel und entlang der Symphyse, welches in jedem Fall leicht einzustellen ist, müssen sich die Meßpunkte am Scham- und Sitzbein in dorso-ventraler Richtung nahezu orthograd abbilden. Die Röhre wird dann unter Beibehaltung des Feldes und parallel dazu 10—11 cm nach dorsal verschoben, bis der Vertikalstrahl so steht, wie man sonst eine Kreuzbeinaufnahme einstellen würde. Auch die Meßpunkte am Kreuzbein werden dann *in Meßrichtung* praktisch orthograd abgebildet, in *anderer Richtung* jedoch wie üblich verzeichnet projiziert. Da bei diesen orthoradiographischen Verfahren mit kleinen Feldern gearbeitet werden kann und bei den seitlichen Aufnahmen sowohl die Gonaden der Mutter als auch die der Frucht sich nicht im primären Strahlengang befinden, da ferner durch den verminderten Streustrahlenanfall auf eine Blende und ein Kassettentunnel verzichtet und die Kassette unmittelbar unter das Becken gelegt werden kann, tritt eine beträchtliche Verminderung der Strahlenbelastung an den Gonaden ein.

c) Ausmessung mit einem festgelegten Reduktionsmaßstab bei festgelegtem Projektionsverhältnis

Man kann die Beckenmessung auch auf ein konstantes Projektionsverhältnis abstellen, d.h. die Vergrößerung des Beckenmaßes konstant halten. WAHL (1934) hat hierzu eine mechanische Vorrichtung am Röhrenstativ geschaffen, mit der bei jeder Patientin je nach der Objekt-Filmdistanz ein anderer Röhren-Filmabstand eingestellt wird, so daß sich Objekt-Filmabstand zu Focus-Filmabstand stets wie 1:4 verhalten. Praktisch das gleiche Verfahren, nur mit einem Verhältnis von 1:5 und in einer technisch etwas anderen Ausführung, hat ZIMMER (1953) vorgeschlagen. Mit einem festen, nur einmal anzufertigenden Reduktionsmaßstab können dann die Filmgrößen direkt als absolute Größen gemessen werden. WOLF und LOEVINGER (1954) arbeiten mit der Fernaufnahme (Hartstrahlaufnahme, Raster 1:16) und einem auf ein festes Verhältnis Focus-Objektabstand zu Objekt-Filmabstand geeichten Ablesemaßstab. Bei der Fernaufnahme machen sich die Schwankungen im Objekt-Filmabstand von Patientin zu Patientin praktisch nicht mehr bemerkbar und der durchschnittliche Fehler liegt hierdurch nur bei 1,5 %. GERMAN (1952) arbeitet ebenfalls mit der Fernaufnahme. Auch WAHL (1943) hat ein Speziallineal für ein festes Projektionsverhältnis angegeben. Er hat übrigens auch die Fernaufnahme aus 6 m mit der Therapieröhre probiert. MÖBIUS (1956) hat ein Lagerungsgerät und einen Verkleinerungsmaßstab zum Ausmessen der Aufnahmen aus 85 cm Focus-Filmabstand vorgeschlagen.

d) Mathematische Berechnung bei beliebiger Aufnahmetechnik

Da im allgemeinen gegenüber allen mathematischen Ausrechnungen und der Benützung von Umrechnungsdiagrammen eine Abneigung besteht, werden die rein mathematischen Methoden kaum benützt. Von LEVY und THUMIN (1897), von denen die erste Veröffentlichung über Beckenmessung stammt, wurden die Maße aus 50 cm Focus-Plattenabstand umgerechnet. ALBERT (1899) hat den Beckeneingang bereits plattenparallel gestellt und eine Sitzaufnahme aus 60 cm angefertigt und die Maße ausgerechnet. Später wurde die Sitzaufnahme auch als Fernaufnahme ausgeführt, zu welcher KEHRER und DESSAUER (1914) einen eigenen *Beckenmeßstuhl* konstruiert haben, der lange in Benützung war.

KEHRER und DESSAUER haben die Sitzaufnahme noch mit der Kreuzfadenmethode ausgemessen. Die Sitzaufnahme ist im deutschen Schrifttum später allgemein als Aufnahme nach MARTIUS (1914) und im angloamerikanischen Schrifttum als Aufnahme nach THOMS (1922) bekanntgeworden. Bei der in den USA viel benützten Methode nach BALL (1936), zuletzt von BALL und GOLDEN (1943) ausführlich beschrieben, werden die Aufnahmen im Stehen angefertigt und ebenfalls mittels eines Diagramms ausgerechnet. Bei dieser Methode sind die Maße des kindlichen Kopfes sicherer zu erhalten, da er nicht wie im Liegen nach seitlich abweichen kann. Es wurde daher auch ein Nomogramm zur Berechnung des Kopfvolumens aus dessen Durchmesser und Umfang angegeben. Der Aufnahmeabstand beträgt knapp 1 m. GUTHMANN (1929) hat eine etwas umständliche Berechnung der Beckenmaße aus dem Durchmesser des Kreisschattens des aufgesetzten Tubus von bekannter Länge angegeben (Focus-Tubusrand = Focus-Objekt abzüglich $^1/_2$ Patientenbreite). DYROFF (1932) hat den Vorschlag gemacht, einen Beckenzirkel in der Objektebene mitzuphotographieren und aus der bekannten Zirkelöffnung, der Zirkelöffnung auf dem Film und der Filmstrecke die wahre Strecke mittels einfacher Proportionalgleichung zu berechnen. Ein ähnlicher Vorschlag stammt von V. ENGELMAYER (1935), welcher vorn an die Symphyse und hinten über den Dornfortsätzen je eine kleine Bleikugel befestigt hat. Der Abstand der beiden Bleikugeln wurde mit einem Beckenzirkel gemessen und mit ihrem vergrößerten Abstand auf dem Film in Beziehung gesetzt, wodurch sich ein Umrechnungsfaktor für die Conjugata vera ergab. *Es ist zur Beckenmessung praktisch schon alles versucht worden, was die Geometrie des Röntgenbildes dafür bereit hält.* So hat WAKEMAN (1956) der auf dem Bauch liegenden Patientin vor die Symphyse und über den Dornfortsatz von L 4 eine Münze gelegt (half penny = 1 inch.). Bei der seitlichen Aufnahme kommen die Münzen auf die beiden Trochanteren. Es wird nun die Folgerung gezogen, daß das arithmetische Mittel der beiden größten Durchmesser der zwei Marken auf dem Film das Maß sei, das eine gleich große Marke in der Mitte zwischen den beiden in der Ebene des Beckeneinganges haben würde. Der gemessene quere Durchmesser des Beckeneingangs in Millimetern wird durch das errechnete Mittel der Markendurchmesser in Millimetern geteilt und ergibt so die wahre Länge des Beckendurchmessers in Zoll. Diese Überlegung ist nicht ganz richtig und kann bei der seitlichen Aufnahme zu Fehlern bis 5 % führen, da die Vergrößerung eines Objektes mit dessen Entfernung vom Film nicht linear ansteigt.

Rechengeräte bzw. Rechenschablonen zum Umrechnen der Beckenmaße haben SNOW und LEWIS (1940), WAHL (1943), GIANTURCO (1947), KENDIG (1948), SCHWARZ (1954) und BROWN (1957) angegeben. Auch das vom Verfasser angegebene allgemeine radiometrische Rechengerät zur Orthodiametrie (1952) läßt sich hierzu benützen, ebenso jeder einfache Rechenschieber oder die auf S. 11 abgebildeten logarithmischen Teilungen.

e) Nachträgliches Hineinprojizieren von Maßstäben in das Röntgenbild oder gesondertes Aufnehmen von Maßstäben

Bringt man nach Entfernung der Patientin an die Stelle bzw. in die Ebene des Beckenmaßes einen metallischen Maßstab in Form einer Lochplatte, einer Skalenleiter oder eines Meßgitters in einer Lochplatte und belichtet den Film ein zweitesmal, so enthält die Aufnahme entweder direkt an Stelle des Beckenmaßes oder über den ganzen Film verteilt einen Maßstab in Form von Strichen oder Punkten, an welchem eine direkte Ablesung möglich ist (THOMS 1929, COE 1952). COE macht vier Aufnahmen: Stehend a.- p. und seitlich, eine Sitzaufnahme nach THOMS und eine Aufnahme im Sitzen mit nach vorn zwischen die gespreizten Oberschenkel vorgebeugtem Rumpf zur Darstellung des Beckenausgangs. Es wurden auch Methoden angegeben, bei denen die Vergleichsmaßstäbe in mehreren Ebenen zugleich aufgenommen und in die Beckenaufnahme hineinprojiziert werden. MAGNIN und NAUDIN (1955) haben hierzu für die Sitzaufnahmen ein eigenes Lagerungsgerät konstruiert, mit dessen Hilfe an der Patientin einzelne anatomische Punkte markiert und fixiert werden. Nach Entfernung der Patientin werden dann in die an dem Gerät vorher festgelegten Ebenen verschieden graduierte und unterscheidbare Maßstäbe entsprechend den in verschiedenen Ebenen zu messenden Beckenmaßen angebracht und mit einer zweiten Belichtung in die Beckenaufnahme hineinprojiziert. Auch COLLER (1956) nimmt die Maßstäbe zugleich in verschiedenen Ebenen auf, belichtet sie aber auf einem zweiten Film und schneidet sie später zum direkten Messen aus.

Es ist übrigens nicht ganz ersichtlich, warum die Vergleichsmaßstäbe nachträglich photographiert werden und nicht gleichzeitig zusammen mit der Beckenaufnahme aufgenommen werden, welches Vorgehen einfacher wäre. Hier mag vielleicht die Überlegung mitspielen, daß sich das Vergleichsobjekt nicht nur in der gleichen Ebene, sondern auch an der gleichen Stelle, d.h. in gleicher Position gegenüber dem Zentralstrahl befinden müsse wie vorher das Beckenmaß. Diese Überlegung wiederum mag auf der weitverbreiteten, jedoch irrigen Ansicht beruhen, daß ein Objekt im Zentralstrahl weniger vergrößert würde als am Filmrand (vgl. hierzu S. 4 u. 20). Diese Auffassung, die auf die Radiometrie mit Vergleichsmaßstäben vor allem im Bereich der Beckenmessung nicht nur lange hemmend eingewirkt hat, sondern auch zum Teil recht umständliche Methoden hat entstehen lassen, scheint bis heute noch nicht ganz aufgegeben. So betonen MESCHAN und FARRER (1958) bei der Besprechung der Vorbedingungen für die Auswertung der Aufnahmen zur Beckenmessung, daß nur Objekte im Bereich des Zentralstrahls gemessen werden können, falls nicht Fernaufnahmen angefertigt werden. Aus der gleichen Überlegung heraus sind wohl auch Methoden angegeben worden, bei denen die Vergleichsmaßstäbe zwar gleichzeitig mit der Beckenaufnahme mitphotographiert wurden, dafür aber entweder in das Rectum oder in die Vagina der Patientin eingeführt, fest in die Dammgegend und parallel zur Conjugata vera steril eingelegt oder in Form eines Beckenzirkels zwischen Symphyse und Kreuzbein angelegt wurden. So legten GRANZOW (1930) und ARESIN und MÖBIUS (1952) einen sterilen Maßstab in die Rima ani, wo er mit der Conjugata vera etwa parallel zieht und vom Zentralstrahl (Hüftgelenk) etwa gleiche Entfernung hat wie diese. Nach ARESIN und MÖBIUS soll das Maß sogar vom symphysennächsten Punkt des Maßstabes aus abgegriffen werden. In Wirklichkeit ist es jedoch völlig gleichgültig, wo der Vergleichsmaßstab mitphotographiert wird, wie er zum Zentralstrahl steht und wo der Zentralstrahl selbst steht, solange der Maßstab nur in gleicher Ebene mit dem Objekt liegt. Ja, es ist bei filmparallel eingestelltem Beckenmaß nicht einmal nötig, daß der Zentralstrahl den Film überhaupt trifft oder auf die Mitte der zu messenden Strecke zielt, wie dies BERMAN (1955) als Forderung erhebt. Wir haben diesen Grundirrtum in der Radiometrie auf S. 4 bereits aufgezeigt.

Die Methoden der mitphotographierten Maßstäbe konnten sich daher, obwohl schon seit 1900 bekannt, eigenartigerweise erst in den letzten Jahren durchsetzen. WAHL (1943) gibt uns einen sicheren Hinweis auf die Gründe des unberechtigten Mißkredits, wenn er in einer Monographie über die Beckenmessung von 263 Seiten diesen Methoden nur 8 Zeilen einräumt und darin äußert: „Da die äußeren, etwa der Conjugata externa entsprechend angelegten Maßstäbe (Tasterzirkel) sich als ungeeignet erwiesen haben und die innerlich ins Rectum eingeführten als recht unangenehm von der Patientin empfunden wurden, ist man wieder gänzlich von diesen vermeintlichen Verbesserungen abgekommen."

f) Gleichzeitiges Mitphotographieren von Vergleichsmaßstäben

Wie im vorangegangenen Abschnitt dargelegt, lag der Grund für die Umständlichkeit mancher Beckenmeßmethoden nicht in dem Prinzip des Mitphotographierens von Maßstäben selbst, sondern lediglich in dessen umständlicher Durchführung in der Praxis sowie in der irrigen Auffassung von der Bedeutung des Zentralstrahls. Erst in neuester Zeit neigt man zu der Ansicht, daß von allen Methoden zur Beckenmessung die mit gleichzeitig mitphotographierten Maßstäben (auch *Isometrie* genannt; JAVERT 1943, McLANE 1945, MARCH 1950, TREPTOW und LILIENFELD 1950, WALSH, HAAS und McLEAN 1954) wohl die einfachsten sind, sowohl für den Untersucher wie auch für die Patientin selbst. Neben ihrer

Einfachheit liefern sie auch die sichersten und genauesten Resultate. In dem ersten allgemeinen Werk über die Röntgenbildmessung, dem „Atlas of Roentgenographic Measurement" von Lusted und Keats (1959), findet man daher nur zwei Methoden zur Beckenmessung: Die Methode von Ball (1936), die mit Aufnahmen im Stehen arbeitet. und die von Colcher und Sussmann (1944) mit liegender Patientin und gleichzeitig mitphotographiertem Maßstab.

Die erste Mitteilung über Vergleichsmaßstäbe stammt von Fabre (1899), der gezähnte (1 cm) Stäbe vorn. hinten und zu jeder Seite der Patientin in Bauchlage mitphotographiert hat. Aus dieser losen Anordnung der Maßstäbe entwickelte sich die *Rahmenmethode* der Franzosen (Bouchacourt 1900. Marie und Cluzet 1900), bei welcher ein Metallrahmen mit Zähnen oder Bleikugeln bzw. ein Holzrahmen mit eingeschlagenen Nägeln plattenparallel um die Patientin gelegt wurde. Mit Hilfe seiner Abbildung konnte auf dem Film ein Maßnetz gezeichnet werden und der Beckeneingang konnte direkt ausgemessen werden. Guthmann (1928) und Granzow (1930) haben dann als erste den einfachen Vergleichsmaßstab eingeführt, ihn aber unter falscher Einschätzung der Bedeutung des Zentralstrahls in das Rectum eingeführt bzw. in die Rima ani vor den Damm gelegt. Später wurden die Maßstäbe auch dicht vor die Vulva oder zwischen die Oberschenkel gelegt. Colcher und Sussman (1944) waren dann die ersten.

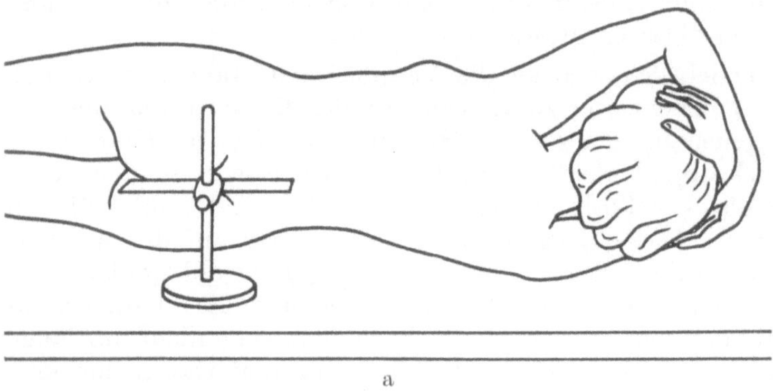

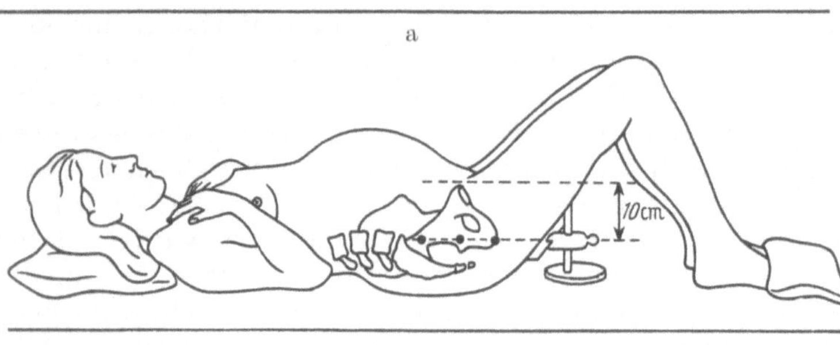

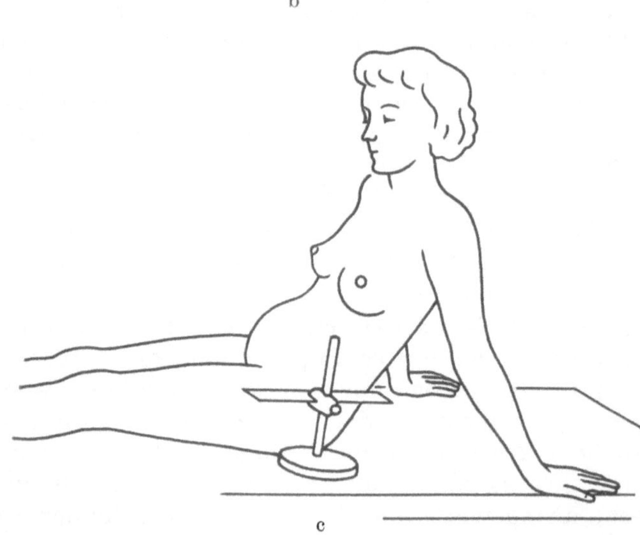

Abb. 50a—c. Lagerung der Patientin und Anordnung der Vergleichsmaßstäbe zur Beckenmessung. a Seitenlage. Maßstab hinter dem Kreuzbein in Höhe der Körpermittellinie. b Rückenlage mit angewinkelten und leicht gespreizten Beinen. Maßstab frei zwischen den Oberschenkeln oder seitlich neben den Oberschenkeln in Höhe des Tuber ossis ischii bzw. *10 cm* tischwärts der Symphyse. c Sitzaufnahme. Maßstab seitlich der Patientin in Höhe des Trochanter major

die dem Maßstab die einzig richtige, für Untersucher und Patientin gleichermaßen einfache und bequeme Lage gaben: Im Kreuz der Patientin bei Seitenlage und frei zwischen den leicht gespreizten Oberschenkeln bei Rückenlage (Abb. 50c). Die Lagerung und Anordnung des Maßstabes nach Colcher und Sussman hat gegenüber allen anderen

Methoden den Vorteil der einfachsten und bequemsten Handhabung, sowie den weiteren großen Vorteil, in einer Einstellung bei für die Patientin sehr bequemer Lagerung ohne besonderes Lagerungsgerät auf einem gewöhnlichen Flachblendentisch alle interessierenden Maße in verschiedenen Beckenebenen zugleich messen zu können.

Bei der Lagerung der Patientin nach COLCHER und SUSSMAN (Abb. 50c) liegt der Vergleichsmaßstab in gleicher filmparalleler Ebene mit den queren Durchmessern des Beckeneingangs, der Beckenmitte und des Beckenausgangs. Eine Höhendifferenz in den einzelnen Ebenen von ±1—2 cm ist dabei praktisch bedeutungslos. BRUSER (1958) macht die Sitzaufnahme und die seitliche Aufnahme aus der gleichen Lagerung der Patientin heraus mit vertikalem und horizontalem Strahlengang. Die Patientin sitzt auf einem Blendentunnel, in dessen Dach ein Maßstab eingelassen ist, der sich zwischen den Nates befindet und sowohl im a.-p.-Bild als auch im Seitenbild erscheint. Seitlich der Patientin steht eine vertikale Flachblende. Die Maße im Seitenbild können direkt gemessen werden, die im a.-p.-Bild werden umgerechnet, nachdem die Höhenlagen der Meßebenen über der Filmebene mit Hilfe des im Seitenbild abgebildeten Maßstabes festgestellt wurden.

Wir benützen zur Beckenmessung die vom Verfasser konstruierte Teststrecke zur Orthodiametrie (1953, 1954). Sie erlaubt das Ablesen von Zentimetern und Millimetern auf dem Film (Abb. 17, S. 22) und wird jeweils in der Ebene der Beckenmaße mitphotographiert. Zur Messung der Conjugata vera und der anderen Beckendurchmesser in der Medianebene stellen wir den Maßstab im Kreuz der Patientin in die Körpermittellinie ein. Der Maßstab braucht dabei nicht sterilisiert zu werden wie bei den Methoden, die ihn vor die Vulva oder vor den Damm legen. Die Aufstellung im Kreuz der Patientin ist für diese auch weitaus angenehmer als an den von anderen

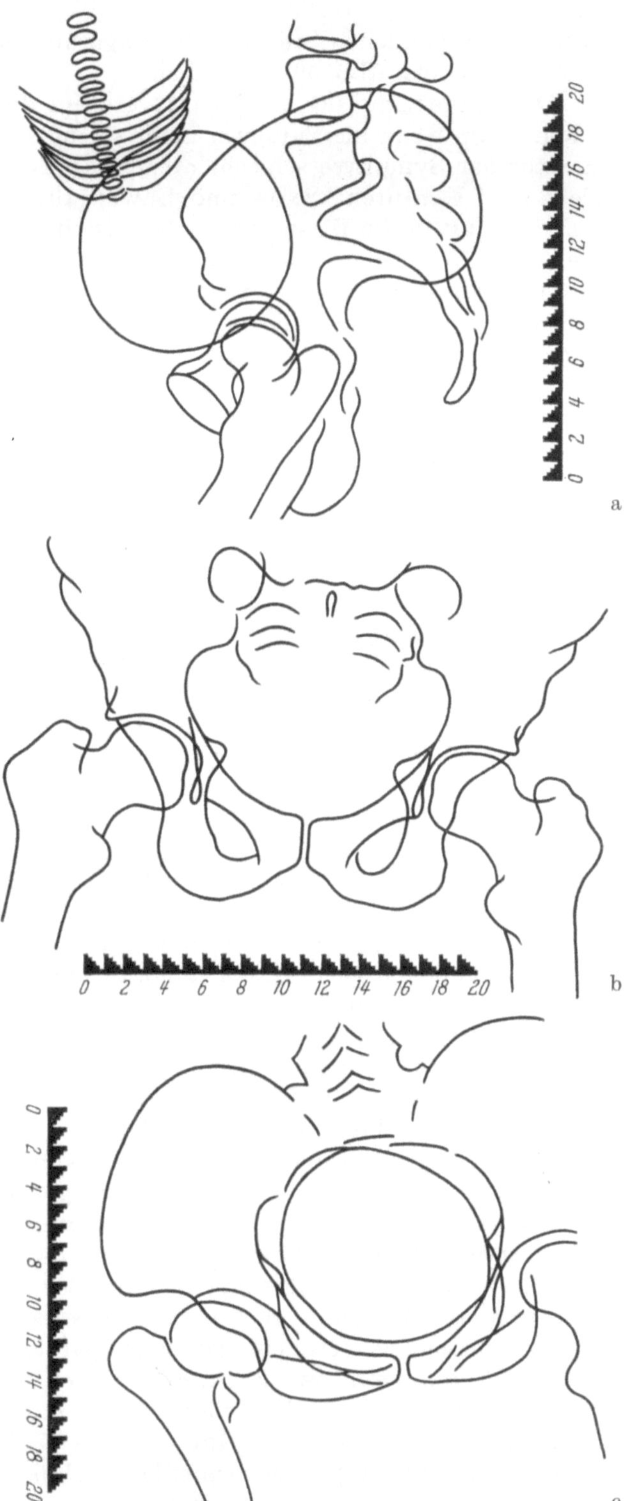

Abb. 51a—c. Beckenmeßaufnahmen mit der Teststrecke zur Orthodiametrie. a Seitenbild zum Messen aller Durchmesser in der Medianebene des Körpers. b Sitzaufnahme zur Ausmessung des Beckeneingangs. c Aufnahme nach COLCHER und SUSSMAN zum Messen der Querdurchmesser des Beckeneingangs, -mitte und -ausgangs

Autoren empfohlenen Stellen. Die Lagerung der Patientin und die Stellung des Maßstabes sind aus Abb. 50 ersichtlich.

Die Abgrenzung der Conjugata vera auf dem Film bereitet oft Schwierigkeiten, vor allem dann, wenn die Patientin nicht streng seitlich lag. In diesen Fällen ist die dorsale Kontur der Symphyse schlecht abzugrenzen oder die Symphyse ist gedoppelt und man sieht zwei Konturen. Snow und Lewis (1940) haben sich damit geholfen, daß sie etwa 200 cm³ Luft in die Blase gaben. Dies ist für Untersucher und Patientin eine zusätzliche Belastung, denn man müßte die Methode generell anwenden, da man vorher nie weiß, ob sich die Symphyse gut abgrenzen lassen wird. Wir haben daher eine einfachere und ebenso sichere Methode vorgeschlagen (1952), mit welcher der vordere Endpunkt der Conjugata vera auf dem Film konstruiert werden kann, wenn die Symphyse stark verprojiziert erscheint oder doppelt abgebildet ist. Wir haben unser Vorgehen an zahlreichen Aufnahmen von knöchernen Becken nachgeprüft und bestätigt gefunden. Die obere Begrenzung der Symphyse ist auf allen Filmen als ein Halb- oder Dreiviertelrund meist gut abzugrenzen, auch wenn von den übrigen Konturen nichts zu erkennen ist. Diese Kontur entspricht anatomisch dem Tuberculum pubicum und dem kurzen, ebenso und gleichmäßig dicken Abschnitt des Ramus superior ossis pubis vom Tuberculum bis zur Symphyse. welche aufeinanderprojiziert erscheinen. Diese Rundungen auf dem Film sollen der Einfachheit wegen als „Symphysenköpfchen" bezeichnet werden. Sie stellen sich meist doppelt dar, entsprechend dem filmnahen und dem filmfernen anatomischen Substrat. Günstigenfalls läuft das Symphysenköpfchen kranial-dorsal in eine nach caudal-dorsal ziehende Linie aus, welche der hinteren Symphysenbegrenzung entspricht. Sind diese Linien nicht zu erkennen, so kann man sich den fraglichen Endpunkt der Conjugata vera auf folgende Art konstruieren: Man beschreibt mit dem Radius des „Symphysenköpfchens" einen Kreis, vollendet also das Halb- oder Dreiviertelrund. Verbindet man den Mittelpunkt dieses Kreises mit dem Promontorium, bzw. schlägt man vom Promontorium als Mittelpunkt einen zweiten Kreis tangential zum ersten, so hat man damit die Conjugata vera festgelegt. Ihr Endpunkt an der Symphyse liegt auf dem Kreis des „Symphysenköpfchens" im Schnittpunkt der Verbindungslinie des Kreismittelpunktes mit dem Promontorium, bzw. im Berührungspunkt des kleinen Kreises um das „Symphysenköpfchen" mit dem großen Kreis um das Promontorium. Kommen die Rundungen an der Symphyse doppelt zur Darstellung, so macht man die Konstruktion zweimal und nimmt das Mittel der beiden Conjugatae verae.

Bei der Sitzaufnahme nach Martius stellen wir die Teststrecke zur Orthodiametrie seitlich der Patientin in Höhe des Trochanter major auf (1954). Sie befindet sich dann in gleicher filmparalleler Ebene mit der Beckeneingangsebene, so daß alle Durchmesser dieser Ebene gemessen werden können. Abb. 51 zeigt eine seitliche Aufnahme und eine Sitzaufnahme mit der von uns vorgeschlagenen Stellung des Maßstabes sowie eine Aufnahme nach Colcher und Sussman mit unserer Teststrecke.

Unsere Meßtechnik wurde von Zeitz (1953), Strahm (1954), Kleine und Strahm (1956) und von Kaufmann und Bösch (1957) nachgeprüft. Letztere berichten, daß auch Colcher und Sussman zu unserer Teststrecke übergegangen sind. Zeitz fand durch Kontrollmessungen bei nachfolgenden Laparotomien einen mittleren Fehler von +0,175 cm. Diese Differenz von etwa 2 mm ist dadurch erklärt, daß röntgenologisch die reine Knochendistanz gemessen wird, klinisch aber das Weichteilpolster über den Knochen noch hinzukommt. Fochem und Grünberger (1954) haben die gleiche Methode mit einem von Palmrich (1941) angegebenen Maßstab bei 50 Laparotomien nachgeprüft und fanden einen mittleren Fehler von + 0,28 cm. Die gleiche Methode, aber mit anders angeordneten Maßstäben, haben Aresin und Möbius (1952) und Langreder und Schüly (1953) vorgeschlagen.

Beckenmessung mittels gleichzeitig mitphotographierten Vergleichsmaßstäben in Stichworten:
a) Im Seitenbild.
    1. Vergleichsmaßstab filmparallel in Körpermittellinie im Kreuz der Patientin.

2. Normale seitliche Beckenaufnahme.

Röhrenabstand
Objektabstand
Zentralstrahl
Maßstabrichtung ⎱ ohne jede Bedeutung

3. Beckenmaß (in der Medianebene) auf dem Film abgreifen und auf das Filmbild des Maßstabes übertragen = absolutes Maß.

b) Im a.-p.-Bild.
1. Vergleichsmaßstab filmparallel 10 cm unterhalb (filmwärts) des oberen Symphysenrandes zwischen den Oberschenkeln oder seitlich der Patientin.
2. Normale Beckenübersichtsaufnahme.

Röhrenabstand
Objektabstand
Zentralstrahl
Maßstabrichtung ⎱ ohne jede Bedeutung

3. Beckenmaß (in Beckeneingang, -mitte und -ausgang) auf dem Film abgreifen und auf das Filmbild des Maßstabes übertragen = absolutes Maß.

c) In der Sitzaufnahme.
1. Vergleichsmaßstab filmparallel in Höhe des Trochanter major seitlich der Patientin.
2. Normale Sitzaufnahme.

Röhrenabstand
Objektabstand
Zentralstrahl
Maßstabrichtung ⎱ ohne jede Bedeutung

3. Beckenmaß (der Beckeneingangsebene) auf dem Film abgreifen und auf das Filmbild des Maßstabes übertragen = absolutes Maß.

Literatur

ALBERT, W.: Über die Verwertung der Röntgenstrahlen in der Geburtshilfe. Zbl. Gynäk. **23**, 418 (1899).

ALLEN, E. P.: Subpubic angle; radiologic aspects. Brit. J. Radiol. **16**, 279 (1943).
— Radiologic pelvimetry. N. Z. med. J. **43**, 116 (1944).
— Pelvimetry. N. Z. med. J. **43**, 370 (1946).
— Standardised radiological pelvimetry. I. Quantitative aspects. Brit. J. Radiol. **20**, 45 (1947).
— II. Qualitative aspects Brit. J. Radiol. **20**, 108 (1947).
— III. New method of measuring outlet. Brit. J. Radiol. **20**, 164 (1947).
— IV. Interpretation of pelvimetry. Brit. J. Radiol. **20**, 205 (1947).

ALLEN, H. W. VAN: Easy and accurate pelvimetry by the roentgen ray. Amer. J. Roentgenol. **3**, 367 (1916).

ANDREAS, H.: Weitere Ergebnisse der röntgenologischen Längenmessung der intrauterinen Frucht. Zbl. Gynäk. **72**, 485 (1950).

ARCHANGELSKI, B. A.: Eine neue Methode zur geburtshilflichen Beckenmessung und Bestimmung der Maße der Frucht. Arch. Gynäk. **124**, 606 (1925).

ARESIN, N., u. W. MÖBIUS: Vereinfachte Veramessung. Z. ärztl. Fortbild. **46**, 30 (1952).

ARTHURE, H. G. E.: Clinical value of X-ray pelvimetry. Postgrad. med. J. **25**, 255 (1949).

ASPLUND, J., and S. YDÉN: Roentgenologic estimation of pelvic outlet. Nord. Med. **45**, 48 (1951).

BALL, R. P.: Roentgenpelvimetry and fetal cephalometry. Surg. Gynec. Obstet. **62**, 798 (1936a).

BALL, R. P.: Pelvicocephalography. Amer. J. Obstet. Gynec. **32**, 249 (1936b).
— Pelvicocephalometry. Radiology **31**, 188 (1938).
— Adaption of fetal head to maternal pelvis in obstetric delivery. Radiogr. clin. Photogr. **15**, 3 (1939).
— Roentgenography: Pelycephalometry. In O. GLASSER, Medical Physics, Vol. II, p. 940. Chicago: Year Book Publishers. 1950.
— Radiologic examination of the obstetric patient. Radiology **58**, 583 (1952).
—, and R. GOLDEN: Roentgenographic obstetric pelvicephalometry in erect posture. Amer. J. Roentgenol. **49**, 731 (1943).
—, and S. S. MARCHBANKS: Roentgen pelvimetry and fetal cephalometry. New technique. Radiology **24**, 77 (1935).

BAYER, L.: Ein einfaches und zuverlässiges Verfahren der röntgenologischen Messung der conjugata vera im Anschluß an die Methoden von Guthmann und Granzow. Röntgenpraxis 8, 446 (1936).

BELOSAPKO, P. A., u. S. J. SACHTMEJSTER: Die klinische Bewertung der röntgenologischen Pelvimetrie. Akuš. i Ginek. **1953**, 28.

BERG, K.: Die Grundlagen und die Technik unserer Methode zur Messung der Conjugata vera (nach Guthman-Granzow-Bayer). Röntgenpraxis 8, 447 (1936).

BERMAN, R.: Obstetrical roentgenology. Philadelphia: F. A. Davis 1955.

BICKENBACH, W.: Die röntgenologische Messung des Beckens durch frontale Sitzaufnahme, zugleich ein Versuch zur Messung des kindlichen Kopfes. Arch. Gynäk. **136**, 632 (1929).

BOLAND, S. J.: Metodo radiografico semplice e preciso di pelvimetria interna. Rev. radiol. fis. med. **2**, 358 (1930).
— Radiology in antenatal care. J. Irish med. Ass. **36**, 30 (1955).
BORELL, U., and I. FERNSTRÖM: A pelvimetric method for the assessment of pelvic „mouldability". Acta radiol. (Stockh.) **47**, 365 (1957).
BORTINI, E.: Pelvimetria roentgen. Atti Soc. ital. Ostet. **42**, 192 (1954).
BOUCHACOURT, M. L.: Radiopelvimétrie du détroit supérieur au moyen d'une ceinture à repères. Bull. Soc. Obstét. Gynéc. Paris **1900**a, 534.
— Des procédés rationnels de radio-pelvimetrie du détroit supérieur. J. Obstét. Gynéc. Paris **1900**b Nr 7.
— De la radiographie du bassin de la femme adulte. La Radiographie **1900**, Nr 37. Ref. Fortschr. Röntgenstr. **3**, 198 (1900c).
— La radiopelvimétrie. Bull. Soc. Radiol. méd. Paris (1909). Ref. Fortschr. Röntgenstr. **15**, 62 (1910).
BROWN, G. H.: Automatic compensation in roentgenographic pelycephalometry. Amer. J. Roentgenol. **78**, 1063 (1957).
BRUSER, M.: A simple and accurate method of X-ray pelvimetry. Radiology **71**, 565 (1958).
BÜCHNER, H.: Orthodiametrie, Teil II: Die Lagebestimmung während einfacher Röntgendurchleuchtung und das Umrechnen verzeichneter Filmmaße mittels eines Spezialrechengerätes. Fortschr. Röntgenstr. **76**, 158 (1952a).
— Eine Vereinfachung röntgenologischer Beckenmessung unter Verwendung orthodiametrischer Messinstrumente. Fortschr. Röntgenstr. **77**, 478 (1952b).
— Eine weitere Vereinfachung der Röntgentiefenlotung. Fortschr. Röntgenstr. **78**, 205 (1953).
— Und noch einmal Beckenmessung. Fortschr. Röntgenstr. **80**, 653 (1954).
BULL, H. C.: Pelvimetry in obstetrics. Postgrad. med. J. **25**, 310 (1949).
CALDWELL, W. E., and H. C. MOLOY: Anatomic variations in the female pelvis. Classification and obstetric significance. Proc. roy. Soc. Med. **32**, 1 (1938).
— — Anatomical variations in the female pelvis and the affect in labor with a suggested classification. Amer. J. Obstet. Gynec. **26**, 479 (1939).
— — and D. A. D'ESOPO: A roentgenologic (stereoscopic) study of mechanism of engagement of the fetal head. Amer. J. Obstet. Gynec. **28**, 824 (1934).
— — and P. C. SWENSON: Use of roentgen ray in obstetrics. Technique of pelvioroentgenography. Amer. J. Roentgenol. **41**, 305 (1939a).
— — — Use of roentgen ray in obstetrics. Mechanics of labor. Amer. J. Roentgenol. **41**, 719 (1939b).
CANTON, E.: Radiographie und Radiometrie in der Geburtshilfe. XIV. Int. Kongr. Med. Madrid 1903. Ref. Mschr. Geburtsh. Gynäk. **18**, 159 (1903).

CARABELLO, N. C.: A general formula for pelvicephalometry. Amer. J. Roentgenol. **71**, 21 (1945).
CAVE, P.: Precision method of cephalometry and pelvimetry. Brit. med. J. **1943** II, 196.
CHAMBERLAIN, W. E., and R. R. NEWELL: Pelvimetry by means of the roentgen ray. Amer. J. Roentgenol. **8**, 272 (1921).
CHASSARD, et LAPINÉ: Étude radiographique de l'arcade pubienne chez la femme enceinte. Une nouvelle méthode d'appréciation du diamètre bi-ischiatique. J. Radiol. Electrol. **7**, 113 (1923).
CHASSEL, H.: Bestimmung des Flächeninhalts von Beckeneingängen mit Hilfe des Röntgenbildes. Fortschr. Röntgenstr. **36**, 770 (1927).
CICEK, J.: Zur Methodik der rontgenologischen Messung der Conjugata vera. Röntgenpraxis **8**, 306 (1936).
CLIFFORD, S. H.: The x-ray measurement of fetal head diameter in utero. Surg. Gynec. Obstet. **58**, 727 (1934a).
— Determination of weight and age of fetus in utero by aid of stereoroentgenometry. Surg. Gynec. Obstet. **58**, 959 (1934b).
— The stereo-roentgenometric method of fetometry and pelvimetry with obstetrical significance; based on 740 observations. W. Va med. J. **31**, 401 (1935).
COE, F. C.: Roentgenographic cephalopelvimetry. Amer. J. Roentgenol. **67**, 449 (1952).
COLCHER, A. E., and W. SUSSMAN: A practical technique for roentgen pelvimetry with a new positioning. Amer. J. Roentgenol. **51**, 207 (1944).
— — Practical x-ray pelvimetry (in obstetrics). Penn. med. J. **48**, 1156 (1945).
— — Changing concepts of x-ray pelvimetry. Amer. J. Obstet. Gynec. **57**, 510 (1949).
COLLER, J. S.: A new method of measurement of objects by x-rays with special reference to pelvimetry. S. Afr. med. J. **1956**, 788.
CURRY, R. W.: A simple method of roentgen pelvimetry. Amer. J. Roentgenol. **69**, 638 (1953).
DANFORD, D. N.: Practical application of roentgenography to clinical obstetrics. Quart. Bull. Northw. Univ. med. Sch. **22**, 223 (1948).
DAVIS, G. D.: Roentgenologic examination in obstetric cases. Lancet, N.Y. **74**, 222 (1954).
DESSAUER, F.: Beiträge zur röntgenologischen Beckenmessung. Verh. Ges. Geburtsh., Leipzig 1913.
DIPPEL, A. L.: The diagonal conjugate versus x-ray pelvimetry. Surg. Gynec. Obstet. **68**, 642 (1939).
—, and E. DELFS: Accuracy of roentgen estimates of pelvic and fetal diameters. Surg. Gynec. Obstet. **72**, 915 (1941).
DITTRICH, W., H. R. JABUSCH u. A. ROTHE: Die Radiocephalometrie, eine diagnostische Methode in der Geburtshilfe. Z. Geburtsh. Gynäk. **16**, 838 (1956).
DOEL, G.: Simplified method of pelvimetry using „pelvimetry protractor". Brit. J. Radiol. **24**, 653 (1951).

DONALDSON, S. W., and W. D. CHENEY: Prenatal estimation of birth weight by pelvicephalometry. Radiology 50, 766 (1948).

DONNEPAU, A.: De la mensuration des diamètres du détroit supérieur par la radiographie. Thèse, Lyon 1906. Ref. Zbl. Gynäk. 32, 1400 (1908).

DRÜNER, L.: Zur röntgenologischen Beckenmessung. Zbl. Gynäk. 52, 2942 (1928).

— Stereogrammetrie in der Geburtshilfe. Zbl. Gynäk. 53, 1824 (1929).

DYER, I.: Clinical evaluation of x-ray pelvimetry. Mississippi Doct. 28, 232 (1950a).

— Clinical evaluation of x-ray pelvimetry. Study of 1000 patients in private practice (obstetrics). Amer. J. Obstet. Gynec. 60, 302 (1950b).

— X-ray pelvimetry as a clinical aid. Tulane Med. Fac. 10, 98 (1951).

DYROFF, R.: Aussprache zum Referat MARTIUS: Die geburtshilfliche Beckenaufnahme. Verh. dtsch. Röntg.-Ges. 19, 57 (1928a).

— Die einfachste Messung des Mißverhältnisses zwischen kindlichem Kopf und mütterlichem Becken. Zbl. Gynäk. 52, 2905 (1928b).

— Leistung und Wert der stereoskopischen Beckenmessung. Verh. dtsch. Röntg.-Ges. 20, 46 (1929).

— Rontgendiagnostik der Sexualorgane. In: Jahrbuch für Rontgenologen, Bd. I, S. 109; Bd. II, S. 147. Berlin u. Leipzig: W. de Gruyter & Co. 1930 u. 1931.

— Die Verfahren zur röntgenologischen Beckenmessung und ihre Bedeutung für die Geburtshilfe. Radiol. Rdsch. 1, 142 (1932). Ref. Zbl. ges. Radiol. 14, 216 (1933).

EASTMAN, N. J.: Pelvic mensuration—a study in the perpetuation of error. Obstet. gynec. Surv. 3, 301 (1948).

EBBENHORST-TENGBERGEN, J. VAN: Nieuwe methode van bekkenmeting. Ned. T. Geneesk. 1920, 1988.

— De roentgenologische bekkenmeting. Disfestatie, Amsterdam 1924.

— Die Beckenmessung mittels der Redressionsmethode mit Vorführen eines dazu konstruierten Apparates. Abstr. Commun. II. Int. Congr. Radiol. Stockholm 1928, S. 57.

ENGELMAYER, E. v.: Das orthodiagraphische Prinzip im Dienste der Beckenmessung. Röntgenpraxis 7, 289 (1935).

ERSKINE, J. P., G. KELHAM and P. P. WIUM: An assessment of the value of the Chassar-Moir graphs in the radiological investigation of cephalopelvic disproportion. J. Obstet. Gynaec. Brit. Emp. 60, 312 (1953).

EWER, J. N., and C. B. BOWEN: Roentgen pelvimetry. Amer. J. Roentgenol. 29, 462 (1933).

FABRE, J.: De la radiographie métrique. Lyon méd. 1899, Ref. Fortschr. Röntgenstr. 4, 194 (1900/01).

— De la radiopelvimétrie appliquée à la mensuration des diamètres du détroit supérieur. Arch. Élect. méd. 1900, 432.

FERREIROS-ESPINOSA, A.: Progressos de la pelvimetria radiologica. Toko-ginec. práct. 16, 111 (1957).

FOCHEM, K., u. V. GRÜNBERGER: Ergebnisse röntgenologischer und direkter Messungen der Conjugata vera. Med. Klin. 1954, 1176.

FRAY, W. W., and W. T. POMMERENKE: Roentgenographic pelvimetry and fetometry. Elimination of error due to movements between x-ray exposures. Radiology 32, 261 (1939).

FRECKER, E. W.: X-ray measurements and pelvic contraction. Med. J. Aust. 1, 532 (1945).

FRIEDMAN, L. J., and E. J. EUPHRAT: Roentgenpelvimetry—simplified parallax method. Amer. J. Roentgenol. 41, 541 (1939).

— M. MICHELS and A. F. ROSSITTO: Practical roentgenpelvimetry. Comparison of methods in 100 cases. Surg. Gynec. Obstet. 61, 735 (1935).

FUGAZZOLA, F., e A. TETTI: Studio per una metodica de pelvimetria radiologica. Radiol. med. (Torino) 38, 151 (1952).

GARLAND, L. H., R. D. PETTIT and P. SHUMAKER: Shape of female pelvis and its clinical significance. Roentgen and clinical study. Radiology 26, 443 (1936).

GAUSS, C. J.: Wie weit ist die Röntgenmessung der Conjugata vera praktisch brauchbar? Verh. dtsch. Röntg.-Ges. 21, 44 (1930).

GERMAN, D. R.: Teleroentgenographic pelvimetry. Preliminary report. Radiology 58, 548 (1952).

GIANTURCO, C.: Elastic ruler for roentgen pelvimetry. Radiology 49, 95 (1947).

GOOD, C. A.: Roentgenologic pelvimetry. Med. Clin. N. Amer. 25, 1019 (1941).

GRABER, E. A.: Simple method of x-ray pelvimetry. Amer. J. Obstet. Gynec. 41, 823 (1941).

—, and H. J. KANTOR: Direct measurements of Caldwell-Moloy x-ray plates. Amer. J. Obstet. Gynec. 45, 112 (1943).

GRANZOW, J.: Eine einfache Methode zur röntgenographischen Messung der Conjugata vera. Arch. Gynäk. 141, 155 (1930).

GREULICH, W. W., and H. THOMS: Dimensions of inlet of 789 white females. Anat. Rec. 72, 45 (1938).

GROTINS, R. T., and G. S. SCHWARZ: The technique of orthometric pelvimetry. X-ray Techn. 28, 328 (1957).

GRUNSPAN-DE BRANCAS, M.: La radiologie en obstétrique. J. Radiol. Électrol. 15, 273 (1931).

GUERRIERO, W. F., R. E. ARNELL and J. R. IRWIN: Pelvicephalography. Analysis of 503 selected cases. Sth. med. J. (Bgham, Ala.) 33, 840 (1940).

GUNN, K. V.: Analysis of consecutive radiological pelvimetries on European primiparae at the Queen Victoria Hospital. S. Afr. med. J. 28, 500 (1954).

GUTHMANN, H.: Die röntgenologische Messung der Conjugata vera. Arch. Gynäk. 133, 415 (1928a).

— Was leistet die seitliche Schwangerschaftsaufnahme für Wissenschaft und Praxis? Zbl. Gynäk. 52, 1905 (1928b).

— Eine Vereinfachung der Maßberechnung bei der seitlichen Schwangerschaftsaufnahme. Zbl. Gynäk. 53, 275 (1929).

HAENISCH, F.: Gynäkologische Beckenmessung mittels des Röntgenverfahrens. Mschr. Geburtsh. Gynäk. **36**, 609 (1912).

HANSON, S.: New pelvimeter for measurements of bi-spinous diameter. Amer. J. Obstet. Gynec. **19**, 124 (1930).

— Combined inlet and outlet pelvimeter. Amer. J. Obstet. Gynec. **28**, 608 (1934).

— Internal pelvimetry as a basis for the morphological classification of pelves. Amer. J. Obstet. Gynec. **35**, 228 (1938).

— The midplane biischial diameter. Amer. J. Obstet. Gynec. **64**, 1374 (1952).

HARTLEY, J. B.: Obstetrical roentgenology. Brit. J. Radiol. **12**, 193 (1939).

— Roentgenography in pregnancy. Med. Press **211**, 86 (1944).

— Estimation of bi-spinous diameter in pelvimetry. Brit. J. Radiol. **22**, 156 (1949).

HAWKSWORTH, W., and E. P. ALLEN: Radiological pelvimetry and the general practitioner. J. Obstet. Gynaec. Brit. Emp. **58**, 203 (1951a).

— — Radiological pelvimetry and the specialist obstetrician. J. Obstet. Gynaec. Brit. Emp. **58**, 591 (1951b).

HEATON, C. E.: Pelvioradiography, a clinical evaluation. N.Y. St. J. Med. **38**, 83 (1938).

HERIK, M. VAN, and C. A. GOOD: Comperative accuracy of the Chassard-Lapiné and recumbent positions in roentgen measurement of the pelvic outlet. Radiology **54**, 392 (1950).

HEUBLEIN, A. C., D. I. ROBERTS and R. T. OGDEN: Roentgen pelvimetry after the Thoms method with a simplification of technique. Amer. J. Roentgenol. **20**, 64 (1928).

HEUMANN, L.: Die Methoden der röntgenologischen Beckenmessung. Bleicherode a. H.: C. Nieft 1939.

HEYNEMANN, TH.: Die Beckenuntersuchung mittelst Rontgenstrahlen und ihre praktische Bedeutung für die Geburtshilfe. Ergebn. Gynäk. **5**, 237 (1912).

— Die diagnostische Verwertung der Röntgenstrahlen in der Geburtshilfe. Zbl. Gynäk. **73**, 92 (1913).

HEYNES, O. S.: X-ray pelvimetry evaluation, with plea for simplicity. J. Obstet. Gynaec. Brit. Emp. **52**, 148 (1945a).

— Influence of x-ray measurements on pelvic brim index. Brit. J. Radiol. **20**, 31 (1945b).

HILDRETH, R. C.: Routine use of x-ray pelvimetry. J. Mich. med. Soc. **53**, 282 (1954).

HIRSCH, J. S.: X-ray pelvic measurements. Amer. J. Obstet. Gynec. **4**, 316 (1922).

HODGES, P. C.: Roentgen(stereoscopic) pelvimetry and fetometry. Amer. J. Roentgenol. **37**, 644 (1937).

— The role of x-ray pelvimetry in obstetrics. Minn. Med. **32**, 33 (1949).

—, and A. L. DIPPEL: The use of x-rays in obstetrical diagnosis, with particular reference to pelvimetry and fetometry. Surg. Gynec. Obstet. **70**, 421 (1940).

HODGES, P. C., and J. E. HAMILTON: Pelvic roentgenography in pregnancy. Further experiences with the 90° triangulation methods. Radiology **30**, 157 (1938).

— — and J. W. PEARSON: Roentgen measurements of the obstetrical conjugates of the pelvic inlet. Amer. J. Roentgenol. **43**, 127 1940().

—, and A. C. LEDOUX: Roentgen pelvimetry, a simplified stereo-roentgenographic method. Amer. J. Roentgenol. **27**, 83 (1932).

—, and R. L. NICHOLS: Orthographic pelvimetry. Radiology **53**, 238 (1949).

— — Pelvic dimensions in eutocia and dystocia. Radiology **57**, 661 (1951).

HOLZBACH, E.: Der Flächeninhalt der Terminalebene. Zbl. Gynäk. **52**, 3195 (1928).

HOOTON, H.: Calculation for pelvimetry by x-rays. Brit. J. Radiol. **5**, 617 (1932).

IKEUCHI, M.: Tokologisch-röntgenologische Studie des Beckens. II. Mitt. Becken- und Kindskopfmessung durch Frontalsitz- und seitliche Aufnahme. Mitt. jap. Ges. Gynäk. **31**, Nr 14, (1936). Ref. Zbl. ges. Radiol. **25**, 299 (1937).

INCE, J. G. H.: Value of cephalometry in estimation of fetal weight. J. Obstet. Gynec. Brit. Emp. **46**, 1003 (1939).

INGBER, E.: La pelvimetria radiologica proiettiva col radiogrammetro Ingber. Fol. Gynaec. (Genova) **33**, 295 (1936).

ISAACS, I.: Roentgen pelvimetry by different divergent distortion. Amer. J. Roentgenol. **63**, 669 (1950).

JACKSON, H.: Pelvimetry. A low irradiation technique for the transverse measurements. Med. Proc. **4**, 541 (1958).

JACOBS, J. B.: Obstetric inclinometer, new instrument for measuring angulation of female pelvic planes. Amer. J. Obstet. Gynec. **15**, 689 (1928).

— Significance of internal pelvimetry and the application of the obstetric inclinometer. Sth. med. J. (Bgham, Ala.) **22**, 321 (1929).

— Roentgenographic pelvimetry; perfected technique with use of new apparatus. Sth. med. J. (Bgham, Ala.) **25**, 828 (1932).

— The lateral roentgenogram; interpretation of its obstetrical value. Amer. J. Obstet. Gynec. **32**, 76 (1936).

— Roentgenography in obstetrics. Radiology **28**, 406 (1937a).

— Borderline pelvis-measurement. Amer. J. Obstet. Gynec. **33**, 778 (1937b).

— Film scales for use in pelvimetric roentgenography. Amer. J. Obstet. Gynec. **40**, 150 (1940).

— The lateral pelvic roentgenogram; its practical application. Obstet. Gynec. Surv. **2**, 562 (1953a).

— The value of the lateral pelvic roentgenogram as an index of fetal maturity and type of maternal pelvis. Amer. J. Obstet. Gynec. **65**, 897 (1953b).

JALET, J.: A propos de la radiopelvimétrie. J. Radiol. Électrol. **30**, 470 (1949).

JARCHO, J.: Roentgenography as an aid in obstetrical diagnosis. Amer. J. Surg. **12**, 417 (1931a).
— Roentgenographic measurement of pelvic and cephalic diameters. Amer. J. Surg. **14**, 419 (1931b).
— Recent advances in roentgenography as aid in obstetrical diagnosis. Med. J. Rec. **137**, 235 (1933).
JAVERT, C. T.: Combined isometric and stereoscopic technique for examination (pregnancyroentgenography). N. C. med. J. **4**, 465 (1943). Rev. Radiol. (Chicago) **11**, 145 (1944).
JOHANNSON-UNNERUS, C.-E.: Radiology in obstetrics. Acta obstet. gynec. scand. **35**, 181 (1956).
— A radiological and obstetrical survey of the female pelvis. Acta obstet. gynec. scand. **36**, Suppl. 8 (1957).
JOHNSON, C. R.: Stereoroentgenometry, method for mensuration by means of the roentgen ray. Amer. J. Surg. **8**, 151 (1930).
— Roentgen mensuration by stereoroentgenometry. Radiology **25**, 492 (1935).
— Pelvimetry by stereoroentgenometry. Amer. J. Roentgenol. **38**, 607 (1937).
JOSEPHS, S.: Growth of fetal biparietal diameter during last 4 weeks of pregnancy. Brit. med. J. **1949 II**, 1440.
KAISER, I. H., and E. J. RIEFENBACH: Radiologic outlet pelvimetry. Obstet. gynec. Surv. **2**, 173 (1953).
KALTREIDER, D. F.: Diagonal conjugate (including evaluation of Smellie's rule). Amer. J. Obstet. Gynec. **61**, 1075 (1951a).
— The transverse diameter of the inlet. Amer. J. Obstet. Gynec. **62**, 163 (1951b).
— Criteria of inlet contraction. What is their value? Amer. J. Obstet. Gynec. **62**, 600 (1951c).
— Pelvic shape and its relation to midplane prognosis. Amer. J. Obstet. Gynec. **63**, 116 (1952a).
— Criteria of midplane contraction. What is their value? Amer. J. Obstet. Gynec. **63**, 392 (1952b)
— The contracted outlet. J. Amer. med. Ass. **154**, 824 (1954a).
— The prediction and management of outlet dystocia. Amer. J. Obstet. Gynec. **67**, 1049 (1954b).
KAUFMAN, J.: The planeogram. Analysis and practical application with especial reference to mensuration of the pelvic inlet. Radiology **27**, 732 (1936).
KAUFMANN, P., u. K. BÖSCH: Zur Methodik der röntgenologischen Beckenmessung. Z. Geburtsh. Gynäk. **17**, 413 (1957).
KEHRER, E.: Vorläufige Mitteilung zur exakten röntgenologischen Beckenmessung. Zbl. Gynäk. **37**, 55 (1913).
—, u. F. DESSAUER: Versuche und Erfahrungen mit der röntgenologischen Beckenmessung. Münch. med. Wschr. **1914**, 22.
KENDIG, T. A.: Pelvicephalometry. Radiology **46**, 391 (1946).
— Simple pelvimeter to be used with triangulation methods of pelvimetry. Radiology **50**, 395 (1948).

KENNY, M.: Clinically suspect pelvis. Radiographic investigation in 1000 cases. J. Obstet. Gynaec. Brit. Emp. **51**, 277 (1944).
KIENLIN, H.: Geburtshilfliche Beckenuntersuchung mittels Röntgenstrahlen. Zbl. Gynäk. **52**, 2397 (1928).
KIRSCHHOFF, H.: Neue Erkenntnisse auf dem Gebiet der Röntgendiagnostik in der Geburtshilfe. Geburtsh. u. Frauenheilk. **13**, 289, 401 (1953).
KIRSTEIN, F.: Direkte oder indirekte Veramessung. Zbl. Gynäk. **45**, 919 (1921).
KLASON, T.: Radiologische Methoden zur Bestimmung der Conjugata vera. Acta radiol. (Stockh.) **1**, 308 (1922).
KLEINE, H. O.: Die geburtshilfliche Bedeutung des sogenannten langen Beckens — KIRSCHHOFF (ein Beitrag zur röntgenologischen Pelvimetrie), Zbl. Gynäk. **77**, 1569 (1955).
—, u. A. STRAHM: Die röntgenologische Messung der Conjugata vera obstetrica mit Röntgen-Tiefenlot und Teststrecke nach H. Büchner. Dtsch. med. Wschr. **1956**, 311.
KOERNER, J.: Die Röntgendiagnostik in der Geburtshilfe durch Aufnahmen von der Seite. Zbl. Gynäk. **52**, 1336 (1928a).
— Ergebnisse seitlicher Beckenaufnahmen. Röntgenpraxis **1**, 172 (1928b).
LAMY, R.: A propos de la radiopelvimétrie. J. Radiol. Électrol. **31**, 503 (1950).
LANGREDER, W., u. H. SCHÜLY: Zur Ausmessung von Skelettgrößen mittels direkter Maßstabprojektion auf das Röntgenbild unter besonderer Berücksichtigung der Conjugata-vera-Messung. Fortschr. Röntgenstr. **79**, 511 (1953).
LECHENGER, G. C.: Roentgen pelvimetry and fetometry; new formula. Radiology **40**, 589 (1943).
LEFF, B.: Tridimensional pelvimeter. Obstetr. gynec. Surv. **3**, 172 (1954a).
— Tridimensional pelvimeter. Clinical evaluation. Obstet. gynec. Surv. **4**, 197 (1954b).
LEVY, M., u. L. THUMIN: Beitrag zur Verwertung der Röntgenstrahlen in der Geburtshilfe. Dtsch. med. Wschr. **1897**, 507.
LIEBERMAN, J., G. SEGAL and P. S. ANDRESON: Simplified roentgen cephalometry. Amer. J. Obstet. Gynec. **67**, 76 (1954).
LIEPMANN, W., u. G. DANELIUS: Geburtshelfer und Röntgenbild. Berlin u. Wien: Urban & Schwarzenberg 1932.
LILIENFELD, A. M., E. TREPTOW and D. M. DIXON: Variation in interpretation of x-ray pelvimetry. Hum. Biol. **21**, 143 (1949).
LITWER, H.: Een apparat voor röntgenologische bekkenmetingen. Ned. T. Geneesk. **72**, 758 (1928).
— Roentgenpelvimetry. J. Obstet. Gynaec. Brit. Emp. **43**, 1158 (1936).
LUSTED, L. B., and T. E. KEATS: Atlas of roentgenographic measurements. Chicago: Year Book Publishers 1959.
MACDONALD, C., and S. THOMAS: One thousand complete pelvimetries. A radiological and obstetrical analysis. Med. J. Aust. **1**, 157 (1953).

MACKENZIE, W. R.: Roentgenographic pelvimetry. J. Obstet. Gynaec. Brit. Emp. **30**, 556 (1923).
— Roentgenographic pelvimetry. Brit. med. J. **1925 I**, 612.
—, and J. M. K. DAVIDSON: Roentgen rays and localization. Brit. med. J. **1897**.
MAGNIN, P., et E. NAUDIN: La radiopelvimétrie par double surimpression. Technique de son application aux différents plans pelviens. J. Radiol. Électrol. **36**, 534 (1955).
MAITLAND, D. G.: Pelvimetry. Review of modern methods. Med. J. Aust. **2**, 874 (1949).
MANGES, W. F.: Beschreibung einer Methode zur Messung des weiblichen Beckens. Amer. Roent. Ray Soc. 1910. Ref. Fortschr. Röntgenstr. **17**, 404 (1911).
— Roentgenographic pelvimetry. Amer. J. Obstet. Gynec. **65**, 622 (1912).
MARCH, H. C.: Accurate isometric roentgen pelvimetry in the erect posture. Amer. J. Roentgenol. **63**, 677 (1950).
MARCK, A., and A. MELAMED: Routine antepartum roentgenpelvimetry in primigravidas. Amer. J. Obstet. Gynec. **67**, 564 (1954).
MARIE, T., et J. CLUZET: Pelvimétrie radiographique. Arch. Élect. méd. exp. clin. 8, 66 (1900). Ref. Fortschr. Röntgenstr. **3**, 168 (1899/1900).
MARTIUS, H.: Über Beckenmessung mit Rontgenstrahlen: Die Fernaufnahme und der Kehrer-Dessauersche Beckenmeßstuhl. Fortschr. Röntgenstr. **22**, 601 (1914/15).
— Die Beckenmessung mit Röntgenstrahlen. Verh. dtsch. Röntg.-Ges. **14**, 57 (1923).
— Beckenmessung mit Röntgenstrahlen. Z. Geburtsh. Gynäk. **91**, 504 (1927). — Arch. Gynäk. **132**, 239 (1927).
— Die geburtshilflichen Beckenaufnahmen. Zbl. Gynäk. **52**, 3186 (1928).
— Welchen Wert hat die Röntgendiagnostik bei der Geburt beim engen Becken? Mschr. Geburtsh. Gynäk. **106**, 257 (1937).
MAYER, M.: L'intérêt clinique de la radiopelvimétrie en pratique hôpitalière. Sem. Hôp. Paris **1957**, 1812.
— J. CHALUT et F. MORIN: La contribution de la radiopelvimétrie et de la radiotypologie à l'établissement du prognostic obstétrical des bassins. Étude sur 1200 bassins. Bull. Féd. Gynéc. Obstét. franç. **6**, 260 (1954).
— R. HERVÉ, F. MORIN et J. CHALUT: Études de 281 épreuves du travail après controle radiologique (radiopelvimétrique et radiotypologique). Gynéc. et Obstét. **55**, 460 (1956).
McDOWELL, H. B.: A simple pelvimetric technique. Brit. J. Radiol. **25**, 666 (1952).
McELIN, T. W., S. B. LOVELADY, R. W. BRANDES, J. S. HUNTER and C. A. GOOD: A preliminary evaluation of Cave's roentgenographic method of fetal cephalography. Amer. J. Obstet. Gynec. **61**, 487 (1951).
McLANE, C. M.: Isometric method of x-ray pelvimetry as routine procedure. Amer. J. Obstet. Gynec. **50**, 495 (1945).

McLANE, M. C.: X-ray pelvimetry. An evaualtion and appraisal. Obstet. Gynec. Surv. **3**, 218 (1954).
McSWEENEY, D. J.: The pelvic outlet. Amer. J. Obstet. Gynec. **63**, 765 (1952).
—, and A. M. MOLONEY: X-ray pelvimetry for general use. N. Engl. J. Med. **223**, 1043 (1940).
— — Combined x-ray and external pelvimetry in pregnancy. Amer. J. Obstet. Gynec. **46**, 102 (1943).
MENGERT, W. F.: Pelvic measurements of 4144 Iowa women. Amer. J. Obstet. Gynec. **36**, 260 (1938).
— Estimation of pelvic capacity. J. Amer. med. Ass. **138**, 169 (1948).
— Delivering of patients with pelvic contraction. Amer. J. Obstet. Gynec. **68**, 250 (1954).
—, and W. C. ELLER: Graphic portrayal of relative size of the pelvis. Amer. J. Obstet. Gynec. **52**, 1032 (1946).
MESCHAN, I., u. R. M. F. FARRER: in der Übersetzung von H. PEISKER: Das Röntgenbild des normalen Menschen. Stuttgart u. Zurich: Medica Verlag 1958.
MÖBIUS, W.: Die Strahlenbelastung bei geburtshilflicher Rontgendiagnostik. Fortschr. Rontgenstr. **75**, 734 (1951). — Arch. Gynäk. **180**, 253 (1951a).
— Welche Schlüsse erlaubt das röntgenologische Maß der vorderen Beckenhöhe auf die Geburtsprognose? Zbl. Gynäk. **73**, 1726 (1951b).
— Geburtshilfliche Röntgendiagnostik. Berlin: Akademische Verlagsgesellschaft 1957. — Zbl. Gynäk. **76**, 1402 (1954).
— Ein Gerät zur Durchführung geburtshilflicher Röntgendiagnostik, speziell der seitlichen Beckenmessung. Fortschr. Röntgenstr. **84**, 58 (1956). — Zbl. Gynäk. **78**, 632 (1956).
MOIR, J. C.: The use of radiology in predicting difficult labor. J. Obstet. Gynec. Brit. Emp. **53**, 487 (1946); **54**, 20 (1947).
— The use of radiographs in assessing disproportion. Brit. med. J. **1949a**, 1437.
— Measuring obstetric value of pelvis. Use of „graph method" for interpretation of radiologic findings. J. Obstet. Gynaec. Brit. Emp. **56**, 189 (1949b).
—, and E. R. WILLIAMS: Discussion of radiologic diagnosis of disproportion. Proc. soy. Soc. Med. **36**, 359 (1943).
MOLOY, H. C.: A new method of roentgenpelvimetry. Amer. J. Roentgenol. **30**, 111 (1933).
— Clinical and roentgenologic evaluation of the pelvis in obstetrics. Philadelphia W. B. Saunders Company 1951.
—, and C. M. STEER: A new method of quantitative estimation of cephalopelvic disproportion. Amer. J. Obstet. Gynec. **60**, 1135 (1950).
— — The obstetrical evaluation of the pelvis with special reference to roentgenology. Med. Clin. N. Amer. **35**, 771 (1951).
MOORE, G. E.: Roentgen measurements in pregnancy; a few practical methods and simplified procedure used by author. Surg. Gynec. Obstet. **56**, 101 (1933).

MÜLLER, H.: Weitere Erfahrungen mit der röntgenologischen Längenbestimmung des Kindes. Zbl. Gynäk. **64**, 546 (1940).

NAENDRUP, H.: Beitrag zur Röntgenbeckenmessung. Med. Welt **1938**, 1416.

NICHOLSON, C. J.: An experiment in x-ray pelvimetry. Lancet **1936 II**, 615. Ref. Zbl. ges. Radiol. **24**, 124 (1937).

— The interpretation of radiological pelvimetry. J. Obstet. Gynec. Brit. Emp. **45**, 95 (1938).

— Accurate pelvimetry. J. Obstet. Gynec. Brit. Emp. **50**, 37 (1943).

— Two main diameters at the brim of the female pelvis. J. Anat. (Lond.) **79**, 131 (1945).

NOTTER, A., et R. BOUILLET: Étude radio-pelvimétrique de la symphyse pubienne dans les bassins normaux et pathologiques. Gynéc. et Obstét. **51**, 65 (1952).

— — Röntgenpelvimetrische Untersuchung der Symphyse bei normalen und pathologischen Becken (auf Grund von 216 Beobachtungen). Bull. Fac. Méd. Istanbul **16**, 453 (1953).

NUVOLI, U., e A. CAPUA: Un nuovo metodo di pelvimetria radiologica. Ann. Radiol. Fis. med. (Bolognia) **10**, 470 (1936).

PALMRICH, A. H.: Ein einfaches, genaues Verfahren zur röntgenologischen Messung der Conjugata vera. Zbl. Gynäk. **65**, 1342 (1941).

PENSA, P.: Radiopelvigoniométrie. Bull. Soc. Méd. Lég. France **1928**, 329.

PEREZ ACOSTA, F.: La pelvi-cefalometria radiográfica como auxiliar pronóstico del parto. Rev. méd.-quir. Oriente **12**, 64 (1951).

PERLBERG, H. J.: Measurement of true conjugate with aid of new lightweight rule. Amer. J. Roentgenol. **45**, 935 (1941).

PFAHLER, G. E.: Messung der Beckendurchmesser. Amer. Roentgen Soc. 1906. Ref. Fortschr. Röntgenstr. **10**, 375 (1906/07).

— Bestimmung des Durchmessers des weiblichen Beckens auf radiographischem Wege. Amer. Quart. Roentgenol. **1**, H. 4. Ref. Fortschr. Röntgenstr. **12**, 77 (1908).

PICKHAN, A., u. K. G. ZIMMER: Die Herabsetzung der Strahlendosen bei gynäkologischen Röntgenuntersuchungen. Fortschr. Röntgenstr. **55**, 86 (1937).

PIMBLETT, G. W., and T. G. E. WHITE: An assessment of the value of antenatal radiological pelvimetry based on 500 successive pelvimetric examinations. J. Obstet. Gynaec. Brit. Emp. **62**, 17 (1955).

PINARD, u. H. VARNIER: Beckenphotographie und Beckenmessung mittels X-Strahlen. XII. Internat. med. Kongr. Moskau 1897. Ref. Zbl. Gynäk. **21**, 1145 (1897). — Fortschr. Röntgenstr. **1**, 113 (1898).

PIZON, P.: Radiodiagnostique obstétrical. Ed. d'expansion scient. française 1948.

PORTES, et BLANCHE: Étude critique des procédés radiopelvimétriques. Gynéc. et Obstét. **10**, 416 (1924).

RAPPAPORT, E. M., and S. L. SCADRON: Pelvioradiography and clinical pelvimetry. J. Amer. med. Ass. **112**, 2492 (1939).

REICHENMILLER, H.: Zur Technik der seitlichen Röntgenaufnahme des Beckens. Röntgenpraxis **1**, 811 (1929a).

— Zur Frage der Beckenaufnahme von der Seite. Verh. dtsch. Röntg.-Ges. **20**, 52 (1929b).

REITER, M.: Über das Problem der seitlichen Beckenaufnahmen und der Beckenmessungen. Fortschr. Röntgenstr. **42**, 372 (1930).

REUTER, E. C., and R. J. REEVES: Roentgen pelvimetry. A simplified method. Amer. J. Roentgenol. **42**, 847 (1939).

RIBBING, S.: Beitrag zur röntgenologischen Pelvimetrie und Cephalometrie in utero. Acta radiol. (Stockh.) **13**, 591 (1932).

ROBERTS, R. E.: Internal pelvimetry by x-rays. Brit. J. Radiol. **32**, 11 (1927).

ROSA, P. A.: Pelvimétrie. Brux.-méd. **32**, 818 (1952).

— Une nouvelle méthode de radiocépalométrie. Bull. Féd. Gynéc. Obstét. franç. **8**, 545 (1956).

—, et C. PIRSON: Curseur radiopelvimétrique. Brux.-méd. **34**, 973 (1954).

ROTH, L. G.: A pelvic study. Complete pelvimetry, including the news of a proposed new system of pelvic profile description. Amer. J. Obstet. Gynec. **66**, 302 (1953a).

— Outlet pelvimetry and the symphysis-biparietal and sacral-biparietal diameters. Surg. Gynec. Obstet. **96**, 704 (1953b).

ROWDEN, L. A.: A simple and accurate method of radiographic pelvimetry. Brit. J. Radiol. **4**, 432 (1931).

— Fetal cephalometry. Brit. J. Radiol. **8**, 610 (1935).

RUCKENSTEINER, E.: Die Wasserwaage als Behelf zur röntgenometrischen Messung der conjugata vera. Röntgenblätter **7**, 244 (1954).

RUNGE, E., u. E. GRÜNHAGEN: Zur röntgenologischen Beckenmessung. Mschr. Geburtsh. Gynäk. **42**, 292 (1915).

SAIDL, J.: Radiologische Beckenmessung. Čas. Lék. čes. **65**, 882 (1926).

SAVAGE, J. E.: Clinical and roentgen pelvimetry, a correlation. Amer. J. Obstet. Gynec. **61**, 809 (1951).

SCARPA, G., e E. OGIER: Revista sintetica della moderne tecniche di pelvi-cefalometria. Riv. Ostet. Ginec. **11**, 629 (1956).

SCARPELLINO, L. A.: Cephalopelvimetry. Radiology **48**, 45 (1947).

SCHÄFER, W.: Die Längenbestimmung der Conjugata vera durch röntgenologische Sitzaufnahmen (kritische Betrachtungen zur Steigerung der Genauigkeit). Fortschr. Röntgenstr. **40**, 537 (1929).

— Die geburtshilfliche Messung des Beckens mit Hilfe der Röntgenstrahlen. Röntgenpraxis **3**, 97 (1931).

— Untersuchung geburtshilflicher Verhältnisse durch die seitliche Beckenaufnahme. Arch. Gynäk. **161**, 373 (1936).

—, u. E. WITTE: Untersuchungen über die Grenze und Steigerung der Genauigkeit von röntgenologischen Beckenmessungen mittels Sitzaufnahmen. Arch. Gynäk. **139**, 438 (1930).

Schenck, S. G.: Obstetrical diagnosis by roentgenography. Amer. J. Roentgenol. **44**, 568(1940).

Schmermund, H. J.: Röntgendiagnostik während der Schwangerschaft und Geburt. Dtsch. med. J. **5**, 391 (1954).

Schubert, E. von: Diskussionsbemerkung a. d. 20. Verslg. der dtsch. Ges. für Gynäk. Bonn 1927. Arch. Gynäk. **132**, 254 (1927).

— Über den Wert und die beste Methode der röntgenologischen Beckenmessung. Z. Geburtsh. Gynäk. **93**, 658 (1928a).

— Über den Wert und die beste Methode der röntgenologischen Beckenmessung. Zbl. Gynäk. **52**, 1869 (1928b).

— Ein Spezialtisch für seitliche Aufnahmen des Beckens und der Lendenwirbelsäule im Stehen und im Liegen für geburtshilfliche, gynäkologische und orthopädische Zwecke und zur exakten Messung der Beckenneigung. Röntgenpraxis **1**, 278 (1929a).

— Röntgenuntersuchungen des knöchernen Bekkens im Profilbild. Exakte Messung der Bekkenneigung beim Lebenden. Zbl. Gynäk. **53**, 1064 (1929b).

Schumacher, P.: Zur röntgenologischen Beckenmessung. Zbl. Gynäk. **52**, 2208 (1928).

— Zur röntgenologischen Großenbestimmung des vorangehenden kindlichen Kopfes beim engen Becken. Zbl. Gynäk. **53**, 1110 (1929) und Arch. Gynäk. **138**, 77 (1929).

Schwarz, G. S.: Beckenmessung mit Röntgenstrahlen. Sitzungsber. der nordostdeutsch. Ges. für Gynäk. Zbl. Gynäk. **53**, 116 (1929).

— A simplified method of correcting roentgenographic measurements of the maternal pelvis and the fetal skull. Amer. J. Roentgenol. **71**, 115 (1954).

— Roentgenometric classification of cephalopelvic disproportion. Radiology **64**, 742 (1955a).

— The need for accuracy in obstetrical roentgenometry. Radiology **64**, 874 (1955b).

— Orthometric pelvimetry, its use in obstetrical roentgenometry. Bull. Sloane Hosp. Wom. N.Y. **1**, 69 (1955c).

— Advice for measuring circumferences on roentgenograms. Radiology **66**, 97 (1956a).

— An orthometric radiograph for obstetrical roentgenometry. Radiology **66**, 753 (1956b).

— Integration of cephalopelvimetry into an obstetric ward service. New Engl. J. Med. **255**, 598 (1956c).

— The use of an orthometric view in obsterical roentgenometry. Description of methods and clinical results. Radiology **66**, 753 (1956d).

— Comparison of pure pelvimetry with cephalopelvimetry. Bull. Sloane Hosp. Wom. N.Y. **3**, 9 (1957).

— F. H. Kirkpatrick and H. M. M. Tovell: Correlation of cephalopelvimetry to obstetrical outcome with spezial reference to radiologic disproportion. Radiology **67**, 854 (1956).

Sinn, L.: Ein neuer Fall von protrusio acetabuli mit geburtshilflicher Bedeutung. (Ein Beitrag zur geburtshilflichen Beckenmessung.) Röntgenpraxis **4**, 856 (1932).

Snow, W.: Clinical roentgenology of pregnancy. Springfield: Ch. C. Thomas 1942.

— Basic analysis of obstetric pelvis by roentgen study. Amer. J. Obstet. Gynec. **58**, 752 (1949).

— Roentgenology in obstetrics and gynecology. Springfield: Ch. C. Thomas 1952.

—, and F. Lewis: Simple technique and new instrument for roentgen pelvimetry. Amer. J. Roentgenol. **43**, 132 (1940).

Solomon, D. J.: Method of pelvic measurements. Amer. J. Surg. **72**, 552 (1946).

Spalding: Pelvic measurements by x-ray. Surg. Gynec. Obstet. **35**, 813 (1922).

Steele, K. B., and C. T. Javert: Roentgenography of obstetrical pelvis., combined isometric and stereoscopic technique. Amer. J. Obstet. Gynec. **43**, 600 (1942a).

— — Classification of the obstetric pelvis based on size, mensuration and morphology. Amer. J. Obstet. Gynec. **44**, 783 (1942b).

— M. A. Wing and C. M. McLane: A clinical evaluation of stereoroentgenography of the female pelvis. Amer. J. Obstet. Gynec. **35**, 938 (1938).

Steer, Ch. M.: X-ray pelvimetry and the outcome of labor. Amer. J. Obstet. Gynec. **76**, 118 (1958).

Strahm, A.: Die rontgenologische Messung der Conjugata vera mittels eines orthodiametrischen Meßinstrumentes nach H. Büchner. Zbl. Gynäk. **76**, 1903 (1954).

Sussman, W., and A. E. Colcher: X-ray pelvimetry in presentation of obstetrical complications and fetal salvage. In: La prophylaxie en gynécologie et obstétrique, Bd. I. Conférences et rapports du congr. internat. de gynécologie et d'obstétrique. Genéve 1954.

Swenson, P. C.: Evaluation of radiographic pelvimetric technics. Med. Clin. N. Amer. **32**, 1659 (1948).

Thoms, H.: Outlining the superior strait of pelvis by means of the x-ray. Amer. J. Obstet. Gynec. **4**, 257 (1922).

— Pelvimetry of the superior strait by means of the roentgen ray. J. Amer. med. Ass. **85**, 253 (1925a).

— A newly modified method for determining the area of the pelvic inlet by x-ray pelvimetry. Amer. J. Obstet. Gynec. **9**, 667 (1925b).

— The clinical significance of x-ray pelvimetry. Amer. J. Obstet. Gynec. **12**, 543, 599 (1926).

— X-ray pelvimetry. A simplified technic. Surg. Gynec. Obstet. **45**, 827 (1927).

— Lateral roentgenograms of the pelvis and the mensuration of the conjugata vera. N. Engl. J. Med. **200**, 829 (1929a).

— An new method of roentgen pelvimetry. J. Amer. med. Ass. **92**, 1515 (1929b).

— Fetal cephalometry in utero. Method for estimating occipitofrontal diameter, and statistical study of cephalic measurements in 149 unmolded heads. J. Amer. med. Ass. **95**, 21 (1930).

— Roentgen pelvimetry. Description of grid method and modification. Radiology **21**, 125 (1933a).

THOMS, H.: Pelvimetry-general considerations. Amer. J. Surg. **19**, 453 (1933b).
— Clinical significance of roentgenography in obstetrics. J. Amer. med. Ass. **102**, 602 (1934a).
— What is a normal pelvis? J. Amer. med. Ass. **102**, 2075 (1934b).
— The obstetric pelvis. Baltimore: Williams & Wilkins Company 1935a.
— Fetale cephalometry in utero and the determination of fetal maturity. Amer. J. Obstet. Gynec. **29**, 876 (1935b).
— X-ray measurement. Brit. med. J. **1936 II**, 1219.
— Newer aspects of pelvimetry. Amer. J. Surg. **35**, 372 (1937a).
— The uses and limitations of roentgen pelvimetry. Amer. J. Obstet. Gynec. **34**, 150 (1937b).
— Pelviscope-reducing apparatus for grid method of pelvimetry. Radiol. Clin. Photogr. **13**, 10 (1937c).
— Routine roentgenpelvimetry in 600 primiparous white women consecutively delivered at term. Amer. J. Obstet. Gynec. **37**, 101 (1939).
— The estimation of pelvic capacity. Amer. J. Surg. **47**, 691 (1940a).
— Discussion of roentgen pelvimetry and description of roentgen pelvimeter. Amer. J. Roentgenol. **44**, 9 (1940b).
— Roentgen pelvimetry as a routine prenatal procedure. Amer. J. Obstet. Gynec. **40**, 891 (1941a).
— The clinical application of roentgen pelvimetry and a study of the results in 1100 white women. Amer. J. Obstet. Gynec. **49**, 957 (1941b).
— Precision methods in cephalometry and pelvimetry. Amer. J. Obstet. Gynec. **46**, 753 (1943a).
— Roentgen pelvimetry; commentary. Surg. Gynec. Obstet. **77**, 153 (1943b).
— Outlet pelvimetry, commentary and presentation of pelvimeter for measuring „symphysis and sacral biparietal distance". Surg. Gynec. Obstet. **83**, 399 (1946a).
— Pelvic survey in obstetrics. Yale J. Biol. Med. **19**, 171 (1946b).
— Roentgenography and roentgenometry of the pelvis. J. Mt. Sinai Hosp. **14**, 653 (1947).
— Pelvimetry. New York: Hoeber-Harper 1956a.
— Routine x-ray pelvimetry. Obstet. Gynec. Surv. **8**, 745 (1956b).
—, and W. C. BILLINGS: Technique for routine pelvimetry with use of a single x-ray film. J. Amer. med. Ass. **160**, 448 (1956).
—, and C. B. CHENEY: Outlet pelvimetry. Results in measuring the symphysis-biparietal and sacral-biparietal diameters in 145 primiparous women. Surg. Gynec. Obstet. **89**, 67 (1949).
— W. R. FOOTE and I. FRIEDMAN: The clinical significance of pelvic variations. Roentgenographic study of 200 white primiparous women. Amer. J. Obstet. Gynec. **38**, 634 (1939).

THOMS, H., and W. W. GREULICH: The dimensions of the pelvic inlet of 789 white females. Anat. Rec. **72**, 45 (1938).
—, and P. C. SCHUHMACHER: The clinical significance of midplane pelvic contraction. Amer. J. Obstet. Gynec. **48**, 52 (1944).
—, and H. M. WILSON: Lateral roentgenometry of pelvis. Newly modified technic. Yale J. Biol. Med. **9**, 305 (1937).
— — Roentgen methods of routine obstetrical pelvimetry. Yale J. Biol. Med. **10**, 437 (1938).
— — Practical application of modern pelvimetric methods. Yale J. Biol. Med. **11**, 179 (1939).
— — The roentgenological survey of the pelvis. Yale J. Biol. Med. **13**, 831 (1941).
TORPIN, R.: Roentgen pelvimetry in labor by pelvic inlet grid method. Amer. J. Roentgenol. **47**, 717 (1942).
— Roentgen pelvimetric measurements of 3604 female pelves, white, negro and mexican, compared with direct measurements of Todd anatomic collection. Amer. J. Obstet. Gynec. **62**, 279 (1951).
— L. P. HOLMES and W. F. HAMILTON: A roentgen pelvimeter simplifying Thoms' method. Radiology **31**, 584 (1938).
TREPTOW, E., and A. M. LILIENFELD: A method of isometric pelvimetry with accurate outlet measurements. Amer. J. Obstet. Gynec. **59**, 125 (1950).
TRILLAT, P., et P. MAGNIN: Un nouvel appareil de radiopelvimétrie. Gynéc. et Obstét. **47**, 193 (1948).
URPI, R. M.: Pelvimetry in Costarica. Arch. Col. méd. El Salvador **7**, 84 (1954).
VALLE, J. R.: Tecnica e possibilita cliniche della roentgenpelvimetria secondo Thoms. Ginecologia (Turino) **6**, 390 (1940a).
— La roentgenpelvimetria secondo Thoms. Atti Soc. ital. Ostet. **36**, 613 (1940b).
WAHL, F. A.: Röntgen-Fernaufnahmen bei 6 Meter Fokusplattendistanz und ihre Bedeutung für die Geburtshilfe. Arch. Gynäk. **142**, 337 (1930).
— Wesentliche Meßfehler bei der mittels der röntgenologischen Beckenprofilaufnahme durchgeführten Größenbestimmung der Conjugata vera. Arch. Gynäk. **151**, 587 (1932).
— Einheitsmaßstab für die Röntgen-Vera. Neues Verfahren zur direkten Größenbestimmung. Arch. Gynäk. **158**, 755 (1934).
— Bestimmung der Querdurchmesser des Beckens aus dem Röntgenbild. Arch. Gynäk. **159**, 149 (1935).
— Ein neues Verfahren zur Größenbestimmung des kindlichen Kopfes aus dem Röntgenbild (Segmentär-Stereometrie). Arch. Gynäk. **167**, 155 (1938).
— Geburtshilfliche Röntgendiagnostik. Geburtsh. u. Frauenheilk. **1**, 459 (1939a).
— Spezialraster für die praktische Anwendung der Segmentärstereometrie. Arch. Gynäk. **168**, 1 (1939b).
— Bestimmung des Größenverhältnisses des kindlichen Kopfes zum mütterlichen Becken im Röntgenbild. Arch. Gynäk. **172**, 619 (1942).

Wahl, F. A.: Die Röntgenstrahlen in der Geburtshilfe. Leipzig: Georg Thieme 1943.

Wakeman, A. C. R.: A simple method of pelvimetry. Brit. J. Radiol. **29**, 459 (1956).

Walsh, J. W., St. L. Haas and M. E. McLean: Isometric pelvimetry. Amer. J. Obstet. Gynec. **68**, 674 (1954).

Walton, H. J.: Intrauterine roentgen cephalometry and pelvimetry. Amer. J. Roentgenol. **25**, 758 (1931a).

— Roentgenological pelvimetry and intrauterine cephalometry. Surg. Gynec. Obstet. **53**, 536 (1931b).

— Roentgen pelvimetry and cephalometry. Sth. med. J. (Bgham, Ala.) **25**, 1060 (1932).

Weber, P. W.: Röntgenographische Beckenmessung. Fortschr. Röntgenstr. **29**, 20 (1922).

Wegrad, H.: Eine Methode die Kindeslänge im Uterus durch Röntgenaufnahmen zu bestimmen. Zbl. Gynäk. **61**, 373 (1937).

Weinberg, A.: Midforceps operations. Indications for and results of 1000 cases based on pelviradiography and progress of labor. J. Amer. med. Ass. **146**, 1465 (1951).

— Radiologic estimation of pelvic capacity in obstetrics. Obstet. gynec. Surv. **7**, 455 (1952).

— Radiological estimation of pelvic expansion. J. Amer. med. Ass. **154**, 822 (1954).

—, and S. J. Scadron: The value of pelvioradiography in the management of dystocia. Amer. J. Obstet. Gynec. **46**, 245 (1943).

— — Value and limitations of pelvioradiography in management of dystocia, with special reference to midpelvic capacity. Amer. J. Obstet. Gynec. **52**, 255 (1946).

Weitzner, S. F.: Simple roentgenographic method for accurately determining true conjugata diameter of pelvis. Amer. J. Obstet. Gynec. **30**, 126 (1935).

Wiegel, O.: Ergebnisse röntgenologischer Fruchtlängenmessungen. Zbl. Gynäk. **78**, 1295 (1956).

Wieland, H.: Über eine einfache Technik der Beckenmessung und Messungen am übrigen Skelett. Radiol. clin. (Basel) **23**, 257 (1954a).

— Bemerkungen zur Arbeit von K. Zimmer: Standardisierung der geburtshilflichen Röntgendiagnostik durch vereinfachte Veramessung. Geburtsh. u. Frauenheilk. **14**, 458 (1954b)

Wiessmann, A.: Die röntgenologische Bestimmung des geraden Durchmessers des Beckens. Fortschr. Ther. **17**, 279 (1941).

Williams, E. R.: Radiologic diagnosis of disproportion. Brit. J. Radiol. **16**, 173 (1943).

—, and H. G. Arthure: Further radiologic studies in investigation of obstetric disproportion with special reference to contracted pelvic outlet. J. Obstet. Gynaec. Brit. Emp. **56**, 553 (1949).

—, and L. G. Phillips: Value of antenatal radiological pelvimetry. (A comperative survey of the prediction and event in 300 succesive pelvimetric studies at Queen Charlott's Maternity Hospital). J. Obstet. Gynaec. Brit. Emp. **53**, 125 (1946).

Wilson, A. K.: A simplified method of roentgen pelvicephalometry. Amer. J. Roentgenol. **59**, 688 (1948).

Wolf, B. S., and R. Loevinger: Practical telepelvimetry. Radiology **63**, 220 (1954).

Worm, M.: Zur röntgenologischen Längenbestimmung des Kindes in utero. Fortschr. Röntgenstr. **85**, 320 (1956).

Wormser, B.: Über die Verwendung der Röntgenstrahlen in der Geburtshilfe. Beitr. Geburtsh. Gynäk. **3**, 353 (1900).

Zeitz, H.: Vereinfachte röntgenologische Pelvimetrie. Arch. Gynäk. **183**, 548 (1953).

Zimmer, K.: Standardisierung der geburtshilflichen Röntgendiagnostik durch vereinfachte Veramessung. Geburtsh. u. Frauenheilk. **13**, 1013 (1953).

Zsebök, Z.: Neue Röntgenmethode zur Bestimmung von Länge und Entwicklungsgrad des intrauterinen Fetus. Zbl. Gynäk. **79**, 1295 (1957).

5. Sella- und Schädelmessung

Bei der Radiometrie des Schädels und der Sella turcica müssen im Hinblick auf die Aufnahmetechnik und Auswertung zwei Gruppen von Meßmethoden unterschieden werden: 1. Größenbestimmungen und proportionale Messungen von Objekten in verschiedenen Ebenen und 2. proportionale Messungen und Winkelbestimmungen in gleicher filmparalleler Ebene. Für die letzte Gruppe ist die Aufnahmetechnik in bezug auf den Röhrenabstand völlig gleichgültig und die Werte verschiedener Untersucher können ohne Kenntnis der Aufnahmetechnik untereinander verglichen werden. Für die erste Gruppe ist die Aufnahmetechnik jedoch von ausschlaggebender Bedeutung. Selbst bei Mitteilungen des benutzten Röhrenabstandes sind hier die Werte verschiedener Untersucher nicht vergleichbar, wenn nicht zugleich auch der Abstand Objekt—Film angegeben wird (Objekt—Tisch + Tisch—Film!). Da letzteres praktisch nie der Fall ist, muß leider gesagt werden, daß alle bisherigen zum Teil recht ausführlichen und an großem Material vorgenommenen Größenmessungen statistisch nicht verwertbar sind und nur vom Untersucher selbst als relative Vergleichsmaße seines Untersuchungsmaterials verwendet werden können. Hierin liegt auch die Ursache für die unterschiedlichen Resultate vieler Autoren gerade bei der Sellamessung.

Größenbestimmungen und proportionale Messungen von Objekten in verschiedenen Ebenen

Im Hinblick auf das oben Dargelegte ist die strenge Forderung zu erheben, daß die Meßwerte bei Schädelmessungen in absoluten Maßen angegeben werden oder besser noch auf dem Film gleich die absoluten Maße gemessen werden. Alle Angaben über die Aufnahmetechnik erübrigen sich dann von selbst und die Maße verschiedener Autoren sind vergleichbar. Da das Messen absoluter Maße auf Schädelaufnahmen bei jeder beliebigen Aufnahmetechnik und jedem beliebigen Röhrenabstand spielend leicht möglich ist, ist es unverständlich, daß immer noch mit den nicht vergleichbaren verzeichneten Maßen gearbeitet wird.

Die folgenden Tabellen 4 und 5 zeigen deutlich, wie stark die vergrößerten Maße von Patient zu Patient und von Aufnahmetechnik zu Aufnahmetechnik gegenüber den absoluten Maßen schwanken.

Dies trifft auch für Quotienten und Indices zu, falls deren anatomische Substrate nicht in gleicher filmparalleler Ebene liegen.

Schädelaufnahmen werden meist aus einem relativ kleinen Röhrenabstand von 70 bis 100 cm angefertigt. Unter Verwendung eines Flachblendentisches beträgt der Objekt-Filmabstand für die Medianebene des Schädels bei der seitlichen Übersichtsaufnahme die halbe Schädelbreite + Abstand Tischoberfläche—Film, das sind unter Annahme einer mittleren Schädelbreite im allgemeinen $8 + 6 = 14$ cm. Tabelle 4 zeigt die Größenschwankungen einer absoluten Sellafläche von 100 mm² in Abhängigkeit von Focus-Filmabstand und Objekt-Filmabstand. Es sind die Aufnahmetechnik auf dem

Tabelle 4. *Größenschwankungen einer absoluten Sellafläche von 100 mm² in Abhängigkeit von der Aufnahmetechnik und der Schädelform*

Aufnahmetechnik Objektabstände (A, B)	Röhrenabstände			
	150 cm	100 cm	80 cm	70 cm
Mit Buckyblende A	121	135	147	156
14 cm B 12 cm	118	128	138	145
Ohne Buckyblende A	113	120	126	132
9 cm B 7 cm	110	115	120	123

Tabelle 5. *Größenschwankungen des Quotienten Hirnfläche/Ventrikelfläche in Abhängigkeit von der Aufnahmetechnik*
(Absolute Hirnfläche = 100 cm², absolute Ventrikelfläche = 3 cm²; Quotient = 33,3)

Aufnahmetechnik Objektabstände	Röhrenabstände			
	150 cm	100 cm	80 cm	70 cm
Mit Buckyblende Hirnfläche 20 cm, Ventrikelfläche 15 cm über Film	30,7	29,5	29,2	28,2
Ohne Buckyblende Hirnfläche 15 cm, Ventrikelfläche 10 cm über Film	31,2	29,7	27,9	27,1

Flachblendentisch mit bewegter Flachblende und die Aufnahmen mit unmittelbar dem Kopf anliegender Kassette zueinander in Vergleich gesetzt. Es sind außerdem zwei Patienten mit verschiedener Kopfform bzw. Kopfbreite angenommen: Ein Patient A mit einem biparietalen Durchmesser von 16 cm und ein anderer Patient B mit einem Durchmesser von 12 cm. Für den Abstand Tischoberfläche—Film sind 6 cm eingesetzt. Die absolute Sellafläche von 100 mm² schwankt je nach der Aufnahmetechnik und Kopfform zwischen 110 mm² und 156 mm². Aber auch beim gleichen Untersucher und gleichbleibender Aufnahmetechnik kann die gleiche Sellafläche von 100 mm² beim einen Patienten zu 156 mm² und bei einem anderen Patienten zu 145 mm² verzeichnet werden.

Ein Index oder ein Quotient, dessen anatomische Substrate am Schädel nicht in der gleichen filmparallelen Ebene liegen, wird ebenfalls durch die wechselnde Aufnahmetechnik entstellt und damit für die exakte Statistik unbrauchbar. Tabelle 5 gibt hierfür

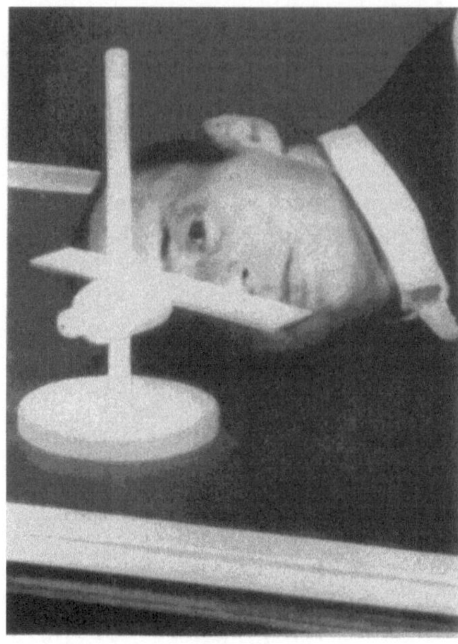

Abb. 52. Lagerung des Patienten und Einstellung der Teststrecke zur Orthodiametrie für die Sellamessung

ein Beispiel. Der Quotient Hirnfläche/Ventrikelfläche der a.- p.- Aufnahme eines Encephalogramms (Rennert 1952) ist mit 33,3 angenommen, wobei eine absolute Hirnfläche von 100 cm² und eine absolute Ventrikelfläche von 3 cm² vorausgesetzt wurde. Auch dieser Quotient schwankt von Aufnahmetechnik zu Aufnahmetechnik, da die Ebene der dargestellten Hirnfläche näher am Film liegt als die Ebene der gefüllten Vorderhörner. Selbst bei gleichbleibender Aufnahmetechnik wäre der Quotient von Patient zu Patient bei wechselnder Kopflänge Schwankungen unterworfen. Unter Beibehaltung der verschiedenen Aufnahmetechniken, der wechselnden Röhrenabstände, jedoch unter Mitphotographieren eines Vergleichsmaßstabes in Objektebene würde in Tabelle 4 und 5 an Stelle der verschiedenen Maße jedesmal der Wert 100 mm² bzw. 33,3 stehen. Das gleiche gilt auch für die lineare Relation Ventrikelbreite/querer Schädeldurchmesser. Davidoff und Dyke (1946) haben für diese Relation einen Quotienten von 0,16—0,29 als normal angegeben und Orley (1949) eine Schwankung des normalen Quotienten von 0,2—0,25. Beide Angaben beruhen auf Aufnahmen aus 29 Zoll bzw. 70 cm Röhrenabstand. Die relativ große Schwankungsbreite ist vermutlich auf den kurzen Röhrenabstand und die Benützung der vergrößerten Maße zurückzuführen.

Neben den später noch zu besprechenden Sellawinkeln werden an der Sella im allgemeinen folgende Maße bestimmt: Die *Sellalänge* als die Verbindungslinie zwischen Tuberculum sellae und Dorsum, entsprechend dem Diaphragma sellae, die *Sellatiefe* senkrecht zu obiger Verbindungslinie Tuberculum—Dorsum bis zum tiefsten Punkt des Sellabodens und der größte anteroposteriore *Selladurchmesser* als die größte Weite des Türkensattels parallel zur Länge und senkrecht

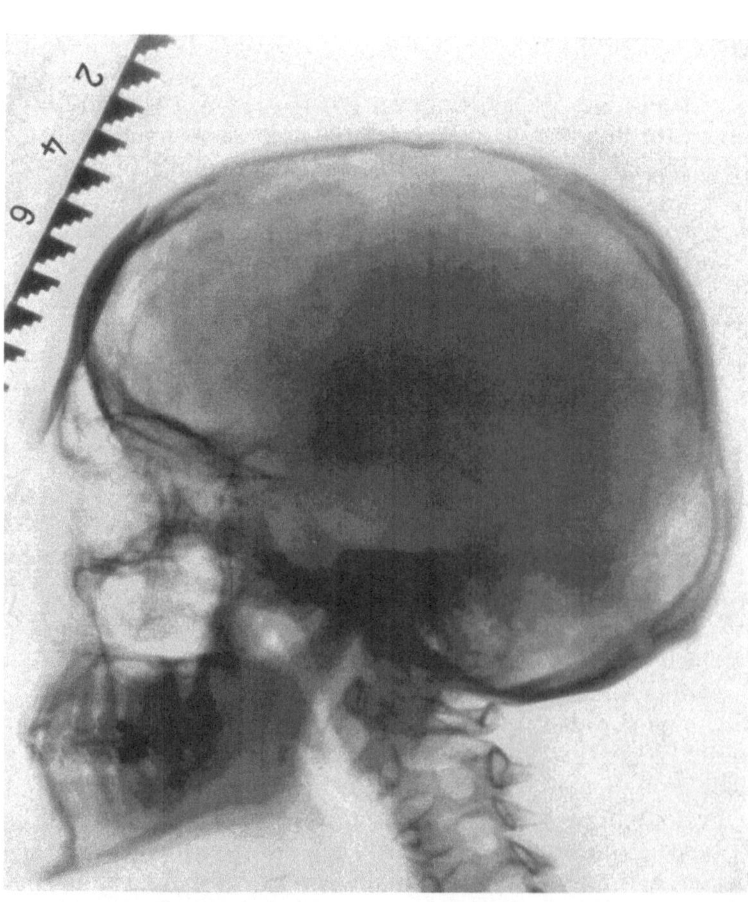

Abb. 53. Meßaufnahme eines Hypophysentumors

zur Tiefe. Er zieht etwa durch die Sellamitte. Die *Sellafläche* wird von der knöchernen Kontur der Sella und von der Verbindungslinie Tuberculum—Dorsum begrenzt.

SCHALTENBRAND (1953) und NÜRNBERGER (1955) haben das von anderen Messungen her schon bekannte Spaltblendenverfahren (ALBERS-SCHÖNBERG 1905) zur Schädelmessung vorgeschlagen. Mit einem schlitzförmig ausgeblendeten Strahlenbündel wird dabei der Schädel abgefahren. In Verschiebungsrichtung der Röhre, d. h. senkrecht zur Spaltrichtung und parallel zur Bewegungsrichtung des Spaltes, findet dabei keine Röntgenvergrößerung statt. In allen anderen Richtungen ist die Aufnahme jedoch mehr oder weniger stark vergrößert.

JEWETT hat schon 1920 die Fernaufnahme zur Schädelmessung vorgeschlagen. Diese Technik wird auch heute noch vereinzelt benützt, obwohl sie, wie Tabelle 4 und 5 zeigen, auch keine exakt vergleichbaren Maße liefert. Es herrscht die weitverbreitete Meinung, daß ein so kleines Objekt wie die Sella, wenn man es zudem noch im Zentralstrahl darstellt, bei einer Focusdistanz von 1 m bereits praktisch mit parallelen Strahlen dargestellt werde und daher keine Vergrößerung erleide, wohingegen die Peripherie des Schädels selbstverständlich stark vergrößert werde. Wie auf S. 4 bewiesen, ist diese Ansicht jedoch irrig. Ganz gleich, welchen Röhrenabstand man benützt, die

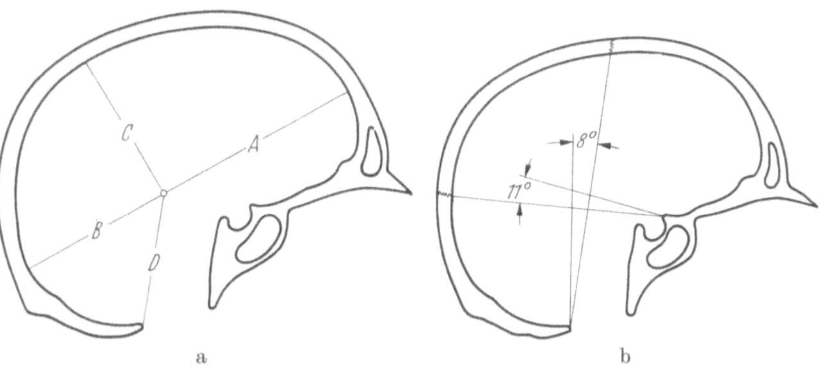

Abb. 54a u. b. Lokalisation des Corpus pineale mittels Streckenmessung (a) (VASTINE und KINNEY) und Winkelmessung (b) (FRAY)

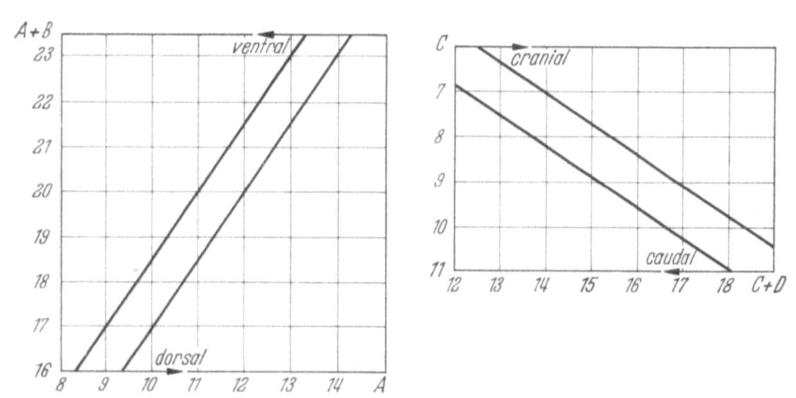

Abb. 55. Meßkarten zur Lokalisationsmethode von VASTINE und KINNEY

kleine Sella wird im Zentralstrahl genauso stark vergrößert wie die Zirkumferenz des Schädels oder irgendeine andere Strecke weit außerhalb des Zentralstrahls.

Mit der Sellamessung im Speziellen haben sich besonders HAAS (1925, 1954), LORENZ (1949, 1958) und BERGERHOFF (1952, 1956) befaßt. Untersuchungen und Tabellen über die Entwicklung der Sella und über den wachsenden Schädel stammen von GORDON und BELL (1923, 1925, 1936), STEINERT (1928), SARTORIUS (1929), SCHULZE (1931), BRILL (1933), KOVÁCS (1934), BERGERHOFF und HÖBLER (1953), BERGERHOFF und MARTIN (1954), ACHESON (1954), HAAS (1954), UNTERBERG (1956) und von SILVERMAN (1957). Dreidimensionale Messungen am Schädel zur Bestimmung der *Schädelkapazität* haben FUCHS und BAYER (1954) mittels Schichtaufnahmen und BERGERHOFF (1957) mittels der Ellipsoidformel vorgenommen. Nach FUCHS und BAYER ist mit einem zur Herzvolumenbestimmung entwickelten Meßverfahren mittels Schichtaufnahmen die Bestimmung des Schädelvolumens möglich. Die Beziehung zwischen Kapazität und Länge des Schädels hat MACKINNON (1955) untersucht.

Es wurde oben dargelegt, daß man bei Schädelmessungen nur vergleichbare und statistisch verwertbare Resultate erhält, wenn man mit den unverzeichneten Maßen

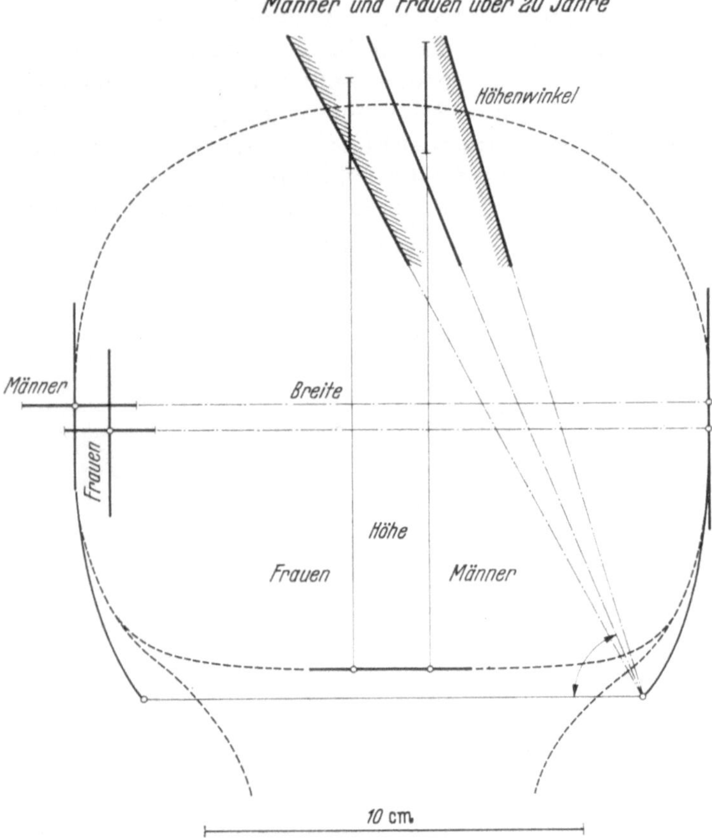

Abb. 56. Meßblatt für die sagittale Schädelübersichtsaufnahme nach BERGERHOFF

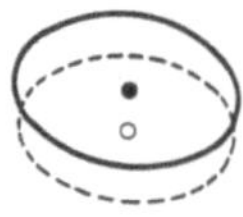

Abb. 57. Meßblätter für die seitliche Schädelübersichtsaufnahme nach BERGERHOFF

arbeitet. Wir benützen daher auch für die linearen Sella- und Schädelmessungen die Teststrecke zur Orthodiametrie (1953) ebenso wie für die Planimetrie des Schädels und des Encephalogramms (1954). Zur Sellamessung und zu Abstandsmessungen in der Medianebene des Schädels (Bestrahlung von Hypophysentumoren) wird die Teststrecke bei der seitlichen Schädelaufnahme entlang des Nasenrückens aufgestellt (Abb. 52 und 53). Hierdurch hat man nicht nur die Gewähr, daß sie sicher in der Medianebene liegt, sondern auch eine Gewähr dafür, daß der Patient nach entsprechender Aufforderung seine Nase an der Skala läßt und damit die exakt vorgenommene seitliche Schädeleinstellung beibehält. Ein Großteil der seitlichen Schädel- und Sellaaufnahmen ist bekanntlich verkantet, weil die Patienten unmerklich den Kopf verdrehen.

Zur Ausmessung des Encephalogramms wird die Teststrecke jeweils in der Ebene der zu messenden Ventrikelfläche mitphotographiert. Bei der seitlichen Aufnahme in Hinterhauptslage kommt sie in vertikaler Skalenstellung filmparallel in die Medianebene. Ihr Nullpunkt berührt die Tischoberfläche. Auf der Aufnahme ist dann leicht die Höhe der Luftfüllung der Vorderhörner über Tisch abzulesen. In dieser Höhe über Tisch wird die Teststrecke auf der a.- p.- Aufnahme dann filmparallel mitphotographiert. Sie liegt in gleicher Höhe mit der auszumessenden Luftansammlung.

Sellamessung und Schädelmessung mittels mitphotographierten Vergleichsmaßstabs in Stichworten:

a) Streckenmaße.
  1. Maßstab filmparallel in der Objektebene. (Bei Sellamessung an Nasenrücken und Stirn anliegend.)
  2. Normale seitliche Schädelaufnahme.
     Röhrenabstand
     Objektabstand ⎱ ohne jede Bedeutung
     Zentralstrahl
     Maßstabrichtung
  3. Sellamaß oder Schädelmaß auf dem Film abgreifen und auf das Filmbild des Maßstabes übertragen = absolutes Maß.

b) Flächenmaße.
  1. Maßstab filmparallel in der Objektebene. (Bei Sellamessung an Nasenrücken und Stirn anliegend, bei Ventrikelmessung in Höhe der Luftfüllung.)
  2. Normale seitliche Schädelaufnahme bzw. normales Encephalogramm.
     Röhrenabstand
     Objektabstand ⎱ ohne jede Bedeutung
     Zentralstrahl
     Maßstabrichtung
  3. n cm (10 cm) des Maßstabbildes auf dem Film mit normalem Maßstab messen.
  4. Gemessene Länge durch n (10) teilen und Resultat ins Quadrat erheben.
  5. Gemessene Filmfläche mit diesem Faktor reduzieren = absolute Fläche.

Proportionale Messungen und Winkelbestimmungen in gleicher filmparalleler Ebene

Für die folgenden Bestimmungen ist das Projektionsverhältnis der Aufnahme im Gegensatz zu den Messungen des vorangegangenen Abschnitts bedeutungslos, solange die Meßstrecken und beide Schenkel der Winkel in gleicher filmparalleler Ebene liegen. Hierher gehören vor allem die Methoden zur Bestimmung der Verlagerung bzw. Verdrängung des Corpus pineale, die Größenbestimmung der Sella mittels Winkel, die Verlagerung des 4. Ventrikels und der Hirngefäße sowie die Form- und Größenbeurteilung des Gesamtschädels mittels Winkel. Eine Zusammenstellung dieser Methoden aus dem angloamerikanischen Schrifttum mit Anleitung zu ihrer praktischen Durchführung findet man in dem Atlas der Röntgenbildmessung von LUSTED und KEATS (1959). Die älteste Methode zur Lokalisation des Corpus pineale ist die von VASTINE und KINNEY (1927). Sie wurde von DYKE (1930) etwas modifiziert und die normale Zone um einige Millimeter nach ventral verlegt. Abb. 54 und 55 zeigen diese Methode.

FRAY (1938) bestimmt die Lage des Corpus pineale durch zwei Winkel. Die a.- p.-Verlagerung fällt dabei außerhalb der Schenkel eines Winkels von 8^0, dessen Scheitel am dorsalen Rand des Foramen magnum (Opisthion) liegt und dessen ventraler Schenkel zum Scheitel der Kranznaht zieht. Die kranio-caudale Verlagerung fällt außerhalb eines Winkels von 11^0, dessen Scheitel in der Basis der Processus clinoidei anteriores liegt und dessen caudaler Schenkel zum Scheitel der Lambdanaht zieht (Abb. 54b).

Mit *Winkelmessungen* am Schädel haben sich besonders LORENZ (1949, 1958), BERGERHOFF u. Mitarb. (1952—1958) und PANKOW (1951) befaßt. BERGERHOFF (1952) hat sowohl für die Beurteilung des gesamten Gehirnschädels als auch vor allem für die Größen- und Formbeurteilung der Sella von der Projektion unabhängige Meßmethoden mit Winkel angegeben und für diese Winkel eine Gesetzmäßigkeit statistisch nachgewiesen. Die in Abb. 56 und 57 gezeichneten Meßblätter nach BERGERHOFF sind mit $^1/_2$ ihrer natürlichen Größe wiedergegeben. Auf transparentes Material reproduziert und auf die doppelte Größe gebracht, können sie direkt zum Messen von Schädelaufnahmen verwendet werden. Das Meßblatt für das Sagittalbild wird mit der Verbindungslinie der Spitzen der Warzen-

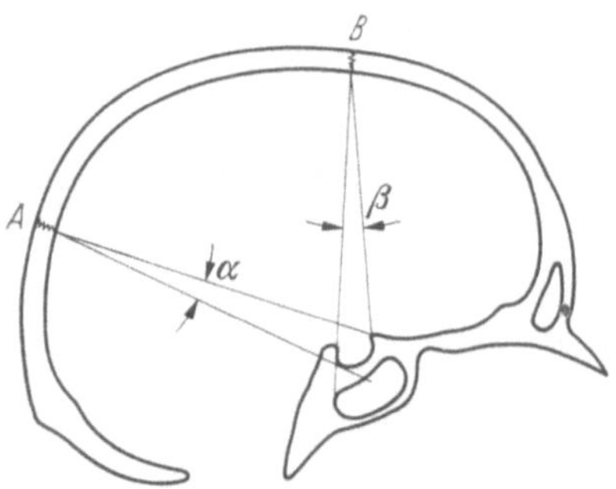

Abb. 58. Die Sellawinkel
nach BERGERHOF

fortsätze an die Schädelaufnahme entsprechend angelegt.
Durch horizontales Verschieben auf dieser Linie werden
der Höhenwinkel vom linken Warzenfortsatz aus und
die Schädelhöhe in der Medianlinie gemessen. Die Streubreiten dieser beiden Maße sind in der Zeichnung angedeutet. Abb. 57 zeigt die ebenfalls auf die Hälfte der
natürlichen Größe verkleinerten Meßblätter für die seitlichen Schädelaufnahmen getrennt nach Geschlecht.
Punkt A liegt im Tuberculum sellae und die Strecke AB
zieht entlang der Basis der vorderen Schädelgrube. Die
Punkte C—F liegen dann alle in der Diploe des Schädeldachs. Innerhalb des Streukreises C muß der Scheitel
der Kranznaht liegen, innerhalb D der Scheitel der
Lambdanaht, innerhalb E
der Confluens sinuum in der
Ebene des Tentoriums und
innerhalb des Streukreises F
das Planum nuchae.

Aus der Abweichungsart
und der Abweichungsrichtung der außerhalb der
Streukreise fallenden Punkte
des Schädeldaches ist die
Art und Größe der Schädeldeformierung leicht zu erkennen. Neben den Strecken-
und Flächenmessungen sind
die *Sellawinkel* BERGER
HOFFs (1952, 1956) zur
Form- und Größenbeurteilung besonders geeignet.
Am seitlichen Schädelbild
werden die Winkel gemessen, unter welchen die Sellalänge und Sellatiefe von
Fixpunkten auf dem Schädeldach aus erscheinen.
Als Fixpunkte dienen der
Scheitel der Lambdanaht
(Lambdawinkel α) und der
Scheitel der Kranznaht
(Kranzwinkel β). Der eine
Schenkel dieser Winkel zieht
jeweils durch das Tuberculum, der andere wird als
Tangente an den Innenrand
des Dorsum bzw. des Sellabodens gelegt (Abb. 58).
Die gemessenen Winkel werden in nach Altersgruppen
getrennte Meßblätter eingetragen, aus denen die

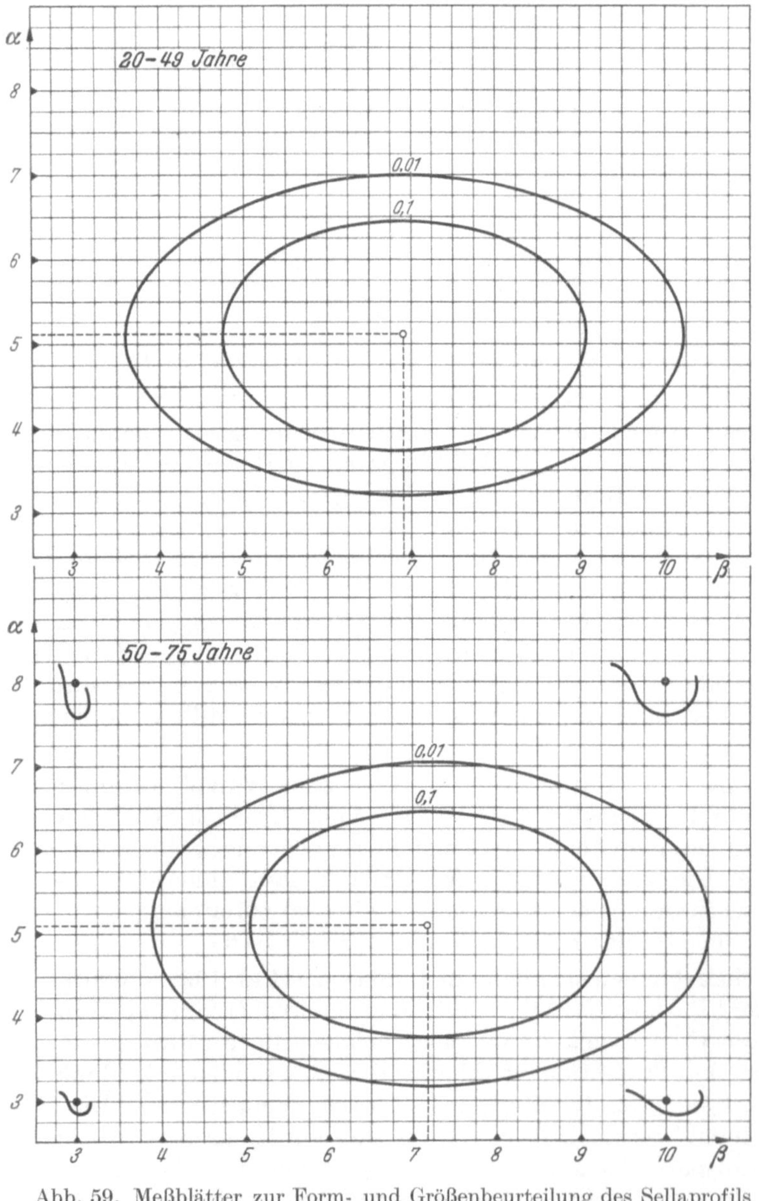

Abb. 59. Meßblätter zur Form- und Größenbeurteilung des Sellaprofils
nach BERGERHOFF

Normalwerte (innerhalb der inneren Ellipse), die mit 90% Sicherheit als pathologisch anzusehenden Werte (Randzone zwischen innerer und äußerer Ellipse) und die sicher pathologischen Werte (außerhalb der äußeren Ellipse) zu erkennen sind (Abb. 59).

Literatur

ACHESON, R. M.: Radiographic determination of the growth of the pituitary fossa in pre-school children. Brit. J. Radiol. 27, 298 (1954).
— Measuring pituitary fossa from radiographs. Brit. J. Radiol. 29, 76 (1956).
ANZILOTTI, A.: Semiologia radiologica dell'ipofisi. Nunt. radiol. (Firenze) 18, 513 (1952).
BERGERHOFF, W.: Messungen von Winkeln und Strecken an Rontgenbildern des Schädels. Fortschr. Röntgenstr. 77, 62 (1952a).
— Mediciones del craneo en rediographias. Fol. clín. int. (Barcelona) 2 (1952b).
— Wachstum und Bauplan des Schädels im Röntgenbild. Fortschr. Röntgenstr. 79, 745 (1953).
— Beurteilung von Form und Größe des Hirnschädels im Rontgenbild auf mathematisch statistischer Grundlage. Homo 5, 42 (1954).
— Metrische Röntgenuntersuchung an der Basis des Skelettschädels. Fortschr. Röntgenstr. 82, 505 (1955a).
— Statistische Untersuchungen der Schädelbasis am submentovertikalen Röntgenbild. Acta neurochir. (Wien) Suppl. 3, 67 (1955b).
— Über röntgenologische Sellamessungen. Fortschr. Röntgenstr. 85, 695 (1956).
— Über die Bestimmung der Schädelkapazität aus dem Röntgenbild. Fortschr. Röntgenstr. 87, 176 (1957).
— Über die meßtechnische Beurteilung der basilaren Impression im Röntgenbild. Zbl. Neurochir. 18, 149 (1958).
—, u. W. ERNST: Messungen von Winkeln und Strecken am submento-vertikalen Röntgenbild der Schädelbasis. Fortschr. Röntgenstr. 82, 509 (1955).
—, u. W. HÖBLER: Messungen von Winkeln und Strecken am Röntgenbild des Schädels von Kindern und Jugendlichen. Fortschr. Röntgenstr. 78, 190 (1953).
—, u. A. MARTIN: Messungen von Winkeln und Strecken am Röntgenbild des Schädels von Säuglingen und Kleinkindern. Fortschr. Röntgenstr. 80, 742 (1954).
—, u. R. STILZ: Die Beugung der Schädelbasis im Röntgenbild. Fortschr. Röntgenstr. 80, 618 (1954).
BOBER, H.: Röntgenaufnahmen der Sella turcica. Die Bedeutung der Sellaaufnahme für Konstitutionsmedizin und Anthropologie. Fortschr. Röntgenstr. 54, 386 (1936).
BOKELMANN, O.: Die spezielle Anatomie der Sella turcica und ihre klinische Bedeutung für die Erkennung der Hypophysengröße, zugleich ein Beitrag zur Frage der Beziehungen der Hypophysengröße, sowie Größe und Form der Sella zum anatomischen und funktionellen Hypogenitalismus. Fortschr. Röntgenstr. 49, 364 (1934).
BRILL, L.: Vergleichende Messungen der Sella turcica im Kindesalter. Mschr. Kinderheilk. 57, 1 (1933).
BRUNI, E.: Studi dell'indagine radiologica della sella turcica con il relievo grafico. Clinica (Bologna) 8, 607 (1942).
BÜCHNER, H.: Eine Sellamessung mit Hilfe orthodiametrischer Meßinstrumente. Fortschr.-Röntgenstr. 77, 483 (1952).
— Methodische und kritische Betrachtungen zur Röntgenplanimetrie. Fortschr. Röntgenstr. 78, 732 (1953).
— Zum Problem der Schädelmessung. Röntgenblätter 12, 139 (1959).
—, u. D. KUKLA: Die absolute Größe der Sella turcica als Maßstab für die Entwicklungsstufe der Hypophyse. Klin. Mbl. Augenheilk. 124, 529 (1954).
—, u. H. WIELAND: Zur Planimetrie des Schädels und des Encephalogramms. Arch. Psychiat. Nervenkr. 191, 388 (1954).
BULL, J. W. D., W. L. NIXON and R. T. C. PRATT: The radiological criteria and familiar occurence of primary basilar impression. Brain 78, 229 (1955).
BUSI, A., e R. BALLI: Saggio di uno studio di anatomia normale descrittiva e radiografica della selle turcica e dei suvi annessi. Boll. Soc. med. chir. Modena 13, 49 (1910/11).
CAMP, J. D.: The normal and pathologic anatomy of the sella turcica as revealed at necropsy. Radiology 1, 65 (1923).
— The normal and pathologic anatomy of the sella turcica as revealed by roentgenographs. Amer. J. Roentgenol. 12, 143 (1924).
— The sella turcica. The significance of changes in its roentgenographic appearence. J. Amer. med. Ass. 86, 164 (1926).
CARDILLO, F., e R. BOSSI: La determinazione radiologica della capacita della sella turcica (Esperienza stratigrafiche). Radiol. med. (Torino) 28, 1 (1941).
CARSTENS, M.: Die Selladiagnostik. Fortschr. Röntgenstr. 71, 257 (1949).
CHAMBERLAIN, W. E.: Basilar impression (Platybasia). Yale J. Biol. Med. 11, 487 (1939).
CRINIS, M. DE, u. W. RÜSKEN: Bestimmung und diagnostische Verwertung der Lageveränderungen des Epiphysen- (Zirbeldrüsen-) Schattens im seitlichen Röntgenbild. Fortschr. Röntgenstr. 59, 401 (1939).
DAVIDOFF, L. M., and C. G. DYKE: The pneumoencephalographic appearance of hemangioblastoma of the cerebellum. Amer. J. Roentgenol. 44, 3 (1940).

DYKE, C. G.: Indirect signs of brain tumor as noted in routine roentgen examinations. Displacement of the pineal shadow. Amer. J. Roentgenol. **23**, 598 (1930).

ENFIELD, C. D.: The normal sella. J. Amer. med. Ass. **79**, 934 (1922).

ENHUEI, W., Y. HSI-P'ING, W. K'O-CH'I and Y. CHI: Roentgen measurements of normal chinese skull with a study on non pathological intracranial calcification. Chin. med. J. **74**, 137 (1956).

FITZGERALD, D. P.: The pituitary fossa and certain skull measurement. J. anat. physiol. **44**, 231 (1910).

FRAY, W. W.: Study of effect of skull rotation on roentgenological measurements of pineal gland. Radiology **27**, 433 (1936).

— Roentgenological study of pineal orientation. Comparison of proportional and graphic method in absence of tumor of the brain. Arch. Neurol. Psychiat. (Chicago) **38**, 1199 (1937).

— A roentgenological study of pineal orientation. A comparison of methods used in pineal orientation. Amer. J. Roentgenol. **39**, 899 (1938).

FUCHS, G., u. O. BAYER: Eine radiologische Methode zur Bestimmung der Schädelkapazität. Radiol. Austriaca 8, 51 (1954).

GEFFEN, A.: A new ruler-graph for localization of pineal body. Amer. J. Roentgenol. **73**, 118 (1955).

GOLDFARB, B.: Über das Verhältnis der Fossa pituitaria zum gesamten Gehirnschädel. Lek. Rozhl. (1918). Ref. Neurol. Zbl. **38**, 657 (1919).

GORDON, M., and L. BELL: A roentgenographic study of the sella turcica in normal children. Endocrinology 7, 52 (1923).

— — A roentgenographic study of the sella turcica in abnormal children. Endocrinology 9, 265 (1925).

— — Further roentgenographic studies of the sella turcica in abnormal children. J. Pediat. 9, 781 (1938).

GRABER, T. M.: A critical review of clinical cephalometric radiography. Amer. J. Orthodont. **40**, 1 (1954).

GUARINI, C.: Lo „Schädelquadrant" del Dott. Kriser. Radiol. med. (Torino) **1924**.

HAAS, L.: Über die Bestimmung der Größe der Sellaprojektion. Gyogyaszat **1925** a, 846.

— Erfahrungen auf dem Gebiet der radiologischen Selladiagnostik. Fortschr. Röntgenstr. **33**, 419 469 (1925b).

— Über die Bestimmung der Größe der Sellaprojektion. Z. ges. Neurol. Psychiat. **100**, 612 (1926).

— Einzelheiten aus der Röntgendiagnostik der Sella turcica. Fortschr. Röntgenstr. **50**, 465, 468 (1934).

— Roentgenological skull measurements and their diagnostic applications. Amer. J. Roentgenol. **67**, 197 (1952).

— The size of the sella turcica by age and sex. Amer. J. Roentgenol. **72**, 755 (1954).

JEWETT, C. H.: Teleroentgenography of the sella turcica with observations on one hundred cases. Amer. J. Roentgenol. **7**, 352 (1920).

KNOX, R.: Cranial radiography: 1. The radiography of the sella turcica. Arch. Radiol. Electrother. **28**, 161 (1923).

KÖHLER, A.: Technique de l'exploration radiographique de la sella turcica pour le diagnostic des tumeurs de l'hypophyse. J. radiol. (1909).

KOVÁCS, A.: Untersuchungen über die Sellagröße nach Haas bei Kindern und Erwachsenen. Fortschr. Röntgenstr. **50**, 469 (1934).

—, u. E. GOTH: Sellagröße und Hypophysenfunktion. Fortschr. Röntgenstr. **88**, 211 (1958).

KRÜGER, D. W., u. R. WESSELY: Die praktische Bedeutung der Schädelmessung nach Bergerhoff. Wien. Z. Nervenheilk. 8, 231 (1954).

LOEPP, W., u. R. LORENZ: Röntgendiagnostik des Schädels. Stuttgart: Georg Thieme 1954.

LÖW-BEER, A.: Zur Beurteilung der Größen- und Formvarianten des Türkensattels im Röntgenbild. Endocrinology 5, 170 (1929).

LORENZ, R.: Zur Lagebestimmung der verkalkten Glandula pinealis im Röntgenbild. Fortschr. Röntgenstr. **61**, 338 (1940).

— Zwei neue Meßmethoden der Sella turcica im Röntgenbild durch Auswertung ihrer Beziehung zur Schädelbasis und Schädelhöhe. Fortschr. Röntgenstr. **71**, 373 (1949).

— Gedanken zur Sellamessung. Zbl. Neurochir. 18, 110 (1958).

MACKINNON, I. L.: The relation of the capacity of the human skull to its roentgenological length. Amer. J. Roentgenol. **74**, 1026 (1955).

— J. A. KENNEDY and T. V. DAVIES: The estimation of skull capacity from roentgenological measurements. Amer. J. Roentgenol. **76**, 303 (1956).

MAKROHISKY, F. J., R. E. PAUL, P. M. LIN and H. M. STAUFFER: The diagnostic importance of normal variants in deep cerebral phlebography. Radiology **67**, 34 (1956).

MARK, W. H., P. M. MCPHERSON and W. H. SWEET: A new method for correcting distorsion in cranial roentgenograms. With special reference to a new human stereotactic instrument. Amer. J. Roentgenol. **17**, 435 (1954).

MARTINO, L.: Nuova technica di determinazione della sede dei corpi radiopachi endocranici a mezzo di un metodo cranio-metro-localizzatore. Arch. Radiol. (Napoli) **26**, 3 (1950).

— La cuffia elastica cranio-metro-localizzatrice. Boll. Soc. ital. Biol. sper. 27, 1264 (1951a).

— Metodica per la trasformazione della sagoma cranica in diagramma cartesiano. Boll. Soc. ital. Biol. sper. 27, 243 (1951b).

MASLOVSKY, G. K.: Règles pour la mensuration de la selle turcique sur les clichées. Vestn. Rentgenol. Radiol. **25**, 140 (1941). Ref. Zbl. Radiol. **34**, 248 (1942).

MAYER, E. G.: Über Selladiagnostik. Radiol. Austriaca **3**, 77 (1950).

MCGREGOR, M.: The significance of certain measurements of the skull in diagnosis of basilar impression. Brit. J. Radiol. **21**, 171 (1948).

Nürnberger, S.: Über die Größenbestimmung der Sella turcica. Fortschr. Röntgenstr. **83**, 63 (1955).

Pankow, G.: Le rapport entre l'inclinaison de la base du crane et le retard de la maturation constitutionelle chez l'homme. Ann. Méd. **52**, 820 (1951).

Poppel, M. H., H. G. Jacobson, B. K. Duff and Ch. Goltlieb: Basilar impression and platybasia in Paget's disease. Radiology **61**, 639 (1933).

Reich, H. W.: Hypophyseometrie I. Fortschr. Röntgenstr. **53**, 674 (1936a).

— Hypophyseometrie II. Fortschr. Röntgenstr. **54**, 381 (1936b).

Reinert, H.: Beitrag zur röntgenologischen Selladiagnostik. Fortschr. Röntgenstr. **35**, 553 (1927).

Rennert, H.: Grundsätzliches zur Planimetrie des Encephalogramms sowie zur einfachen Betrachtung von Schädelröntgenbildern. Arch. Psychiat. Nervenkr. **188**, 390 (1952).

Sartorius, W.: Über die Möglichkeit einer objektiven Größenbeurteilung der Sella turcica im Kindesalter. Mschr. Kinderheilk. **45**, 259 (1929).

Schaltenbrand, G.: Orthoroentgenography. Amer. J. Roentgenol. **70**, 114 (1953).

Schulze, E.: Zur röntgenologischen Messung der Sellagröße im Kindesalter. Arch. Kinderheilk. **93**, 173 (1931).

Silverman, F. N.: Roentgen standards for size of the pituitary fossa from infancy through adolescence. Amer. J. Roentgenol. **78**, 451 (1957).

Steiert, A.: Über die kindliche Sella turcica, ihre normale Entwicklung und ihr Verhalten bei einer Reihe von abnormen Zuständen. Fortschr. Röntgenstr. **38**, 339 (1928).

Stenvers, H. W.: Die Röntgenologie des Felsenbeines und des bitemporalen Schädelbildes. Berlin: Springer 1928.

Sutton, D.: Radiological assessment of normal aqueduct and 4th ventricle. Brit. J. Radiol. **23**, 208 (1950).

Tagaki: Über die Deutung und Messung des röntgenologischen Schattens des Türkensattels und der in seiner Nähe sich zeigenden Schatten. Mitt. med. Fak. Tokyo **32**, 251 (1925).

Tönnis, W., u. W. Bergerhoff: Die praktische Bedeutung röntgenologischer Schädelmessungen für die Klinik. Nervenarzt **25**, 253 (1954).

Twining, E. W.: Radiology of third and fourth ventricle. Brit. J. Radiol. **12**, 385 (1939).

Unterberg, A.: Sellamessung und Sellaformbestimmung bei Kindern im Alter bis zu 14 Jahren. Mschr. Kinderheilk. **104**, 46 (1956).

Vastine, J. H., and K. K. Kinney: Pineal shadow as aid in localization of brain tumors. Amer. J. Roentgenol. **17**, 320 (1927).

Wolff, M.: Die Ausmessung von Röntgenaufnahmen des Schädels unter besonderer Berücksichtigung der gezielten Operationen und der Koagulation des Ganglion semilunare. Fortschr. Röntgenstr. **77**, 679 (1952).

Woringer, E., et Gernez, A.: L'artériogramme cérébral; essay de définition des frontières de l'artériogramme carotidien normal et de ses variations. Presse méd. **56**, 881 (1948).

6. Knochenmessungen

Mit den Fortschritten auf dem Gebiet der Knochennagelungen und der plastischen Knochenchirurgie (korrigierende Osteotomien) hat sich in neuerer Zeit ein weiteres Gebiet der Radiometrie am Skelet abgegrenzt, für welches eigene Meßmethoden entwickelt wurden. Es ist zunächst nicht ersichtlich, warum Größenbestimmungen an den langen Röhrenknochen ein eigenes radiometrisches Problem darstellen. Warum können die Meßmethoden, die zu anderen Messungen am Skelet bereits bekannt waren (Beckenmessung, Schädelmessung, Schenkelhalsmessung), nicht ohne weiteres benützt werden? Zwei Hindernisse stehen dem entgegen, ein scheinbares und ein wirkliches. Das scheinbare Hindernis ist die hier schon oft zitierte, weitverbreitete, aber irrige Meinung von der Bedeutung des Zentralstrahls beim Messen mit Röntgenstrahlen und das wirkliche Hindernis ist die zu große Länge des Objektes. Die in vielen Meßmethoden zum Ausdruck kommende Auffassung von der Bedeutung des Zentralstrahls hat Herzog (1958) mit folgenden Worten treffend wiedergegeben: „Echte Fehlerquellen bei der Fernaufnahme können bei mangelhafter Aufnahmetechnik entstehen, nämlich wenn die Röntgenröhre nicht genau in der Hälfte des Objektes senkrecht zu seiner Längsachse steht." Man ist also der Auffassung, daß gerade bei großen Objekten der senkrecht auf dem Film stehende Zentralstrahl die Meßstrecke halbieren soll. Bei der Besprechung der Geometrie des Röntgenbildes wurde auf S. 4 mit Abb. 2 jedoch bewiesen, daß bei einem filmparallelen Objekt dem Zentralstrahl keinerlei Bedeutung zukommt.

Mit anderen Worten: Der Zentralstrahl braucht beim Messen mit Röntgenstrahlen mit ganz wenigen Ausnahmen überhaupt nicht beachtet zu werden. Diese Ausnahmen sind die Lokalisation eines Objektes gegenüber einem bestimmten Hautpunkt oder anderem

Fixpunkt innerhalb des Körpers, sowie die Längen- und Winkelbestimmungen einer unbekannt im Raum stehenden Strecke. Es ist nicht der Zentralstrahl, der bei der Radiometrie — und darüber hinaus übrigens auch ganz allgemein bei der Röntgenprojektion — eine Rolle spielt, sondern der Vertikalstrahl. Auf diese an sich elementare Tatsache findet man weder in der radiometrischen Literatur, noch in den allgemeinen radiologischen Lehrbüchern und Abhandlungen einen Hinweis. Lediglich HENDERSON, CHESTER und DEALLER (1955) haben bei der Besprechung der Aufnahmetechnik zur Lokalisation von Blasentumoren sich hierüber klar geäußert und wörtlich gesagt: "It is the perpendicular ray that is important and not the 'central ray' as is often assumed. The latter implies the ray through the center of the tube aperture which will only be the perpendicular ray if the tube is accurately level and if the anode is central with the tube aperture."

Unter Vertikalstrahl versteht man den senkrecht auf den Film (oder den Leuchtschirm) auftreffenden Strahl des Gesamtstrahlenkegels, der nur bei filmparallel eingestellter Röhrenachse mit dem Zentralstrahl identisch ist. Je nach dem Grad und der Richtung der Röhrenneigung kann jeder Strahl des aus der Röhre austretenden Strahlenbündels zum Vertikalstrahl werden, wogegen der Zentralstrahl unabhängig von der Röhrenneigung stets die Achse des Strahlenkegels bildet. Diese Verhältnisse sind aus dem Beispiel der Längenmessung eines Unterschenkels ersichtlich (Abb. 6, S. 8).

Ist der Fußpunkt des Vertikalstrahls und damit die Lage des Objektes zu diesem Strahl festgelegt, so ist damit die Stellung des Röhrenfocus festgelegt und eine Kippung der Röhre um eine durch den Röhrenfocus gehende Achse ändert an der Projektion nichts mehr. Mit der Angabe der Stellung des Vertikalstrahls zum Objekt entfallen somit alle weiteren Angaben über die Röhrenneigung, wogegen mit den Angaben über die Stellung des Zentralstrahls stets auch eine Winkelangabe verbunden sein muß.

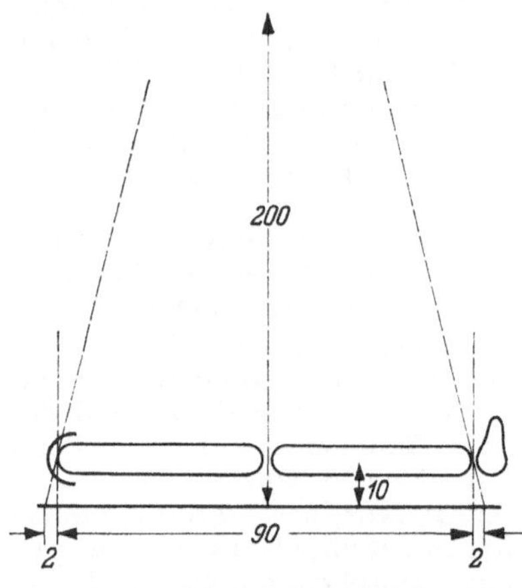

Abb. 60. Mehrere Zentimeter Meßfehler bei der Fernaufnahme eines ganzen Beines

Aus dem oben Dargelegten werden die bisher zur Messung einer ganzen Beinlänge vorgeschlagenen Methoden erst verständlich. Man kann sie in 4 Gruppen teilen: a) Fernaufnahme, b) Spaltblendenverfahren (Skanographie), c) orthoradiographische Verfahren ohne oder mit Vergleichsmaßstab außerhalb der Objektebene und d) Aufnahmen mit Vergleichsmaßstab in der Objektebene (Isometrie).

a) Fernaufnahmen

In ihrer Anwendung zum Messen der langen Röhrenknochen wurde die Fernaufnahme erstmals von HICKEY (1924) beschrieben. BERTRAND und TRILLAT (1948) haben für eine Femurlänge von 35 cm 7—8 mm Meßfehler angegeben. Dies entspricht bei einem Abstand des Femur zum Film von 10—11 cm jedoch einem Röhrenabstand von 5 m. Mit der Fernaufnahme aus 2 m ergeben sich bei einer Gesamtlänge von 90 cm 40 mm Meßfehler (Abb. 60), wenn die Maße nicht umgerechnet werden, wie es PUJATAS (1954) vorschlägt, oder wenn nicht ein Vergleichsmaßstab in der Objektebene mitphotographiert wird. Vom letzten Vorgehen sagt allerdings TAILLARD (1956) — ohne eine Begründung anzugeben — bei der Besprechung der einzelnen Meßmethoden zur Messung der langen Röhrenknochen, daß es nicht die gewünschte Genauigkeit biete. Ein Nachteil der Fernaufnahme ist außerdem die Verwendung übergroßer Filmformate. Seit der Festlegung der genormten Formate für Film, Kassetten und Rahmen ist eine inzwischen auch statistisch gesicherte Zunahme der menschlichen Durchschnittsgröße in den einzelnen Altersklassen eingetreten. Der Femur oder die Tibia eines 18jährigen Patienten sind heute um einige Zentimeter länger als zu Beginn der Röntgenära. Nicht nur bei Meßaufnahmen, sondern auch bei der

Stellungskontrolle bei chirurgischen oder orthopädischen Fällen wird das Filmformat 15×40 oder 20×40 cm als zu kurz empfunden. Es wäre daher zu begrüßen, wenn sich die Industrie einmal mit der Frage der Einführung eines Extremitätenformats mit 50 cm Länge beschäftigen würde. Das gleiche „Herauswachsen aus dem alten Format" erleben wir ja auch bei Lungenaufnahmen, wo der 35×35 cm große Lungenfilm in vielen Fällen deutlich zu klein geworden ist und in den angelsächsischen Ländern schon lange das entsprechend größere Zollformat benützt wird.

b) Spaltblendenverfahren (Skanographie)

Das von ALBERS-SCHÖNBERG (1905) zuerst für die Herzmessung beschriebene Verfahren, bei welchem die Meßstrecke unter kontinuierlicher Belichtung mit einem schmalen Spalt abgefahren wird, wurde von MILLWEE (1937) für die Knochenmessung erstmalig angewandt. GILL (1944) hat die praktische Durchführung ebenfalls beschrieben. HERZOG (1958) hat das Verfahren als „Rollmeßbild" neu beschrieben (Abb. 61).

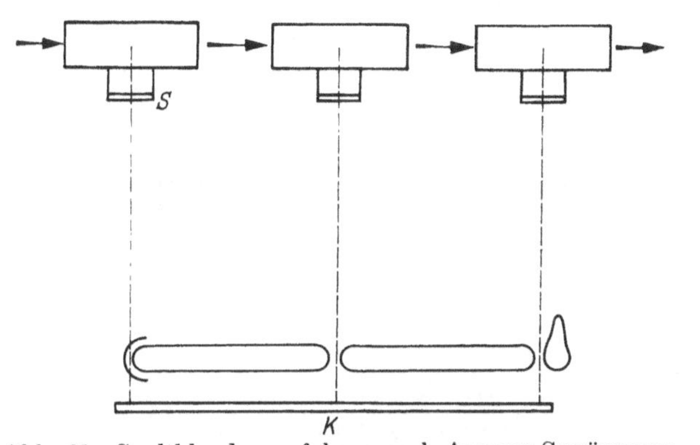

Abb. 61. Spaltblendenverfahren nach ALBERS-SCHÖNBERG   Abb. 62. Orthoradiographie

Mit dem Spaltblendenverfahren ist die Knochenlänge exakt zu messen. Nachteile des Verfahrens sind jedoch der dazugehörige technische Aufwand, die mangelnde Bildqualität, welche die Aufnahmen nur zum Messen verwertbar macht, das übergroße Filmformat und die Unmöglichkeit, auch in einer anderen Richtung als der Knochenlängsrichtung messen zu können (Markraum, Schenkelhals).

c) Orthoradiographische Verfahren ohne oder mit Vergleichsmaßstab außerhalb der Objektebene

Diese Methoden waren bisher am verbreitetsten. Sie arbeiten mit getrennten Aufnahmen der die Meßstrecke begrenzenden Gelenke. Die einzelnen Gelenke werden orthogonal, d.h. mit dem Vertikalstrahl dargestellt, entweder auf einem großen Film oder auf getrennten kleineren Filmen. Bei Verwendung eines großen Films (20/96 cm oder 30/90 cm) braucht kein Maßstab mitphotographiert zu werden. Es kann auf dem Film direkt gemessen werden (Abb. 62). Bei Verwendung von getrennten kleineren Filmformaten muß die fehlende Kontinuität des Filmes durch einen mitphotographierten Maßstab ersetzt werden.

Da der Maßstab nicht in der Ebene des Objektes mitphotographiert wird, muß man sich darüber klar sein, daß er ohne Gefahr nur als Ersatz für die fehlende Kontinuität des Filmes benutzt werden kann. Er ist bei Verwendung eines langen Filmes daher überflüssig und führt bei Verwendung getrennter Filme bei Fehleinstellungen der Röhre (Vertikalstrahl neben dem Gelenkspalt) zu Meßfehlern (Abb. 63).

Bei einer Fehleinstellung im Hüftgelenk von 5 cm, was leicht möglich ist und auf dem Film nicht immer erkannt werden kann, resultiert bei der Aufnahme aus 100 cm bis zum nächsten exakt eingestellten Gelenk ein Meßfehler von 5 mm. Die Orthoradiographie mit

Vergleichsmaßstab außerhalb der Objektebene erfordert daher, ob sie nun mit einem Film oder mit getrenntem Film durchgeführt wird, ob mit oder ohne Kassettentunnel, in jedem Fall eine exakte Röhreneinstellung. Man muß sich außerdem darüber klar sein, daß man mit einem unmittelbar über dem Film mitphotographierten Maßstab auf dem Film die gleichen vergrößerten Maße erhält wie mit einem gewöhnlichen und billigeren (!) Meßlineal beim direkten Ausmessen des Filmes. Die einzelnen Methoden der Orthoradiographie unterscheiden sich wenig voneinander. Sie sind alle gleich exakt, solange richtig zentriert wurde, und geben alle den gleichen Fehler bei mangelhafter Zentrierung der Röhre (MERILL 1942, GREEN, WYATT und ANDERSON 1946, GOLDSTEIN und DREISINGER 1950. SANDAA 1952, FARILL 1953, KUNKLE und CARPENTER 1954, TAILLARD 1956).

Eine Mittelstellung zwischen diesen orthoradiographischen Verfahren und den folgenden Methoden der *Isometrie* nimmt das erst kürzlich vorgeschlagene Meßverfahren von PIZON (1959) ein. Geht die zu messende Extremität auf einen Film, so tastet PIZON den äußersten Punkt des Trochanter major, des lateralen Femurcondylus oder des Außenknöchels ab, mißt diese Strecke und setzt sie in Beziehung zur korrespondierenden, vergrößerten Strecke auf dem Film, wodurch er einen Umrechnungsfaktor für die Filmmaße bekommt. Beim Erwachsenen müssen jedoch schon zur Bestimmung der Femurlänge zwei Filme genommen werden. Hier befestigt PIZON etwa in der Mitte des Femur auf der Außenseite und in Höhe der Verbindungslinie Trochanter—Condylus eine Bleimarke. Die beiden Filme werden so gelegt, daß sich diese Marke auf beiden darstellt. Es werden zwei Aufnahmen angefertigt, eine mit Einstellung der Röhre über der oberen und eine mit Einstellung über der unteren Hälfte des Knochens. Beim Ausmessen müssen die Filme dann so gelegt werden, daß sich die beiden Markenbilder decken, was PIZON allerdings nicht erwähnt, worauf wir jedoch hinweisen möchten, da sonst ein Meßfehler von mehreren Zentimetern entsteht. Eine

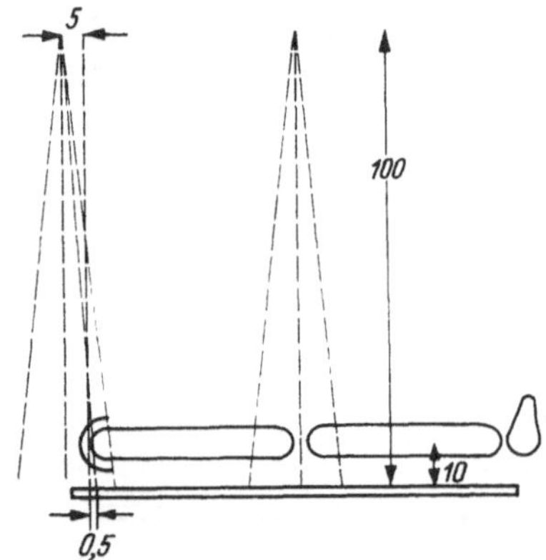

Abb. 63. Meßfehler durch Fehleinstellung bei der Orthoradiographie

weitere mindestens ebenso große Fehlermöglichkeit sehen wir in der Unmöglichkeit. klinisch und röntgenologisch zwischen Trochanter und Condylus *korrespondierende* Meßstrecken abzugrenzen. Man lasse einmal mehrere Untersucher klinisch durch Tastbefund die Distanz Trochanter—Condylus feststellen und man wird erkennen, daß die Ergebnisse einzelner Untersucher um mehrere Zentimeter differieren.

d) Aufnahmen mit Vergleichsmaßstab in der Objektebene (Isometrie)

Wird der Vergleichsmaßstab nicht unmittelbar über dem Film (Dach des Kassettentunnels, Tischplatte) oder auf der Haut des Patienten mitphotographiert, sondern jeweils in der Objektebene (Gelenkmitte), so brauchen überhaupt keine orthoradiographischen Aufnahmen angefertigt zu werden und eine ungenaue Einstellung der Röhre führt zu keinem Meßfehler, da der Maßstab in gleichem Maße verprojiziert wird wie das Gelenk (BÜCHNER 1959). Auf diesen Überlegungen beruht unsere eigene Meßmethode.

Von jedem Gelenk werden auf getrennte, kleine Filmformate die auch sonst üblichen Standardaufnahmen angefertigt (Abb. 64). Das Hüftgelenk wird aus dem üblichen Focus-Filmabstand von 120—150 cm mit bewegter Flachblende aufgenommen, das Kniegelenk aus 100 cm und mit 5° Röhrenneigung auf einen Folienfilm mit Kassette unmittelbar unterhalb des Kniegelenks und das Sprunggelenk auf einen folienlosen Film ebenfalls aus 100 cm Focus-Filmabstand. Die Aufnahmen unterscheiden sich somit weder in ihren Belichtungsdaten und in ihrer Bildgüte, noch in ihrer Projektion von den Standardaufnahmen. Bei jeder Aufnahme wird der Vergleichsmaßstab (Teststrecke zur Orthodiametrie) in der Objektebene mitphotographiert (Abb. 65; T_1, T_2, T_3). Der Maßstab steht in den Aussparungen eines Verlängerungsuntersatzes (Abb. 64 und $U—U$ in Abb. 65) und wird von Gelenk zu Gelenk jeweils um einen bekannten und später auf dem Film erkennbaren Betrag weitergerückt. Es kann dabei so vorgegangen werden, daß jedes Gelenk bzw. jede Extremität gesondert aufgenommen wird — für beide Beine also 6 Aufnahmen — oder es werden unbeschadet der Meßgenauigkeit nur 3 Aufnahmen angefertigt. Im letzten Fall besteht die Meßaufnahmeserie für beide Beine aus einer Beckenübersicht, einer Aufnahme beider Kniegelenke in einem Strahlengang und einer Aufnahme beider Sprunggelenke in einem Strahlengang. Der Maßstab wird dabei auf einer beliebigen Seite angeordnet.

Auf den Filmen sind die in den Verlängerungsuntersatz eingelassenen Verlängerungswerte $+0+10+20\cdots+100$ ablesbar. Das in Gelenkhöhe auf dem Film abgelesene Maß

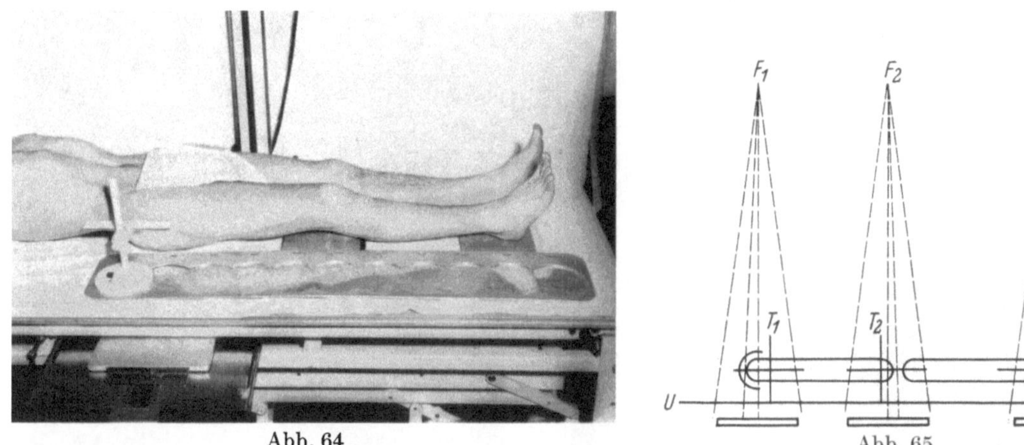

Abb. 64

Abb. 64. Aufnahmetechnik zur Messung einer ganzen Extremität. Lagerung des Patienten und Anordnung der Filme

Abb. 65. Aufnahmetechnik zum Messen einer ganzen Extremität. T_1, T_2, T_3 Stellung der Teststrecke zur Orthodiametrie bei den drei Aufnahmen. $U—U$ Verlängerungsuntersatz zur Teststrecke

ist jeweils um die dem Skalenwert 10 nächststehende Verlängerungszahl zu vermehren. In Abb. 66 beträgt das Maß, das die Tangente an die Gelenkfläche des medialen Femurcondylus anzeigt, $7,2+60=67,2$ cm. Von diesem Maß sind 18 cm abzuziehen, da auf der Aufnahme des Hüftgelenks nicht der Nullpunkt der Teststrecke, sondern der Wert 18 in Höhe des Femurkopfes stand. Analog beträgt die gesamte Beinlänge bis zur Spitze des Außenknöchels $108,6—18=90,6$ cm.

Die Aufnahmetechnik und die Meßtechnik zur Messung einer halben Extremität, etwa des Unterschenkels, wurde eingangs im Kapitel über die Geometrie des Röntgenbildes bereits beschrieben. Es war dabei betont worden, daß die Röhrenneigung nach Einstellung des Focus über einem bestimmten Objektpunkt weder auf das Messen, noch auf die Röntgenprojektion einen Einfluß hat. So wäre es in Abb. 6, S. 8, zur noch besseren Darstellung des Kniegelenkes z.B. möglich, die Röhre zunächst um etwa 5⁰ nach *kranial* zu neigen und so weit unterhalb des Kniegelenkes einzustellen, daß der Zentralstrahl durch das Kniegelenk geht. Hierdurch wird der Strahlengang im Kniegelenk parallel zu der leicht geneigten Gelenkfläche des Tibiakopfes. Nach dieser Einstellung wie zur normalen Aufnahme eines Kniegelenks wird die Röhre nach *caudal* herumgeschwenkt, bis das Gesamtobjekt so ausgeblendet wird, wie es die Abb. 6 zeigt. Der Zentralstrahl zeigt dann zum distalen Unterschenkel. *Trotzdem wird das Kniegelenk so dargestellt, als ob es im Zentralstrahl läge*, denn für die Röntgenprojektion ist nicht der Zentralstrahl, sondern der *Vertikalstrahl* ausschlaggebend. Der Vertikalstrahl steht in diesem Fall etwa zwei Handbreit unterhalb des Kniegelenks und bleibt auch dort, gleichgültig, wohin man den Zentralstrahl schwenkt. Diese Meßtechnik, bei der mit einer Belichtung ein ganzer Femur oder ein ganzer Unterschenkel auf einem oder beim Erwachsenen auf zwei Filme dargestellt und exakt ausgemessen werden kann, wird immer wieder unnötig kompliziert dargestellt, wie der oben erwähnte Vorschlag Pizons zeigt.

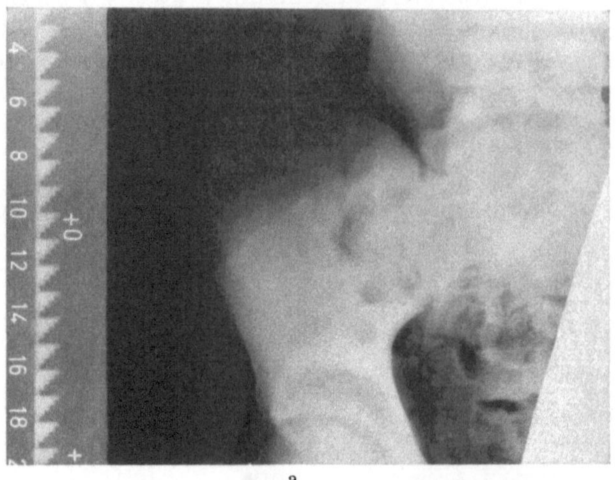

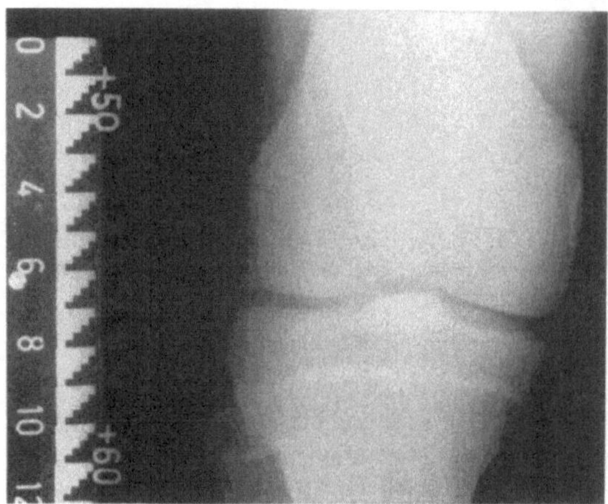
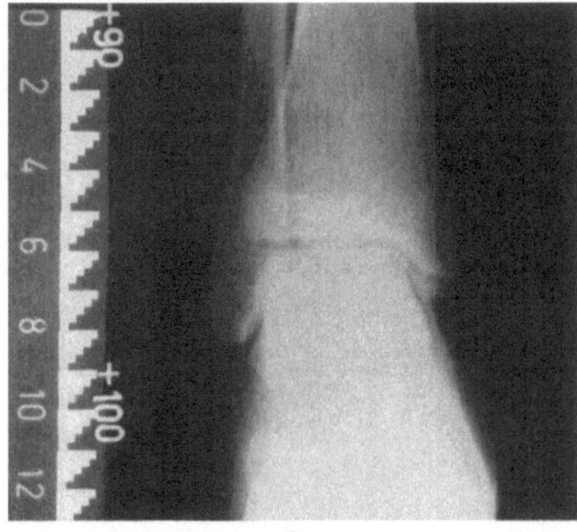

Abb. 66 a—c. Meßaufnahmen zur Bestimmung der Beinlänge

Knochenmessungen mittels mitphotographierten Maßstabs in Stichworten:

a) Mittels 1 Aufnahme auf 1 Film (Knochen allgemein).
   1. Maßstab filmparallel in mittlerer Knochenhöhe (Objektebene).
   2. Röhrenfocus über proximales Gelenk oder beliebig.
   3. Normale Extremitätenaufnahme, Wirbelsäulenaufnahme usw.

Röhrenabstand
Röhrenneigungswinkel
Objektabstand   } ohne jede Bedeutung
Zentralstrahl
Maßstabrichtung

   4. Meßstrecke auf dem Film einzeichnen.
  5a. Meßstrecke kürzer als 20 cm: Auf dem Film abgreifen und auf Maßstab übertragen = absolutes Maß.
  5b. Meßstrecke länger als 20 cm: 10 cm des Filmbildes des Maßstabes abgreifen (Zirkel, Papierkante) und Meßstrecke damit abschreiten. Reststrecke abgreifen und auf Maßstabbild übertragen. Abgeschrittene Strecke + abgegriffene Reststrecke = absolutes Maß.

b) Mittels 1 Aufnahme auf 2 Filme (halbe Extremität).
   1. 1 Film (Kassette) proximal und 1 Film (folienlos) distal, sich in der Mitte um etwa 3 Querfingerbreite überschneidend.

2. Maßstab filmparallel in mittlerer Knochenhöhe (Objektebene) derart, daß er sich auf beiden Filmen abbildet.
3. Röhrenfocus über proximales Gelenk oder beliebig.
4. Normale Extremitätenaufnahme (Belichtung für Kassette).

Röhrenabstand
Röhrenneigungswinkel
Objektabstand ⎫ ohne jede Bedeutung
Zentralstrahl
Maßstabrichtung

5. Fertige Filme so aneinanderkleben, daß sich korrespondierende Maßstabwerte beider Filme decken.
6. Wie unter a) 4.
7. Wie unter a) 5 b.

c) Mittels mehrerer Aufnahmen auf mehrere Filme (ganze Extremität).
1. Patient lagern wie zu Beckenübersicht, beide Kniegelenke a.-p., beide Sprunggelenke a.-p. bzw. Schulter, Ellenbogen und Handwurzel ventro-dorsal.
2. Maßstab in Hohe Trochanter major neben das Hüftgelenk filmparallel und parallel zur Meß-richtung.
3. Normale Beckenübersichtsaufnahme.
4. Maßstab um bekannten Betrag zum Kniegelenk weiterschieben und in Höhe Gelenkmitte parallel zur Meßrichtung einstellen. (Benützung des Verlangerungsuntersatzes zur Teststrecke.)
5. Normale Kniegelenksaufnahme (auch mit 5° Röhrenneigung).
6. Maßstab um bekannten Betrag zum Sprunggelenk weiterschieben und in Höhe des Außen-knöchels parallel zur Meßrichtung einstellen.
7. Normale Sprunggelenksaufnahme. Für alle 3 Aufnahmen gilt:

Röhrenabstand
Röhrenneigungswinkel ⎫ ohne jede Bedeutung
Objektabstand
Zentralstrahl

8. Auf der Beckenaufnahme Tangente an den Oberschenkelkopf senkrecht zur Skalenrichtung (Meßrichtung) und bis zum Maßstab verlängern = Wert A.
9. Auf der Kniegelenksaufnahme Tangente an den Femurcondylus senkrecht zur Skalenrichtung und bis zum Maßstab verlängern = Wert B + Verlängerungswert (Maßstabverschiebung zwischen Hüfte und Knie) = Wert C.
10. Auf der Sprunggelenksaufnahme Tangente an den Außenknöchel senkrecht zur Skalenrichtung und bis zum Maßstab verlängern = Wert D + Verlängerungswert (Maßstabverschiebung zwischen Hüfte und Sprunggelenk) = Wert E.
11. Femurlänge = Wert C — Wert A.
Ganze Beinlänge = Wert E — Wert A.

Literatur

ATTWOOD, C. J.: Measurement of the neck of the femur. Amer. J. Roentgenol. **67**, 993 (1952).

BERTRAND, P., et A. TRILLAT: Rev. Chir. orthop. **34**, 264 (1948).

BRUNT, E. VAN: A method of measuring the femoral neck in surgical treatment of fractures of the hip. Amer. J. Roentgenol. **76**, 1103 (1956).

BUDIN, E., and M. E. CHANDLER: Measurement of femoral neck anteversion. Radiology **69**, 209 (1957).

BÜCHNER, H.: Die Knochenmessungen für Chirurgie und Orthopädie. Ein röntgenologisches Problem? Chirurg **30**, 454 (1959).

CAFFEY, J., R. AMES, W. A. SILVERMAN, C. T. RYDER and G. HOUGH: Contradiction of congenital dysplasia-predislocation; hypothesis of congenital dislocation of hip through study of normal variation in acetabular angles at successive periods in infancy. Pediatrics **17**, 632 (1956).

CAFFEY, J., and S. ROSS: Mongolism (mongoloid deficiency) during early infancy—some newly recognized diagnostic changes in pelvic bones. Pediatrics **17**, 642 (1956).

FARILL, J.: Orthodiagraphic measurement of shortening of the lower extremity. Med. Radiogr. Photogr. **29**, 32 (1953).

GHANTUS, M. K.: Growth of the shaft of the human radius and ulna during the first two years of life. Amer. J. Roentgenol. **65**, 784 (1951).

GILL, G. G.: Simple roentgenographic method for measurement of bone length; modification of Millwee's method of slit scanography. J. Bone Jt. Surg. **26**, 767 (1944).

—, and L. C. ABBOTT: Practical method of predicting growth of femur and tibia in child. Arch. Surg. (Chicago) **45**, 286 (1942).

GOLDSTEIN, L. A., and F. DREISINGER: Spot orthoroentgenography; method for measuring length of bones of lower extremity. J. Bone Jt Surg. A **32**, 449 (1950).

GREEN, W. T., and M. ANDERSON: Experiences with epiphyseal arrest in correcting discrepancies in length of lower extremities in infantile paralysis; method of predicting effect. J. Bone Jt. Surg. 29, 659 (1947).

— G. M. WYATT and M. ANDERSON: Orthoroentgenography as method of measuring bones of lower extremities. J. Bone Jt. Surg. 28, 60 (1946).

HERZOG, K.: Das Rollmeßbild. Ein Röntgenmeßverfahren zur Längenbestimmung z. B. von Knochen. Chirurg 29, 397 (1958).

HICKEY, P. M.: Teleroentgenography as an aid in orthopedic measurements. Amer. J. Roentgenol. 11, 232 (1924).

JACKSON, H.: Diagnosis of minimal atlantoaxial subluxation. Brit. J. Radiol. 23, 672 (1950).

KUNKLE, H. M., and E. B. CARPENTER: A simple technique for x-ray measurements of limb-length discrepancies. J. Bone Jt. Surg. A 36, 152 (1954).

MARESH, M. M.: Linear growth of long bones of extremities from infancy through adolescence; continuing studies. Amer. J. Dis. Child. 89, 725 (1955).

MERILL, O. E.: Method for roentgen measurement of long bones. Amer. J. Roentgenol. 48, 405 (1942).

MESCHAN, I.: An atlas of normal radiographic anatomy. Philadelphia: W. B. Saunders Company 1951.

MILLWEE, R. H.: Slit scanography. Radiology 28, 483 (1937).

MÜLLER, M. E.: Ischiométrie radiologique. Rev. Chir. orthop. 42, 124 (1956).

— Zur Röntgendiagnostik der mechanischen Hüftgelenksverhältnisse. Radiol. clin. (Basel) 26, 344 (1957).

MUELLER, W. K., and J. M. HIGGASON: Spot scanography. Method of determining bone measurement. Amer. J. Roentgenol. 61, 402 (1949).

PIZON, P.: Mesure de la distance focale en radiodiagnostic. J. Radiol. Électrol. 40, 559 (1959).

PUJATAS, M.: A method of measuring the length of the bones. J. int. Coll. Surg. 22, 308 (1954).

ROSEN, H., and H. SANDICK: The measurement of tibiofibular torsion. J. Bone Jt. Surg. A 37, 847 (1955).

SANDAA, E.: Orthoroentgenographic measurements of long bones. Acta orthop. scand. 22, 76 (1952).

SCHALTENBRAND, G.: Orthoroentgenography. Amer. J. Roentgenol. 70, 114 (1953).

TAILLARD, W.: Die röntgenologischen Methoden zur Messung der langen Röhrenknochen. Z. Orthop. 88, 151 (1956).

WIELAND, H.: Über eine einfache Technik der Beckenmessung und Messungen am übrigen Skelett. Radiol. clin. (Basel) 23, 257 (1954).

7. Größenbestimmungen an anderen Organen

Gegenüber den bisherigen Hauptanwendungsgebieten der radiometrischen Größenbestimmung treten die übrigen Anwendungsgebiete an Bedeutung weit zurück. Gleichgültig, was im Einzelfall mittels Durchleuchtung oder Aufnahme gemessen werden soll, es ist immer eine der in den speziellen Abschnitten geschilderten Meßmethoden anwendbar.

Im unmittelbaren Anschluß an die Meßmethoden zur Bestimmung der langen Röhrenknochen wäre hier vor allem die *Markraummessung* und die *Schenkelhalsmessung* zur Vorausbestimmung der Nagelbreite und der Nagellänge zu erwähnen. Zur Bestimmung der engsten Stelle des Markraumes eines Röhrenknochens müssen die Aufnahmen stets in zwei Ebenen angefertigt werden, da der Markraum nicht überall einen kreisförmigen Querschnitt hat und der Knochen als Ganzes meist eine Krümmung aufweist, so daß bei Verwendung starrer Markraumnägel auch diese Krümmung zu berücksichtigen ist. Da es bei diesen Messungen auf den Millimeter ankommt, kann nur eine Meßmethode empfohlen werden, die auch auf den Millimeter genau arbeitet. Eine solche Genauigkeit erreicht man nur durch das Mitphotographieren eines Maßstabes in der Ebene des Knochens, der das Ablesen von Millimetern gestattet (vgl. Abb. 17). Zur weiteren Erhöhung der Genauigkeit möchten wir eine primäre Vergrößerung des Bildes vorschlagen, d.h. die Anfertigung einer Aufnahme in direkter Röntgenvergrößerung mit dem Feinstfocus. Wir machen hiermit einen Vorschlag, der scheinbar allen Regeln zur Erzielung einer größtmöglichen Genauigkeit entgegensteht: Wir verstärken die Röntgenvergrößerung und steigern die Röntgenverzeichnung ins Extreme und entfernen uns damit so weit von der Fernaufnahme mit ihrer geringsten Verzeichnung, wie wir nur können. In Wirklichkeit erhöhen wir damit die Meßgenauigkeit jedoch beträchtlich. Die Aufnahmen haben eine Vergrößerung von etwa 2:1, die Meßgenauigkeit ist damit auch etwa doppelt so groß wie auf der Fernaufnahme. Bei dem Markraum handelt es sich um ein relativ kleines Objekt von etwa 1 cm Länge. Kleine Objekte werden jedoch auch außerhalb der Röntgenologie zum Messen nach Möglichkeit optisch vergrößert, wobei natürlich der Maßstab *in gleichem Maße* mitvergrößert werden muß. Vergrößerungsaufnahmen sind in der Radiometrie nur in den Fällen angezeigt und erlaubt, bei welchen der Vergleichsmaßstab auch sicher in die gleiche filmparallele Ebene mit dem Objekt gebracht werden kann. Bei den Röhrenknochen der Extremitäten ist dies der Fall. In allen anderen Fällen würde sich jedoch bei Fehleinstellungen auch der hieraus resultierende Meßfehler mitvergrößern.

Zur Bestimmung der Länge des Schenkelhalses hat ATTWOOD (1952) eine eigene Methode angegeben, die sich im Prinzip eng an bekannte Beckenmeßmethoden anlehnt. Nach Entfernung des Patienten wird in die Ebene des Schenkelhalses, also mit einer Neigung von 12^0 zur Filmebene, eine Bleiplatte gebracht, die mehrere schräg in einem Winkel von 127^0 verlaufende Reihen von kleinen Löchern mit Zentimeterabstand hat. Mit einer zweiten Exposition wird dieses Lochsystem auf den Film aufbelichtet. Die Methode ist sicher sehr exakt, aber unnötig kompliziert. Dem Gedanken, den Vergleichsmaßstab genau in die gleiche Winkellage und Richtung mit dem Schenkelhals zu bringen, könnte wieder die Auffassung von der Bedeutung des Zentralstrahls und der Lage des Objektes zu diesem zugrunde liegen, obwohl dies ATTWOOD nicht ausdrücklich betont. In Wirklichkeit ist es jedoch gleichgültig, wo und in welcher Richtung der Maßstab mitphotographiert wird, solange er nur in der Ebene des Schenkelhalses liegt. VAN BRUNT (1956) konnte zeigen, daß ein Neigungswinkel des Schenkelhalses gegenüber dem Film bis zu 15^0 völlig vernachlässigt werden kann; WIELAND (1954) hat den Meßfehler bei Vernachlässigung des Schenkelhalswinkels von 12^0 für eine Meßstrecke von 10 cm mit 2,02 mm berechnet. Für die Nagellänge ist dies bedeutungslos. WIELAND macht daher den Vorschlag, einen Vergleichsmaßstab in Höhe des Trochanter major gleich mitzuphotographieren. MACHANIK und LIEBERMAN (1953) schlagen zur Schenkelhalsmessung die Schichtaufnahme vor und schneiden neben der Hüfte ein System vertikaler, im Abstand von 1 cm stehender Drähte mit. Die Winkelmessungen am Hüftgelenk hat MÜLLER (1956, 1957) eingehend dargestellt. *Winkelmessungen* am übrigen Skelet findet man in topographischer Einteilung in dem Atlas von LUSTED und LEATS (1959).

Zur *Größenbeurteilung auf Schichtaufnahmen* wurden Vorschläge von DRUMMOND und SCHMELA (1939), von BÜCHNER und WIELAND (1952) und von FRANKE (1954) gemacht. GLADYSZ (1956) berechnet die Weite der Gefäße und der Bronchien mittels Fernaufnahme und Tomogramm. Ebenso wie die Distanzmessungen von der Hautoberfläche zu einem Wirbelkörper, zum Hilus oder zu einem Tumor, gehören diese Methoden dem Abschnitt über die Röntgenlokalisation an und werden dort besprochen. Auch die Vorausbestimmung der Schichttiefe selbst ist mehr eine Lokalisationsaufgabe als eine Größenbestimmung.

Der klinische Wert einer Reihe weiterer spezieller Meßmethoden ist als äußerst fragwürdig zu bezeichnen, da allein die normale anatomische Variationsbreite und die Aufnahmetechnik selbst hier kaum eine Messung verwertbar erscheinen lassen. Es gehören hierher die Vorschläge zum Messen der *Zwerchfellbeweglichkeit* (WEIGER 1949), zur Messung der Distanz des Dens vom vorderen Atlasbogen (JACKSON 1950), der Weite des Spinalkanals beim wachsenden Wirbelkörper (SCHWARZ 1956), der Dicke der Halsweichteile zwischen Wirbelsäule und Kehlkopf (HAY 1939), der tibiofibularen Torsion (ROSEN und SANDICK 1955) und der Breite des Hilusschattens (INADA 1953, RIGLER, O'LAUGHLIN und TUCKER 1952), ferner die Meßmethoden am Magen-Darmtrakt und den übrigen Viszera, von denen LUSTED und KEATS (1959) in ihrem Atlas der Röntgenbildmessung eine Auswahl bringen.

Literatur

ATTWOOD, C. J.: Measurement of the neck of the femur. Amer. J. Roentgenol. **67**, 993 (1952).

BRUNT, E. VAN: A method of measuring the femoral neck in surgical treatment of fractures of the hip. Amer. J. Roentgenol. **76**, 1163 (1956).

BÜCHNER, H., u. H. WIELAND: Eine einfache Größenbestimmung bei Körperschichtaufnahmen. Röntgen-Bl. **5**, 227 (1952).

DRUMMOND, D. H., and W. W. SCHMELA: Computation of dimensions in planigraphy with mathematical instruments. Radiology **32**, 550 (1939).

FRANKE, H.: Direkte Großenmessung bei Körperschichtaufnahmen und intrathorakale Lagebestimmung mit Projektion auf die Körperoberfläche. Fortschr. Röntgenstr. 81, 205 (1954).

GLADYSZ, B.: A proper calculation of the width of the tomogram. Pol. Przegl. radiol. 20, 183 (1956).

HAY, P. D.: The neck. In: Annals of roentgenology, Bd. 9. New York: Paul B. Hoeber 1939.

INADA, G.: Mensuration of the hilar shadow in the chest roentgenogram. Nagoya med. J. 1, 181 (1953).

JACKSON, H.: Diagnosis of minimal atlanto-axial subluxation. Brit. J. Radiol. **23**, 672 (1950).

LUSTED, L. B., and T. E. KEATS: Atlas of roentgenographic measurement. Chicago: Year Book Publisher 1959.

MACHANIK, H. J., and B. LIEBERMAN: A new divice for radiographic measurements. Radiology **61**, 405 (1953).

MÜLLER, M. E.: Ischiométrie radiologique. Rev. Chir. orthop. **42**, 124 (1956).

— Zur Röntgendiagnostik der mechanischen Hüftgelenksverhältnisse. Radiol. clin. (Basel) **26**, 344 (1957).

RIGLER, L. G., B. J. O'LAUGHLYN and R. C. TUCKER: Significance of unilateral enlargement of the hilus shadow in the early diagnosis of carcinoma of the lung. Radiology **59**, 683 (1952).

ROSEN, H., and H. SANDICK: The measurement of the tibiofibular torsion. J. Bone Jt Surg. A **37**, 847 (1955).

SCHWARZ, G. S.: The width of the spinal canal in the growing vertebra with special reference to the sacrum; maximum interpediculate distances in adults and children. Amer. J. Roentgenol. **76**, 476 (1956).

— A device for measuring circumferences on roentgenograms. Radiology **66**, 97 (1956).

WEIGER, H.: Eine einfache Methode zur Messung der Zwerchfellbeweglichkeit. Tuberk.-Arzt 3, 340 (1949).

— Zwerchfellstand und Zwerchfellbeweglichkeit im Stehen und Liegen bei Pneumoperitoneum ohne und mit Bauchbinde. Tuberk.-Arzt 5, 525 (1951).

WIELAND, H.: Über eine einfache Technik der Beckenmessung und Messungen am übrigen Skelett. Radiol. clin. (Basel) **23**, 257 (1954).

II. Röntgenlokalisation

Im speziellen Teil über die Röntgenlokalisation sollen die im allgemeinen Teil bereits erwähnten und beschriebenen Methoden in ihrer Anwendung auf einem speziellen Aufgabengebiet an Hand von Beispielen verständlicher gemacht werden. Nicht jede Lokalisationsmethode eignet sich für jede Lokalisationsaufgabe. Es wird daher im folgenden eine Auswahl in bezug auf die Eignung einer Methode für eine besondere Aufgabe vorzunehmen sein.

1. Fremdkörperlokalisation

Die Fremdkörperlokalisation wird hier nicht an den Anfang gestellt, weil sie die wichtigste oder am häufigsten vorkommende Röntgenlokalisation darstellt, was schon lange nicht mehr der Fall ist, sondern weil sie relativ einfach ist und sich bei ihr fast alle Lokalisationsmethoden anwenden lassen. Von wirklichem Nutzen für die Praxis, vor allem in Hinblick auf die operative Entfernung des Fremdkörpers, sind jedoch nur die Methoden, welche über die reine geometrische Tiefenbestimmung hinaus nicht nur aussagen wie *tief* der Fremdkörper liegt, sondern auch *wo* er liegt! Das Ziel der röntgenologischen Fremdkörperlokalisation ist daher nicht die Tiefenbestimmung zur Focusebene, zur Filmebene oder zur Hautebene, sondern die *anatomische Lokalisation* im Vergleich zu den Organen in unmittelbarer Nachbarschaft des Fremdkörpers, zu Fixpunkten am Skelet und zu der gesamten Körperoberfläche bzw. dem Körperquerschnitt in Höhe des Fremdkörpers. Da die Beschreibung aller zur Fremdkörperlokalisation je publizierter Methoden allein mehrere hundert Seiten füllen würde und da andererseits die meisten Methoden wegen ihrer Umständlichkeit oder wegen ihrer reinen geometrischen Tiefenbestimmung für die Praxis kaum in Frage kommen, sollen daher im folgenden nur die Methoden Erwähnung finden, die eine *anatomische* Lokalisation zulassen. Sie wurden zum großen Teil schon im allgemeinen Teil beschrieben. Zusammenfassende Darstellungen über die Methoden der Fremdkörperlokalisation haben WESKI (1915), CASE (1918), HOLZKNECHT (1918), LILIENFELD (1918), GRASHEY (1940), HASSELWANDER (1917, 1940) und JANKER (1947) gegeben.

Die einfachste anatomische Lokalisation, wenigstens zur Körperoberfläche, ist mit der *Vier-Marken-Methode* von Levy-Dorn möglich. Sie ist auf S. 35 bereits beschrieben. Wenn sie richtig durchgeführt wird und die Bleimarken unter Beachtung des Strahlenschutzes angebracht werden, ist sie auch heute noch vertretbar und liefert gute Ergebnisse.

Man kann auch das auf S. 36 beschriebene *Nahpunktverfahren* zu den anatomischen Lokalisationen rechnen, erhält man doch mit ihm den günstigsten, dem Fremdkörper nächstgelegenen Eingangspunkt auf der Haut.

Zwei vielbenützte anatomische Lokalisationsmethoden sind die *Schichtaufnahme* und die *Stereoaufnahme*. Bei der Schichtaufnahme besteht, wie schon früher erwähnt, die Möglichkeit, einen Vergleichsmaßstab mitzuphotographieren. Man erhält so nicht nur die Schichttiefe, in welcher der Fremdkörper liegt, sondern auch seine Entfernungen zu den Nachbarorganen. Die seit einigen Jahren immer mehr in Gebrauch kommende Simultanschichtserie, bei welcher mit nur einer Belichtung bis zu 10 Schichten in einer gemeinsamen Kassette zugleich dargestellt werden, läßt nun sogar noch eine weitere anatomische Differenzierung zu. Es ist damit möglich geworden, während der Schichtaufnahme eine Arteriographie auszuführen, so daß auch die Lage des Fremdkörpers zum Gefäßsystem erkannt werden kann. Unsres Wissens ist auf diese Möglichkeit bisher noch nicht hingewiesen worden. Die Stereoaufnahme erlaubt im allgemeinen nur eine gröbere Lagebestimmung des Fremdkörpers. Tiefendifferenzen zwischen Fremdkörper und einem Knochenpunkt von der Größenordnung eines Zentimeters und darunter, sind von den meisten Untersuchern nicht sicher zu erkennen. Dies erhellt schon daraus, daß die Stereoaufnahme bei Augenfremdkörpern, wo es auf wenige Millimeter ankommt, bis heute noch nicht mit Erfolg benützt werden konnte. Die Lokalisationsmethoden der Ophthalmologen arbeiten alle nicht stereoskopisch. Sie werden im Anschluß an diesen Abschnitt zusammenhängend besprochen werden.

Auf der Suche nach nicht intraoperativen anatomischen Lokalisationsmöglichkeiten sind wir unter den zahlreichen veröffentlichten Verfahren nur auf ganz wenige gestoßen, die sich dazu eignen. Ein solches Verfahren ist 1928 von Knothe angegeben worden und 1959 unabhängig davon, aber dem Prinzip nach völlig gleich, vom Verfasser als *Röntgentopogramm* wiederentdeckt und weiter ausgearbeitet worden. Knothe hat auch ein Band mit Bleimarken um den Körper gelegt, nahm aber nicht fortlaufende Zahlen, sondern hatte vier gleiche Quadranten vorgesehen mit je einem Nullpunkt ventral und dorsal in der Medianlinie. Er hat auch bereits auf die Möglichkeit hingewiesen, mit dieser Methode nicht nur Fremdkörper zu lokalisieren, sondern auch Organquerschnitte herzustellen.

Lilienfeld (1918) hat in der Röntgenologie Holzknechts auf über 200 Seiten die damalige Methodik der Fremdkörperlokalisation ausführlich beschrieben. Er brachte auch einen eigenen Abschnitt über die anatomische Lokalisation. Die von ihm erwähnten Möglichkeiten erschöpfen sich jedoch im wesentlichen mit der Anfertigung von Aufnahmen in mehreren Ebenen und der Beobachtung, wie sich der Fremdkörper in den verschiedenen Projektionsrichtungen zu seinen Nachbarobjekten verhält, woraus geschlossen werden kann, wie er zu diesen liegt. Ferner wurden reichlich umständlich anmutende geometrische Konstruktionen beschrieben, welche die Körperoberfläche mit einbeziehen und damit der anatomischen Lokalisation dienen. Das Denken in der Medizin und speziell in der Röntgenologie hat sich auf diesem Gebiet grundlegend geändert. Nicht nur, daß es heute niemandem mehr einfallen würde, einer geometrischen Preisaufgabe gleichkommende Methoden zu entwickeln, es würde sich auch keine Fachzeitschrift mehr finden, die sie veröffentlichen würde, und vor allem keiner, der sie lesen oder gar versuchen würde, nach ihnen zu arbeiten. Selbst der relativ einfache Vorschlag einer *myogenen Lokalisation* ist unseres Wissens in den folgenden Jahren wieder in Vergessenheit geraten. Man hat damals verschiedene Muskeln oder Muskelgruppen isoliert elektrisch gereizt und festgestellt, mit welcher sich der Fremdkörper mitbewegte. Bei gelenknahen Fremdkörpern genügte hierzu die Bewegung im Gelenk.

Vielleicht war es die übergroße Vielzahl der vorgeschlagenen Lokalisationsmethoden und ihr oft rein mathematisch-geometrischer Inhalt, der in vielen Untersuchern eine Abneigung gegen alle röntgenologische Lokalisationsmethoden aufkommen ließ und dazu führte, daß die *heute am meisten benützte „Methode" immer noch die normale Röntgen-*

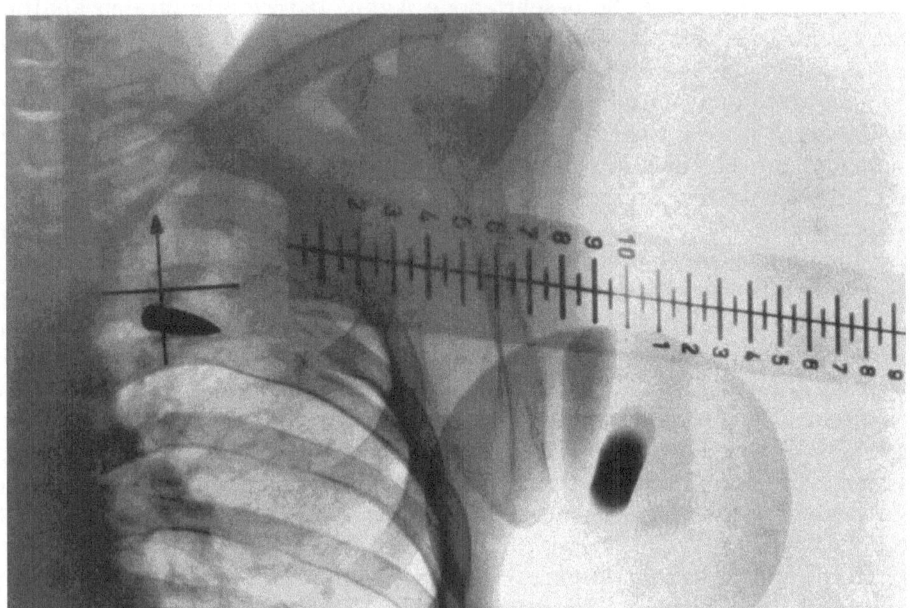

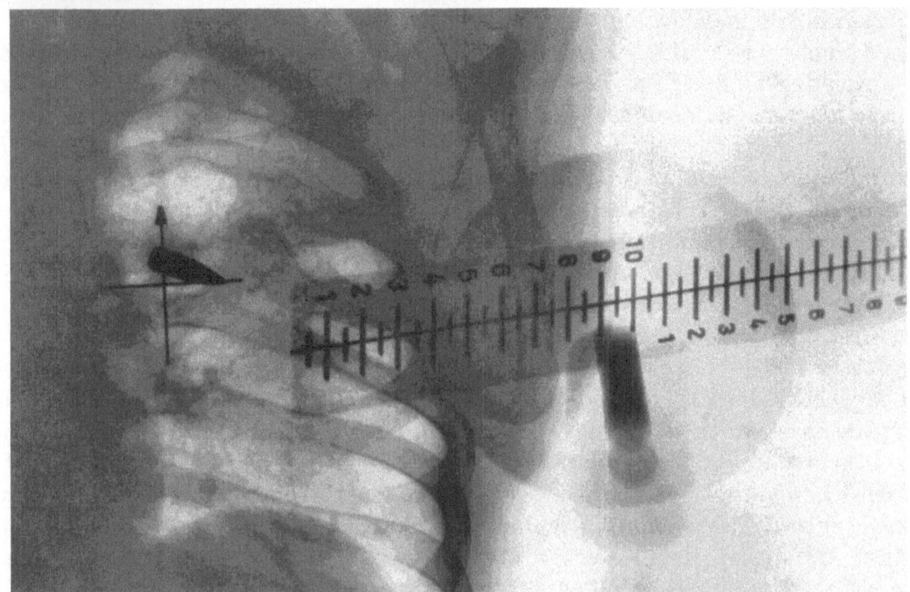

Abb. 67. Röntgentiefenlotung eines Steckschusses im Thorax mittels zweier Aufnahmen

aufnahme in zwei Ebenen ist. Dies, obwohl jeder Chirurg, der schon einmal versucht hat, nach dieser „Methode" einen Fremdkörper zu entfernen, weiß, daß es in vielen Fällen reiner Zufall ist, wenn er den Fremdkörper dann doch noch findet.

Abgesehen von der *orthodiametrischen Tiefenbestimmung* eignen sich die anderen vom Verfasser entwickelten Lokalisationsmethoden auch zur anatomischen Lagebestimmung eines Fremdkörpers, da mit ihnen auch die Nachbarobjekte bestimmt werden können. Die einfachste anatomische Lokalisation — wenigstens zur Körperoberfläche — ist mit der *Strichmarkenmethode* möglich, die auf S. 35 bereits beschrieben wurde und die eine moderne Form der alten Vier-Marken-Methode Levy-Dorns darstellt. Die in bezug auf Strahlenschutz, rasches Arbeiten und Exaktheit noch geeignetere Methode ist das *Röntgentopogramm*, wie es auf S. 41 beschrieben wurde. Mit den Abb. 25 und 26 ist das Vorgehen bei der Fremdkörperlokalisation dargestellt worden.

Obwohl die *Röntgentiefenlotung*, die im Prinzip auf S. 39 bereits beschrieben wurde, zunächst als reine geometrische Lokalisationsmethode anmuten könnte, da man mit ihr auch nur die Objekttiefe zu einer Bezugsebene ablesen kann, bietet sie dennoch anatomische Lokalisationsmöglichkeiten. Es muß bei ihr die Tiefenlage der einzelnen Objekte nicht immer erneut berechnet werden, sondern kann in rascher Folge vom Film direkt abgelesen werden. Abb. 67 gibt hierfür ein Beispiel. Die beiden Tiefenlotaufnahmen, von deren Aufnahmetechnik nichts bekannt ist, ja von denen nicht einmal bekannt ist, wie der Patient gelegen war und ob die Hautmarke auf der Brust- oder Rückenhaut war und in

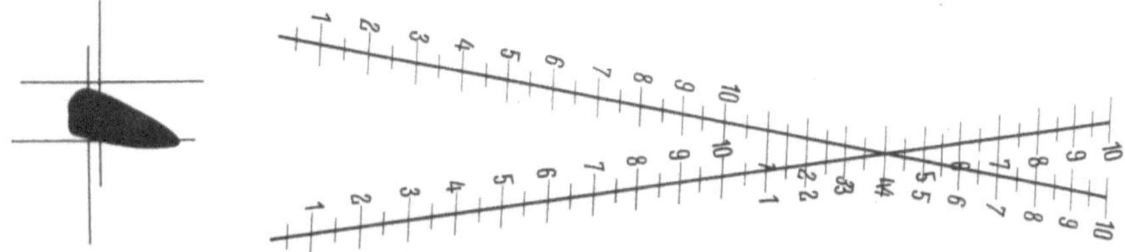

Abb. 68. Röntgenskizze der übereinandergehaltenen Tiefenlotaufnahmen der Abb. 67. Die Hautmarke ist zur Deckung gebracht, sie hat eine Tiefe von 10,5 cm

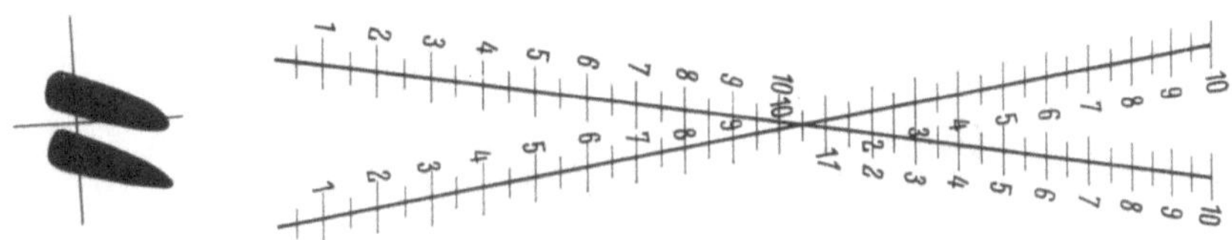

Abb. 69. Röntgenskizze der übereinandergehaltenen Tiefenlotaufnahmen der Abb. 67. Die Geschoßspitze ist zur Deckung gebracht, sie hat eine Tiefe von 14 cm, liegt somit 3,5 cm unter der Haut

welcher Richtung die Skala lief (tischwärts oder röhrenwärts), gestatten noch hier in der unbekannt verkleinerten Wiedergabe eine exakte anatomische Lokalisation des Steckschusses in bezug auf den knöchernen Thorax.

Aus der verschiedenen Größe der Skalenmarken 1 und 10 geht hervor, daß die Tiefenlotskala bei den Aufnahmen in Richtung Tisch gelaufen ist, d.h. ihr Nullpunkt zeigt in Richtung Röhre und befand sich oberhalb der freien Körperoberfläche, denn auf der Körperoberfläche lag die mitabgebildete Hautmarke und diese hat eine Tiefe von 10,5 cm auf der Tiefenlotskala. Sie ist in der Skizze der Abb. 68 zur Deckung gebracht; die Tiefenlotskalen schneiden sich im Wert 10,5. Bringt man die Geschoßspitze zur Deckung (Abb. 69), so findet man für diese eine Tiefe von 14 cm. Das Geschoß liegt somit 3,5 cm unterhalb des Hautniveaus der Hautmarke. Ebenso wie das Geschoß oder die Hautmarke in Deckung gebracht werden können, können auch korrespondierende Punkte am Skelet zur Deckung gebracht werden, so etwa das Costotransversalgelenk in unmittelbarer Nachbarschaft des Fremdkörpers oder die dorsalen oder ventralen Rippenkonturen. Hierbei findet man, daß der Patient in Bauchlage gewesen sein muß und daß sich das Geschoß im Bereich der dorsalen Rippen, also extrapulmonal befinden muß. Alle diese Bestimmungen sind auch ohne Deckungsmöglichkeit auf den vorliegenden Klischees der Abb. 67 möglich, indem korrespondierende Objektpunkte beider Abbildungen mit dem Zirkel abgegriffen werden und mit gleicher Zirkelöffnung auf den divergierenden Tiefenlotskalen diejenigen korrespondierenden Werte aufgesucht werden, die in diese Zirkelöffnung fallen. Sie geben die Tiefe des abgegriffenen Objektpunktes an. Genauso würde man verfahren, wenn sich die Tiefenlotskalen beim Decken der Objekte nicht kreuzen würden. Dies wäre dann der Fall, wenn nicht wie im vorliegenden Fall die Röhre vertikal zur Verlaufsrichtung der Tiefenlotskalen verschoben worden wäre, sondern parallel zu ihrer Verlaufsrichtung. Die

Tiefenlotskalen lassen sich dann nicht zum Schnitt bringen, sondern sind nur gegeneinander mehr oder weniger gestaucht bzw. gedehnt. So wäre es in dem vorliegenden
Fall, um das Filmformat besser auszunützen, zweckmäßiger gewesen, die Skala entlang
des Körpers zu stellen und nicht quer dazu. Bei Benützung eines Flachblendentisches mit
Hartstrahlraster ist jedoch eine Röhrenverschiebung quertisch nur in kleinem Ausmaß
möglich. Wegen dieser Schwierigkeit wurde auch in diesem Falle die Röhre längstisch
verschoben.

Die Röntgentiefenlotung läßt sich auch während der Durchleuchtung durchführen,
wenn man den Fremdkörper auf dem Leuchtschirm erkennen kann. Das in Abb. 20

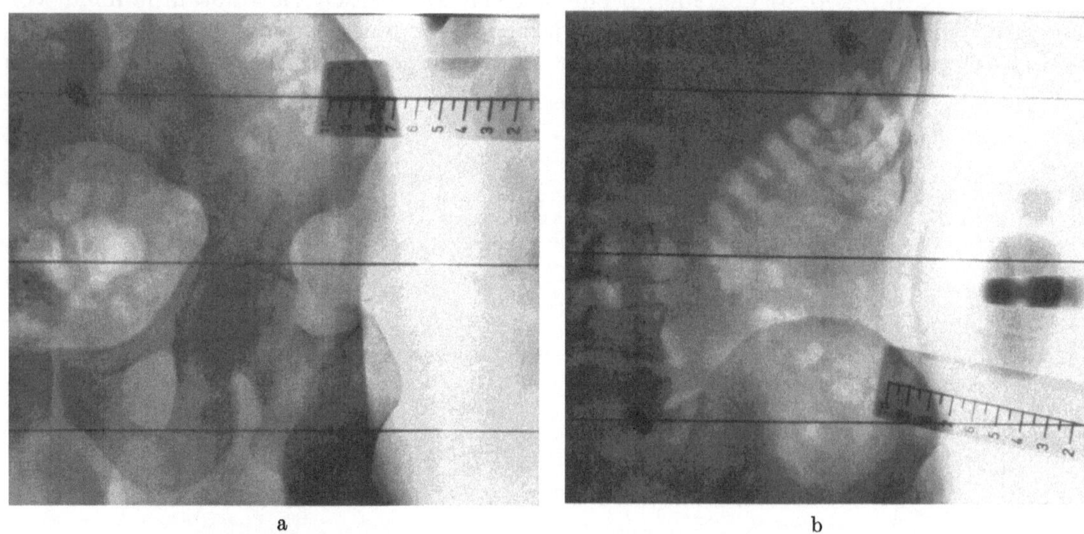

a   b

Abb. 70a u. b. Röntgentiefenlotung eines Steckschusses im Kreuz während der Durchleuchtung in Rückenlage.
a Nullstellung. Fremdkörper und Tiefenlotskala sind auf die gleiche Linie eingestellt. b Ablesestellung. Der
Schirm wurde verschoben, bis der Fremdkörper auf eine andere Linie gewandert ist. Diese Linie schneidet die
Tiefenlotskala im Wert 1,7. Der Fremdkörper liegt 1,7 cm tief

gezeigte Röntgen-Tiefenlot hat zwei Skalen, eine Skala F für Röntgenaufnahmen und
eine Skala S für die Durchleuchtung am Schirm. Das Prinzip der Anwendung ist beides-
mal dasselbe. Es wird auch bei der Durchleuchtung festgestellt, welches bekannte Objekt
(Skalenwert) die gleiche Parallaxe hat wie das unbekannte im Körper. Abb. 70 zeigt die
Schirmbilder in Nullstellung (a) und in Ablesestellung (b), so wie sie der Durchleuchter sieht.

Ähnlich wie bei der Orthodiametrie wird hinter den Schirm eine Meßplatte gegeben.
Sie enthält drei Drähte, welche auf dem Leuchtschirm als schwarze Linien erscheinen. Ihr
Abstand untereinander ist belanglos. Ebenso belanglos ist die Einstellung des Leuchtschirms gegenüber der Röhre oder dem Patient, ja man kann sogar noch während des
Messens die Distanz Leuchtschirm—Patient beliebig verändern, ohne den geringsten Einfluß auf das Meßresultat auszuüben. Die Röntgentiefenlotung während der Durchleuchtung ist damit die einzige röntgenologische Meßmethode neben dem automatischen Verfahren von SCHMIDBERGER-JAKOBS (1954), bei welcher selbst während des Messens das
Projektionsverhältnis noch beliebig geändert werden kann. Die Messung erfolgt auch in
einem beliebigen Teil des Leuchtschirmes völlig unabhängig vom Zentralstrahl. Zuerst
wird der Fremdkörper auf eine der Linien am Schirmrand eingestellt. Dann wird das
Röntgen-Tiefenlot auf dem Tisch neben dem Patienten so gedreht und verschoben, daß sich
alle seine Skalenwerte auf die gleiche Linie projizieren (Abb. 70a). Jetzt wird der Leuchtschirm so lange verschoben, bis der Fremdkörper auf eine der anderen Linien gewandert ist.
Diese Linie schneidet die Tiefenlotskala im gesuchten Wert, denn nur dieser Wert hat die
gleiche Parallaxe wie der Fremdkörper, alle anderen Werte haben eine größere oder

kleinere Parallaxe, sie stehen bereits über der Ableselinie oder haben sie noch nicht erreicht (Abb. 70b).

Fremdkörgerlokalisation mittels Röntgentiefenlotung in Stichworten:

a) Während der Durchleuchtung.

 1. Patient liegend. Tiefenlotskala S neben dem Patienten mit Nullpunkt in der Bezugsebene (Tischoberfläche oder freie Körperoberfläche). Meßplatte mit 3 Querlinien hinter dem Schirm.
 2. Fremdkörper durch Schirmverschiebung auf eine der 3 Querlinien am Schirmrand.

Abstände Röhre—Patient—Leuchtschirm
Änderung der Abstände während des Messens
Zentrierung der Röhre und Zentralstrahl
Abstand der 3 Querlinien
} ohne jede Bedeutung

 3. Tiefenlotskala durch Verschieben auf dem Tisch mit allen Werten auf die gleiche Querlinie.
 4. Fremdkörper durch Schirmverschiebung auf die andere Querlinie am Schirmrand wandern lassen.
 5. Schnittpunkt dieser Linie mit der Tiefenlotskala zeigt die gesuchte Fremdkörpertiefe an.

b) Mittels 2 Aufnahmen auf 1 Film.

 1. Patient liegend. Tiefenlotskala F neben dem Patienten mit Nullpunkt in der Bezugsebene (Tischoberfläche oder freie Korperoberfläche; Hautmarke über Fremdkörpergegend).
 2. Erste Aufnahme mit halber Belichtung.
 3. Röhrenverschiebung (filmparallel).
 4. Zweite Aufnahme mit halber Belichtung.

Röhrenabstand
Röhrenverschiebung (Richtung und Distanz)
Röhrenneigungswinkel (auch Änderung)
Abstände Film—Tisch—Patient—Tiefenlot
Verlaufsrichtung der Tiefenlotskala
Zentralstrahl
} ohne jede Bedeutung

 5. Auf dem Film Abstand Fremdkörper—Fremdkörper abgreifen und auf den Tiefenlotskalen korrespondierende Werte aufsuchen, die diesen Abstand haben = gesuchte Fremdkörpertiefe.
 6. Mit jedem anderen Objektpunkt (Knochen, Hautmarke) genauso verfahren wie unter 5.

c) Mittels 2 Aufnahmen auf 2 Filme.

 1. Patient liegend (Flachblendentisch oder Kassettentunnel). Tiefenlotskala F neben den Patienten mit Nullpunkt in der Bezugsebene (Tischoberfläche oder freie Körperoberfläche; Hautmarke über Fremdkörpergegend).
 2. Erste Aufnahme.
 3. Röhrenverschiebung (filmparallel) und Kassettenwechsel.

Röhrenabstand
Röhrenverschiebung (Richtung und Distanz)
Röhrenneigungswinkel (auch Änderung)
Abstände Film—Tisch—Patient—Tiefenlot
Verlaufsrichtung der Tiefenlotskala
Kassettenlage
Zentralstrahl
} ohne jede Bedeutung

 4. Zweite Aufnahme.
 5a. Beide Filme (evtl. noch naß in der Dunkelkammer) derart übereinanderhalten, daß sich die beiden Fremdkörperbilder decken und die Quermarken der Tiefenlotskalen parallel stehen. Gesuchte Fremdkörpertiefe wird durch den Schnittpunkt der beiden Tiefenlotskalen angezeigt.
 5b. Beim Decken der beiden Filme kreuzen sich die Tiefenlotskalen nicht oder nur sehr gering (Röhre wurde zwischen den Aufnahmen in Skalenlängsrichtung verschoben).
 5c. Filme in Richtung der vorgenommenen Röhrenverschiebung nebeneinander aufhängen. (Abstand der Filme untereinander belanglos.) Abstand Fremdkörper—Fremdkörper abgreifen und auf den Tiefenlotskalen korrespondierende Werte aufsuchen, die diesen Abstand haben = gesuchte Fremdkörpertiefe.

Fremdkörperlokalisation mittels Röntgentopogramm in Stichworten:

a) Während der Durchleuchtung.

 1. Patient stehend oder liegend. Lokalisationsband etwa in Höhe des Fremdkörpers umlegen (0 median ventral).
 2. Unter Durchleuchtung die beiden Bandwerte merken oder notieren, die mit dem Fremdkörper auf einer gemeinsamen Vertikalen liegen.

3. Patient etwas drehen (oder bei liegendem Patienten nur den Schirm etwas seitlich verschieben) bis zwei andere Wertepaare des Lokalisationsbandes mit dem Fremdkörper auf einer gemeinsamen Vertikalen liegen. Die neuen Werte merken oder notieren.

Abstände Röhre—Tisch—Patient—Schirm
Änderung der Abstände
Drehung des Patienten   } ohne jede Bedeutung
Schirmverschiebungen
Zentrierung der Röhre und Zentralstrahl

4. Körperumfang in Höhe des Lokalisationsbandes abmodellieren. (Gleiche Körperhaltung wie bei der Durchleuchtung.) Bandzahlen auf Querschnittskizze übertragen.
5. Gemerkte bzw. notierte Wertepaare verbinden. Im Schnittpunkt liegt der Fremdkörper.

b) Mittels Aufnahmen.

1. Patient liegend oder stehend. Zielgerät, Flachblendentisch oder beliebige andere Aufnahmetechnik. Lokalisationsband in Höhe des Fremdkörpers umlegen (0 median ventral).
2. Erste Aufnahme.
3. Drehung des Patienten *oder* Verschiebung der Röhre.

Rohrenabstand
Abstände Film—Tisch—Patient
Änderung der Abstände   } ohne jede Bedeutung
Drehung des Patienten
Verschiebung der Röhre
Zentralstrahl

4. Zweite Aufnahme.
5. Körperumfang in Bandhöhe abmodellieren und Bandzahlen übertragen.
6. Auf den Filmen Vertikale durch Fremdkörper ziehen und deren Bandschnittwerte feststellen.
7. Die gefundenen Wertpaare auf der Körperquerschnittskizze miteinander verbinden. Im Schnittpunkt liegt der Fremdkörper.

Lokalisation intraocularer Fremdkörper

Sie stellt ein engbegrenztes und in sich geschlossenes Anwendungsgebiet der Röntgenlokalisation dar. Einmal, weil praktisch alle allgemeinen Fremdkörperlokalisationsmethoden hier versagen, und zum anderen, weil das Gebiet der Röntgenologie des Auges im allgemeinen und das der intraocularen Fremdkörperlokalisation im speziellen im Gegensatz zu allen anderen Spezialgebieten auch heute noch vornehmlich in der Hand des Ophthalmologen und nicht in der Hand des Röntgenologen liegt. Dies besagt nicht, daß sich nicht auch die Röntgenologie mit der Lokalisation der Augenfremdkörper befaßt hat. Eines der ältesten Verfahren, das *Blickwechselverfahren*, stammt von KÖHLER (1903, 1918) und ein weiteres Verfahren mit Doppelbelichtungen ist von STUMPF (1916) angegeben worden. Bei dem Blickwechselverfahren wird die Mitbewegung des Fremdkörpers bei Bewegungen des Bulbus zur Lagebestimmung ausgenützt, indem zwei Aufnahmen mit extremen Blickrichtungen angefertigt werden. Es ist jedoch bekannt, daß auch extrabulbäre Fremdkörper die Augenbewegungen mitmachen, so daß diese Methode zu ungenau ist. Ebenfalls nur orientierenden Charakter hat die sog. *skeletfreie Aufnahme des Bulbus* nach VOGT (1921), die zudem nur Fremdkörper bis zum Äquator des Bulbus erfaßt. Bei ihr werden kleine, zugeschnittene und besonders verpackte Filme nasal infraorbital soweit wie möglich neben dem Bulbus in die Orbita vorgeschoben.

Für den Ophthalmologen, der den Fremdkörper entfernen soll, haben nur die eigens für Augenfremdkörper entwickelten exakten Meßmethoden einen Wert, welche die Lage des Fremdkörpers zur anatomischen Achse und zum Limbus bzw. zum Pol der Cornea in Millimetern anzugeben gestatten. Das Auge ist ein achsensymmetrischer Körper. Jeder Punkt innerhalb dieses Körpers kann daher mittels seiner Polarkoordinaten und mittels seines Abszissenwertes entlang der Achse exakt bestimmt werden. Der Operateur orientiert sich nach dem Meridian, auf welchem der Fremdkörper liegt, nach seinem radialen Abstand von der anatomischen Achse und nach seinem Abstand vom Limbus. Hiernach muß er den Eingangsort am Bulbus wählen. Es haben sich daher in der Praxis im Laufe der Zeit nur solche Methoden halten können, die hierauf Rücksicht nehmen und ihm diese drei Werte exakt liefern. Die beiden bekanntesten und bis in die jüngste Zeit mehrmals abgewandelten Meßverfahren stammen von SWEET in der verbesserten Ausführungsart von STEPHENSON (1926) sowie vor allem in Deutschland von COMBERG (1927) mit den Modifikationen von GOLDMANN (1938), GOLDMANN und BANGERTER (1941), STENIUS (1947), SMOLING (1952), CURSCHMANN (1957) und RÜBE (1957). Das Sweetsche Verfahren ist in der deutschen Literatur von v. PFLUG und WEISER (1917) ausführlich beschrieben worden. Es ist das kompliziertere in der Apparatur. Der Kopf des Patienten wird in Hinterhauptlage in ein Gestell eingespannt. Eine Visiervorrichtung mit Bleimarke 10 mm vor dem Hornhautscheitel sorgt für die zur Lokalisation unumgänglich notwendige Fixierung der Blickrichtung entlang der anatomischen Achse bzw. entlang des Vertikalstrahls der Röntgenröhre. Es werden zwei Aufnahmen auf den gleichen Film unter horizontaler Verschiebung der Röhre angefertigt. Die Parallaxe des Fremdkörpers wird zur Parallaxe der Marke in Beziehung gesetzt, in Schemata eingetragen und die Tiefe graphisch errechnet. Nach COMBERG werden zwei Aufnahmen in senkrecht aufeinanderstehenden Ebenen angefertigt. Bei der p.-a.-Aufnahme wird die Fixation der anatomischen Achse bzw. der Blickrichtung dadurch erreicht, daß auf die Kassette ein kleines strahlendurchlässiges Spiegelchen aufgesetzt wird, welches den Blick des Patienten seitlich ablenkt und auf eine im Raum angebrachte Blickmarke wirft. Vertikalstrahl der Röhre und anatomische Augenachse fallen dabei zusammen. Der Pol des polaren Koordinationssystems liegt dann für alle Frontalschnitte durch den Augapfel in der anatomischen Achse. Vor das Auge wird vor der Aufnahme eine Haftschale gegeben, welche in den Ecken eines gedachten Quadrates vier kleine Bleimarken trägt. Die Bleimarken liegen in der Ebene des Limbus. Mit Hilfe dieser vier Bleimarken kann auf der Aufnahme die Achse bzw. der Pol festgelegt werden und es kann der Meridian gezogen werden, auf welchem der Fremdkörper liegt. Der radiale Abstand auf dem Meridian wird aus dem bekannten Röhrenabstand (60 cm) und dem bekannten Bulbus-Film-Abstand rechnerisch ermittelt. In ein gedrucktes Schema polarer Koordinaten wird der Fremdkörper in seiner wirklichen Lage in der Frontalebene eingezeichnet. Auf der nachfolgenden zweiten seitlichen Aufnahme, bei welcher die anatomische Achse filmparallel durch Blickfixation eingestellt wird, wird dann der Abszissenwert, d. h. der wahre Abstand des Fremdkörpers von der Limbusebene (Markenebene) bestimmt und ebenfalls in ein gedrucktes Schema eingetragen. Hiermit ist der Fremdkörper seiner Lage nach exakt bestimmt und der Eingangsort liegt für den Operateur entsprechend seinem operativen Vorgehen fest.

STENIUS (1947) hat diese Combergsche Methode in folgenden Punkten modifiziert: Es wird, ähnlich wie beim Sweetschen Verfahren, ein spezieller Halteapparat für den Kopf benützt, an welchem alle Fixationshilfen auch für die Blickrichtung angebracht sind und welcher einen eigenen Filmträger enthält für einen Film kleinen Formats, nur für die Größe der Orbita selbst bestimmt. Der Patient bleibt bei beiden Aufnahmen unbewegt in Rückenlage. Die Zentrierung der Röhre kann auf den Filmen selbst nachkontrolliert werden. Die Haftschale entfällt. Der Patient schaut direkt auf einen Fixationspunkt (kleine Glühlampe) ohne Hilfe eines Ablenkspiegels und das Auge wird unter Sichtkontrolle des Untersuchers selbst während der Belichtung mit Hilfe eines optischen Systems gegenüber einem Indicator focusiert. Der Indicator ist mit seinen vier Marken extraocular zwischen Auge und Film und bildet sich mit ab. Die Auswertung der Aufnahmen entspricht der nach COMBERG. Eine besonders elegante Modifikation, die trotz weiterer Vereinfachung nichts an Exaktheit einbüßt, stellt die Abwandlung nach CURSCHMANN (1957) dar. Die Haftschale hat außer den vier Bleimarken im Zentrum noch ein kleines Spiegelchen von 1,5 mm Durchmesser, dessen Fläche der Limbusebene parallel liegt. Sein Reflex ermöglicht dem Untersucher, der es mit einem gewöhnlichen Augenspiegel anleuchtet, die Fixation der anatomischen Achse auf einfachste Art. Zugleich bietet dieses auf dem Film als fünfte Marke erscheinende Spiegelchen eine objektive Kontrolle für die richtige Einstellung der Augenachse während der Aufnahmen. Es muß sich genau in den Schnittpunkt der je zwei Marken verbindenden Diagonalen projizieren. Bei der Einstellung zur

Aufnahme muß es hierzu den vom Augenspiegel des Untersuchers ausgehenden Licht-strahl in sich selbst reflektieren, d.h. im Auge des Untersuchers als Reflex aufleuchten. Hierdurch ist auch die Fixation eines schielenden und schlecht sehenden Auges objektiv möglich.

Die Literatur über Fremdkörperlokalisation am Auge ist in einem eigenen Literaturverzeichnis zusammengefaßt und befindet sich am Schluß des Literaturverzeichnisses über die allgemeine Fremd-körperlokalisation.

Literatur[1]

AKSELRAD, L.: Zur Lokalisierung von Fremd-körpern. Röntgenpraxis **4**, 974 (1932).

ALBERS-SCHÖNBERG, H.: Röntgenlokalisation von Projektilen. Dtsch. med. Wschr. **1915**, 603.

ANGERER, E.: Die Lagebestimmung von Fremd-körpern mittels Röntgendurchleuchtung. Zbl. Chir. **1898**, 473.

ATZROTT: Eine neue Verschiebebrücke zur Gilletschen Röntgentiefenbestimmung. Dtsch. med. Wschr. **1918**, 524.

BAATH: Zur röntgenologischen Lagebestim-mung von Fremdkörpern. Münch. med.Wschr. **1916**, 1682.

BAESE: Quelques remarques sur les localisations géométriques. Arch. Élect. méd. **1917a**, 59.

— Des localisations géométriques. Radiol. med. (Torino) **1917b**, 6.

BAHNER, F.: Über relative und absolute Tiefen-lokalisation durch Übereinanderlegen stereo-skopischer Röntgenbilder. Klin. Wschr. **1953**, 93.

BAILEY: An x-ray method for immediate locali-sation of foreign bodies. Brit. med. J. **1907**. Ref. Zbl. Chir. **1908**, 139.

BARRELL, F. R.: A new method of localization without plumb-lines or threads. Arch. Roentg. Ray **4**, 98 (1900).

BARROW, S. C.: An improved device for the accurate localization of foreign bodies by means of the Roentgen-ray. Amer. J. Roent-genol. **6**, 36 (1919).

BAUMEISTER: Erfolge der Fremdkörperentfer-nung mittels der orthodiagraphischen Tiefen- und Lagebestimmung nach Moritz. Dtsch. med. Wschr. **1918**, 1330.

BERDJAJEFF, A.: Eine einfache Methode zur Lagebestimmung von Fremdkörpern. Langen-becks Arch. klin. Chir. **119**, 398 (1922).

BERMBACH, P.: Ein neuer Apparat zur Lokali-sation von Fremdkörpern. Fortschr. Rönt-genstr. **7**, 33 (1903/04).

BERTIN-SAUS et CH. LEENHARDT: Localisation par la radiographie des projectiles dans l'organisme; procédé des croix graduées. Arch. Élect. méd. **1915**, 16.

BLACKER, B.: Vortrag über Lokalisation mit Demonstration eines einfachen Apparates mit direktem Ablesen des Ortes, an dem sich der Fremdkörper befindet. Roentgen Soc. London 1902. Ref. Fortschr. Röntgenstr. **6**, 105 (1902).

BLAINE, E. S.: The caliper method of foreign body localization. Amer. J. Roentgenol. **4**, 544 (1917).

— An instrument for rapid fluoroscopic foreign body localization by combined parallax and double ring methods. Amer. J. Roentgenol. **5**, 288 (1918).

BOUWERS, A.: Lokalisierung von Objekten im menschlichen Körper. Phillips techn. Rdsch. **5**, 317 (1940).

BOVET, A.: Neue Methoden zur röntgenologi-schen Fremdkörperlagebestimmung in den Weichteilen. Mschr. Ohrenheilk. **73**, 365 (1939).

BOWEN, D. R.: Localization of foreign bodies. Amer. J. Roentgenol. **5**, 59 (1908).

BRADBURG, S.: A simple method of localizing bullets. J. roy. nav. med. Serv. **1915**, 40. Ref. Amer. J. Roentgenol. **2**, 627 (1915).

BRANDT, CH.: Méthode radioscopique pour déter-miner la situation des corps étrangers. Un nouveau révélateur. Radiographie (Paris) **1900**, Nr 32. Ref. Fortschr. Röntgenstr. **3**, 165 (1900).

BRAUNBEHRENS, H. v.: Die Aufgabe der röntgenologischen Ortung von Steckschüssen im Herzen. Zbl. Chir. **72**, 1176 (1947).

BRAUNECK: Zur Fremdkörperlokalisation und Röntgenstereoskopie. Dtsch. med. Wschr. **1915**, 498.

BRECK, L. W., and D. J. MAYLAHN: New simpli-fied technic for localization of foreign body. Arch. Surg. (Chicago) **61**, 589 (1950).

BRÜCKNER, H.: Beitrag zur Fremdkörperlokali-sation. Zbl. Chir. **77**, 974 (1952).

BUCKY, G.: Die Röntgensekundärstrahlenblende als Hilfsmittel für die Lokalisation von Ge-schossen, demonstriert an zwei Herzschüssen. Berl. klin. Wschr. **1914**, 1940.

BÜCHNER, H.: Orthodiametrie. Teil II: Die Lage-bestimmung während einfacher Röntgendurch-leuchtung und das Umrechnen verzeichneter Filmmaße mittels eines Spezialrechengerätes. Fortschr. Röntgenstr. **76**, 158 (1952a).

— Das Röntgentiefenlot. Eine orthodiametrische Methode zum direkten Ablesen der Objekttiefe auf dem Leuchtschirm oder dem Film. Fortschr. Röntgenstr. **77**, 350 (1952b).

— Eine weitere Vereinfachung der Röntgen-tiefenlotung. Fortschr. Röntgenstr. **78**, 205 (1953a).

— Bemerkungen zu der Mitteilung von F. BAH-NER: Über relative und absolute Röntgen-lokalisation durch Übereinanderlegen stereo-

---

[1] Literatur über Fremdkörperlokalisation am Auge s. S. 136.

skopischer Röntgenbilder. Klin. Wschr. **1953**, 93; **1953**b, 477.

BÜCHNER, H.: Die Röntgentiefenlotung. Ihre Ausführung durch die Röntgenassistentin. Röntgen- u. Lab.-Prax. **7**, 239 (1954).

— Das Röntgentopogramm. Ein einfaches Hilfsmittel zur räumlichen Orientierung in Diagnostik und Therapie. Fortschr. Röntgenstr. **91**, 252 (1959).

— Das Röntgentopogramm in der täglichen Praxis. Münch. med. Wschr. **1960**, 1185.

—, u. H. WIELAND: Das Röntgentiefenlot als Hilfsmittel zur Fremdkörperentfernung. Chirurg **24**, 503 (1953).

BUFFON et OZIL: Procédé de localisation des projectiles. Repéreur normal. Arch. Élect. méd. **1915**, 329.

BUMILLER, H.: Die Parallax-Perspektiv-Methode zur röntgenologischen Tiefenbestimmung. Fortschr. Röntgenstr. **75**, 481 (1951).

— Das Raumgitter-Parallax-Verfahren. Kongreßber.1.Taggmed.wiss.Ges.Röntgenol.Dtsch. Demokr. Republ. Leipzig 1955. 1957, S. 62.

BUONO, G. DEL: Gezieltes Messen bei der Tomographie des Schläfenbeins. Fortschr. Röntgenstr. **77**, 531 (1953).

CADENAT, F. M.: Un appareil simple pour localiser les corps étrangers. Presse méd. **1916**.

CALDER, E.: A study of the variable angle as a measuring device of linear dimension. Brit. J. Radiol. **29**, 386 (1956).

— The variable angle as a measuring device in radiography including tomography. Acta radiol. (Stockh.) **48**, 453 (1957).

CAROTHERS: An improved and accurate method of locating foreign bodies with the roentgen ray. J. Amer. med. Ass. **49**, 1. Ref. Fortschr. Röntgenstr. **11**, 375 (1907).

CARPENTIER: Note sur un localisateur. Bull. Soc. méd.-chir. **1916**, 1683.

CASE, J. T.: A brief history of the development of foreign body localization by means of the x-rays with bibliography. Amer. J. Roentgenol. **5**, 113 (1918).

— Localization and extraction of foreigns bodies under x-ray control. Med. Dep. of the U. S. Army in the world war, vol. 11, p. 214 (1927).

CHARLIER, A.: Le repérage et l'extraction des corps étrangers par les procédés radiologiques. J. Radiol. Électrol. **1915**, 577.

— Nouveau procédé radiographique pour réglage du localisateur de Hirtz. J. Radiol. Électrol. **1916**, 43.

— La mesure radioscopique de la profondeur des projectiles. Arch. Élect. méd. **1916**, 369.

CHAUSSÉ, C.: Le repérage et l'extraction des projectiles au moyen du compas radio-lumineux. J. Méd. Paris **60**, 57 (1940a).

— Localisation extraction of radio-opaque objects by means of „light-compasses". Brit. J. Radiol. **13**, 257 (1940b).

— Importance de la méthode de „restitution-substitution" en radiogrammétrie. Bull. Acad. Méd. (Paris) **123**, 996 (1940). Ref. Zbl. ges. Radiol. **33**, 530 (1941).

CHÉRON, M. A., et GALLOT: Appareil pour la guidage optique par image lumineuse virtuelle. Bull. Acad. Méd. (Paris) **77**, 599 (1917).

CHRISTEN, TH.: Eine Vereinfachung zur Tiefenbestimmung von Fremdkörpern. Münch. med. Wschr. **1915**, 1519.

CLEVELAND, A. J.: The accurate localization of foreign bodies in the tissues by x-rays. Arch. Roentg. Ray **1915**, 290.

COHN, M.: Über Fremdkörperlokalisation. Dtsch. med. Wschr. **1910**, 1039.

COLARDEAU, E.: Méthode de localisation exacte des projectiles dans le corps des blessés par voie radiographique. Arch. Élect. méd. **1915**, 389.

COLE: Localization of foreign bodies. Amer. J. Roentgenol. **4**, 455 (1917).

COMAS u. PRIO: Mitteilung über den Tuffier-Apparat zur röntgenoskopischen Fremdkörperlokalisation. Rev. esp. electrol. méd. **1914**.

COON, C. E.: A new localizer. Amer. Roentg. Ray Soc. **1910**. Ref. Fortschr. Röntgenstr. **17**, 409 (1911).

COSTE, J.: Localisation orthodiascopique des projectiles. Lyon chir. **1916**, 572.

— Orthoradioscopie et localisation anatomique. Lyon chir. **1917**, 440.

COTTON, W.: An apparatus for roentgen ray localisation. Brit. med. J. **1915** II, 2828.

COURMELLES, F. DE: Essay sur les principes de localisation des projectiles. Arch. Radiol. Electrotherp. **1915**b, 89.

— Détermination de la position des projectiles dans le corps humain par la radioscopie. Arch. Élect. méd. **1915**b, 89.

CROMBACK, J.: Einfacher Meßapparat zur Fremdkörperbestimmung. Münch. med. Wschr. **1915**, 1132.

DARIAUX, A., et H. DESGREZ: La localisation des corps étrangers par la méthode de Strohl. Presse méd. **47**, 1349 (1939).

DAVIDSON, J. M. K.: Exact localisation and measurement by x-rays. Arch. Pediat. **1897**.

— The principles and practice of the localisation of foreign bodies by roentgen rays. Brit. med. J. 1915.

— An apparatus for quick and accurate localization on surgical operating table. Amer. J. Roentgenol. **5**, 275 (1918).

—, and HEDLEY: A method of precise localization and measurement by means of roentgen rays. Lancet **1897** I, 1001.

DEBIERNE: Sur une méthode de localisation de corps étrangers par la radioscopie. Presse méd. **1915**, Nr. 9.

DESPLATS, R.: Observations on roentgenoscopy at the front. Amer. J. Roentgenol. **5**, 222 (1918).

—, et PANCOT: Méthode radioscopique de localisation des projectiles. Paris méd. **1916**, 421.

DESSAUER, F.: Ein neuer Apparat zur Bestimmung von Fremdkörpern. Arch. phys. Med. (1913).

DIETLEN, H.: Fremdkörperlokalisation. Münch. med. Wschr. **1916**, 1201.

Döhner, D.: Röntgenologische Fremdkörper-lokalisation mit besonderer Berücksichtigung des Feldinstrumentariums. Dtsch. med. Wschr. **1916**, 286.

Drüner, L.: Über die Lagebestimmung von Fremdkörpern und über stereoscopische Messung im Röntgenogramm. Verh. dtsch. Röntg.-Ges. 1, 217 (1905).

— Behelfe zur Fremdkörperbestimmung. Med. Klin. **1914**, Nr 48.

— Über den Stereoplanigraphen und seine Verwendung zur Lagebestimmung von Geschossen. Dtsch. med. Wschr. **1916**a 1482.

— Über die Aufnahme und Verwendung von Verschiebungsaufnahmen und Stereogrammen zur Lagebestimmung von Geschossen und zur Messung. Beitr. klin. Chir. **105**, 1 (1916b).

— Übe die Messung der Untertischaufnahme und Untertischdurchleuchtung und die röntgenoskopische Operation im stereoskopischen Schirmbilde. Dtsch. med. Wschr. **1918**, 296.

— Die Messung der Verschiebungsdurchleuchtung. In Albers-Schönberg, Die Röntgentechnik. Hamburg: Lucas Gräfe & Sillem 1919.

Dyes, O.: Tiefenbestimmung von Fremdkörpern. Dtsch. Mil.-Arzt **5**, 472 (1940).

Edling, L.: Die Prinzipien der röntgenologischen Fremdkörperlokalisation bei Schußverletzungen. Svenska Läk.-Tidn. **1917**, 129.

Eichhoff, E., u. C. Kracken: Die Lagebestimmung von Fremdkörpern mit Röntgenstrahlen. Dtsch. Mil.-Arzt **6**, 404 (1941).

Eicken, C. v.: Der Wert des Röntgenschichtverfahrens zur Lokalisation von Fremdkörpern. Zbl. Chir. **27**, 1352 (1940).

Eiken, Th.: En metode til localisation af fremmedlegemer. Ugskr. Laeg. **1927**, 837.

Eisenlohr, F.: Fremdkörperlokalisation oder Tiefenbestimmung? Dtsch. med. Wschr. **1916**, 1226.

Exner, J.: Eine Vorrichtung zur Bestimmung der Lage und Größe eines Fremdkörpers mittels der Röntgenstrahlen. Wien. med. Wschr. **1897**, 1.

Faguays, Le: Note sur un appareil de localisation des projectiles. Ann. radiol. électrol. **1915**, 711.

Favarger, M.: Zur röntgenologischen Fremdkörperlokalisation. Münch. med. Wschr. **1915**, 1928.

Fleming, W. J.: A simple and inexpensive method of localising with x-rays. Arch. Roentg. Ray **1898**, 54.

Forteza, B. J.: Eine neue Technik zur Tiefendiagnose von Fremdkörpern besonders von Geschossen. Clin. y Lab. **32**, 81 (1941).

Fox, W. R.: The localization of foreign bodies by the x-rays. Lancet **1901**I, 784.

Fraenkel, F.: Lage- und Maßbestimmung durch Röntgenstrahlen. Fortschr. Röntgenstr. **11**, 73 (1907).

— Ein neues röntgenologisches Fremdkörperlokalisationsverfahren. Dtsch. med. Wschr. **1916**, 575.

Frensdorff, W.: Rechnerische Bestimmung der Lage von Fremdkörpern. Münch. med. Wschr. **1916**, 1246.

Freund, L.: Die Fremdkörperlokalisation mittels des Lokalisationswinkels. Röntgentaschenbuch Bd. VII. 1915.

—, u. A. Praetorius: Die radiologische Fremdkörperlokalisation bei Kriegsverwundeten. Wien: Urban & Schwarzenberg 1916.

— — Die Fremdkörperlokalisation mittels der Schirmmarken-Einstellmethode. Dtsch. med. Wschr. **1917**, 459.

Fründ, H.: Fremdkörper und Fremdkörperbestimmung. Bruns' Beitr. klin. Chir. **108**, 354 (1917).

— Die einfachste Methode der Fremdkörperbestimmung. Dtsch. Mil.-Arzt **5**, 413 (1940).

Fürstenau, R.: Über einen neuen Röntgentiefenmesser. Fortschr. Röntgenstr. **11**, 281 (1907).

— Zur Methode der Fremdkörperlokalisation. Münch. med. Wschr. **1915**a, 1115.

— Zur Fremdkörperlokalisation. Berl. klin. Wschr. **1915**b, 760.

— Zur Kritik der Lokalisationsmethodik. Fortschr. Röntgenstr. **24**, 125 (1917).

— M. Immelmann u. I. Schütze: Tiefenbestimmung und Lokalisation von Fremdkörpern nach Fürstenau. In: Leitfaden des Röntgenverfahrens, S. 444. Stuttgart: Ferdinand Enke 1931.

Galeazzi, R.: Über die Lagebestimmung von Fremdkörpern vermittels Röntgenstrahlen. Zbl. Chir. **18**, 529 (1899).

Gallot: Nouveau procédé radioscopique de détermination de la profondeur d'un corps étranger dans le corps humain. Arch. Élect. méd. **1915**, 115.

Gamlen, H. E.: A simple rapid and accurate method for localization of foreign bodies so as to indicate to surgeons the positions of the patients when skiagraphed. Arch. Radiol. Electrother. **1916**, 175.

Gargam de Moncetz: Localisation précise et rapide des projectiles par voie radioscopique. Arch. Élect. méd. **1916**, 333.

Garrand, Th.: Procédé de localisation rapide des projectiles. Arch. Élect. méd. **1915**, 319.

Gassul, R.: Tiefenbestimmung ohne Stereoaufnahme. Fortschr. Röntgenstr. **23**, 330 (1915).

Gerlach: Neue Methoden zur Lokalisation von Fremdkörpern aus Röntgenaufnahmen. Zbl. Röntgenstr. **1915**, 7.

Ghilarducci: Des causes d'erreur dans la recherche et dans la localisation des projectiles par rayons X. Radiol. med. (Torino) **1917**, Nr 1 u. 2.

Gilbert, R.: Contribution à la localisation rapide des corps étrangers (procédé composé d'application générale) et rappel d'une méthode radiochirurgicale d'extraction „à la chaine". Rev. med. Suisse rom. **60**, 383 (1940).

Gillet, R.: Eine Modifikation des stereoskopischen Verfahrens zur Bestimmung der Lage von Fremdkörpern. Fortschr. Röntgenstr. **9**, 376 (1905/06).

GILLET, R.: Die Röntgenstereoskopie mit unbewaffnetem Auge und ihre Anwendung für die stereometrische Messung. Fortschr. Röntgenstr. 10, 108 (1906/07).

— Neues Verfahren zur metrischen Bestimmung der Lage von Fremdkörpern oder Organteile zueinander vermittels der Röntgenstrahlen. Berl. militärärztl. Ges. 22, 10. 1906. Ref. Fortschr. Röntgenstr. 11, 214 (1907).

— Neue Erfolge in der Bestimmung der Lage von Fremdkörpern mittels Röntgenstrahlen. Münch. med. Wschr. 1910, 1838.

GOCHT, H.: Die Lagebestimmung von Fremdkörpern nach Gillet. Dtsch. med. Wschr. 1916, 220.

GOLDHAHN, R.: Ortsbestimmung und Entfernung metallischer Fremdkörper. Dtsch. med. Wschr. 1940, 1451.

GONZALES, E. T. u. J. B. LEUSIA: Genaue Methode zur Lokalisation von Steckschüssen. Rev. esp. Med. Guerra 3, 115 (1939). Ref. Zbl. ges. Radiol. 33, 692 (1941).

GRÄSSNER: Die Lokalisation der Fremdkörper nach der Fürstenauschen Methode. Verh. dtsch. Röntg.-Ges. 1908, 124.

— Die Lagebestimmung von Fremdkörpern. Röntgentaschenbuch, Bd. V, 1913.

GRANDGERARD, R.: Méthode radioscopique de localisation des projectiles par lecture directe et appareil de recherche chirurgicale. Paris méd. 1916.

GRASHEY, R.: Feldmäßige Improvisation röntgenologischer Hilfsgeräte und deren Verwendung zur Fremdkörperlokalisation und Orthoröntgenographie. Münch. med. Wschr. 1916, 137.

— Die Technik der Fremdkörperlokalisation. In Handbuch der ärztlichen Erfahrungen im Weltkriege 1914/18. Bd. 9: Röntgenologie S. 36. Leipzig: Johann Ambrosius Barth 1922.

— Steckschuß und Röntgenstrahlen. Leipzig: Georg Thieme 1940.

GREZZI, S.: Über eine Methode der Tiefenlokalisation, geeignet zur Lokalisation von Fremdkörpern und zur Auswahl von Röntgenschichtaufnahmen. Rev. Tuberc. Uruguay 9, 138 (1949).

GRISSON: Einfaches Verfahren und Vorrichtungen zur Feststellung von Fremdkörpern, insbesondere von Geschossen und dergleichen mit Röntgenstrahlen. Fortschr. Röntgenstr. 23, 96 (1915).

GRUDZINSKI, Z.: Über die genaue Lokalisation von Fremdkörpern mit Hilfe der Röntgenstrahlen. Rundschau über die Veröffentlichung auf dem Gebiete der Ohren-, Nasen- und Kehlkopfkrankheiten und deren Grenzgebieten im 3. und 4. Quartal 1918. Arch. Ohr.-, Nas.- u. Kehlk.-Heilk. 104, 52 (1919).

GRÜNFELD: Über die Perthessche Fremdkörperlokalisationsmethode. K. und K. Ges. der Ärzte in Wien 13. 3. 1903. Ref. Fortschr. Röntgenstr. 6, 208 (1903).

GRÜNHAGEN, E., u. E. RUNGE: Zur röntgenologischen Tiefenbestimmung von Fremdkörpern. Münch. med. Wschr. 1915, 1129.

GRUNMACH, E.: Die Bestimmung der Lage und Wirkung von Steckschüssen mittels der Röntgenstrahlen. Dtsch. med. Wschr. 1917, 457.

GUDIN: Localisateur-guide. Bull. Acad. Méd. (Paris) 76, 295 (1916).

— Nouveaux procédés de localisation des corps étrangers par radioscopie et radiographie. Le Localisateur-guide. Paris méd. 1917.

GÜNTHER, H., u. G. VOGEL: Ein einfacher Apparat zur Ortsbestimmung von Fremdkörpern. Dtsch. med. Wschr. 1915, 1161.

GUSSEL, R.: Tiefenbestimmung ohne Stereoaufnahmen. Fortschr. Röntgenstr. 23, 330 (1915).

GUTIÉRREZ, J.: Investigación y ocalización de los cuerpos extraños. Semana. méd. (B. Aires) 2, 29 (1928).

GUYENNOT: Un nouveau procédé de localisation radioscopique des projectiles en chirurgie de guerre. Arch. Élect. méd. 1916, 171.

HAENISCH, G. F.: Über die röntgenologische Lagebestimmung von Geschossen zwecks operativer Entfernung. Bruns' Beitr. klin. Chir. 101, 491 (1916).

HAGEDORN, O.: Steckschüsse und ihre Lagebestimmung. Bruns' Beitr. klin. Chir. 98, 546 (1915).

D'HALLUIN: Localisation des corps étrangers. Bull. Soc. radiol. méd. (Paris) 1913, 335.

HAMMER, G.: Die Fremdkörperlokalisation mittels der einfachen Schirmdurchleuchtung (orthodiagraphische Methode). Münch. med. Wschr. 1917, 335.

HAMMES u. SCHOEPF: Zur genauen Lokalisation von Fremdkörpern mittels Röntgenstrahlen. Dtsch. med. Wschr. 1916, 252.

HAMPSON, W.: Localizing simply and immediately. Arch. Roentg. Ray 1914, 203.

HANET: Radiographomètre pour la localisation des corps étrangers dans l'organisme par la rayons-X. Arch. Élect. méd. 1913.

HANSEN, K.: Eine einfache Methode zur röntgenologischen Lagebestimmung von Fremdkörpern. Med. Welt 1928, 149.

HARET, G.: Un dispositif très simple pour la localisation des projectiles par la radioscopie. Presse méd. 1914, Nr 81.

HARTERT, W.: Eine sichere röntgenologische Methode zur Geschoßlokalisation. Münch. med. Wschr. 1914, 2451.

HASSELWANDER, A.: Über die Anwendung und den Wert der stereoröntgenogrammetrischen Methode. Münch. med. Wschr. 1916, 761.

— Die Bedeutung röntgenographischer und röntgenoskopischer Methoden für die Fremdkörperlokalisation. Münch. med. Wschr. 1917, 696, 732.

— Steckschuß und Röntgenstrahlen. Leipzig: Georg Thieme 1940.

— Früher „Unzulänglichkeit" und nun „Lösungen" der Steckschußfrage. Röntgenpraxis 13, 325 (1941).

— Die objektive Stereoskopie des Röntgenbildes. Röntgen- u. Lab.-Prax. 5, 299 (1952).

HEBERLE u. KAESTLE: Einfachstes Verfahren zur röntgenoskopischen Fremdkörperlokalisation. Münch. med. Wschr. 1916, 1247.

Henrard, E.: Les procédés les plus récents de localisation et d'extraction des corps étrangers. J. radiol. (Brux.) 1912.

Hercher, u. Noske: Lage- und Tiefenbestimmung von Fremdkörpern. Zbl. Chir. 1918, 544.

Hernaman-Johnson, F.: A simple and rapid method of localizing bullets. Brit. med. J. 1914. — Arch. Roentg. Ray 1914, 247.

Herzberg, E.: Über ein neues, direktes optisches Meßverfahren zur Messung von Fremdkörpern und Neubildungen in der Blase. Münch. med. Wschr. 1915, 1133.

Hess: Über eine einfache Methode zur Bestimmung der Tiefenlage des Projektils im Körper bei Steckschüssen. Wien. klin. Wschr. 1915, Nr 41.

Hirsch, C.: Die von Hofmeistersche Ringmethode zur Fremdkörperlokalisation. Dtsch. med. Wschr. 1918, 298.

Hirtz, E. J.: Un appareil simple pour la localisation précise des corps étrangers à l'aide de rayons de Roentgen. J. Radiol. Électr. 1910, 240.

— Une méthode précise et chirurgicale pour la localisation et la recherche des corps étrangers. Arch. Élect. méd. 1915a, 28.

— Utilisation radioscopique du compas localisateur. Arch. Élect. méd. 1915b, 110.

—, et Gallot: Localisation radioscopique par la méthode de „l'écran percé avec fil à plomb". J. Radiol. Électr. 1915, 709.

Hölder, H.: Der Schwebemarkenlokalisator. Münch. med. Wschr. 1914, 2197.

Hofmeister, v.: Zur Lokalisation der Fremdkörper (Geschosse) mittels Röntgenstrahlen. Bruns' Beitr. klin. Chir. 96, 158 (1915).

Holzknecht, G.: Fremdkörperlokalisation. Münch. med. Wschr. 1914, 2197.

— Einführung in die Fremdkörperlokalisation. Durchführung der lokalisatorischen Untersuchung. Anweisung zur Ausführung der beibehaltenen Lokalisationsmethoden. In Holzknecht, Röntgenologie, I. Teil. Wien- u. Berlin: Urban & Schwarzenberg 1918.

—, u. L. Lilienfeld: Hautmarkierung und Tätowierung für Fremdkörperlokalisation. In Holzknecht, Röntgenologie, I. Teil. Wien u. Berlin: Urban & Schwarzenberg 1918.

—, O. Sommer u. R. Mayer: Durchleuchtungslokalisation mittels der Blendenränder. Münch. med. Wschr. 1916, 491.

Hopf, M.: Ein neuer Röntgenapparat zur stereoskopischen Durchleuchtung. Das Stereo-Röntgenoskop. Schweiz. med. Wschr. 1902, 1283.

Hottmann, V.: Eine einfache Methode zur Lagebestimmung von Fremdkörpern und ihre praktische Anwendung am Operationstisch. Chirurg 13, 674 (1941).

Howard, C.: Tube tilt method of localization of foreign bodies. Amer. J. Roentgenol. 45, 121 (1941).

Hughes, H. A.: Accuracy of foreign body localisation from „tube-shift" radiographs. Brit. J. Radiol. 29, 116 (1956).

Janker, R.: Das stereoskopische Leuchtschirmbild. Röntgenpraxis 13, 272 (1941).

— Die röntgenologische Lagebestimmung von Fremdkörpern. Zbl. Chir. 72, 858, 1097 (1947).

Jaugeas: Localisation précise des projectiles par la radioscopie. Presse méd. 1914, Nr 81.

Johnson, C. R.: Mensuration and localization by means of the roentgen ray. Radiology 8, 518 (1927).

Joistad, A. H.: Roentgen kymographic localization of intrathoracic foreign bodies. Amer. J. Roentgenol. 68, 216 (1952).

Jordan, A. C.: Fluorescent screen localisation by the parallax method. Arch. radiol. electrol. 1915, 188.

Kaestle: Röntgenologische Fremdkörpersuche bei Kriegsverwundeten. Med. Klin. 1915, Nr 34.

Karajan, E. R. v., u. G. Holzknecht: Eine Lokalisationsmethode für Fremdkörper in den Extremitäten Fortschr. Röntgenstr. 4, 174 (1900/01).

Katz: Der Salowsche Tiefenmesser. Zur röntgenologischen Lagebestimmung von Fremdkörpern auf Grund eines Stereogramms. Berl. klin. Wschr. 1915, Nr 23.

—, u. Salow: Zur Fremdkörperlokalisation. Berl. klin. Wschr. 1915, 547.

Kaufman, J.: Exact localization of foreign bodies of some length by the fluoroscopy. Amer. J. Roentgenol. 6, 514 (1919).

— Planeography, localization and mensuration: „Standard depth curves". Radiology 27, 168 (1936).

— Object reconstruction by planeography. Reconstruction and localization of planes. Radiology 30, 763 (1938).

Kautzky Bey, A.: Fremdkörperlokalisation mittelst einer Durchleuchtung und einer Aufnahme. Münch. med. Wschr. 1916, 246.

Kayser, H. W.: Die Rasterröntgenstereoskopie. Röntgenblätter 4, 59 (1941).

Kienböck, R.: Lokalisation von Fremdkörpern bei Brustschüssen. Röntgentaschenbuch. Leipzig u. München: O. Nemnich 1915.

— Radiologische Lokalisation von Geschossen im Brustkorb. Fortschr. Röntgenstr. 25, 623 (1917).

Knoch, M. H.: On the use of perpendicular pins and „levdelling compass" in localization. Arch. Radiol. Electrother. 26, 220 (1922).

Knothe, W.: Einfache Methode zu einer exakten sowohl geometrischen wie auch anatomischen Tiefenbestimmung von Fremdkörpern, gleichzeitig geeignet, Lage und Tiefendimension schattengebender Organe und Tumoren festzustellen. Münch. med. Wschr. 1928, 1876.

Knox, R., and A. St. G. Caulfield: A new therapeutic x-ray localizer. Arch. radiol. electrol. 1915, 184.

Köhler, A.: Zur Vereinfachung der röntgenologischen Fremdkörper-Lokalisation. Dtsch. med. Wschr. 1916, 752.

Köhler, H.: Einfaches Verfahren zur Ortsbestimmung von Steckschüssen auf einer Röntgenplatte. Dtsch. med. Wschr. 1918, 747.

KRAUSE, P.: Über die Technik des Geschoßsuchens und eine Röntgenmessung ohne Apparate. Berl. klin. Wschr. **1916**, 362

KREMER, W.: Der Wert des Röntgenschichtverfahrens zur Lokalisation von Fremdkörpern. Dtsch. med. Wschr. **1940**, 351.

KREUZFUCHS, S.: Eine einfache Lokalisationsmethode. Fortschr. Röntgenstr. **13**, 243 (1908/09).

KRUMMACHER: Röntgenologische Ortsbestimmung bei Fremdkörpern im Knochen. Med. Klin. **1914/15**, Nr 4.

KUNZ, K.: Ein Beitrag zur Technik der röntgenologischen Tiefenbestimmung von Fremdkörpern. Münch. med. Wschr. **1916**, 108.

LAMAITRE, F., et M. PONZOY: Radiographie successive avec index métallique au cours de la recherche chirurgicale des corps étrangers. Rev. Stomat. (Paris) **29**, 253 (1927).

LANGEMAK u. W. BEYER: Eine einfache Vorrichtung zur Tiefenbestimmung von Fremdkörpern nach Fürstenau. Dtsch. med. Wschr. **1916**, 254.

LANTOUR, H. A. T.: Localization of imbedded foreign bodies by the roentgen ray. Ref. Lancet **1901 I**, 486.

LAPLAZE: Un nouveau procédé de localisation radioscopique. Paris méd. **1916**.

LAQUERRIÈRE, M., SLUYA et LE ROLLAND: Sur l'importance du centrage de l'ampoule dans les méthodes de localisation et en particulier dans la méthode radioscopique Hirtz et Gilbert. J. Radiol. Électrol. **1916**, 175.

LEDUC, ST.: Détermination rapide et précise de la position des corps étrangers dans les tissus a l'aide de la radioscopie. Bull. Soc. franç. Électr. **1897**.

LEVY-DORN, M.: Über die Methode, die Lage innerhalb des menschlichen Körpers mittels Röntgenstrahlen zu bestimmen. Verh. Dtsch. Ges. Chir. 1897.

— Die Lagebestimmung von Fremdkörpern mittels Röntgendurchleuchtung. Zbl. Chir. **1898**, 617.

— Die Grundsätze für Ortsbestimmung im Körper mittels Röntgenstrahlen. Mschr. Orthop. physik. Heilk. **1901**, H. 2.

— Diskussionsbemerkung zur Röntgenlokalisation. Z. ärztl. Fortbild. **1916**, 78.

LILIENFELD, L.: Methodik der Fremdkörperlokalisation. In HOLZKNECHT, Röntgenologie. Berlin: Urban & Schwarzenberg 1918.

LINDSAY, S. W.: A method for localization of bullets. Brit. med. J. **1951 I**, 631.

LOEWENTHAL, S., u. J. NIENHOLD: Über elektrische Fremdkörpersonden. Münch. med. Wschr. **1915**, 1131.

LORO: Sextants radiologiques. Arch. Élect. méd. **1915**, 337.

LOSSEN, K.: Zur Lagebestimmung von Fremdkörpern mittels Röntgenstrahlen. Dtsch. med. Wschr. **1918**, 605.

LÜSCHER, H.: Die stereoskopische Durchleuchtung mittels Röntgenstrahlen und dazu dienende neue Geräte. Röntgenblätter **3**, 12 (1950).

LUNDQUIST, A.: A new instrument for exact localization of object by roentgen rays. Abstr. Commun. II. Internat. Congr. Radiol., Stockholm, 1928, S. 61.

MAATZ, R.: Eine Hilfe beim Suchen von Fremdkörpern. Zbl. Chir. **69**, 389 (1942).

MACKENZIE, W. R., and J. M. K. DAVIDSON: Roentgenrays and localization. Brit. med. J. **51** (1898).

— — Localisation by x-ray and stereoscopy. New York: Hoeber 1916.

MANGES, W. F.: The localization of foreign bodies. Trans. Amer. Roentgen Ray Soc. 9th Ann. Meet. New York 1908. Ref. Fortschr. Röntgenstr. **14**, 449 (1909/10).

MARECHAL, LE, et M. MORIN: Un nouvel appareil localiseur des projectiles chez les blessés de guerre. J. Radiol. Électrol. **1916**, 102.

MARIE T. et H. RIBAUT: Mesure des profondeurs en radiographie. Arch. Électr. méd. exp. clin. **1899**, Nr 83. Ref. Fortschr. Röntgenstr. **3**, 168 (1900).

MARION, G.: Appareil pour la localisation des corps étrangers. „Repéreur Marion-Danion". Presse méd. **1914**, Nr 78.

MARTINO, L.: Sopra un metodo riguardante la localizzazione e la indicazione di punti sulla superficie cranica. Monit. zool. ital. Suppl. al vol. **56**, 297 (1948).

— Sopra un metodo originale di cranio-metro-localizzazione. Rass. med. (Milano) **27**, 3 (1950a).

— Nuova tecnica di determinazione della sede dei corpi radiopachi endocranice a mezzo di un metodo cranio-metro-localizzatore. Arch. Radiol. (Napoli) **26**, (1950b).

— La cuffia elastica cranio-metro-localizzatrice. Boll. Soc. ital. Biol. sper. **27**, 1264 (1951).

— La cranio-metro-localizzazione e la radiologia. Minerva med. (Torino) **43**, 1 (1952).

—, e F. MASSARI: Studi sulla localizzazione speziale e sulla proiezione del III ventricolo cerebrale a mezzo del metodo craniometrolocalizzatore. Estr. Atti Accad. Puyliese Sci. 8, 405 (1950).

MASSIOT: Trusquin repéreur et compas. Arch. Élect. méd. **1916**, 178.

MEISEL: Ein neues Lokalisationsverfahren mittels metallischer Koordinatensysteme. Münch. med. Wschr. **1915**, 529.

MÉNARD, M.: Localisation des projectiles et l'examen des blessés par les rayons X. Arch. Élect. méd. **1915**, 68.

MENUET: Localisation des projectiles au moyen d'un répereur spécial. Arch. Élect. méd. **1915**, 57.

MERCIER, M.: Radioskopimètre. Arch. Élect. méd. **1916**, 133.

MERIO, G.: Un nouveau modèle de gonimètre radiologique. Ann. inst. mod. clin. med. **1916**, 88. Ref. J. Radiol. Électrol. **1917**, 670.

MOHR, F., u. P. SEEGER: Das Mor-Seegersche Lagebestimmungsverfahren nebst Beschreibung einer neuen Vorrichtung zur Normalstrahlführung. Bruns' Beitr. klin. Chir. **107**, 539 (1918).

MONELL, S. H.: Untersuchungsbett und Lokalisationsapparat. Amer. Ray J. **1901**.

MOUGIE: Procédé nouveau de localisation par la radioscopie et description d'un appareil indicateur. Arch. Électr. méd. Physiother. **1917**, 183.

MORIARTY, C. D.: A new x-ray stereometer. General Electric Rev. **41**, 269 (1938).

MORIER: Appareil propre à déterminer la position d'un corp métallique à l'intérieur du crâne. Radiographie 4 (1900). Ref. Fortschr. Röntgenstr. **3**, 167 (1900).

MORIN, M.: Nouvelle modification à la méthode de repérage de M. Hirtz. J. Radiol. Électrol. **1916**, 411.

—, et H. BÉCLÈRE: Simplification de la construction graphique dans la localisation des projectiles par la méthode du compas de Hirtz. J. Radiol. Électrol. **1916**, 31.

MORITZ, F.: Über Tiefenbestimmungen mittels des Orthodiagraphen und deren Verwendung, um etwaige Verkürzungen bei der Orthodiagraphie des Herzens zu ermitteln. Fortschr. Röntgenstr. **7**, 169 (1903).

— Über orthodiagraphische Lage- und Tiefenbestimmungen von Fremdkörpern zum Zwecke ihrer operativen Entfernung. Münch. med. Wschr. **1917**, 1437.

MÜLLER, CH.: Eine einfache Methode zur Bestimmung des Tiefensitzes von Fremdkörpern mittels der Röntgenstrahlen. Münch. med. Wschr. **1909**, 1645.

NEL-THORPE, E. H.: Description of a method for rapid determination of the depth of foreign bodies from x-ray plates. Arch. radiol. electrol. **1917**, 113.

NEUMANN, W.: Eine neue Methode der Fremdkörperlokalisation. Münch. med. Wschr. **1915**, 1635.

OESTERSETZER, E., u. O. STRASSER: Die Lagebestimmung von Geschossen. Röntgenpraxis **15**, 302 (1943).

ORAIN, W.: Some aids to accuracy and rapidity in x-ray localization. Arch. radiol. electrol. **1917**, 277.

PANCOAST, H. K., and E. P. PENDERGRASS: Localization of foreign bodies in the lung by roentgen examination. Amer. J. Roentgenol. **27**, 225 (1932).

PANCONCELLI-CALZIA, G.: Experimentelle Versuche zur Erweiterung des Müllerschen Verfahrens zur Fremdkörperlokalisation. Fortschr. Röntgenstr. **24**, 123 (1916/17).

PAYNE, E.: Localisation and measurement of hidden bodies by the aid of roentgen rays. Arch. Roentg. Ray **2**, 31, 89 (1898).

PAYSEN u. F. WALTER: Praktische Winke zur Ausführung einer genauen röntgenographischen Fremdkörperlokalisation. Dtsch. med. Wschr. **1918**, 657.

PENNEMAN, G.: Mathematische Lokalisation von Fremdkörpern mit Hilfe der Stereoskop-Kompressionsblende von Albers-Schönberg. Fortschr. Röntgenstr. **13**, 305 (1908/09).

PERUSSIA, F.: Localisation des corps étrangers. J. méd. mil. (Roma) **1916**. Ref. J. Radiol. Électrol. **1917**, 539.

PETIT, G.: A propos du radio-correcteur et sur une méthode générale en radiographie. J. Radiol. (Brux.) **2**, 316 (1908).

PETROW, K.: Eine vereinfachte Röntgenstereoskopaufnahme. Fortschr. Röntgenstr, **23**, 359 (1915/16).

PFAUNDNER: Bestimmung eines Fremdkörpers mittels Röntgenscher Strahlen. Intern. photogr. Mschr. Med. Naturwiss. **1896**.

PICCINO, G.: Sulla roentgen-localizzazione dei corpi estranei. Rif. med. **1919**, 354.

PIERRE, P.: Procédé radioscopique pour déterminer la situation d'un projectile dans les tissus en direction et en profondeur. Bull. Acad. Méd. (Paris) **1915**, 472.

PIERIE, A. H.: Localisation of bullets and shrapnel balls by one radiograph on one plate. Arch. Radiol. Electrother. **1916**, 137.

POLIAKOFF, DE: Quelques modifications à la technique de la localisation des corps étrangers à l'aide du compas de Hirtz. Arch. Élect. méd. **1916**, 97.

PORDES, F.: Einfaches Verfahren zur Ortsbestimmung von Steckschüssen auf einer Röntgenplatte. Dtsch. med. Wschr. **1918**, 920.

PRÄTORIUS, L.: Die Fremdkörperlokalisation mittels des Lokalisationswinkels. Röntgentaschenbuch, Bd. VII. **1915**.

RABOURDIN et SAMSON: A propos des méthodes de localisation dites anatomiques. Presse méd. **1917**.

RAUTENKRANZ, J.: Die Lokalisation von Fremdkörpern in Brust und Bauch mittelst der Stärkebinde. Münch. med. Wschr. **1916**, 371.

RÉCHOU: Quelques procédés nouveaux de localisation des corps étrangers. Arch. Électr. méd. **1914**, 75.

— Localisation des corps étrangers, le radioprofondomètre. Arch. Électr. méd. **1915**, 5.

REHN u. EDNER: Ein einfaches Verfahren zur Fremdkörperbestimmung. Dtsch. med. Wschr. **1916**, 638.

REID, E. K., and L. F. BLACK: Foreign body localization in military roentgenology. Radiology **31**, 567 (1938).

REMY: New apparatus for localisation. Arch. Roentg. Ray **5**, 13 (1900).

ROBINEAU: Sur la localisation des projectiles de guerre. Presse méd. **1915**, 318.

RUCKENSTEINER, E.: Röntgenaufnahmen längs der Wirbelsäulenachse zur Lagebestimmung von Steckschüssen. Chirurg **14**, 695 (1942).

RUMPEL: Über die Lagebestimmung von Fremdkörpern mittels des Röntgenverfahrens. Dtsch. mil.ärztl. Z. **1899**. Ref. Zbl. Chir. **1907**, 290.

SAHATCHIEFF, A.: Eine einfache und sichere Fremdkörperlokalisationsmethode. Münch. med. Wschr. **1916**, 1248.

SAJGO, V.: Ein Apparat zur Bestimmung der Lage der im menschlichen Körper befindlichen Fremdkörper. Zbl. Chir. **68**, 1436 (1941).

„Sanitas", Röntgenlab. d. Elektroges.: Durchleuchtungslokalisation mittels Blendenrändern. Fortschr. Röntgenstr. **24**, 235 (1916).

SCHEUERMANN, H.: Om lokalisation af fremedlegemer ved hjaelp af röntgenstraaler. Militaerlaegen **1921**, H. 1.

SCHILLING, F.: Neue geometrische Methode der röntgenologischen Fremdkörperlokalisation. Fortschr. Röntgenstr. **25**, 33 (1918).

SCHINCAGLIA, J.: Sull esalta posizione dei corpi estranei nel corpo umano. Policlinico. Sez. chir. **1913**.

SCHMERZ, H.: Über röntgenologische Lokalisation von Fremdkörpern. Münch. med. Wschr. **1916**, 40.

SCHMIDBERGER-JAKOBS, M.: Automatisches Verfahren zur Lokalisation und Größenbestimmung von Fremdkörpern und Organen mittels Röntgendurchleuchtung. Fortschr. Röntgenstr. **80**, 267 (1954).

SCHRÖDER, W.: Röntgenologische Fremdkörperlagebestimmungen. Dtsch. med. Wschr. **1940**, 619.

SCHÜRMAYER, B.: Eine Vereinfachung und Abänderung des Verfahrens nach Davidson zur Bestimmung der Lage von Fremdkörpern im Organismus durch Doppel-Röntgenphotographie. Fortschr. Röntgenstr. **4**, 81 (1901).

SCHULZ, E.: Röntgenologisches Verfahren zur Bestimmung des Sitzes eines in den Körper eingedrungenen Geschosses mit einfachen Hilfsmitteln. Fortschr. Röntgenstr. **22**, 509 (1915).

SCHULZE: Auffindung der bei Röntgendurchleuchtung schattengebenden Fremdkörpern im menschlichen Körper. Med. Klin. **1917**, 943.

SCHWARZ, G.: „Stellsonde"-Verfahren. Eine Methode der Operation von Projektilen (Fremdkörpern). Dtsch. med. Wschr. **1915**, 1418.

SCIARLA, G.: Istrumento per la localizzazione roentgenologica dei corpi estranei. Radiol. med. (Torino) **1919**, 305.

SECHEHAYE: Étude sur la localisation des corps étrangers au moyen des rayons roentgen contenant l'exposé d'une méthode nouvelle. Genève: George & Co. 1899.

— Die Bestimmung des Sitzes von Fremdkörpern mittels Röntgenstrahlen. Wien. klin. Wschr. **1899**, 808.

SEHRWALD, E.: Die Lagebestimmung von Fremdkörpern in der Tiefe bei der Durchleuchtung mit Röntgenstrahlen. Dtsch. med. Wschr. **1898**, 301.

SEITZ, W.: Über die verschiedenen Methoden der röntgenographischen Ortsbestimmung von Fremdkörpern. Dtsch. med. Wschr. **1918**, 1020.

SEUBERT: Erfahrungen mit dem Fürstenauzirkel. Münch. med. Wschr. **1915**, 1794.

SHEARER, J. S.: Localization of foreign bodies. The standard methods approved by the surgeon general's office, U.S. Army. Amer. J. Roentgenol. **5**, 229 (1918).

SHENTON, E. W. H.: A simple method of localizing by roentgen rays. Arch. Roentg. Ray **4**, 18 (1899).

SHENTON, E. W. H.: Rapid x-ray localization. Lancet **1916** I. Ref. Amer. J. Roentgenol. **1961**, No 6.

SHIGA, T.: Die Lokalisation von Fremdkörpern im menschlichen Körper mittels gleichzeitiger doppelter Röntgenaufnahmen. Fortschr. Röntgenstr. **60**, 442 (1939).

SMILLES, E. M.: Location of foreign bodies. Arch. radiol. electrol. **1915**, 169.

SORGE, K.: Fremdkörperlokalisation vermittelst Röntgenstrahlen. Fortschr. Röntgenstr. **20**, 555 (1913).

SOULEYRE: Un procédé simple de localisation radioscopique des projectiles dans la hanche et l'épaul. Arch. Élect. méd. **1915**, 275.

SPINDLER, H. v.: Die Feststellung und Lokalisation von Fremdkörpern im menschlichen Körper. Z. ärztl. Fortbild. **37**, 472 (1940).

STRACKER, O.: Die Lagebestimmung von Geschossen. Chirurg **13**, 667 (1941).

STRAW, A. G.: The use of x-rays in the great war, with a new method for location of foreign bodies. Arch. radiol. electrol. **1917**, 392.

STROHL: Deux procédés simples pour localiser rapidement les rayons X. Bull. Acad. méd. (Paris) **1916**a, 124.

— Procédé simple pour locliser rapidement les projectiles par la radioscopie. J. Radiol. Électrol. **1916**b, 32.

SYRING: Die Lagebestimmung von Fremdkörpern nach Gillet. Dtsch. med. Wschr. **1916**, 576.

SZENES, T.: Ein neues Verfahren zur Fremdkörperlokalisation mit der Röntgendurchleuchtung. Fortschr. Röntgenstr. **70**, 46 (1944).

— Eine Methode zur Distanzmessung mit Röntgendurchleuchtung. Radiol. clin. (Basel) **19**, 178 (1950).

TAULEIGNE-MAZO: Repérage des corps étrangers par le radiostéréomètre Tauleigne-Mazo. Arch. Électr. méd. **1917**, 463.

TESCHENDORF, W.: Erfahrungen mit der stereoskopischen Durchleuchtungsmethode nach Wiegelmann. Röntgenblätter **3**, 68 (1950).

TISON: Dispositif pratique complémentaire de la méthode du docteur Haret pour la localisation radioscopique des corps étrangers. J. Radiol. Électrol. **1917**, 486.

TRENDELENBURG, W.: Über die genaue Ortsbestimmung von Geschossen und anderen Metallteilen im Körper mittels Röntgenaufnahmen. Wien. klin. Wschr. **1914**, 1609.

TUFFIER: Localisation et extraction des projectiles par un procédé basé sur la simple radioscopie. Presse méd. **1905**, Nr 83. Ref. Fortschr. Röntgenstr. **10**, 258 (1906/07).

— Appareil practique pour la localisation des corps étrangers. Bull. Soc. Chir. Paris **1915**, 1879.

— Appareil de La Baume pour la recherche des projectiles. Bull. Soc. Chir. Paris **1916**, 251.

ULRICHS, B.: Bewährtes Verfahren zur Röntgenstereoskopie, Fremdkörperlokalisation und Tiefenbestimmung. Fortschr. Röntgenstr. **25**, 439 (1919).

VERGELY, A.: Méthode pour localiser exactement les projectiles après la radioscopie. Presse méd. **1915**, Nr 7.

VOGEL, F.: Zur röntgenoskopischen Fremdkörperlokalisation. Med. Klin. **1916**, 1103.

WACHTEL, H.: Der Schwebemarkenlokalisator. (Einfacher und exakter Fremdkörperuntersucher.) Münch. med. Wschr. **1914**, 2292; **1915**, 225.

— Ein halbes Jahr röntgenologischer Projektillokalisation. Dtsch. med. Wschr. **1915**, 560.

— Das neue Lokalisationsprinzip der Raummarke und der Schwebemarkenlokalisator, ein Fremdkörperverfahren ohne Messung im Raum und ohne Rechnung. Fortschr. Röntgenstr. **23**, 405 (1916).

— Zur Technik der Übertragung des mathematischen Lokalisationsresultates auf die Haut des Patienten. Fortschr. Röntgenstr. **25**, 350 (1917).

WAGENER: Vereinfachtes Verfahren der Lokalisation von Fremdkörpern mit Hilfe meines Quadratfelderrahmens und Parallellineals. Fortschr. Röntgenstr. **23**, 444 (1915).

— Die richtige Verwertung des Doppelschattens bei der Fremdkörperlokalisation. Fortschr. Röntgenstr. **24**, 219 (1916a).

— Die Fremdkörperlokalisation durch drei Ebenen und gleichzeitige Angabe der Entfernungen von je zwei Punkten der Horizontal- und Vertikalebene unter Benutzung meines Quadratfelderrahmens und Parallellineals a) durch Röntgenographie, b) mittels Durchleuchtung. Fortschr. Röntgenstr. **24**, 221 (1916b).

WAGG, H.: A method of radiography and localization. Arch. Roentg. Ray **2**, 80 (1898).

WALSH, D.: Localization of foreign bodies. Brit. Med. J. **1897**, 797.

WALTER, B., u. F. WALTER: Ein neues Hilfgerät für die röntgenographische Fremdkörperlokalisation. Münch. med. Wschr. **1917**, 1381.

WATERS, CH. A.: Localization of foreign bodies at the front. The nearest point method. The palpating stick. Amer. J. Roentgenol. **6**, 188 (1919).

WEISCHER: Ein Beitrag zur Lokalisation der Fremdkörper nach Levy-Dorn. Zbl. Chir. **1915**, 497.

WEISSWANGE, W. M. H.: Die Lagebestimmung von Fremdkörpern. Münch. med. Wschr. **1942**, 1018.

WEPFER, A.: Zur Lagebestimmung von Fremdkörpern vor dem Röntgenschirm. Bruns' Beitr. klin. Chir. **126**, 317 (1922).

WERTHEIMER, A.: Fremdkörperbestimmung mittels Präzisions-Röntgendurchleuchtung. Münch. med. Wschr. **1918**, 377.

WESKI, O.: Praktische Erfahrungen mit der Fürstenauschen Lokalisationsmethode von Geschossen. Münch. med. Wschr. **1915a**, 244.

— Die röntgenologische Lagebestimmung von Fremdkörpern. Ihre schulgemäße Methodik dargestellt an kriegschirurgischem Material. Stuttgart: Ferdinand Enke **1915b**.

— Die schulgemäße Methodik der röntgenologischen Geschoßlokalisation. Bruns' Beitr. klin. Chir. **1916a**, 52.

WESKI, O.: Der Leitdraht. Berl. klin. Wschr. **1916b**, Nr 17.

WESTERMARK, N.: A simple method of localising foreign bodies. Acta radiol. (Stockh.) **22**, 490 (1940).

WIELAND, H.: Zur Technik der Röntgentiefenlotung. Röntgenblätter **6**, 73 (1953).

WILKINS: The localization of foreign bodies. Amer. J. Roentgenol. **4**, 343 (1917).

WILLIAMS, F.: A simple method of locating foreign bodies by means of the fluorescent screen. Boston med. surg. J. **1899**, 304.

WITZEL, O.: Das Steckgeschoß. Die Röntgensuche, die Beschwerden, seine Entfernung. Münch. med. Wschr. **1916**, 578.

WÜRSCHMIDT, J.: Graphische Methode zur röntgenologischen Lagebestimmung von Fremdkörpern. Dtsch. med. Wschr. **1916**, 485.

WULLYAMOZ: Methode zur Fremdkörperlokalisation und Extraktion. Ref.: Fortschr. Röntgenstr. **24**, 282 (1916).

YORK, H. E. P.: Description of an x-ray couch, designed for use on field service, incorporating a new type of localizing device. J. roy. Army med. Cps **1936**, 251.

YOUNG, J. S.: A simple method of localising foreign bodies. Arch. radiol. electrol. **1917**, 40.

ZUPPINGER, A.: Die röntgenologische Fremdkörperlokalisation. Praxis **29**, 61 (1940).

— Richtlinien für die Fremdkörperlokalisation und -entfernung bei Kriegsverletzten. Schweiz. med. Wschr. **1941**, 716.

— Fremdkörper und deren Lokalisation. In SCHINZ-BAENSCH-FRIEDL-UEHLINGER, Lehrbuch der Röntgendiagnostik, 5. Aufl., Bd. I, S. 1839. Stuttgart: Georg Thieme 1952.

ZWIFFELHOFER: Die Erfolge des Vierpunktverfahrens bei der Anwendung der Meiselschen Schublehre. Bruns' Beitr. klin. Chir. **126**, 416 (1922).

Lokalisation von Augenfremdkörpern

ABALICHIN, A. A.: Die Bedeutung der axialen Aufnahme mit Prothesen für die genaue Röntgenlokalisierung von Fremdkörpern im Auge. Vestn. Oftal. **32**, 21 (1953).

ALTSCHUL, W.: Lokalisation intraokularer Fremdkörper. Fortschr. Röntgenstr. **29**, 441 (1922).

— Erfahrungen mit meiner Methode der Lokalisation von Fremdkörpern des Auges. Abstr. Commun. II. Internat. Congr. Radiol., Stockholm 1928, S. 59.

AVELLO, J. J., and M. R. VORIEGA: Radiologic slit method for foreign body localization. A preliminary report. Amer. J. Ophthal. **41**, 302 (1956).

BANGERTER, A.: Vereinfachtes, genaues Lokalisationsverfahren intraokularer Fremdkörper. Ophthalmologica (Basel) **101**, 139 (1941).

BELOT, J., et H. FRAUDET: Recherche et localisation précise des corps etrangers de l'oeil. J. Radiol. Eléctrol. **1917**, 433.

BERGEMANN: Zur Lagebestimmung von metallischen Fremdkörpern im Auge und Augenhöhle. Berl. klin. Wschr. **1917**, 187.

CAMISÓN, A.: Neue Technik der Radiographie intraocularer Fremdkörper. Arch. Oftal. hisp.-amer. **27**, 565 (1927). Ref. Zbl. ges. Radiol. **4**, 562 (1928).

COMBERG, W.: Ein neues Verfahren zur Röntgenlokalisation am Augapfel. Arch. Ophthal. **118**, 175 (1927).

CURSCHMANN, V.: Zur röntgenologischen Lokalisation intraokularer Fremdkörper. Klin. Mobl. Augenheilk. **130**, 381 (1957).

DUKEN, J.: Über Fremdkörperbestimmung mit besonderer Berücksichtigung der Augenverletzungen. Münch. med. Wschr. **1915**, 1127.

FRIEL, D. J.: Method of localization of foreign bodies in the eye. Radiography **17**, 236 (1951).

GNILORYBOV, I. V.: Klassifizierung der Methoden der Röntgenlokalisation von Fremdkörpern im Auge. Vestn. Rentgenol. Radiol. **32**, Suppl. **1**, 11 (1957).

GOLDMANN, H.: Zur exakten Lokalisation wandständiger intraokularer Fremdkörper. Schweiz. med. Wschr. **68**, 497 (1938).

—, u. A. BANGERTER: Zur Lokalisation intraokularer winziger Fremdkörper. Ophthalmologica (Basel) **101**, 216 (1941).

GORBAN, A. I.: Transportables Fixiertischchen für die Röntgenlokalisation von Fremdkörpern im Auge. Vestn. Rentgenol. Radiol. **31**, 65 (1956).

GRUDZINSKI, Z.: Neue vereinfachte graphische Methode zur genauen Röntgenlokalisation metallischer Fremdkörper im Auge. Fortschr. Röntgenstr. **40**, 468 (1928).

HOLZKNECHT, G.: Die gegenwärtige Technik der Lokalisation der Augenfremdkörper. In HOLZKNECHT, Röntgenologie, I. Teil. Wien u. Berlin: Urban & Schwarzenberg 1918.

HOULBERT: Présentation d'un appareil pour la localisation radiographique des corps étrangers intraoculaires. Presse méd. **1917**, Nr 48.

HUBENY: Localization of foreign bodies in the eye. Radiology **1924**, 33.

KILLIAN, C. H., and R. ELSTROM: Localization of intraorbital and intraocular foreign bodies. Med. Radiogr. Photogr. **28**, 78 (1952).

KÖHLER, A.: Zur Technik des Fremdkörpernachweises im Augapfel. Fortschr. Röntgenstr. **3**, 190 (1902/03).

— Zur röntgenologischen Differenzierung intra- oder extrabulbär sitzender Geschoßsplitter. Münch. med. Wschr. **1918**, 399.

LARSSON, S., O. NORMAN and B. HEDBY: Localization and extraction of intraocular foreign bodies by the method of Larsson. Acta ophthal. (Kbh.) **36**, 345 (1958).

LIEBERMANN, L. v.: Zur Röntgenlokalisation von Fremdkörpern, besonders im Auge und in der Orbita, nebst Bemerkungen über Kriegsverletzungen des Auges durch Fremdkörper. Münch. med. Wschr. **1915**, 1413.

MILIS, H. P., and W. W. WATKINS: Localization of foreign bodies in or about the eye. Radiology **8**, 336 (1927).

PFEIFFER, R. L.: Localization of intraocular foreign bodies with the contact lens. Amer. J. Roentgenol. **44**, 558 (1940).

PFLUG u. WEISSER: Einführung des Sweetschen Verfahrens zur Fremdkörperlokalisation am Auge. Fortschr. Röntgenstr. **24**, 309 (1917).

PIERIE, A. H.: Localisation of a foreign body in the eye. Arch. Radiol. Electrother. **1918**, No 11.

PIROVAROV, V. P.: Neue Modifikation der Röntgenlokalisierung von Fremdkörpern des Auges und der Orbita unter Verwendung des Protheseindikators von Baltin. Vestn. Oftal. **32**, 28 (1953).

RÜBE, W.: Röntgenlokalisation von Metallsplittern am Augapfel nach Comberg. Röntgen- u. Lab.-Prax. **10**, 38 (1957).

SALZER: Zur Lokalisation von Fremdkörpern in Auge und Orbita mit Röntgenstrahlen. Münch. med. Wschr. **1915**, 1719.

SCOTT, G. J., and P. A. FLOOD: A simple and accurate method for the localization of intraocular foreign bodies. Brit. J. Radiol. **19**, 318 (1946).

SENA, J. A.: Radiologische Lokalisation der Fremdkörper des Augapfels. Der Sweetsche Lokalisator. Sem. méd. (B. Aires) **1918**, 1813. Ref. Zbl. Radiol. **7**, 705 (1930).

SMIRNOW, S. N.: Methodik der anschaulichen Wiedergabe eines Splitters bei der Röntgenographie des Auges. Vestn. Oftal. **32**, 20 (1953).

— Prothesefreie Methode der Röntgenlokalisierung von Fremdkörpern im Auge. Vestn. Oftal. **69**, 20 (1956).

SMOLING, E.: Lokalisation von Augenfremdkörpern durch Anwendung eines vereinfachten Comberg-Verfahrens. Radiol. Austriaca **5**, 85 (1952).

STENIUS, S.: Röntgenlokalisation av ögonflisor med Stenius-Ribbings Lokalisator. Nord. Med. **36**, 2187 (1947).

STUMPF, PL.: Verfahren zur röntgenologischen Lagebestimmung von Fremdkörpern, insbesondere im Auge nach der erweiterten und ergänzten Methode Müller (Immenstadt). Münch. med. Wschr. **1916**, 1606.

VOGT, A.: Skelettfreie Röntgenaufnahme des vorderen Bulbusabschnittes. Schweiz. med. Wschr. **1921**, 145.

ZWALUWENBURG, J. VAN: Greater certainty in the localization of foreign bodies in the eye. Amer. J. Roentgenol. **4**, 512 (1917).

2. Tumorlokalisation

So wie die Fremdkörperlokalisation an Bedeutung verloren hat, hat die Tumorlokalisation in jüngerer Zeit an Bedeutung gewonnen. Die Ursachen hierfür sind hauptsächlich bei den Fortschritten der Strahlentherapie zu suchen. Hier sind es vor allem die Bewegungsbestrahlung und die Therapie mit ultraharten Röntgenstrahlen und mit

Gammastrahlen, die eine exakte *Herdlokalisation* verlangen. Weitere Anwendungsgebiete der Tumorlokalisation sind die gezielte diagnostische Punktion der Tumoren im Thorax und am Skelet, sowie die Lokalisation von in den Körper oder in Körperhöhlen eingebrachten Strahlungsträgern zur Bestimmung der Isodosenverteilung. Die Tumorlokalisation zur Strahlentherapie gliedert sich in zwei Teile, in die Herdlokalisation vor der Lagerung am Therapiegerät und in die Herdeinstellung am Therapiegerät selbst. Eine Reihe von Lokalisationsmethoden kombinieren beides und nehmen die Herdlokalisation während der Einstellung am Therapiegerät bzw. mit dem Therapiegerät selbst vor oder mit einem dazu konstruierten Hilfsgerät und stellen den Herd während der Lokalisation gleich zur Bestrahlung ein. Diese kombinierten Methoden sind vor allem zur Pendelbestrahlung entwickelt worden (BAERWOLFF und SCHUHMACHER 1956, HEINRICHS und WINDEMUTH 1957, SPECHTER 1957). Ferner gehören hierher auch die Methoden, die bestimmte metallische Zielmarken oder Zielgeräte bei den diagnostischen Lokalisationsaufnahmen mitphotographieren und die gleichen Zielvorrichtungen später am Therapiegerät korrespondierend einstellen. JAMIESON (1954) benützt hierzu eine Art Schieblehre mit weit verlängerten und an der Spitze um 90° abgewinkelten tasterzirkelähnlichen Meßbacken, welche außen am Körper angelegt werden. Ein dritter auf der Basis der Schieblehre verschieblicher Taster kann gegen die Körperoberfläche senkrecht zu der von den beiden anderen Meßbacken angezeigten Distanz vorgeschoben werden und markiert den Hautpunkt über dem Tumor sowie an einer Skala die Distanz Tumor—Haut. CATTON (1957) photographiert eine brückenförmige Vorrichtung aus Plexiglas mit Bleimarken mit und benützt die gleiche Vorrichtung zur Übertragung der Einstellung am Co 60-Gerät.

Die verbreitetsten Lokalisations- und Einstellungshilfen dieser Art stellen jedoch der *Gegenpunktzeiger (Backpointer)* und der *Bogenlotzeiger (Pin-and-Arc)* dar. GAUWERKY (1955) hat ihre praktische Anwendung ausführlich beschrieben. Der Gegenpunktzeiger eignet sich für die Bestrahlung in aufrechter Körperhaltung im Sitzen bei Anwendung mehrerer stehender Felder. Abb. 71 zeigt besser als eine ausführliche Beschreibung das Prinzip und die praktische Ausführung dieses Gerätes. Der Tumor wird vorher mittels Röntgenaufnahme und mittels Durchleuchtung bei angelegter Gipsmaske lokalisiert. Eintritts- und Austrittspunkt des Zentralstrahls, bzw. eines anderen durch den Herd gehenden Strahls, werden auf der Gipsmaske markiert. Werden je zwei korrespondierende Punkte der Gipsmaske mit Nadeln verbunden, so schneiden sich diese innerhalb der Gipsmaske im Herd. Mit Hilfe eines Felderwählers werden mehrere auf diesen Punkt zielende Einstrahlrichtungen gewählt und auf der Gipsmaske markiert.

Mit dem Gegenpunktzeiger ist die Einstellung eines einmal markierten Feldes von Sitzung zu Sitzung konstant zu halten. Auch die Tumor-Hautdistanz ist an den durch die Gipsmaske gestoßenen Nadeln ablesbar. In diesem Zusammenhang muß übrigens auch auf das Röntgentopogramm verwiesen werden, welches die Anwendung des Gegenpunktzeigers noch verständlicher macht und seine Benützung auch ohne die Herstellung einer Gipsmaske ermöglicht.

Bei allen Stehfeldbestrahlungen am Rumpf des liegenden Patienten wird dagegen der Bogenlotzeiger (Pin-and-Arc) mit Vorteil benützt. Auch sein Prinzip und seine praktische Anwendung sind am ehesten aus einer Abbildung am Patienten ersichtlich. Abb. 72 zeigt den Bogenlotzeiger in seiner Einstellung am Thorax.

Zentralstrahl und Verlängerung des exakt vertikal einstellbaren Stabes schneiden sich immer im Herd, gleich welchen Winkel die beiden miteinander bilden. Zentralstrahl und Stab stellen Radien zweier konzentrischer Kreise dar, deren Mittelpunkt der Herd bildet. Der Abstand der Stabspitze (Haut) vom Herd bzw. dem konstanten Schnittpunkt mit dem Zentralstrahl ist an einer Skala als Herdtiefe einstellbar. Diese vertikale Herdtiefe wird in Therapielage des Patienten mit einer der oben beschriebenen Lokalisationsmethoden vorher bestimmt. Auch zur Anwendung des Bogenlotzeigers bildet das Röntgentopogramm übrigens die beste Voraussetzung, da es mit der wahren Körperquerschnittskizze nicht nur das Ablesen der Herdtiefe in der Vertikalen gestattet, sondern in allen Einstrahlrichtungen und damit die unmittelbare Grundlage zur Aufstellung des Bestrahlungsplanes und zum Festlegen der Einfallswinkel bildet.

Zur Kontrolle der Einstrahlrichtung dient auch die von SEELENTAG (1957) angegebene *Winkelbussole*. Bei den Röntgenaufnahmen wird mit Hilfe von Metallmarkierungen an der Haut die Projektionsrichtung festgestellt. Mit denselben Hautmarkierungen kann dann der Patient zum einfallenden Therapiestrahlenbündel winkelgerecht gelagert werden. Eine Bussole gestattet das Ablesen der Einstrahlwinkel zur Basis der Hautmarkierungen. Eine weitere Vorrichtung zur Feststellung der Einstrahlrichtung ist der *Vertikalebenenanzeiger* nach DOBBIE (BATLEY, HOLLOWAY und MANDY 1959). In dem halbkugelig geformten und transparenten Röhrentubus schwimmt in Mineralöl eine Stahlkugel. Sie stellt sich bei jeder Schrägstellung des Tubus stets am tiefsten Punkt der Halbkugel ein. Eine Meridian- und Gradeinteilung gestattet reproduzierbare Einstellungen. Die von MARX (1957) angegebene Methode macht sich die bei manchen Geräten zur Pendelbestrahlung bestehenden festen Abstände Pendelachse—Focus zunutze. Im Tubus befindet sich eine röntgenschattengebende Skala aus in bestimmten Abständen angeordneten Kugeln. Sie gestattet bei den mit der Therapieröhre angefertigten Aufnahmen ein direktes Ausmessen des Herdes nach Lage und Größe.

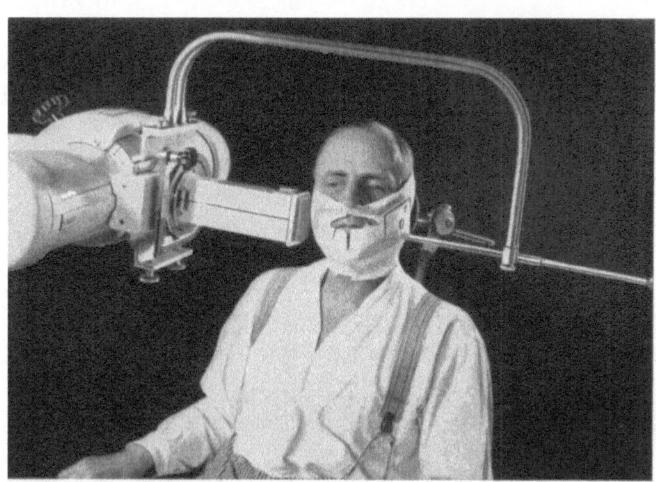

Abb. 71. Gegenpunktzeiger (Backpointer) in situ am Patienten

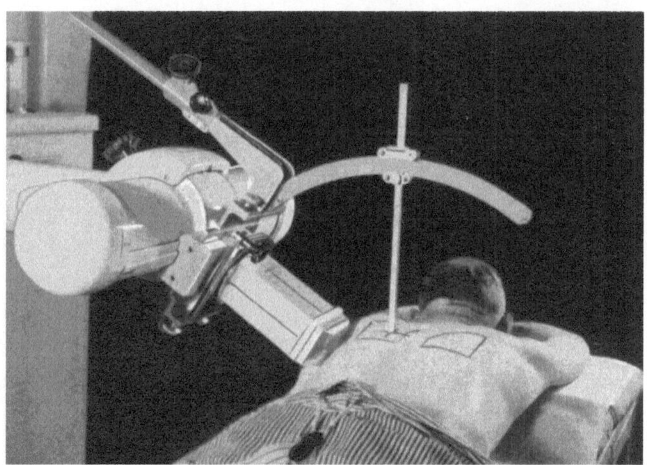

Abb. 72. Bogenlotzeiger (Pin-and-Arc) in situ am Patienten

Gegenüber diesen auf irgendeine Art mit dem Therapiegerät selbst verbundenen Lokalisationsmethoden gibt es eine Reihe weiterer Methoden, die, obwohl für die Tumorlokalisation zur Strahlentherapie besonders geeignet, dennoch vom Therapiegerät selbst und von der Art der durchzuführenden Strahlentherapie unabhängig sind und daher auch zu anderen Aufgaben, etwa zu diagnostischen Tumorpunktionen, herangezogen werden können. HERVÉ (1952) und FRANKE (1954, 1955) benutzen die Schichtaufnahme und photographieren in gleicher Schichtebene röntgenschattengebende Maßstäbe mit, an denen Lage und Größe des Herdes abgelesen werden können. VALLEBONA (1955) schildert ausführlich die Anwendung der verschiedenen Schichtaufnahmetechniken zur Herdlokalisation. SQUILLACI (1956) schlägt eine einfache Methode vor, die in ähnlicher Ausführung auch zur Größenmessung schon benutzt worden ist. Bei der Durchleuchtung wird die Tumorebene mit zwei Marken markiert. Auf den Aufnahmen in zwei Ebenen kann dann mittels einfacher Proportionalgleichung aus dem bekannten Markenabstand sowohl die Tumor-Hautdistanz als auch die Tumorgröße berechnet werden.

Im allgemeinen ist es jedoch mit der Tumorlokalisation zur Strahlentherapie heute genauso bestellt wie mit der Fremdkörperlokalisation, auch bei ihr bilden die Aufnahmen in zwei Ebenen die meistbenützte „Lokalisationsmethode". Bei der Stehfeldtherapie mag dies vielleicht noch angängig sein, da es dort infolge des relativ großen Feldes und der von Sitzung zu Sitzung etwas wechselnden Einstrahlrichtung auf ein genaues Zielen nicht so sehr ankommt. Bei der Bewegungsbestrahlung aber, die mit einem relativ kleinen Feld arbeitet, die Dosis am Herd konzentriert und von Sitzung zu Sitzung möglichst gleich eingestellt wird, bedeutet ein Vorbeizielen um wenige Zentimeter schon einen erheblichen Dosisabfall am Herd und eine Gefahr für andere zu schonende Organe. Bei

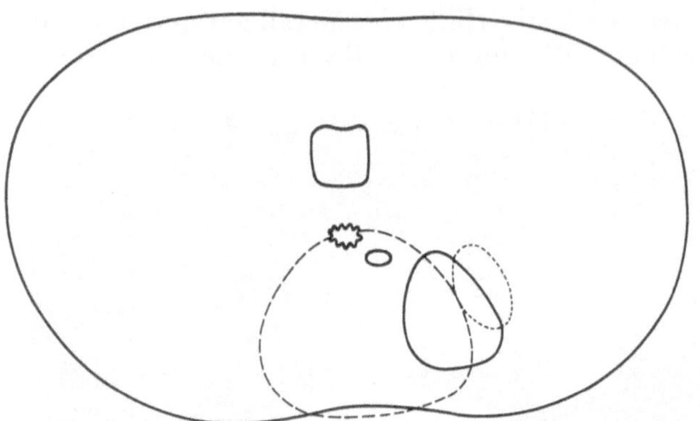

Abb. 73. Das Röntgentopogramm als Grundlage zur Aufstellung des Bestrahlungsplans und zur Dosisermittlung

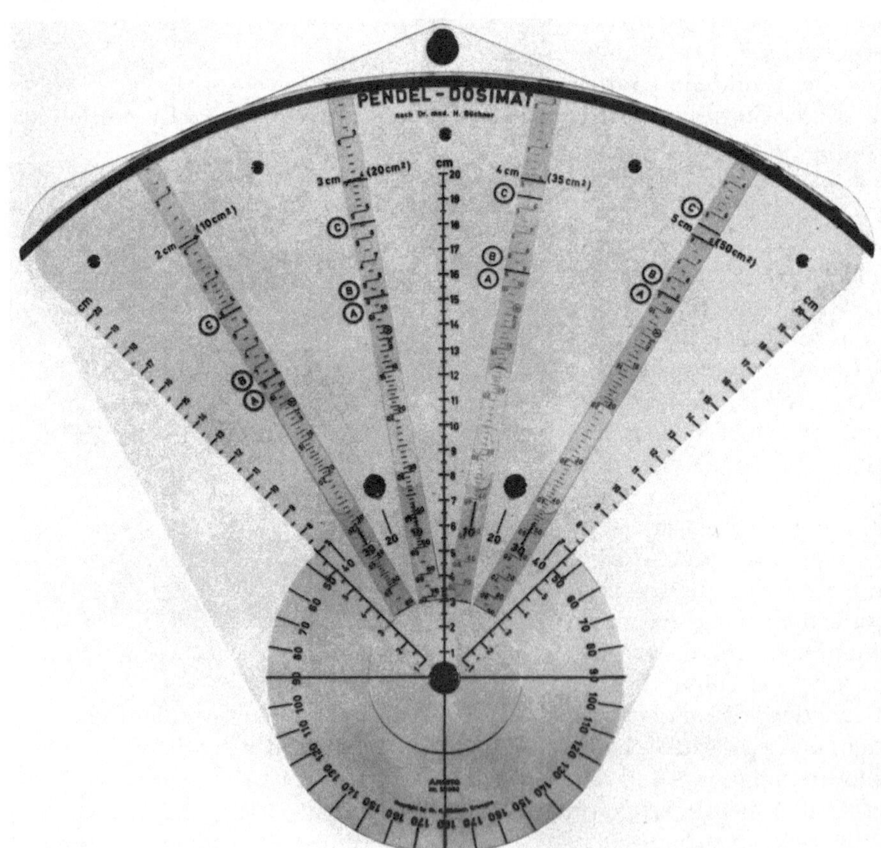

Abb. 74. Der Pendel-Dosimat, ein Gerät zur raschen Dosisermittlung bei der Pendelbestrahlung

der Bewegungsbestrahlung läßt sich schon eine exakte Dosisberechnung ohne vorherige exakte Herdlokalisation nicht durchführen. Die Grundlage dieser Dosisberechnung vor der Bestrahlung bildet eine im Maßstab 1:1 angefertigte Körperquerschnittskizze in Höhe des Herdes. Diese Körperquerschnittskizze entspricht aber genau unserem

Röntgentopogramm, wodurch dieses zur unmittelbaren Grundlage für den aufzustellenden Bestrahlungsplan wird.

Es war aus dem obigen Abschnitt ersichtlich, daß es bei der Strahlentherapie eines tiefsitzenden Herdes und insbesondere bei der Bewegungsbestrahlung schon bei der Vorbereitung auf ein exaktes und gut aufeinander abgestimmtes Arbeiten ankommt. Tumorlokalisation, Dosisermittlung und Feldeinstellung sind bei der Bewegungsbestrahlung nicht voneinander zu trennen und sollten möglichst in einem zusammenhängenden Arbeitsgang

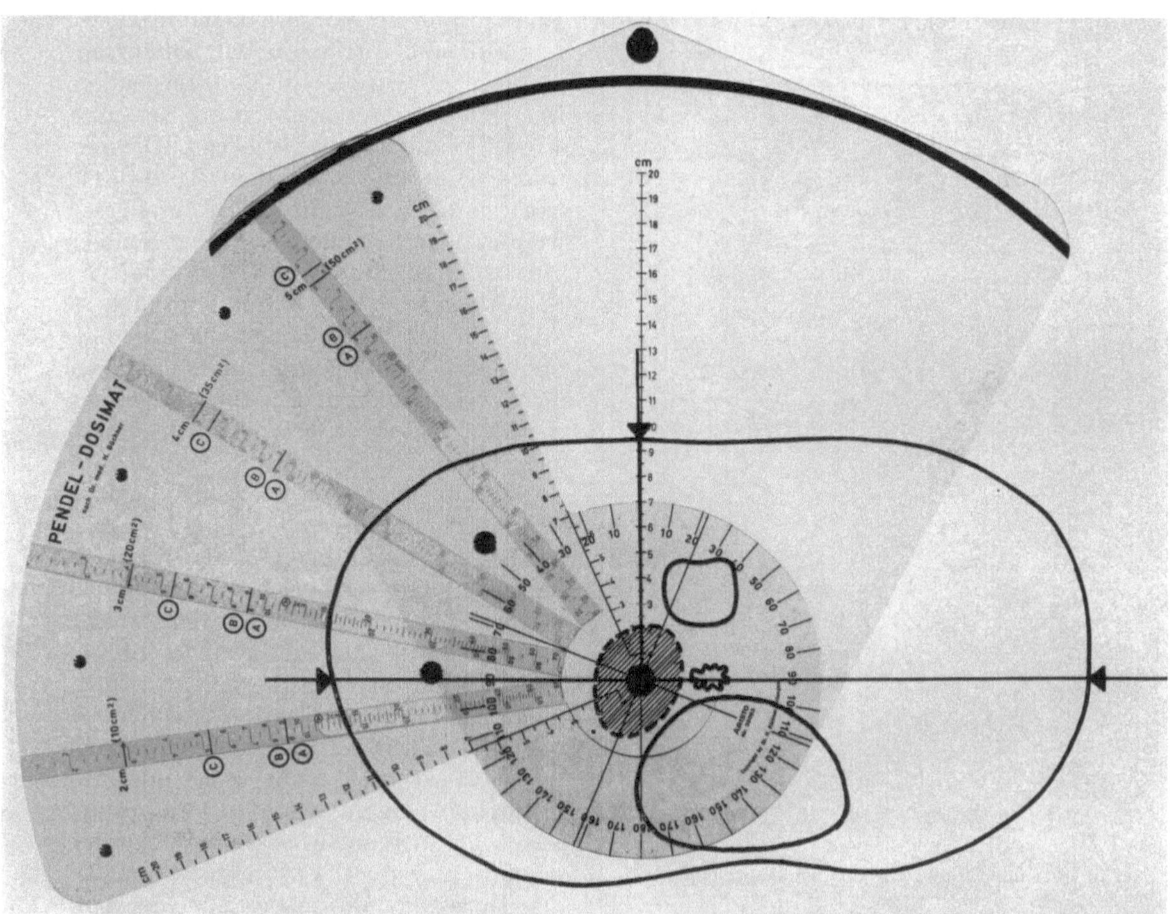

Abb. 75. Die Dosisermittlung bei einem Mediastinaltumor mittels Röntgentopogramm und Pendel-Dosimat

erfolgen. Werden für die drei Untersuchungsvorgänge jedoch völlig verschiedene, nicht aufeinander abgestimmte Methoden benützt, so erschwert dies das Vorgehen und verschlechtert den Erfolg der Therapie bzw. macht eine Erfolgsbeurteilung sehr unsicher.

Am folgenden Beispiel der Pendelbestrahlung eines Mediastinaltumors soll dieses sinnvolle Zusammenwirken von Tumorlokalisation, Dosisermittlung und Felderwahl gezeigt werden. Die für die Aufstellung des Bestrahlungsplanes unumgängliche, maßstabgetreue Körperquerschnittskizze liefert das *Röntgentopogramm* (Abb. 73; vgl. auch Abb. 28, S. 45). Mit 2—4 beliebigen Röntgenaufnahmen gelangen wir damit immer zu einer sicheren Herdlokalisation. Auf Grund der Körperquerschnittskizze wird im allgemeinen die von Einstrahlrichtung zu Einstrahlrichtung ständig wechselnde Tumor-Hautdistanz, die sog. Momentanherdtiefe, jeweils gemessen und daraus eine mittlere Herdtiefe oder ein sog. Herdabstandsverhältnis ermittelt. Abgesehen von der Umständlichkeit ist dieses Vorgehen physikalisch gesehen nicht ganz korrekt, da die mittlere Dosisleistung am Herd nicht der Dosisleistung entspricht, die für eine mittlere arithmetisch ermittelte Herdtiefe berechnet wurde. Der Dosisabfall im Gewebe ist bekanntlich nicht linear, sondern entspricht einer Exponentialfunktion. Wir haben diese Schwierigkeit und Ungenauigkeit umgangen, indem wir eine Dosisschablone, den sog. „*Pendeldosimat*", entwickelt haben (1955), an welchem die tatsächliche Dosisleistung im Herd für jede Einstrahlrichtung sofort abgelesen werden kann oder wahlweise auch die Zeit sofort abgelesen werden kann, die zur Erzielung einer Dosis von 100 r am Herd bestrahlt werden muß. Der Pendeldosimat ist in Abb. 74 dargestellt. Er läßt sich für verschiedene Feldgrößen und für verschiedene Bestrahlungsarten verwenden und ist den mechanischen Bewegungsmöglichkeiten eines Pendelgerätes besonders angepaßt. Er wird auf die Körperquerschnittskizze mit seinem Zentrum in das Tumorzentrum gelegt. Durch Hin- und Herpendeln mit der oberen Scheibe wird der günstigste Pendelwinkel festgelegt. Die vertikale Herdtiefe über dem Einstellfeld kann in Abb. 75 mit 10 cm abgelesen werden. Durch Drehen der oberen Scheibe von 10^0 zu 10^0 kann jedesmal im Schnittpunkt der Körperoberflächenlinie mit der Skala der gewählten Feldbreite die Dosisleistung am Herd oder die Bestrahlungszeit für 100 r abgelesen werden. Die Werte werden addiert und gemittelt.

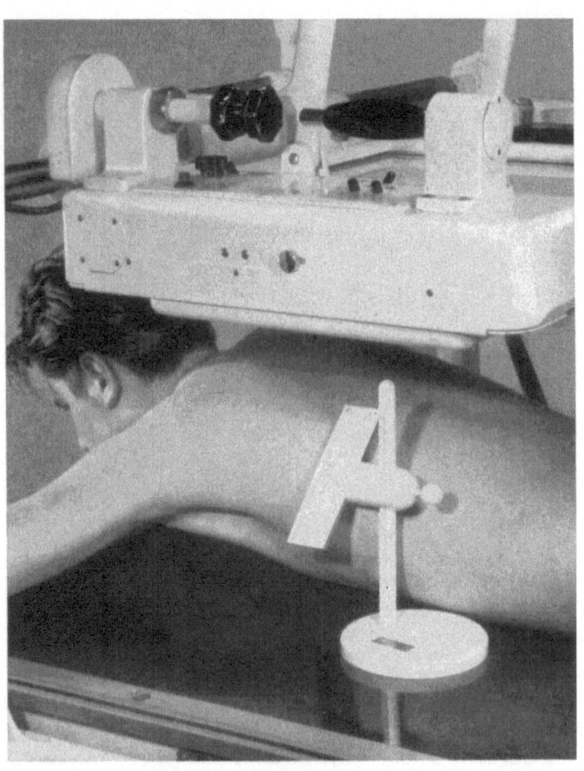

Abb. 76.
Röntgentiefenlotung während der Durchleuchtung

Welche der im vorangegangenen Abschnitt über allgemeine Lokalisationsmethodik angeführten Lokalisationsmethoden im einzelnen Fall am zweckmäßigsten anzuwenden ist, richtet sich nicht so sehr nach der Art der durchzuführenden Strahlentherapie, als vielmehr nach der Lokalisation und der Art des Herdes selbst. Es ist entscheidend, ob der Herd selbst sichtbar ist oder nur festlegbare Nachbarpunkte am Skelet oder den Organen bestimmt werden können und ob die Objekte schon bei der Durchleuchtung oder nur auf Aufnahmen dargestellt werden können. In jedem Falle sollte man jedoch den Herd in der Körperhaltung des Patienten lokalisieren, in welcher er später auch bestrahlt werden soll bzw. in welcher der diagnostische Eingriff vorgenommen werden soll. Ein anderes Vorgehen kann zu beträchtlichen Fehlern führen, vor allem dann, wenn mit normaler Armhaltung im Stehen lokalisiert wurde und der Patient dann im Liegen mit erhobenen Armen bestrahlt wird. Hier spielt auch die von SEELENTAG (1957) mit Recht so kritisierte Vernachlässigung der Winkellage eine große Rolle. Eine Methode, welche die Tumorlokalisation in der Therapielage des Patienten mit Durchleuchtung oder Aufnahmen in nur einer Ebene zuläßt, ist die *Röntgentiefenlotung* (vgl. S. 39). Ist der Herd bei der Durchleuchtung zu erkennen, so kann die Herdlage unmittelbar auf dem Leuchtschirm abgelesen werden. Das Röntgen-Tiefenlot wird neben dem Patienten mit durchleuchtet.

Abb. 76 zeigt die Lagerung des Patienten und die Stellung des Röntgentiefenlotes S neben dem Patienten. Abb. 77 zeigt das Prinzip der Röntgentiefenlotung während der Durchleuchtung und das Ablesen der Tumortiefe als Zahl auf dem Leuchtschirm.

Der Patient bekommt in Therapielage im Zentralstrahl in Deckung mit dem Tumor eine Hautmarke angezeichnet (Mittelpunkt des Einstellfeldes). Nach der Röntgentiefenlotung wird die gefundene Tumorebene an der Stativsäule des Röntgen-Tiefenlotes eingestellt und mittels der Schreibvorrichtung im Feststellknopf der Skala (Kugelschreiberpatrone) werden durch Entlangfahren an der Haut des Patienten bei Verschiebung des

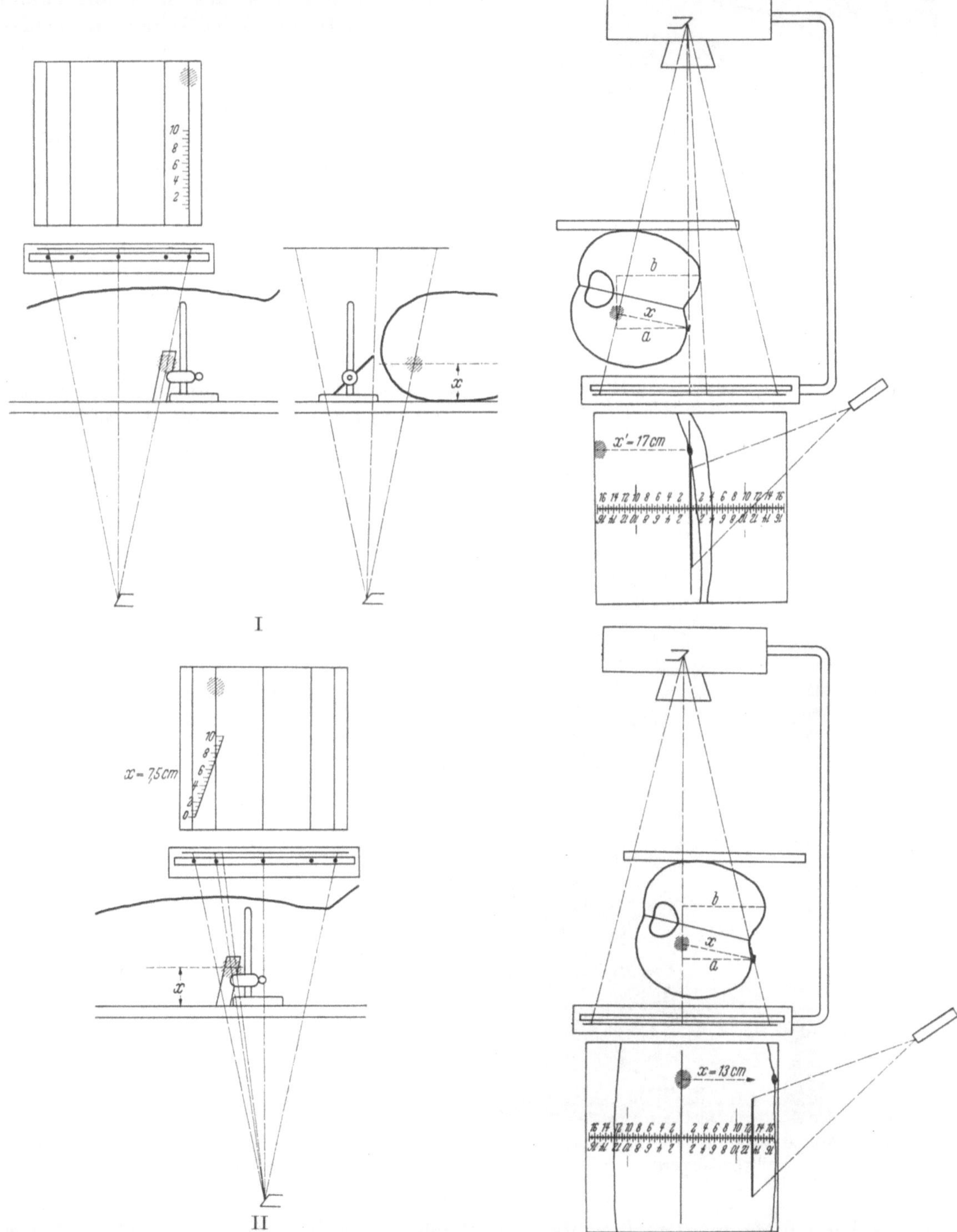

Abb. 77. Prinzip der Röntgentiefenlotung während der Durchleuchtung. I Röhre und Schirm in Ausgangsstellung (Nullstellung), II Röhre und Schirm nach der Verschiebung in Ablesestellung. Tumortiefe $x = 7,5$ cm (vgl. auch S. 39)

Abb. 78. Die Orthodiametrie der Pendeltiefe des Hilus (vgl. auch Abb. 29, S. 46)

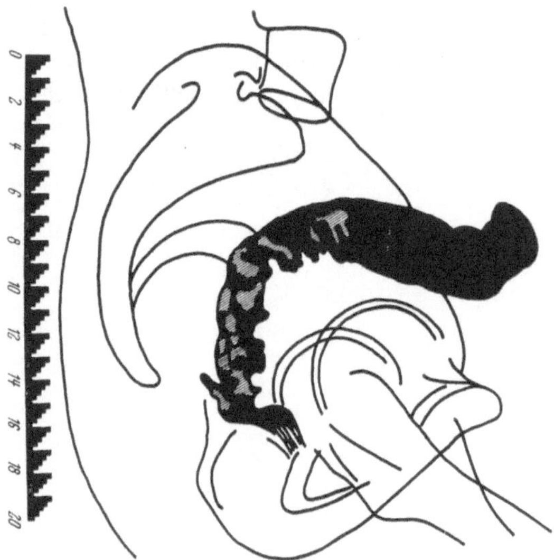

Abb. 79. Bestimmung der Tumor-Hautdistanz, der Feldmitte und der Feldgröße bei einem Rectumcarcinom mittels der Teststrecke zur Orthodiametrie

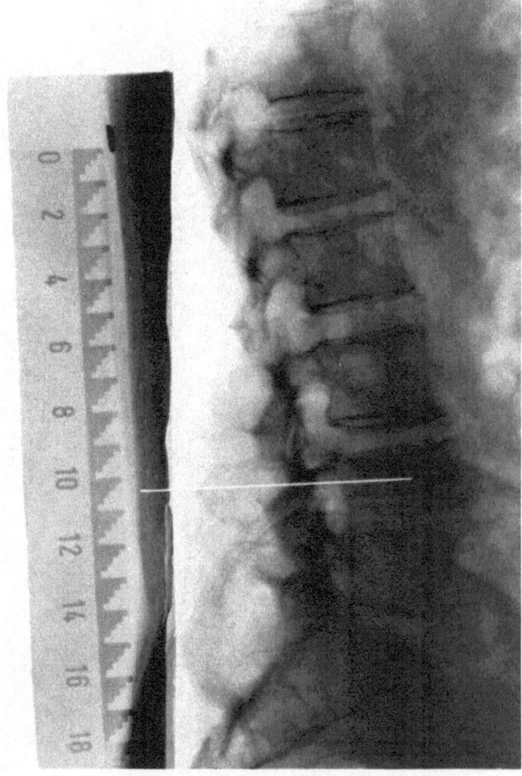

Abb. 80. Lokalisationsaufnahme zur Punktion eines Wirbelkörpers

Röntgen-Tiefenlotes auf der Tischplatte zu beiden Seiten je eine lange horizontale Linie gezeichnet, welche die Tumorebene markiert. Der Patient trägt dann drei Marken, eine Kreuzmarke über dem Tumor (Einstellfeld) und zwei Linien zu beiden Seiten. Auf diese drei Marken kann das Therapiegerät mit seinen Lichtmarken direkt eingestellt werden. Es liegt dann die Pendelachse sicher im Tumor und die Einstrahlrichtung stimmt im Winkel zur Tumorebene mit der Einstrahlrichtung bei der Lokalisation überein.

Bei Herden, bei denen bei der zur Röntgentiefenlotung nötigen Schirmverschiebung korrespondierende Stellen schlecht auszumachen sind, die selbst schlecht abzugrenzen sind oder in Seitenlage des Patienten bestrahlt werden sollen, ist die einfache *Orthodiametrie* oft die geeignetste Lokalisationsmethode. Abb. 78 bringt ein solches Lokalisationsbeispiel. In Rückenlage wurde der befallene Hilus im Zentralstrahl vorher auf der Brusthaut neben dem Sternum mit einer Bleimarke markiert. Es kann nun (wie im Beispiel der Abb. 78) die Distanz Haut (Bleimarke)—Hilus in Seitenlage orthodiametriert werden oder die Distanz Hilus (Bleimarke)—seitliche Körperoberfläche in Rückenlage, je nachdem, in welcher Körperhaltung bestrahlt werden soll und welche Distanz unmittel-

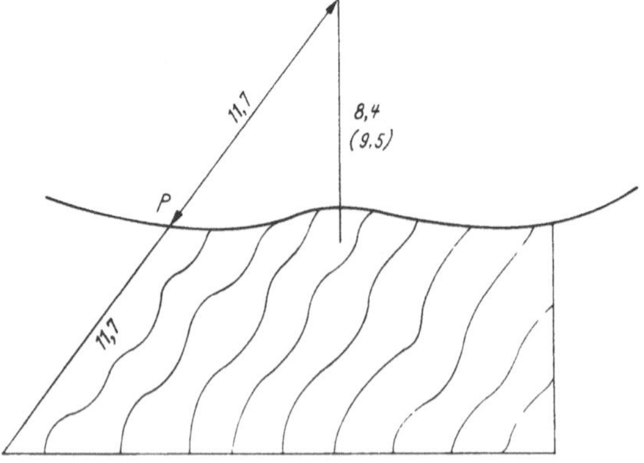

Abb. 81. Skizze und Schablone zur Bestimmung der Punktionstiefe und der Punktionsrichtung

bar als Pendeltiefe auf dem Leuchtschirm abgelesen werden soll. Es ist dabei nicht so wichtig, daß der Patient streng seitlich liegt, wie es im Beispiel der Abb. 78 mit der Strecke *a*, welche effektiv gemessen wird, angedeutet ist. Die gesuchte Strecke *x* wird erst bei sehr deutlicher Abweichung des Patienten aus der geforderten Seitenlage von der

Strecke *a* meßbar verschieden sein. Ist die eine Ebene des Herdes die Medianebene des Körpers und damit bekannt (Wirbelsäule, Rectum, Hypophyse, Oesophagus usw.), so genügt zur Herdlokalisation eine einzige seitliche Aufnahme in der Therapielage bzw. Therapiehaltung des Patienten. Abb. 79 zeigt die Röntgenskizze eines Rectumcarcinoms. Bei der seitlichen Aufnahme wurde die Teststrecke zur Orthodiametrie (vgl. Abb. 17, S. 22) in der Medianebene des Körpers mitphotographiert. Der Nullpunkt der Teststrecke ist auf der Haut markiert worden und von ihm aus kann auf der Aufnahme die Feldmitte in kranio-caudaler Richtung bestimmt werden. Die Pendeltiefe ist unmittelbar an der Teststrecke abzulesen, ebenso die Feldgröße.

Nicht nur zur Herdlokalisation für die Strahlentherapie, sondern auch zur Tumorlokalisation für gezielte diagnostische Punktionen stellt die *Teststreckenmessung* oft das einfachste und sicherste Verfahren dar. Wir punktieren damit einen Wirbelkörper völlig blind, d.h. ohne Durchleuchtungskontrolle sicherer als unter der Durchleuchtung, bei der man bei etwas dickeren Patienten schon im sagittalen Strahlengang oft mit dem Abzählen der Wirbelkörper Schwierigkeiten hat und im seitlichen Strahlengang — falls man den Patienten überhaupt drehen kann — oft nur sagen kann, wo ungefähr die Wirbelsäule verläuft. Wir machen auch hier die Lokalisationsaufnahme in derselben Körperlage und Armhaltung, in welcher später die Punktion vorgenommen werden soll. Abb. 80 zeigt die Lokalisationsaufnahme zur Punktion eines zusammen-

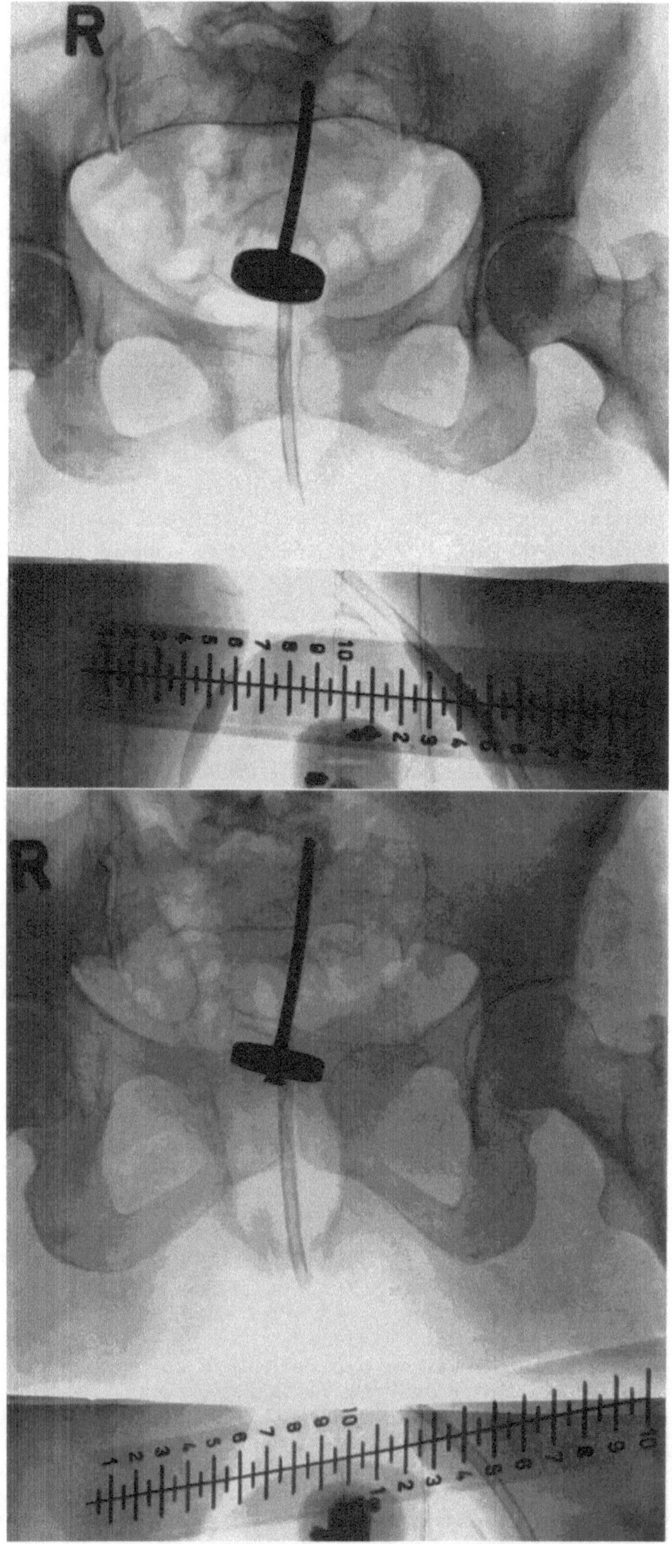

Abb. 82.
Röntgentiefenlotung zur gynäkologischen Strahlentherapie.
(Auswertung der Aufnahmen vgl. Abb. 22, 36 und 37)

gebrochenen Wirbelkörpers. Die gleiche Aufnahme kann natürlich auch für die gezielte Strahlentherapie verwendet werden.

Bei der seitlichen Aufnahme — in Seitenlage oder in Bauchlage des Patienten — wird die Teststrecke zur Orthodiametrie etwa in die Gegend des befallenen Wirbelkörpers in Höhe der Dornfortsätze eingestellt. Die Stelle ihres Nullpunktes wird auf der Haut mit Hautfarbe oder einer anderen Marke markiert. Auf der Aufnahme (Abb. 80) wird von der Wirbelkörpermitte senkrecht zur Tiefenlotskala eine Verbindungslinie gezogen. Sie gibt auf der Skala an, wieviel Zentimeter caudal oder kranial der gesetzten Hautmarke der Wirbelkörper zu suchen und in welcher Höhe einzugehen ist. Auf der gleichen Linie wird die Distanz Haut—Wirbelkörpermitte gemessen, auf die mitphotographierte Skala übertragen und das absolute Maß abgelesen und notiert. In der festgestellten Höhenlage des Wirbelkörpers wird nun die Rückenkontur des Patienten mit Bleidraht oder dem von uns vorgeschlagenen plastischen Kurvenlineal (vgl. Röntgentopogramm) abmodelliert und auf Millimeterpapier übertragen. Die gefundene absolute Wirbelkörper-Hautdistanz wird von dieser Hautgrenze aus nach ventral aufgetragen. Handbreit neben der Körpermittellinie wird nun auf dem Papier der Eingangspunkt für die Punktionsnadel gewählt (P in Abb. 81). Die Verbindungslinie Wirbelkörpermitte—Eingangspunkt wird nach dorsal über die Hautgrenze hinaus verlängert. Hiermit ist der Eingangsort, die Nadellänge und die Punktionsrichtung eindeutig festgelegt. Schneidet man das Millimeterpapier entlang der Körperoberfläche aus, so hat man damit eine Schablone (schraffierte Fläche der Abb. 81), welche auf Karton übertragen bei der Punktion außerhalb der Röntgenabteilung den Untersucher sicher zum Herd führt.

Es gibt jedoch Fälle, bei denen der Herd als solcher nicht darstellbar ist. Ein Beispiel hierfür sind die Parametrien. Ihre Lokalisation in der Strahlentherapie muß indirekt vorgenommen werden. Entweder man bestimmt die Tiefenlage der Portio mit Hilfe eines eingelegten Radiumträgers oder einer inaktiven Radiogoldnadel bzw. einer anderen Metallmarke, oder man benützt Fixpunkte am Skelet als Lokalisationshilfen. Die Linea interspinalis geht bekanntlich etwa durch die Mitte der Parametrien und auch die Beckenwandrezidive treten meist in Höhe der Spina ossis ischii auf. Abb. 82 zeigt beide Möglichkeiten der Bestimmung der Tiefenlage der Parametrien mittels der Röntgentiefenlotung. Die Tiefe der Portioplatte, der Spitze des Radiumträgers (Cavum uteri), der Linea interspinalis und der Haut über der Symphyse (Auflegen einer Hautmarke) können durch einfaches Übereinanderhalten der beiden Aufnahmen der Abb. 82 direkt in Zentimetern vom Film abgelesen werden.

Literatur

BAERWOLFF, G., u. W. SCHUHMACHER: Methode zur genauen Herdeinstellung bei der Bewegungsbestrahlung. Strahlentherapie **99**, 55 (1956).

BATLEY, F., A. F. HOLLOWAY and C. J. MANDY: The Dobbie vertical plane finder. J. Canad. Ass. Radiol. **10**, 34 (1959).

BECKER, J., u. H. KUTTIG: Zur Einstelltechnik mit dem Pendelgerät nach Prof. Kohler. Strahlentherapie **100**, 30 (1956).

BÜCHNER, H.: Schichttiefe und Pendeltiefe sind auf dem Leuchtschirm direkt als Zahl ablesbar. Fortschr. Röntgenstr. **83**, 266 (1955a).

— Zur praktischen Durchführung der Pendelbestrahlung. Strahlentherapie **98**, 430 (1955b).

— Das Röntgentopogramm. Ein einfaches Hilfsmittel zur räumlichen Orientierung in Diagnostik und Therapie. Fortschr. Röntgenstr. **91**, 252 (1959).

—, u. H. WIELAND: Über die Möglichkeit einer räumlichen Vorausbestimmung des Bestrahlungszentrums zur Bewegungsbestrahlung und zur Dosisbeurteilung auf Grund einfacher Röntgenaufnahmen. Strahlentherapie **93**, 99 (1954).

CATTON, G. E.: Localization of tumours for cobalt 60 circumaxial rotation. J. Canad. Ass. Radiol. **8**, 36 (1957).

DOBBIE, J. L.: Beam direction in x-ray therapy. Brit. J. Radiol. **12**, 121 (1939).

FRANKE, H.: Direkte Größenmessung bei Körperschichtaufnahmen und intrathorakale Lagebestimmung mit Projektion auf die Körperoberfläche. Fortschr. Röntgenstr. **81**, 205 (1954).

— Zur Tiefenmessung und Lokalisation bei Bewegungsbestrahlung. Strahlentherapie **97**, 124 (1955a).

— Exakte Lokalisationsmethodik bei Pendel- und Konvergenzbestrahlung. Strahlentherapie **98**, 640 (1955b).

GAUWERKY, F.: Gezielte Tiefentherapie mit feststehenden Feldern. Fortschr. Röntgenstr. **83**, 802 (1955).

HEINRICHS, O., u. W. WINDEMUTH: Meßzirkel und Lichtvisierspiegel als Einstellhilfen bei der Bewegungsbestrahlung gynäkologischer Tumoren. Fortschr. Röntgenstr. **87**, 409 (1957).

HELLRIEGEL, W.: Tumorlokalisation mit Bildverstärker und Television. Strahlentherapie **111**, 468 (1960).

HENDERSON, A., A. E. CHESTER and J. F. B. DEALLER: The localisation of tumours of the bladder for x-ray therapy. Brit. J. Radiol. **28**, 159 (1955).

HERVÉ, A.: A propos de la localisation des tumeurs en radiotherapie. J. belge Radiol. **35**, 519 (1952).

HUBER, R., L. BARTH, S. MATSCHKE u. E. IGLAUER: Eine Methode zur direkten Herddosis-Messung bei der Röntgen-Tiefentherapie hilusnaher Bronchialcarcinome. Strahlentherapie **99**, 79 (1956).

JAMIESON, H. D.: A method of tumour localization and field positioning in radiotherapy. Radiology **62**, 195 (1954).

MARX, P.: Zur exakten Herdeinstellung bei der Bewegungsbestrahlung. Strahlentherapie **10**, 295 (1957).

REMOLD, F., u. A. SIEGERT: Eine Methode zur Ermittlung der Lokalisation intrauteriner Radiumeinlagen in situ. Strahlentherapie **87**, 481 (1952).

SCHMIDT, H.: Zur Technik der Kavernenpunktion. Tuberk.-Arzt **29**, 593 (1950).

SEELENTAG, W.: Eine Winkelbussole zur Bestimmung der Einstellrichtung. Strahlentherapie **102**, 97 (1957).

SPECHTER, H. J.: Das „Lokalisationsgerät" und „Tastzeichengerät" als Hilfsmittel zur Einstellung und Dosisberechnung bei der Bewegungsbestrahlung gynäkologischer Tumoren. Strahlentherapie **103**, 571 (1957).

SQUILLACI, S.: Nuova pratica metodica per la centratura dei tumori per la terapia roentgen di profondita. Nunt. radiol. (Firenze) **22** 165 (1956).

STERN, B. E., and G. B. HODGES: A pantograph for body contours. Brit. J. Radiol. **30**, 359 (1957).

VALLEBONA, A.: Methoden und Hilfsmittel zur Lokalisation tiefliegender Tumoren mit besonderer Berücksichtigung der Bewegungsbestrahlung. Strahlentherapie **97**, 489 (1955).

3. Intraoperative Lokalisation

Wegen der vielen Methoden anhaftenden ungenügenden anatomischen Lokalisation und wegen der auf dem Operationstisch oft gar nicht mehr zu verwertenden Tiefenangabe (andere Lagerung des Patienten, Infiltration durch Lokalanaesthetica, Abspreizen der Wundränder und Hochziehen durch Wundhaken usw.) wurden Methoden entwickelt, die eine röntgenologische Lokalisation unmittelbar vor bzw. während der Operation im Operationssaal selbst zulassen. Im ersten Weltkrieg sind eine größere Anzahl Methoden publiziert worden, die sich mit diesem Problem befassen und meist mit einer Art *Harpunierung* des Fremdkörpers unter Röntgenlicht gearbeitet haben (HOLZKNECHT 1918). Es sind auch spezielle Lokalisationsinstrumente beschrieben worden, die sterilisierbar waren und in die Wunde selbst eingeführt wurden. Eine ausführliche Zusammenstellung all dieser Methoden, die heute kaum noch in Frage kommen, findet man bei HOLZKNECHT (1916, 1917, 1918). Weitere Mitteilungen über intraoperativ anwendbare Röntgenlokalisation haben ABADIE (1915, 1917), AIMÉ (1917), HAMMESFAHR (1915) und GEORGENS (1919) gegeben. Im letzten Weltkrieg waren es vor allem zwei Methoden, die allgemeine Verbreitung gefunden haben. Einmal das *Boloskop* nach VAN DER PLAATS (1941) und der *Hochfrequenz-Metallsucher* von Siemens. Über die Anwendung und Erfahrungen mit dem Boloskop haben SCHLAAFF (1940), PAAS (1947) und EICKHOFF (1949) berichtet. Das Boloskop stellt ein eigenes Untersuchungsgerät dar mit Tisch, Röntgenröhre und Stativ, wobei die Röhre quer zum Tisch verschoben und in zwei markierte fixe Stellungen gebracht werden kann (Abb. 83). Die Röhre läuft auf einem Schlitten unter Tisch, über Tisch befindet sich ein Leuchtschirm in 45°-Stellung mit einem kryptoskopähnlichen Einblickschacht. Auf dem Leuchtschirm sind in gegebenem Abstand zwei Marken angebracht. Auf einem gemeinsamen nur in vertikaler Richtung verschiebbaren Schlitten sitzen mit der Röhre und dem Schirm noch zwei Lampen, die konvergierend eingestellt sind und zwei Lichtstrahlen von oben auf das Operationsfeld schicken. Die beiden Lichtstrahlen schneiden sich immer in dem gleichen Punkt und dieser Punkt liegt auf dem Zentralstrahl in immer gleichem Abstand zum Röhrenfocus.

Zunächst wird das Boloskopstativ, welches fahrbar ist, so eingestellt, daß sich der Fremdkörper mit einer der beiden fixen Schirmmarken deckt. Hierauf wird die Röhre seitwärts in Stellung 2 verschoben. Die Verbindungslinie zwischen zweiter Schirmmarke und dem Focus geht in dieser Stellung genau durch den Schnittpunkt der Lichtstrahlen. Verschiebt man nun den gemeinsamen Schlitten von Röhre und Lampen nach oben oder unten so lange, bis der Fremdkörper mit der zweiten Marke zusammenfällt, dann schneiden sich die Lichtstrahlen zwangsläufig im Fremdkörper. Nach Herausklappen des Schirmes und Einschalten der Lichtstrahlen weisen sie dem Operateur den Weg zum Fremdkörper. Der Konvergenzwinkel der Lichtstrahlen ist beim Boloskop derart gewählt, daß die Distanz der beiden sichtbaren Lichtpunkte nur mit 3 multipliziert zu werden braucht, um die noch fehlende Tiefe zum Fremdkörper zu erhalten. Der große Vorteil dieser Methode ist der, daß die Durchleuchtung unter Einhalten der Bestimmungen des Strahlenschutzes vom Röntgenologen vorgenommen wird, während Operateur und übriges Hilfspersonal den Strahlen nicht ausgesetzt sind. Umgekehrt sind die chirurgischen Forderungen der Sterilität erfüllt, da bei dem eigentlichen operativen Vorgehen nicht mehr durchleuchtet zu werden braucht. LEMKE (1953) hat ein dem Boloskop ähnliches Instrument beschrieben.

Ein weiteres Gerät zur Benützung während der Operation, das *Kryptoskop*, wird auch heute noch in mehreren Ausführungen monocular oder binocular hergestellt und leider auch benützt. Aus Gründen des Strahlenschutzes sollte man mit dem Kryptoskop heute jedoch nicht mehr arbeiten, zumal es bei vorangegangener präziser Röntgenlokalisation praktisch immer entbehrlich ist und für intraoperative Durchleuchtungen heute der *Bildverstärker mit Fernsehübertragung* zur Verfügung steht. Die Kryptoskope stellen kurze lichtdichte Schächte dar, die über den Kopf gestülpt werden, am Kopfe befestigt werden oder an einem Griff vom Untersucher selbst gehalten werden. Am Ende des Einblickschachtes befindet sich ein kleiner Leuchtschirm.

Das Instrument wurde im Laufe der Jahrzehnte immer wieder abgeändert und in verschiedenen Ausführungen vom Röntgenhandel vertrieben. Eine der neuesten Ausführungsformen ist das *Kryptophanoskop* von CIESZYNSKI (1958), welches durch die mehr horizontale oder zum Operationsfeld gerichtete Blickrichtung automatisch einmal den Blick zum Leuchtschirm oder zum Operationsfeld frei gibt und als Kopfkryptoskop ausgebildet ist.

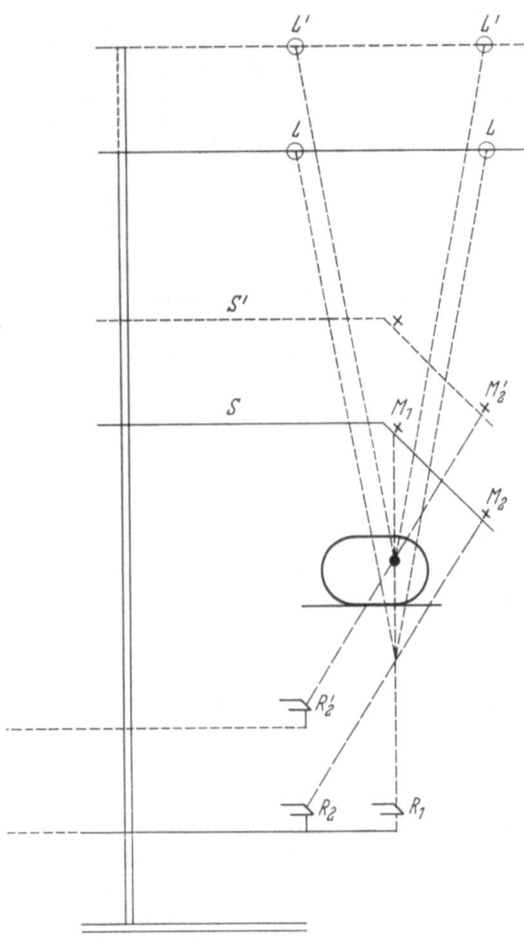

Abb. 83. Prinzip und Arbeitsweise des Boloskops. *1* Röhre bei R_1 und Fremdkörperschatten auf Schirm S in Marke M_1. *2* Röhre nach R_2. *3* Röhre-Schirm-Lampen LL so lange gemeinsam vertikal verschoben, bis *4* Fremdkörperschatten auf Schirm S' in Marke M_2'. Röhre steht dann bei R_2'. Die von den Lampen $L'L'$ ausgehenden Lichtstrahlen schneiden sich im Fremdkörper

Eine besondere Gruppe operativer Lokalisationsmethoden bilden diejenigen, die zu gezielten Eingriffen am Gehirn benützt werden. Das koordinierte röntgenologische und chirurgische Vorgehen ist unter dem Begriff *Stereotaxis* bekanntgeworden. Die hierzu benützten stereotaktischen Instrumente, auch *Stereoencephalotom* genannt, stellen ein mit dem Schädel fest verbundenes, oft operativ fixiertes Gerät dar, welches mehrere metallene Bügel und Nadelführungen sowie sich mitabbildende Maßstäbe in den drei Raumkoordinaten enthält. Mittels Aufnahmen in zwei oder mehreren Ebenen können bestimmte intracerebrale Punkte millimetergenau röntgenologisch festgelegt und die Nadelführungen am Instrument exakt auf diesen Punkt eingestellt werden. Über diese Instrumentarien und das dazugehörige röntgenologische und chirurgische Vorgehen haben unter anderen MARK, McPHERSON und SWEET (1954), DELGADO, HAMLIN und NALEBUFF (1954), RIE-CHERT und MUNDINGER (1956), SPIEGEL und WYCIS (1956) sowie TALAIRACH, RUGGIERO und DAVID (1956) berichtet.

Ein weiteres Spezialgebiet ist die röntgenologische Lokalisationshilfe bei dem Entfernen endobronchialer Fremdkörper unter Bronchoskopie. DORENBUSCH und ROBERTS (1952), DORENBUSCH (1957) und TIMM (1959) haben über das methodische Vorgehen hierbei berichtet. TIMM beschreibt eine röntgenoptische Fremdkörperlokalisation, die über die spezielle Anwendung bei Extraktion von Fremdkörpern aus dem Bronchialbaum hinaus auch ganz allgemein anwendbar ist und als intraoperative Lokalisationsmethode empfohlen werden kann. Ihre einzige Schwierigkeit besteht in der gleichzeitigen Benützung zweier Röhren. Die Methode beruht auf dem gleichzeitigen Erscheinen zweier Doppelbilder vom Fremdkörper und dem Extraktionsinstrument. Die Methode ist übrigens auch mit nur einer Röhre durchführbar, auch dann, wenn Schirm und Röhre gekoppelt sind und gemeinsam bewegt werden. Es können dann selbstverständlich keine gleichzeitigen Doppelbilder erzeugt werden. Markiert man sich aber in der einen Röhrenstellung auf dem Schirm sowohl Fremdkörper als auch Extraktionsinstrument, verschiebt dann die Röhre etwas, so zeigen die Schatten des Fremdkörpers und des Extraktionsinstrumentes in der zweiten Röhrenstellung und die vorher angezeichneten korrespondierenden Marken auf dem Schirm die gleichen Stellungen zueinander wie die Doppelbilder.

Literatur

ABADIE, J.: Sur les appareils de repérage radiographique de M. Masson (d'Oran). Bull. Soc. Chir. Paris **1915**, 2063.
— Nouveau compas localisateur chirurgical à réglage direct sus l'écran radioscopique. C. R. Acad. méd. (Paris) **77** (1917).
AIMÉ, P.: Dispositif d'écran percé pour le repérage des corps étrangers radioscopie et lecture directe de leur profondeur; son utilisation pour le réglage d'un corps à la radioscopie. J. Radiol. Électrol. **1917**, 533.
AUBOURG: Indicateur de direction et de profondeur pour faciliter la recherche des corps étrangers. Presse méd. **1915**, 302.
BÜCHNER, H., u. H. WIELAND: Das Tomoskop. Eine neue Methode zur Markierung der Richtung und der Tiefenlage bei chirurgischen Eingriffen. Chirurg **27**, 425 (1956).
CHÉRON, M. A.: Procédé et l'appareil de guidage pour l'extraction des projectiles seperés par la radioscopie. Bull. Soc. électroradiol. méd. **27**, 83 (1939).
DELGADO, J. M. R., H. HAMLIN and D. J. NALEBUFF: Some innoviations in human stereoencephalotomy. Neurology (Minneap.) **4**, 14 (1954).
DORENBUSCH, A. A.: The role of triangulation roentgenoscopy as a method of guidance in the removal of opaque foreign bodies beyond bronchoscopic vision. Laryngoscope (St. Louis) **64**, 580 (1954).
—, and W. E. ROBERTS: Bronchoscopic removal of a foreign body with the aid of triangulation roentgenoscopy. Ann. Otol. (St. Louis) **61**, 83 (1952).

EISELSBERG, A. v.: Über Geschoßlokalisierung und Entfernung unter Röntgenlicht. Wien. klin. Wschr. **1917**, 323.
GEORGENS, H.: Lagebestimmung und Operation von Steckgeschossen mittels verbesserter Durchleuchtungsverfahren und Operationshilfsmittel. Fortschr. Röntgenstr. **26**, 244 (1919).
GIANTURCO, C.: Un nuovo mezzo per l'estrazione operatoria dei corpi estranei sotto il controllo dei raggi. Arch. Radiol. Electrother. **1928**.
HAMMESFAHR, K.: Sucher, um bei Röntgendurchleuchtung die Lage von Fremdkörpern unmittelbar vor der Operation zu bestimmen. Fortschr. Rontgenstr. **23**, 423 (1915).
HOFFER, H. J.: Fremdkörperlokalisation mit Elektrosonde. Chirurg **21**, 257 (1950).
HOLZKNECHT, G.: Die operative Aufsuchung des Fremdkörpers unter unmittelbarer Leitung des Röntgenlichtes. Münch. med. Wschr. **1916**, 185.
— Röntgenoperation oder Harpunierung? Durchleuchtung oder Aufnahme? Münch. med. Wschr. **1917**, 134.
—, u. GRÜNFELD: Die Fremdkörperharpunierung. Zbl. ges. Therapie **1904**.
JANKER, R.: Die Röntgendurchleuchtung bei der Fremdkorperlokalisation und bei der Fremdkörperentfernung. Ärztl. Wschr. **1947**, 580.
— Sind immer noch Röntgenschädigungen bei der Fremdkörperentfernung mit Durchleuchtungshilfe notwendig? Ärztl. Wschr. **1954**, 732.
KUNZ, K.: Die operative Entfernung von Geschossen mittels einer neuen Lokalisationsmethode (Orientierungsmethode). Munch. med. Wschr. **1915**, 1582.

LEMKE, B. N.: Chirurgisches Röntgenmetallo-
kryptoskop. Vestn. Rentgenol. Radiol. **1953**,
59.
MARK, W. H., P. M. McPHERSON and W. H.
SWEET: A new method for correcting distortion
in cranial roentgenograms. With spezial
reference to a new human stereotactic instrument. Amer. J. Roentgenol. **71**, 435 (1954).
PAAS, H.: Erfahrungen mit dem Boloskop. Zbl.
Chir. **1947**. 392.
PERTHES, G.: Über Fremdkörperpunktion. Zbl.
Chir. **1909**, 841.
PLAATS, G. J. VAN DER: Die neueste röntgenologische Hilfsmethode zur operativen Entfernung
von Steckschüssen. Fortschr. Röntgenstr. **63**,
167 (1941).
RIECHERT, T., u. F. MUNDINGER: Beschreibung
und Anwendung eines Zielgerates für stereo-
taktische Hirnoperationen. (II. Modell.) Acta
neurochir. (Wien) Suppl. **3**, 308 (1956).
SANTOS, C.: Über eine neue Methode zur rontgen-
chirurgischen Extraktion von Nadelstücken.
Fortschr. Rontgenstr. **32**, 369 (1924).
SCHLAAFF, I.: Boloskop, Metallsucher oder
Stereogrammetrie? Zbl. Chir. **67**, 1924 (1940).
SCHWARZ, G.: Ein einfaches Handinstrument zur
Führung bei den rontgenoskopischen Opera-
tionen und zur raschen Tiefenermittlung beim
Durchleuchten. Munch. med. Wschr. **1916a**,
732.

SCHWARZ, G.: Lokalisatorhaken. Münch. med.
Wschr **1916b**, Nr 20.
SPIEGEL, E. A., and H. T. WYCIS: Studies in
stereoencephalotomy. V. Roentgenologic locali-
zation of lesions or implanted electrodes.
Amer. J. Roentgenol. **76**, 311 (1956).
— — G. C. HENNY, H. M. STAUFFER and R.
GOOEE: Radiographic observation of the elec-
trode position during stereoencephalotomy.
Brit. J. Radiol. **30**, 278 (1957).
STRNAD, F.: Das neuartige Röntgen-Unter-
suchungsgerät „Müller UG X" und seine uni-
verselle Verwendbarkeit. In: Röntgenstrahlen.
Geschichte und Gegenwart. Hamburg: C.H.F.
Müller 1955.
TALAIRACH, J., G. RUGGIERO and M. DAVID: The
roentgenologic contribution to stereotaxic in-
vestigation of the brain and its practical appli-
cation in pathologic conditions. Acta radiol.
(Stockh.) **46**, 390 (1956).
TIMM, C.: Eindeutige röntgenoptische Fremdkör-
perlokalisation. Röntgenblätter **12**. 150 (1959).
WACHTEL, H.: Ein Tiefenmesser fur Rontgen-
operationen. In HOLZKNECHT, Rontgenologie.
I. Teil. Wien u. Berlin: Urban & Schwarzenberg 1918.
ZIMMER, E. A.: Röntgenologischer Zusatzapparat
zur direkten Fremdkörperpeilung und zur
Frakturkontrolle in zwei Richtungen. Schwei-
zer med. Wschr. **1941**, 834.

4. Vorausbestimmung der Schichtebene

Die Vorausbestimmung der Schichtebene vor Anfertigung von Schichtaufnahmen hat
sich in den letzten Jahren als ein besonderes Aufgabengebiet der Röntgenlokalisation
abgegrenzt. Sie ist zur Arbeits- und Filmersparnis besonders dann indiziert, wenn keine
Simultanschichtserien angefertigt werden. Aber auch für die Simultantomographie
mehrerer Ebenen mittels einer Belichtung und einer Einstellung ist die vorherige Kenntnis
der Herdtiefe ein Vorteil, da man auch dann mit wenigen Schnitten auskommt. Oft hört
eine Schichtaufnahmeserie mit 6—7 Schnitten gerade in der Tiefe auf, in welcher der Herd
erst angeschnitten ist.

Es lag nahe, daß das parallaktische Prinzip der Tiefenlokalisation auch auf diesem
Spezialgebiet Anwendung finden würde. Es wurde daher auch bei einem Schichtgerät
(Universalplanigraph von Siemens-Reiniger) praktisch durchgeführt. Das Schichtgerät
hat einen festen Focus—Leuchtschirmabstand und einen festen Abstand Focus—Stütz-
wand (Körperoberfläche). Bei zusätzlich festgelegter Röhrenverschiebung kann dann die
Objektwanderung auf dem Schirm mittels eines besonders geeichten Maßstabes direkt als
Schichttiefe abgelesen werden. Dieses Prinzip ist praktisch das gleiche, das SCHMID-
BERGER-JAKOBS (1954) zur Vorausbestimmung der Schichttiefe benützt, nur ist das letztere
Verfahren vom Röhrenabstand abhängig. Auf dem parallaktischen Prinzip beruht auch
die Methode von ELKIN, ETTINGER und PHILIPPS (1954), welche mit zwei Aufnahmen
und der Röhrenverschiebung arbeitet. ALT (1955) hat den Vorschlag gemacht, vor allem
bei der Tomographie der Gelenke zunächst bei einer seitlichen Aufnahme zu beiden Seiten
der Gelenke einen vertikal gestellten Maßstab mitzuphotographieren. Die richtige Schnitthöhe ist an den Filmbildern der Maßstäbe dann leicht abzulesen. Weitere Vorschläge für
begrenzte Anwendungsgebiete stammen von DEL BUONO (1953) für die Tomographie des
Felsenbeines und von SEELENTAG (1950) für scharf abgrenzbare Objekte.

Von den eigenen Lokalisationsmethoden sind die Röntgentiefenlotung und die Röntgentopographie zur Vorausbestimmung der Schichttiefe besonders geeignet, da sie bei

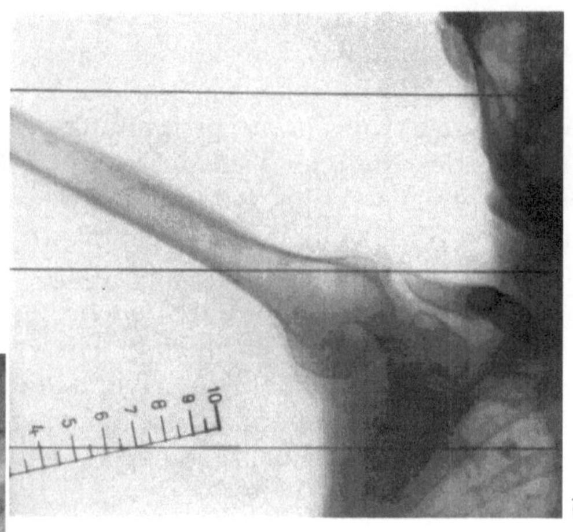

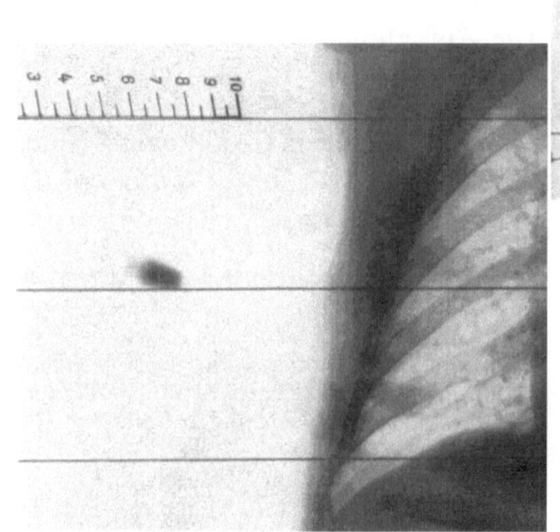

Abb. 84 a u. b. Vorausbestimmung der Schichttiefe eines Lungenherdes auf dem Leuchtschirm
mittels des Röntgen-Tiefenlotes S. a Nullstellung,
b Ablesestellung. Die Schichttiefe beträgt 7 cm

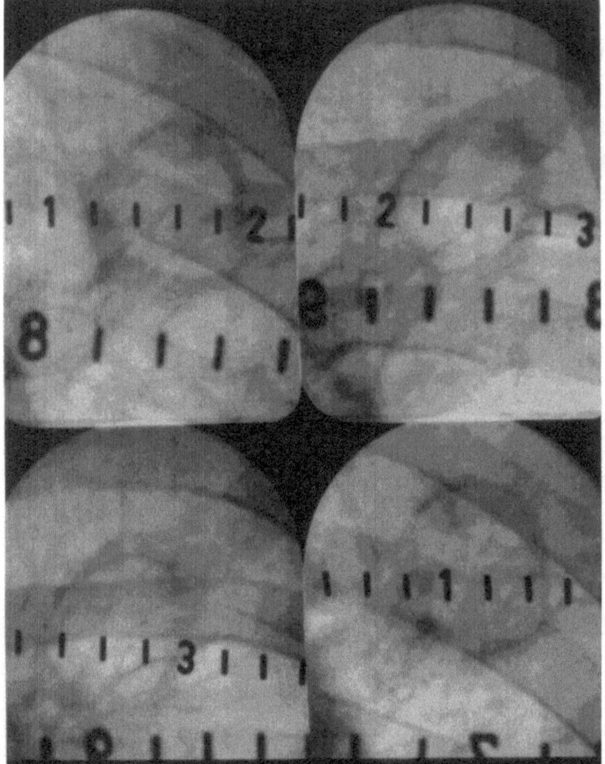

Abb. 85.
Vorausbestimmung der Schichttiefe einer Kaverne auf dem
Leuchtschirm mittels Röntgentopographie

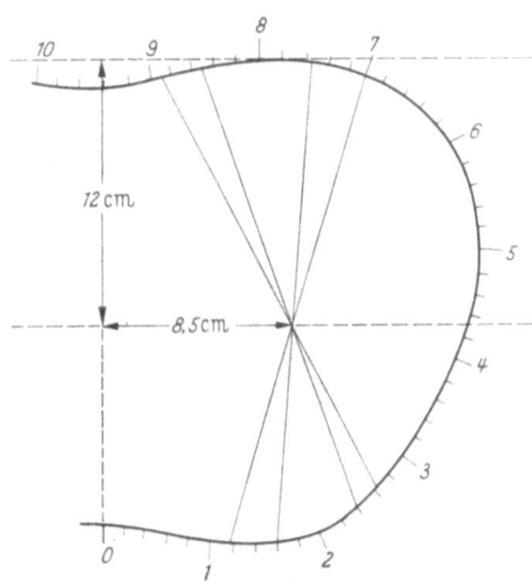

Abb. 86.
Das aus den Durchleuchtungswerten der Abb. 85
gewonnene Röntgentopogramm der Kaverne

einer gewöhnlichen Durchleuchtung durchgeführt werden können und der Patient die gleiche Lage einnimmt wie bei der Tomographie. Zwei Beispiele aus der Praxis sollen unser Vorgehen veranschaulichen.

Abb. 84 zeigt die Vorausbestimmung der Schichtebene eines Herdes im rechten Oberfeld mittels des Röntgen-Tiefenlotes S und Abb. 85 die Festlegung der Schichttiefe einer unter der Durchleuchtung sichtbaren Kaverne mittels des Röntgentopogramms. Die Aufnahmen der Abb. 85 sind am Zielgerät angefertigt. Es soll jedoch ausdrücklich betont werden, daß sie zur Herstellung des Röntgentopogramms der Abb. 86 nicht nötig gewesen wären, sondern allein eine Durchleuchtung in zwei Richtungen unter Drehung des Patienten um nicht einmal 45° genügt hätte. Die Aufnahmen wurden ebenso wie die der Abb. 25, S. 42, nur als Abbildungsvorlagen angefertigt.

Das Röntgentopogramm hat auch noch den Vorteil, daß der Medianabstand des Herdes abzulesen ist und das Schichtgerät so auf ein kleineres Filmformat exakt eingestellt werden kann.

Literatur

ALT, F.: Eine einfache Methode zur Bestimmung der Schichtlage bei Tomographie. Fortschr. Röntgenstr. **82**, 518 (1955).

BUONO, G. DEL: Gezieltes Messen bei der Tomographie des Schläfenbeins. Fortschr. Röntgenstr. **77**, 531 (1953).

ELKIN, M., A. ETTINGER and R. J. PHILLIPS: Simple determination of tomographic levels. Radiology **62**, 198 (1954).

LACROIX, F.: Procédé rapide de répérage du niveau du plan de coup en tomographie horizontale. J. Radiol. Électrol. **34**, 180 (1953).

SCHMIDBERGER-JAKOBS, M.: Automatisches Verfahren zur Lokalisation und Größenbestimmung von Fremdkörpern und Organen mittels Röntgendurchleuchtung. Fortschr. Röntgenstr. **80**, 267 (1954).

SEELENTAG, W.: Eine Methode zur genauen Bestimmung der erforderlichen Schnitthöhe bei Schichtaufnahmen scharf konturierter Objekte. Fortschr. Röntgenstr. **73**, 492 (1950)

III. Kombinierte Größen- und Lagebestimmung

Die kombinierte Größen- und Lagebestimmung ist ein relativ junges Gebiet der Radiometrie. Sie hat eigentlich erst eine praktische Bedeutung gewonnen, seit es gilt, die genaue Lage von in den Körper eingebrachten Strahlungsträgern zu bestimmen und ihren Abstand von anderen Objekten zur Festlegung der Isodosen. Will man den wahren Abstand von einer kleinen Strahlungsquelle, etwa einer Radiogoldnadel, oder den Abstand von einem bestimmten Punkt eines größeren Radiumträgers zu einem bestimmten Knochenpunkt feststellen, so ist dies nur dann möglich, wenn es gelingt, die wahre Größe einer beliebig und unbekannt im Raum stehenden Strecke zu messen. Es tritt also das Problem auf, nicht nur die Tiefenlage einer in den Körper eingebrachten Strahlungsquelle zu bestimmen, sondern auch ihren wahren Abstand von einem bestimmten Organ oder Knochen, um feststellen zu können, welche Dosis dort zu erwarten ist. Diese Bestimmung einer beliebig im Raum stehenden unbekannten Strecke erscheint zunächst äußerst kompliziert und nur mittels mathematisch-geometrischer Bestimmungen möglich. Es ist von der zu bestimmenden Strecke ja nichts bekannt, weder ihre Winkellage zum Film, noch die Tiefe ihrer Endpunkte. REMOLD und SIEGERT (1952) haben dieses Problem mittels parallaktischer Verschiebeaufnahmen und mathematischen Berechnungen gelöst. Mittels des veränderlichen Winkels von CALDER (1957) ist es auf ähnliche Art zu lösen. Ferner gehört hierher die Lagebestimmung eines nicht sichtbaren Tumors mittels künstlich den Tumor abgrenzenden schattengebenden Marken und die Bestimmung der Feldgröße hieraus. Man verwendet hierzu im allgemeinen inaktive Radiogoldnadeln oder Gefäßklips. HANDERSON, CHESTER und DEALLER (1955) bestimmen auf diese Art den Sitz und die Größe von Blasentumoren.

Wir haben versucht, auch dieses Problem so zu lösen, daß es von der Aufnahmetechnik weitgehend unabhängig wird und keine mathematische Berechnung erfolgen muß. Mit der Röntgentiefenlotung ist dies möglich (BÜCHNER und WIELAND 1954, WIELAND 1954).

Die Bestimmung der wahren Größe einer unbekannt im Raum stehenden Strecke und die Feststellung ihrer wahren räumlichen Lage soll an einem Beispiel aus der gynäkologischen Strahlentherapie demonstriert werden. Will man bei der kombinierten Radium-Röntgentherapie der weiblichen Genitalcarcinome einen sicheren Überblick über die tatsächliche Dosisverteilung im Becken gewinnen, einmal um seine Erfolge überhaupt richtig beurteilen zu können und zum anderen, um zu wissen, wieviel Dosis man noch an eine bestimmte Stelle geben kann oder muß, so muß man eine Kontrolle des liegenden Radiumträgers durchführen und seine bekannten Isodosen in das Becken hineinprojizieren. Die Bestimmung erfolgt mittels der Röntgentiefenlotung bei liegendem Radiumträger oder eingebrachter inaktiver Radiogoldnadel. Die beiden Aufnahmen unterscheiden sich von den üblichen Aufnahmen zur Röntgentiefenlotung nur dadurch, daß bei einer der Aufnahmen der Vertikalstrahl auf die Filmmitte auftreffen muß. Sein Fußpunkt bildet den Mittelpunkt eines Koordinatensystems, welches auf dem betreffenden Film eingezeichnet wird (V in Abb. 87a).

In der Röntgenskizze der Abb. 87a soll die wahre Länge und Winkellage der Distanz der Radiumträgerspitze (1) von der Spina an der Beckenwand (2) bestimmt werden. Hierzu werden zunächst die Koordinatenwerte der beiden Endpunkte der zu messenden Strecke auf dem Film abgegriffen oder eingezeichnet. Im vorliegenden Beispiel sind es $X_1 = 0{,}4$ cm, $X_2 = 4{,}6$ cm, $Y_1 = 10{,}5$ cm und $Y_2 = 2{,}7$ cm. Die angegebenen Maße sind absolute Maße. Die Tiefenlage beider Endpunkte (1) und (2) wird wie üblich an den Tiefenlotskalen durch einfaches Übereinanderhalten der Aufnahmen abgelesen (Tiefe der Radiumträgerspitze $Z_1 = 12$ cm, Tiefe der Spina $Z_2 = 5{,}3$ cm; vgl. auch Abb. 82). Ist die Tiefenlage der beiden Endpunkte bekannt, so können mittels der betreffenden Skalenmarken der Tiefenlotskala, welche eine bekannte Länge von 10 bzw. 20 mm haben, die verzeichneten Abszissen- und Ordinatenwerte der Endpunkte auf dem Film abgeschritten und zu absoluten Maßen reduziert werden. In der Skizze der Abb. 87a ist dies bereits geschehen. Durch einfaches graphisches Übertragen der X-, Y- und Z-Werte mit drei Linien auf ein Stück Papier kann jetzt die wahre Distanz der Endpunkte (1) und (2) festgestellt werden (Abb. 87b). Haben die X- bzw. Y-Werte gleiche Vorzeichen, so wird ihre Differenz angetragen, haben sie ungleiche Vorzeichen, so wird die Summe gebildet und angetragen. Man geht im einzelnen wie folgt vor (Abb. 87b):

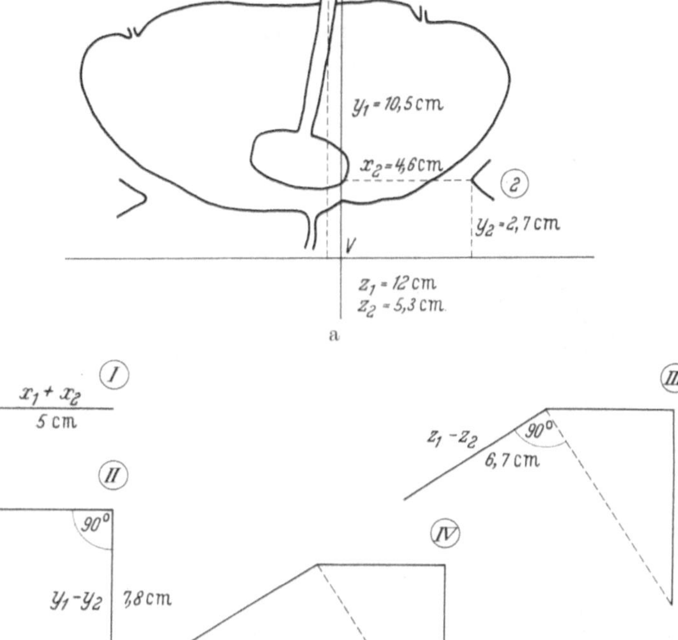

Abb. 87a u. b. Bestimmung der wahren Länge und Winkellage einer unbekannten, beliebig im Raum stehenden Strecke mittels der Röntgentiefenlotung. a Röntgenskizze der Aufnahme mit Vertikalstrahl in Filmmitte. b Konstruktion der wahren Länge mit 3 Strichen (vgl. Text)

I. $X_1 + X_2$ als Strecke antragen.

II. $Y_1 - Y_2$ als Lot im einen Endpunkt errichten.

III. $Z_1 - Z_2$ (Tiefendifferenz der beiden Endpunkte) im einen Endpunkt der Hypothenuse des entstandenen rechtwinkeligen Dreiecks als Lot errichten.

IV. Die Verbindungslinie zwischen dem freien Endpunkt dieses Lotes und dem anderen Endpunkt der Hypothenuse entspricht der wahren Länge der gesuchten Strecke. Im Beispiel 11,4 cm. Der Winkel α zwischen dieser Strecke und der Hypothenuse entspricht dem Winkel, den die Strecke in Wirklichkeit mit der Filmebene gebildet hatte.

Wird die Zeichenebene entlang der Hypothenuse (gestrichelte Linie der Abb. 87b) rechtwinklig umgebogen, so erhält man ein einfaches Raummodell, in welchem das recht-

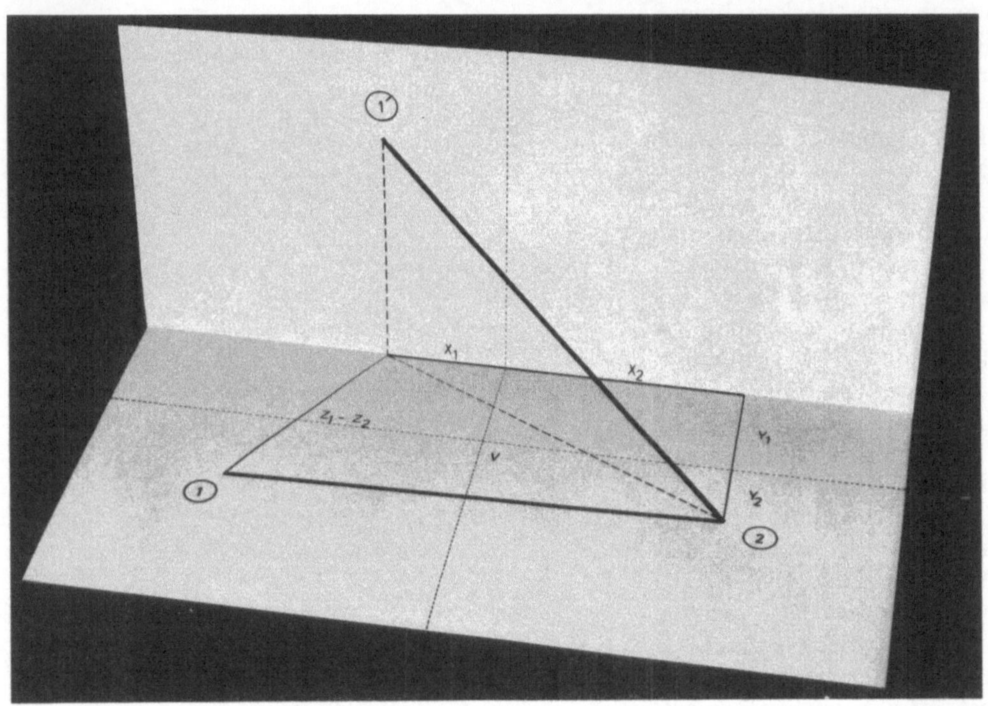

Abb. 88. Raummodell einer unbekannt im Raum stehenden Strecke, konstruiert mit zwei unbekannt verzeichneten Röntgenaufnahmen in einer Ebene mittels der Röntgentiefenlotung

winkelige Dreieck filmparallel liegt und die gesuchte Strecke so im Raum steht, wie sie in Wirklichkeit bei den Aufnahmen im Raum stand. Ein Raummodell entsteht auch, wenn man mit der Tiefendifferenz ($Y_1 - Y_2$) das Lot im einen Endpunkt der Hypothenuse nicht in der Papierebene errichtet, sondern in einer dazu senkrechten Ebene. Dies ist in Abb. 88 geschehen.

Literatur

BÜCHNER, H., u. H. WIELAND: Über die Möglichkeit einer räumlichen Vorausbestimmung des Bestrahlungszentrums zur Bewegungsbestrahlung und zur Dosisbeurteilung auf Grund einfacher Röntgenaufnahmen. Strahlentherapie **93**, 99 (1954).

CALDER, E.: A study of the variable ang lesa a measuring device of linear dimension. Brit. J. Radiol. **29**, 386 (1956).

— The variable angle as a measuring device in radiography including tomography. Acta radiol. (Stockh.) **48**, 453 (1957).

HENDERSON, A., A. E. CHESTER and J. F. B. DEALLER: The localization of tumours of the bladder for x-ray therapy. Brit. J. Radiol. **28**, 159 (1955).

REMOLD, F., u. A. SIEGERT: Eine Methode zur Ermittlung der Lokalisation intrauteriner Radiumeinlagen in situ. Strahlentherapie **87**, 481 (1952).

WIELAND, H.: Röntgenlokalisation bei der Strahlenbehandlung gynäkologischer Tumoren. Strahlentherapie **93**, 94 (1954).

Namenverzeichnis

Abadie, J. 147, *149*
Abalichin, A. A. *136*
Abbott, L. C. s. Gill, G. G. *117*
Achelis, W. *60*
Acheson, R. M. 105, *109*
Agostini, P. de 19, *29*, 52, *60*
Agren, O. s. Nylin, G. *80*
Aimé, P. 147, *149*
Akselrad, L. *128*
Albers-Schonberg, H. 14, 19, 23, *29*, 52, *60*, 105, 113, *128*
Albert, W. 84, 85, 87, *93*
Allen, E. P. 84, *93*
— s. Hawksworth, W. *96*
Allen, H. W. van *93*
Alt, F. *152*
Altschul, W. *136*
Altstaedt, E. *60*
Ames, R. s. Caffey, J. *117*
Andreas, H. 84, *93*
Anderson, M. s. Green, W. T. 114, *118*
Andreson, P. S. s. Lieberman, J. *97*
Andrew, F. D. s. O'Kane, G. H. *64*
Angerer, E. *128*
Anzilotti, A. *109*
Archangelsky, B. A. 84, 85, *93*
Arendt, J., u. H. Baumann *60*
Aresin, N., u. W. Möbius 20, *29*, 89, 92, *93*
Arkussky, J. S. von 52, 54, *60*
Arnell, R. E. s. Guerriero, W. F. *95*
Arthure, H. G. E. *93*
— s. Williams, E. R. *102*
Asplund, J., u. S. Ydén *93*
Assmann, H. 25, *29*, 67, *79*
Attwood, C. J. 20, 23, *30*, *117*, 119
Atzrott *128*
Aubourg *149*
Avello, J. J., u. M. R. Voriega *136*

Baath *128*
Baerwolf, G., u. W. Schuhmacher 138, *146*
Baese *128*
Bahner, F. *128*
Bailey *128*
Bainton, J. H. *60*
Bakwin, H., u. R. M. Bakwin 54, *60*

Bakwin, R. M. s. Bakwin, H. 54, *60*
Ball, R. P. 88, 90, *93*
— u. R. Golden 11, *30*, 88, *93*
Balli, R. s. Busi, A. *109*
Bamberg, K., u. H. Putzig 54, *60*
Bangerter, A. *136*
— s. Goldmann, H. 127, *137*
Bàrany, J. 11, *30*
Bardachzi, F. 14, *30*
Bardeen, C. R. 54, *60*, 68, 69, *79*
Barrell, F. R. *128*
Barrow, S. C. *128*
Barth, L. s. Huber, R. *147*
Batley, F., A. F. Holloway u. C. J. Mandy 138, *146*
Baumeister *128*
Bayer, L. *93*
Bayer, O. s. Fuchs, G. 24, *31*, 51, 69, 70, *79*, 105, *110*
Beaujard, R. *60*
Beck, R. 52
Becker, J., u. H. Kuttig *146*
Béclère, H. 14, *30*
— s. Morin, M. *134*
Bedford, D. E., u. H. A. Treadgold *60*
Behn, L. 14, *30*, *61*
Bell, L. s. Gordon, M. 105, *110*
Belosapko, P. A., u. S. J. Sachtmejster *93*
Belot, J., u. H. Fraudet *136*
Belotti, B. M. s. Buffoni, L. 67, *79*
Benedetti, P. 54, *61*
— u. V. Bollini *61*
Berdjajeff, A. *128*
Berg, H. H. *79*
Berg, K. *93*
Bergemann *136*
Bergerhoff, W. 24, *30*, 105, 106, 107, 108, *109*
— u. W. Ernst *109*
— u. W. Hobler 105, *109*
— u. A. Martin 105, *109*
— u. R. Stilz *109*
— s. Tónnis, W. *111*
Bergk, K., u. H. Chantraine 26, *30*
Berman, R. 5, *30*, 84, 89, *93*
Bermbach, P. *128*
Bernuth, F. von 54, *61*
Bertin-Saus u. Ch. Leenhardt *128*

Bertrand, P., u. A. Trillat 112, *117*
Beyer, W. s. Langemak *133*
Bickenbach, O. *83*
Bickenbach, W. *93*
Billings, W. C. s. Thoms, H. *101*
Bischof, L. 14, *30*
Björk, G. 68, *79*
Black, L. F. s. Reid, E. K. *134*
Blacker, B. *128*
Blaine, E. S. *128*
Blanche s. Portes *99*
Blasius, W. 11, *30*
Bober, H. *109*
Böhme, W. *61*
Bösch, K. s. Kaufmann, P. 92, *97*
Bokelmann, O. *109*
Boland, S. J. *94*
Bollini, V. *79*
Bordet, E. *61*
— s. Vaquez, H. 52, *67*
Borell, U., u. I. Fernstrom *94*
Boros, J. von 53, *61*
Bortini, E. *94*
Bossi, R. s. Cardillo, F. *109*
Bouchacourt, M. L. 90, *94*
Bouillet, R. s. Notter, A. *99*
Bourne, G., u. B. G. Wells *61*
Bouwers, A. *128*
Bovet, A. *128*
Bowen, C. B. s. Ewer, J. N. *95*
Bowen, D. R. *128*
Bradburg, S. *128*
Brandes, R. W. s. McElin, T. W. *98*
Brandt, Ch. *128*
Braun, H. *79*
Braunbehrens, H. von *128*
Breck, L. W., u. D. J. Maylahn *128*
Brednow, W. 24, *30*, 52, *61*, 68, 69, *79*
Breitmann, K. 54, *61*
Bricaud, H. s. Broustet, P. *79*
Brill, L. 105, *109*
Broussin, J. s. Duhamel, J. 69, 70, *79*
Broustet, P., C. Wangermez, P. L. Martin, J. Duhamel u. H. Bricaud *79*
Brown, G. H. 11, 12, *30*, 88, *94*
Brückner, H. *128*
Bruni, E. *109*
Brunt, E. van 23, *30*, *117*, 119

Sachverzeichnis